U0379845

高等数学竞赛教程：
内容精讲、方法进阶、竞赛实战

主编　马儒宁　朱晓星
参编　肖光世　袁　泉

机 械 工 业 出 版 社

本书是为本科生参加各级别大学生数学竞赛（非数学专业）编写的辅导教材.

本文通过"内容总结与精讲"梳理高等数学中的关键内容、核心方法，通过"典型例题与方法进阶"对各类竞赛各种考试中的高频题、富有技巧性的难题进行重点解析，通过章节后练习巩固学习效果，同时分类整理和精选了历届全国大学生数学竞赛和江苏省高等数学竞赛的真题，供参加竞赛的读者实战演练.

本书内容详细、讲解透彻、例题丰富多层次，必能助学习高等数学、准备竞赛或考研的同学一臂之力.

本书可供读者自学或作为竞赛培训课程教材使用，同时也可作为学习高等数学（微积分、工科数学分析等）的参考资料或考研的复习资料.

图书在版编目（CIP）数据

高等数学竞赛教程：内容精讲、方法进阶、竞赛实战/马儒宁，朱晓星主编．—北京：机械工业出版社，2019.2（2021.1 重印）

ISBN 978-7-111-61998-7

Ⅰ.①高…　Ⅱ.①马…②朱…　Ⅲ.①高等数学 – 高等学校 – 教学参考资料　Ⅳ.①O13

中国版本图书馆 CIP 数据核字（2019）第 026889 号

机械工业出版社（北京市百万庄大街 22 号　邮政编码 100037）
策划编辑：汤　嘉　责任编辑：汤　嘉　韩效杰
责任校对：郑　婕　封面设计：张　静
责任印制：郜　敏
河北鑫兆源印刷有限公司印刷
2021 年 1 月第 1 版第 3 次印刷
169mm×239mm·17 印张·1 插页·349 千字
标准书号：ISBN 978-7-111-61998-7
定价：45.00 元

凡购本书，如有缺页、倒页、脱页，由本社发行部调换

电话服务　　　　　　　　　　网络服务
服务咨询热线：010 – 88379833　机 工 官 网：www.cmpbook.com
读者购书热线：010 – 88379649　机 工 官 博：weibo.com/cmp1952
　　　　　　　　　　　　　　　教育服务网：www.cmpedu.com
封面无防伪标均为盗版　　　金 书 网：www.golden – book.com

前　　言

　　开展大学生数学竞赛，主要目的是激发大学生学习数学的兴趣与热情，活跃思想，促使学生通过准备以及参加竞赛在抽象思维、逻辑推理、空间想象、科学计算以及综合运用数学知识分析和解决问题的能力方面有较大的提升；同时，也尝试推动大学数学的教学体系、教学内容和方法等方面的改革，提高教学质量.

　　中国数学会主办的全国大学生数学竞赛（包括每年十月份的预赛和次年三月份的决赛）已成为我国影响最大、参赛面最广的大学生基础学科竞赛，每年吸引了近千所高校、十余万名学生参加. 该竞赛始于 2009 年，其前身是 1988 年开始举办的北京市大学生数学竞赛. 除了国家级的竞赛，许多省、市、区也都组织了各自的大学生数学竞赛. 江苏省作为科技强省，组织的"江苏省普通高校高等数学竞赛"，是其中影响较大的一个. 其始于 1991 年，目前每年一届，每届参赛高校一百余所，参赛学生一万余名.

　　非数学专业的大学生数学竞赛内容均是以高等数学为主（全国大学生数学竞赛预赛和江苏省高等数学竞赛都限于高等数学内容），本书就是为参赛学生准备的高等数学竞赛辅导教材. 全书整合重组了高等数学的全部内容体系，共分为五章："数列极限与数项级数""一元函数极限、连续与微分""积分及其应用与微分方程""空间解析几何与多元函数微分""多元函数积分及其应用". 每章均根据内容分为若干节，每节包括以下四部分：

　　内容总结与精讲——融合梳理高等数学中的关键内容、核心方法，包括重要的公式、定理及其延伸；

　　典型例题与方法进阶——280 余道典型例题，均为各类竞赛各种考试中的高频题、富有技巧性的难题等，对其进行重点解析；

　　章节后练习——300 余道练习题，分为 A 组和 B 组两个层次，循序渐进，强化学习效果，同时帮助读者衡量已达到的水平和具有的能力；

　　竞赛实战——精选和分类整理了 300 余道历届全国大学生数学竞赛（非数学专业组预、决赛）和江苏省高等数学竞赛（本科一级）的真题，也分为 A 组和 B 组两个层次，供参加竞赛的学生实战演练.

　　相比其他的高等数学辅导教材，本书强调课本内容的整合与重组，注重思想和方法的提炼与扩充，以及知识点的串联与总结，对高等数学内容进行实质的提升，以符合大学生数学竞赛的需求，例题和习题丰富而层次分明，致力于促进学生高等数学解题能力的提高.

　　本书另一个重要的特色是，通过扫描页码二维码，可在线获得与该页内容有关的丰富资料：本页内容的延伸、练习题、竞赛真题的详细解答、重点难点的语音讲解等. 而且内容会不断更新，例如逐渐加入新一届竞赛试题等.

　　本书的例题和习题部分为作者原创，其余部分则来源于研究生入学考试、国内外高等数学竞赛以及相关参考书，在此一一表示致谢！

　　由于时间仓促，编者水平有限，书中的缺点、错误和疏漏在所难免，恳请读者批评指正.

编　者

目　　录

第一章 数列极限与数项级数

第一节 数 列 极 限

1 内容总结与精讲

◆ 数列的收敛与发散

1. $"\varepsilon-N"$定义：$\{x_n\}$为数列，A为给定实数，若$\forall\varepsilon>0$，$\exists N>0$，当$n>N$时，有$|x_n-A|<\varepsilon$，称数列$\{x_n\}$收敛于A，记作$\lim\limits_{n\to\infty}x_n=A$.（等价于数列$\{x_n\}$中满足$|x_n-A|\geqslant\varepsilon$的只有有限项）

2. 无穷小：若上述的$A=0$，则称数列$\{x_n\}$为无穷小数列，简称为无穷小量或无穷小；

3. 无穷大：若$\forall M>0$，$\exists N>0$，当$n>N$时，有$|x_n|\geqslant M$（$x_n\geqslant M$或$x_n\leqslant-M$），称数列$\{x_n\}$为无穷大数列（正无穷大或负无穷大数列），一般记$\lim\limits_{n\to\infty}x_n=\infty$（$\lim\limits_{n\to\infty}x_n=+\infty$或$\lim\limits_{n\to\infty}x_n=-\infty$）.

注：（1）数列$\{x_n\}$收敛指收敛于某给定实数A，若数列$\{x_n\}$不收敛于任意实数，或$\{x_n\}$为无穷大（包括正无穷大或负无穷大），都称数列$\{x_n\}$发散；

（2）定义中的不等式$|x_n-A|<\varepsilon$可以改为$|x_n-A|\leqslant\varepsilon$、$|x_n-A|<k\varepsilon$、$|x_n-A|\leqslant k\varepsilon$（$k$为给定正数）等；

（3）定义中的正整数N依赖于ε但不唯一，$n>N$可以改为$n\geqslant N$；

（4）定义提供了证明数列$\{x_n\}$收敛于给定数A的方法，但未提供如何求A的方法（当使用定义求极限时，一般先猜测极限值，然后用定义证明）；

（5）否定说法：

（a）数列$\{x_n\}$不收敛于$A\Leftrightarrow\exists\varepsilon_0>0$，$\forall N>0$，$\exists n_0>N$，使得$|x_{n_0}-A|\geqslant\varepsilon_0$；

子列描述：数列$\{x_n\}$不收敛于$A\Leftrightarrow\exists\varepsilon_0>0$及$\{x_n\}$的子列$\{x_{n_k}\}$，使得$\forall k$，$|x_{n_k}-A|\geqslant\varepsilon_0$；

（b）数列$\{x_n\}$发散$\Leftrightarrow$对$\forall A\in\mathbf{R}$，$\exists\varepsilon_0>0$，对$\forall N>0$，$\exists n_0>N$，使得$|x_{n_0}-A|\geqslant\varepsilon_0$；

子列描述：数列$\{x_n\}$发散$\Leftrightarrow\exists\varepsilon_0>0$及$\{x_n\}$的两个子列$\{x_{n_k}^{(1)}\}$，$\{x_{n_k}^{(2)}\}$，使得$\forall k$，$|x_{n_k}^{(1)}-x_{n_k}^{(2)}|\geqslant\varepsilon_0$.

◆ **数列收敛的性质**

1. 唯一性：若数列 $\{x_n\}$ 收敛，则具有唯一的极限.

2. 有界性：收敛数列必为有界数列（若数列 $\{x_n\}$ 收敛，则存在正数 M，使得 $\forall n$，$|x_n| \leqslant M$）.

注：（1）无界数列一定发散；

（2）数列 $\{x_n\}$ 无界 $\Leftrightarrow \{x_n\}$ 存在子列 $\{x_{n_k}\}$ 为无穷大量；特别地，若数列 $\{x_n\}$ 无上界，则 $\{x_n\}$ 一定存在以 $+\infty$ 为极限的子列，若数列 $\{x_n\}$ 无下界，则 $\{x_n\}$ 一定存在以 $-\infty$ 为极限的子列（为无穷大量的数列或以 $+\infty$、$-\infty$ 为极限的数列仍为发散数列）.

3. 保号性与保序性（保不等式性）：

（1）设 $\lim\limits_{n\to\infty} x_n = A > 0$，则对任意的 $0 < p < A$，$\exists N > 0$，当 $n > N$ 时，有

$$x_n > p > 0;$$

（2）若数列 $\{x_n\}$ 收敛，且 $\exists N > 0$，当 $n > N$ 时，$x_n \geqslant 0$，则 $\lim\limits_{n\to\infty} x_n \geqslant 0$；

（3）设 $\lim\limits_{n\to\infty} x_n > \lim\limits_{n\to\infty} y_n$，则 $\exists N > 0$，当 $n > N$ 时，有 $x_n > y_n$；

（4）若数列 $\{x_n\}$ 和 $\{y_n\}$ 收敛，且 $\exists N > 0$，当 $n > N$ 时，$x_n \geqslant y_n$，则

$$\lim\limits_{n\to\infty} x_n \geqslant \lim\limits_{n\to\infty} y_n.$$

注：由极限的不等式得到数列的不等式（如（1）和（3）），条件中极限的不等式必须为严格不等式（条件是强的）；由数列的不等式得到极限的不等式（如（2）和（4）），无论条件中数列的不等式严格与否，结论中极限的不等式只能是非严格不等式（结论是弱的）.

4. 四则运算性：两个收敛数列的和、差、积、商仍然收敛，且和、差、积、商的极限为极限的和、差、积、商（作商时要求分母及其极限不为零）.

注：（1）可以由两个收敛数列的运算推广到任意有限个（个数确定）收敛数列的运算；

（2）两个数列中一个收敛，一个发散，其和与差一定发散，但积与商可能收敛，可能发散；

（3）两个发散的数列，其四则运算后可能收敛，也可能发散；

（4）提供了求数列极限的一种方法（将复杂数列分解为有限个简单数列的四则运算）.

5. 子列收敛性：若数列 $\{x_n\}$ 收敛（于 A）$\Leftrightarrow$ 对 $\{x_n\}$ 的任意子列 $\{x_{n_k}\}$，$\{x_{n_k}\}$ 均收敛（于 A）.

注：（1）若数列 $\{x_n\}$ 收敛于 $A \Leftrightarrow \{x_{2n}\}$，$\{x_{2n-1}\}$ 均收敛于 A（利用奇偶数列极限相等是证明数列收敛或求数列极限的一种方法）；

（2）若 $\{x_n\}$ 的一个子列 $\{x_{n_k}\}$ 发散，则 $\{x_n\}$ 一定发散；

（3）若 $\{x_n\}$ 的两个子列 $\{x_{n_k}^{(1)}\}$，$\{x_{n_k}^{(2)}\}$ 收敛于不同的极限，则 $\{x_n\}$ 一定发散.

◆ **数列收敛的判定准则**

1. 迫敛性（夹逼准则、两边夹定理）：设数列 $\{x_n\}$，$\{y_n\}$，$\{z_n\}$ 满足

（1）$\forall n$，$x_n \le y_n \le z_n$，（2）$\{x_n\}$，$\{z_n\}$ 收敛且 $\lim\limits_{n\to\infty} x_n = \lim\limits_{n\to\infty} z_n = A$，

则数列 $\{y_n\}$ 也收敛，且 $\lim\limits_{n\to\infty} y_n = A$.

注：本定理既给出了证明数列收敛的方法，也给出一种求数列极限的方法（关键是利用合适的放缩，建立不等式）.

2. 单调有界准则：单调有界数列一定收敛.

注：（1）一般分为单调递增有上界和单调递减有下界两种情况；

（2）单调数列的任意子列也单调；

（3）单调数列的某子列收敛，则单调数列一定收敛；

（4）单调数列的某子列有界，则单调数列一定收敛；

（5）证明数列单调的方法：（a）利用递推式或基本不等式直接证明，（b）数学归纳法，（c）将数列通项中的 n 视为 x，利用对 x 求导的方法来证明；

（6）利用单调收敛准则求递推数列极限的步骤：（i）证明数列单调且有界，（ii）在递推式两边同时求极限，得到极限满足的等式，从而求出极限值.

3. 柯西收敛准则：数列 $\{x_n\}$ 收敛的充分必要条件为 $\forall \varepsilon > 0$，$\exists N > 0$，当 n，$m > N$ 时，有 $|x_n - x_m| < \varepsilon$.

注：（1）等价描述：数列 $\{x_n\}$ 收敛 $\Leftrightarrow \forall \varepsilon > 0$，$\exists N > 0$，当 $n > N$ 时，对 $\forall p \in \mathbf{N}$，有 $|x_{n+p} - x_n| < \varepsilon$；

$\Leftrightarrow \exists$ 收敛于 0 的数列 $\{a_n\}$，对 $\forall p \in \mathbf{N}$，有 $|x_{n+p} - x_n| \le a_n \to 0$（$n \to \infty$）；

（2）否定说法：数列 $\{x_n\}$ 发散 $\Leftrightarrow \exists \varepsilon_0 > 0$，$\forall N > 0$，$\exists n_1$，$n_2 > N$，使得 $|x_{n_1} - x_{n_2}| \ge \varepsilon_0$；

$\Leftrightarrow \exists \varepsilon_0 > 0$ 及 $\{x_n\}$ 的两个子列 $\{x_{n_k}^{(1)}\}$，$\{x_{n_k}^{(2)}\}$，使得 $\forall k$，$|x_{n_k}^{(1)} - x_{n_k}^{(2)}| \ge \varepsilon_0$；

（3）柯西收敛准则证明数列收敛，不需要知道数列的极限值；

（4）柯西收敛准则给出了证明数列收敛的方法，但没有给出求极限值的方法.

◆ **Stolz 公式与平均收敛定理**

1. Stolz 公式：设 $\{y_n\}$ 是单调增加的正无穷大量，且 $\lim\limits_{n\to\infty} \dfrac{x_n - x_{n-1}}{y_n - y_{n-1}} = A$（$A$ 可以是有限数或 $+\infty$，$-\infty$），则

$$\lim_{n\to\infty} \frac{x_n}{y_n} = A.$$

注：Stolz 公式可以看成推广的"离散型洛必达法则".

2. 平均收敛定理：

（1）算术平均收敛定理：若 $\lim\limits_{n\to\infty} x_n = A$，则 $\lim\limits_{n\to\infty} \dfrac{x_1 + x_2 + \cdots + x_n}{n} = A$；

3

（2）几何平均收敛定理：若 $x_n > 0$ 且 $\lim\limits_{n\to\infty} x_n = A.$，则 $\lim\limits_{n\to\infty} \sqrt[n]{x_1 \cdot x_2 \cdots \cdot x_n} = A.$

注：平均收敛定理说明，只要某数列收敛，其前 n 项的算术平均值和几何平均值都收敛，但是逆命题不成立（请举反例）. 这说明数列前 n 项的平均值收敛，是比数列收敛弱的性质，在无法保证数列收敛时，利用平均值的极限代替数列极限，不失为实际应用中的一种方法.

◆ **和式的极限转化为定积分**

在定积分的定义 $\int_a^b f(x)\,\mathrm{d}x = \lim\limits_{\Delta x_k \to 0} \sum\limits_{k=1}^{n} f(\xi_k) \cdot \Delta x_k$ 中，选择 $[a,b]$ 特定的分割方式以及 ξ_k 特定的选取方式得到和式，其极限即为定积分 $\int_a^b f(x)\,\mathrm{d}x$ 的值.

一般使用将 $[a,b]$ n 等分的方式，并取 ξ_k 为小区间的右端点（或左端点），则

$$\lim\limits_{n\to\infty} \frac{b-a}{n} \sum\limits_{k=1}^{n} f\left[a + \frac{k}{n}(b-a)\right] = \int_a^b f(x)\,\mathrm{d}x.$$

特别地，若 $[a,b] = [0,1]$ 时，

$$\lim\limits_{n\to\infty} \frac{1}{n} \sum\limits_{k=1}^{n} f\left(\frac{k}{n}\right) = \int_0^1 f(x)\,\mathrm{d}x.$$

2　典型例题与方法进阶

例1. 证明：数列 $\sqrt{a}$，$\sqrt{a+\sqrt{a}}$，$\sqrt{a+\sqrt{a+\sqrt{a}}}$，$\cdots (a>0)$ 极限存在，并求出它的极限.

解　设 $x_1 = \sqrt{a}$，$x_2 = \sqrt{a+\sqrt{a}} = \sqrt{a+x_1}$，$x_3 = \sqrt{a+\sqrt{a+\sqrt{a}}} = \sqrt{a+x_2}$ 故数列的一般项为 $x_n = \sqrt{a+x_{n-1}}$.

因 $a>0$ 有 $x_1 = \sqrt{a} < \sqrt{a+\sqrt{a}} = \sqrt{a+x_1} = x_2$，设 $x_{n-1} < x_n$，则 $x_n = \sqrt{a+x_{n-1}} < \sqrt{a+x_n} = x_{n+1}$，故数列 $\{x_n\}$ 为单调增加数列.

又因 $x_1 = \sqrt{a} < \sqrt{a}+1$，设 $x_{n-1} < \sqrt{a}+1$ 则

$$x_n = \sqrt{a+x_{n-1}} < \sqrt{a+\sqrt{a}+1} < \sqrt{a+2\sqrt{a}+1} = \sqrt{a}+1.$$

故 $\{x_n\}$ 有上界，因此数列 $\{x_n\}$ 极限存在，设 $\lim\limits_{x\to\infty} x_n = A$ 因 $x_n^2 = a+x_{n-1}$ 取极限得 $A^2 = a+A$ 解出得 $A = \dfrac{1 \pm \sqrt{1+4a}}{2}$，舍去负值 $\dfrac{1-\sqrt{1+4a}}{2}$，故 $\lim\limits_{x\to\infty} x_n = \dfrac{1+\sqrt{1+4a}}{2}$.

例2. 若存在 $0<r<1$ 使得数列 $\{x_n\}$ 满足 $|x_{n+1} - x_n| \leqslant r|x_n - x_{n-1}|$，证明：$\{x_n\}$ 收敛.

证明　由于 $|x_n - x_{n-1}| \leqslant r|x_{n-1} - x_{n-2}| \leqslant \cdots \leqslant r^{n-2}|x_2 - x_1|$，则

$$|x_{n+p} - x_n| \leqslant |x_{n+p} - x_{n+p-1}| + \cdots + |x_{n+1} - x_n| \leqslant r^{n+p-2}|x_2 - x_1| + \cdots + r^{n-1}|x_2 - x_1|$$

$$\leqslant r^{n-1}\frac{|x_2-x_1|}{1-r}\to 0 \ (n\to\infty).$$

由柯西收敛准则，数列 $\{x_n\}$ 收敛.

例 3. 设数列 $\{x_n\}$ 满足 $0<x_1<\pi$，$x_{n+1}=\sin x_n$ $(n=1,2,\cdots)$.

（1）证明：$\lim\limits_{n\to\infty}x_n$ 存在，并求该极限；

（2）计算 $\lim\limits_{n\to\infty}\left(\dfrac{x_{n+1}}{x_n}\right)^{\frac{1}{x_n^2}}$.

解　（1）因为 $0<x_1<\pi$，则 $0<x_2=\sin x_1\leqslant 1<\pi$，可得 $0<x_{n+1}=\sin x_n\leqslant 1<\pi$，$n=1$，$2$，$\cdots$，则数列 $\{x_n\}$ 有界.

又由于 $\dfrac{x_{n+1}}{x_n}=\dfrac{\sin x_n}{x_n}<1$，（因当 $x>0$ 时，$\sin x<x$），则有 $x_{n+1}<x_n$，可见数列 $\{x_n\}$ 单调减少，故由单调减少有下界数列必有极限知极限 $\lim\limits_{n\to\infty}x_n$ 存在.

设 $\lim\limits_{n\to\infty}x_n=l$，在 $x_{n+1}=\sin x_n$ 两边令 $n\to\infty$，得 $l=\sin l$，解得 $l=0$，即 $\lim\limits_{n\to\infty}x_n=0$.

（2）因 $\lim\limits_{n\to\infty}\left(\dfrac{x_{n+1}}{x_n}\right)^{\frac{1}{x_n^2}}=\lim\limits_{n\to\infty}\left(\dfrac{\sin x_n}{x_n}\right)^{\frac{1}{x_n^2}}$，由（1）知该极限为 1^∞ 型，令 $t=x_n$，则 $n\to\infty$，$t\to 0$，故

$$\lim_{n\to\infty}\left(\frac{\sin x_n}{x_n}\right)^{\frac{1}{x_n^2}}=\lim_{t\to 0}\left(\frac{\sin t}{t}\right)^{\frac{1}{t^2}}=\lim_{t\to 0}\exp\left[\frac{1}{t^2}\left(\frac{\sin t}{t}-1\right)\right]=\exp\left[\lim_{t\to 0}\frac{\sin t-t}{t^3}\right],$$

又因为　$\lim\limits_{t\to 0}\dfrac{\sin t-t}{t^3}=\lim\limits_{t\to 0}\dfrac{\cos t-1}{3t^3}=\lim\limits_{t\to 0}\dfrac{-\sin t}{6t}=-\dfrac{1}{6}$.

因此　$\lim\limits_{n\to\infty}\left(\dfrac{x_{n+1}}{x_n}\right)^{\frac{1}{x_n^2}}=\lim\limits_{n\to\infty}\left(\dfrac{\sin x_n}{x_n}\right)^{\frac{1}{x_n^2}}=\mathrm{e}^{-\frac{1}{6}}$.

例 4. 对于数列 $\{x_n\}$，证明以下结论：

（1）若 $\lim\limits_{n\to\infty}\left|\dfrac{x_{n+1}}{x_n}\right|=l<1$，则 $\{x_n\}$ 为无穷小数列；

（2）若 $\lim\limits_{n\to\infty}\sqrt[n]{|x_n|}=l<1$，则 $\{x_n\}$ 为无穷小数列；

（3）若 $\lim\limits_{n\to\infty}x_n=a$，则 $\lim\limits_{n\to\infty}\dfrac{x_1+x_2+\cdots+x_n}{n}=a$；

（4）若 $x_n\geqslant 0$ 且 $\lim\limits_{n\to\infty}x_n=a$，则 $\lim\limits_{n\to\infty}\sqrt[n]{x_1x_2\cdots x_n}=a$.

证明（1）若 $\lim\limits_{n\to\infty}\left|\dfrac{x_{n+1}}{x_n}\right|=l<1$，由数列极限的保号性，$\exists N\in\mathbf{N}_+$，对 $\forall n\geqslant N$ 都有

$$\left|\frac{x_{n+1}}{x_n}\right|\leqslant\frac{l+1}{2}=r<1\Rightarrow|x_n|=|x_N|\cdot\left|\frac{x_{N+1}}{x_N}\right|\cdot\left|\frac{x_{N+2}}{x_{N+1}}\right|\cdot\cdots\cdot\left|\frac{x_n}{x_{n-1}}\right|\leqslant|x_N|\cdot r^{n-N}.$$

由于 $\lim\limits_{n\to\infty}|x_N|\cdot r^{n-N}=0$，故 $\{x_n\}$ 为无穷小数列.

(2) 若 $\lim\limits_{n\to\infty}\sqrt[n]{|x_n|}=l<1$，同上，$\exists N\in\mathbf{N}_+$，对 $\forall n\geqslant N$ 都有

$$\sqrt[n]{|x_n|}\leqslant\frac{l+1}{2}=r<1\Rightarrow|x_n|\leqslant r^n.$$

由于 $\lim\limits_{n\to\infty}r^n=0$，故 $\{x_n\}$ 为无穷小数列.

(3) 由于

$$\frac{x_1+x_2+\cdots+x_n}{n}-a=\frac{(x_1-a)+(x_2-a)+\cdots+(x_n-a)}{n},$$

因此只需证 $\{x_n\}$ 为无穷小数列的情形.

此时，$\forall\varepsilon>0$，$\exists N_1>0$，当 $n>N_1$ 时，有 $|x_n|<\dfrac{\varepsilon}{2}$. 由于 $x_1+x_2+\cdots+x_{N_1}$ 为固定数，可取 $N>N_1$，使得 $\dfrac{|x_1+\cdots+x_{N_1}|}{N}<\dfrac{\varepsilon}{2}$. 于是当 $n>N$ 时，有

$$\left|\frac{x_1+x_2+\cdots+x_n}{n}\right|\leqslant\frac{|x_1+\cdots+x_{N_1}|}{n}+\frac{|x_{N_1+1}+\cdots+x_n|}{n}<\frac{\varepsilon}{2}+\frac{\varepsilon}{2}=$$

$$\varepsilon\Rightarrow\lim_{n\to\infty}\frac{x_1+x_2+\cdots+x_n}{n}=0.$$

(4) 若 $a=0$，由于 $0\leqslant\sqrt[n]{x_1x_2\cdots x_n}\leqslant\dfrac{x_1+x_2+\cdots+x_n}{n}$，根据（3）的结论得证；

若 $a>0$，知 $\lim\limits_{n\to\infty}\dfrac{1}{x_n}=\dfrac{1}{a}$，由（3）知 $\lim\limits_{n\to\infty}\dfrac{\dfrac{1}{x_1}+\dfrac{1}{x_2}+\cdots+\dfrac{1}{x_n}}{n}=\dfrac{1}{a}$，即

$\lim\limits_{n\to\infty}\dfrac{n}{\dfrac{1}{x_1}+\dfrac{1}{x_2}+\cdots+\dfrac{1}{x_n}}=a$，由平均值不等式

$$\frac{n}{\dfrac{1}{x_1}+\dfrac{1}{x_2}+\cdots+\dfrac{1}{x_n}}\leqslant\sqrt[n]{x_1x_2\cdots x_n}\leqslant\frac{x_1+x_2+\cdots+x_n}{n},$$

根据迫敛性可得证.

评注：利用定义证明数列极限收敛于给定值，关键是估计数列通项和极限值的差（使其可以任意小），经常使用分解的方法将复杂项分为若干简单、易估计项的和，然后"逐个击破". 结论（3）和结论（4）即为平均值收敛定理，它们的逆命题不成立.（请举反例）

例 5. 已知 $\lim\limits_{n\to\infty}x_n=A$，$\lim\limits_{n\to\infty}y_n=B$，证明：$\lim\limits_{n\to\infty}\dfrac{x_1y_n+x_2y_{n-1}+\cdots+x_ny_1}{n}=AB$.

证明 记 $a_n=x_n-A$，$b_n=y_n-B$，则 $\lim\limits_{n\to\infty}a_n=\lim\limits_{n\to\infty}b_n=0$，$\exists M>0$，使得 $|b_n|\leqslant M$. 由于

$$\frac{x_1 y_n + x_2 y_{n-1} + \cdots + x_n y_1}{n} = AB + A \cdot \frac{b_1 + b_2 + \cdots + b_n}{n} + B \cdot \frac{a_1 + a_2 + \cdots + a_n}{n} +$$

$$\frac{a_1 b_n + a_2 b_{n-1} + \cdots + a_n b_1}{n}$$

根据算术平均值收敛定理可得：$\lim\limits_{n \to \infty} \dfrac{b_1 + b_2 + \cdots + b_n}{n} = \lim\limits_{n \to \infty} \dfrac{a_1 + a_2 + \cdots + a_n}{n} = 0$，并且

$$\lim_{n \to \infty} \left| \frac{a_1 b_n + a_2 b_{n-1} + \cdots + a_n b_1}{n} \right| \leqslant M \lim_{n \to \infty} \frac{b_1 + b_2 + \cdots + b_n}{n} = 0,$$

故得证.

评注：本题亦可直接利用定义来证明；将非零极限分解为常数和无穷小的和是简化问题的重要手段.

例 6. 若 $x_n = 1 + \dfrac{1}{2^p} + \dfrac{1}{3^p} + \cdots + \dfrac{1}{n^p}$，证明：当 $p > 1$ 时，数列 $\{x_n\}$ 收敛.

证明 对任意的 $m > n$，设 $2^k \leqslant n < m \leqslant 2^{k+l}$，其中 k，$l \in \mathbf{N}_+$，注意到对任意的 $k \in \mathbf{N}_+$ 都有

$$\frac{1}{(2^k + 1)^p} + \frac{1}{(2^k + 2)^p} + \cdots + \frac{1}{(2^{k+1})^p} < \frac{2^k}{(2^k)^p} = \left(\frac{1}{2^{p-1}} \right)^k$$

因此

$$|x_m - x_n| = \frac{1}{(n+1)^p} + \frac{1}{(n+2)^p} + \cdots + \frac{1}{m^p} \leqslant \frac{1}{(2^k + 1)^p} + \frac{1}{(2^k + 2)^p} + \cdots + \frac{1}{(2^{k+l})^p}$$

$$= \left[\frac{1}{(2^k + 1)^p} + \cdots + \frac{1}{(2^{k+1})^p} \right] + \cdots + \left[\frac{1}{(2^{k+l-1} + 1)^p} + \cdots + \frac{1}{(2^{k+l})^p} \right]$$

$$< \left(\frac{1}{2^{p-1}} \right)^k + \cdots + \left(\frac{1}{2^{p-1}} \right)^{k+l-1} < \frac{1}{2^{p-1} - 1} \cdot \left(\frac{1}{2^{p-1}} \right)^{k-1}.$$

当 $n \to \infty$ 时，取 $k = [\log_2 n] \to \infty$，由于 $p > 1$ 时，$\lim\limits_{k \to \infty} \dfrac{1}{2^{p-1} - 1} \cdot \left(\dfrac{1}{2^{p-1}} \right)^{k-1} = 0$，故由柯西收敛准则，$\{x_n\}$ 收敛.

例 7. 设 $x_1 = 2$，$x_2 = 2 + \dfrac{1}{x_1}$，$\cdots$，$x_{n+1} = 2 + \dfrac{1}{x_n}$，求证：$\lim\limits_{n \to \infty} x_n$ 存在，并求其值.

证明 （证法一）若 $\lim\limits_{n \to \infty} x_n$ 存在，设 $\lim\limits_{n \to \infty} x_n = A$，由于 $x_n \geqslant 2$，可知 $A \geqslant 2$. 在递推式 $x_{n+1} = 2 + \dfrac{1}{x_n}$ 两边同时求极限，可得

$$A = 2 + \frac{1}{A} \Rightarrow A = 1 + \sqrt{2}.$$

下面证明 $\lim\limits_{n \to \infty} x_n = A = 1 + \sqrt{2}$. 由于：

$$|x_n - A| = \left| \left(2 + \frac{1}{x_{n-1}}\right) - \left(2 + \frac{1}{A}\right) \right| = \left| \frac{1}{x_{n-1}} - \frac{1}{A} \right| = \frac{|A - x_{n-1}|}{x_{n-1}A}$$

$$\leqslant \frac{|x_{n-1} - A|}{4} \leqslant \frac{|x_{n-2} - A|}{4^2} \leqslant \cdots \leqslant \frac{|x_1 - A|}{4^{n-1}} = \frac{|2 - (1 + \sqrt{2})|}{4^{n-1}} = \frac{\sqrt{2} - 1}{4^{n-1}},$$

以及 $\lim\limits_{n\to\infty} \dfrac{\sqrt{2} - 1}{4^{n-1}} = 0$，可得 $\lim\limits_{n\to\infty} x_n = A = 1 + \sqrt{2}$.

评注：由于数列不具有单调性，本题不能用单调收敛准则证明极限的存在性；先在数列收敛的前提下得到极限值，然后通过极限定义证明数列的确收敛于该极限，这是处理非单调递推数列的一种方法；此外，可以注意到该数列的奇子列和偶子列分别具有单调性，因此也可以通过奇偶子列收敛于同一极限值来证明.

（证法二）由于

$$|x_n - x_{n-1}| = \left| \left(2 + \frac{1}{x_{n-1}}\right) - \left(2 + \frac{1}{x_{n-2}}\right) \right| = \frac{|x_{n-1} - x_{n-2}|}{x_{n-1}x_{n-2}} \leqslant \frac{|x_{n-1} - x_{n-2}|}{4} \leqslant \cdots \leqslant \frac{|x_2 - x_1|}{4^{n-2}},$$

则 $|x_{n+p} - x_n| \leqslant |x_{n+p} - x_{n+p-1}| + \cdots + |x_{n+1} - x_n| \leqslant \dfrac{|x_2 - x_1|}{4^{n+p-2}} + \cdots + \dfrac{|x_2 - x_1|}{4^{n-1}} \leqslant$

$$\frac{4}{3} \frac{|x_2 - x_1|}{4^{n-1}} \to 0 \ (n \to \infty)$$

由柯西收敛准则，$\lim\limits_{n\to\infty} x_n$ 存在. 设 $\lim\limits_{n\to\infty} x_n = A$，由于 $x_n \geqslant 2$，可知 $A \geqslant 2$. 在递推式 $x_{n+1} = 2 + \dfrac{1}{x_n}$ 两边同时求极限，可得 $A = 2 + \dfrac{1}{A} \Rightarrow A = 1 + \sqrt{2}$.

评注：若数列 $\{x_n\}$ 满足 $|x_{n+1} - x_n| \leqslant r|x_n - x_{n-1}|$（常数 r 满足 $0 < r < 1$），则称其为**压缩数列**. 由柯西收敛准则（例2）可知，**压缩数列一定收敛**. 本题中的数列 $\{x_n\}$ 满足了压缩数列的条件.（若 $x_{n+1} = f(x_n)$，且 $|f'| \leqslant r < 1$，则由拉格朗日中值定理可知数列 $\{x_n\}$ 为压缩数列）

例8. 设 $x_0 = a$，$0 < a < \dfrac{\pi}{2}$，$x_n = \sin x_{n-1}$（$n = 1, 2, \cdots$），求证：

（1）$\lim\limits_{n\to\infty} x_n = 0$，（2）$\lim\limits_{n\to\infty} \sqrt{n} x_n = \sqrt{3}$.

证明 （1）由于 $0 \leqslant x_n \leqslant 1$ 且 $x_n = \sin x_{n-1} \leqslant x_{n-1}$（$n = 1, 2, \cdots$），故 $\lim\limits_{n\to\infty} x_n$ 存在，设 $\lim\limits_{n\to\infty} x_n = A$，$x_n = \sin x_{n-1}$ 两边取极限，可知 $A = \sin A \Rightarrow A = 0$，得证；

（2）只需证 $\lim\limits_{n\to\infty} n x_n^2 = 3$. 由于 $\lim\limits_{n\to\infty} x_n = 0$，知 $\left\{ \dfrac{1}{x_n^2} \right\}$ 为正无穷大量，根据 Stolz

公式

8

$$\lim_{n\to\infty}\frac{n}{\dfrac{1}{x_n^{\,2}}}=\lim_{n\to\infty}\frac{n-(n-1)}{\dfrac{1}{x_n^{\,2}}-\dfrac{1}{x_{n-1}^{\,2}}}=\lim_{n\to\infty}\frac{x_{n-1}^2\cdot x_n^2}{x_n^2-x_{n-1}^2}=\lim_{n\to\infty}\frac{x_{n-1}^2\cdot \sin^2 x_{n-1}}{x_{n-1}^2-\sin^2 x_{n-1}}$$

$$=\lim_{n\to\infty}\frac{x_{n-1}^{\,2}\cdot \sin^2 x_{n-1}}{(x_{n-1}+\sin x_{n-1})(x_{n-1}-\sin x_{n-1})}$$

由于 $\{x_n\}$ 为无穷小量，根据 $\sin x \sim x$，$x+\sin x \sim 2x$，$x-\sin x \sim \dfrac{1}{6}x^3$ $(x\to0)$ 可知

$$\lim_{n\to\infty}n x_n^2=\lim_{n\to\infty}\frac{n}{\dfrac{1}{x_n^2}}=3.$$

例 9. 求极限 $\displaystyle\lim_{n\to\infty}\left(\frac{\sin\dfrac{\pi}{n}}{n+1}+\frac{\sin\dfrac{2\pi}{n}}{n+\dfrac{1}{2}}+\cdots+\frac{\sin\dfrac{n\pi}{n}}{n+\dfrac{1}{n}}\right).$

解 $\dfrac{\sin\dfrac{\pi}{n}}{n+1}+\dfrac{\sin\dfrac{2\pi}{n}}{n+\dfrac{1}{2}}+\cdots+\dfrac{\sin\pi}{n+\dfrac{1}{n}}<\dfrac{1}{n}\left(\sin\dfrac{\pi}{n}+\sin\dfrac{2\pi}{n}+\cdots+\sin\pi\right)=\dfrac{1}{n}\sum_{i=1}^{n}\sin\dfrac{i\pi}{n},$

而 $\displaystyle\lim_{n\to\infty}\frac{1}{n}\sum_{i=1}^{n}\sin\frac{i\pi}{n}=\int_0^1\sin\pi x\,\mathrm{d}x=\frac{2}{\pi}.$

另一方面，$\dfrac{\sin\dfrac{\pi}{n}}{n+1}+\dfrac{\sin\dfrac{2\pi}{n}}{n+\dfrac{1}{2}}+\cdots+\dfrac{\sin\pi}{n+\dfrac{1}{n}}>\dfrac{1}{n+1}\left(\sin\dfrac{\pi}{n}+\sin\dfrac{2\pi}{n}+\cdots+\sin\pi\right)=$

$\dfrac{n}{n+1}\cdot\dfrac{1}{n}\sum_{i=1}^{n}\sin\dfrac{i\pi}{n},$ 且

$$\lim_{n\to\infty}\left(\frac{n}{n+1}\cdot\frac{1}{n}\sum_{i=1}^{n}\sin\frac{i\pi}{n}\right)=\int_0^1\sin\pi x\,\mathrm{d}x=\frac{2}{\pi}.$$

所以由夹逼准则知，$\displaystyle\lim_{n\to\infty}\left(\frac{\sin\dfrac{\pi}{n}}{n+1}+\frac{\sin\dfrac{2\pi}{n}}{n+\dfrac{1}{2}}+\cdots+\frac{\sin\pi}{n+\dfrac{1}{n}}\right)=\frac{2}{\pi}.$

例 10. 求极限 $\displaystyle\lim_{n\to\infty}\left(\frac{\sqrt{n-1}}{n}+\frac{\sqrt{2n-1}}{2n}+\cdots+\frac{\sqrt{n\cdot n-1}}{n\cdot n}\right).$

解 对任意的 $k=1,\cdots,n$，$\dfrac{\sqrt{kn-1}}{kn}<\dfrac{1}{\sqrt{nk}}=\dfrac{1}{n}\cdot\dfrac{1}{\sqrt{\dfrac{k}{n}}}$，同时

$$\frac{\sqrt{kn-1}}{kn}>\frac{\sqrt{kn-k}}{kn}=\sqrt{\frac{n-1}{n}}\cdot\frac{1}{n}\cdot\frac{1}{\sqrt{\dfrac{k}{n}}},$$

于是有 $\sqrt{\dfrac{n-1}{n}} \cdot \dfrac{1}{n} \sum_{k=1}^{n} \dfrac{1}{\sqrt{\dfrac{k}{n}}} \leqslant \dfrac{\sqrt{n-1}}{n} + \dfrac{\sqrt{2n-1}}{2n} + \cdots + \dfrac{\sqrt{n \cdot n - 1}}{n \cdot n} \leqslant \dfrac{1}{n} \sum_{k=1}^{n} \dfrac{1}{\sqrt{\dfrac{k}{n}}}.$

由于 $\lim_{n\to\infty} \dfrac{1}{n} \cdot \sum_{k=1}^{n} \dfrac{1}{\sqrt{\dfrac{k}{n}}} = \int_0^1 \dfrac{1}{\sqrt{x}} \mathrm{d}x = 2$ 以及 $\lim_{n\to\infty} \sqrt{\dfrac{n-1}{n}} = 1$，所以

$$\lim_{n\to\infty} \left(\frac{\sqrt{n-1}}{n} + \frac{\sqrt{2n-1}}{2n} + \cdots + \frac{\sqrt{n \cdot n - 1}}{n \cdot n} \right) = 2.$$

评注：使用定积分求和式极限，关键要将和式化为积分和的形式，和式中的每一项必须为分割后的小区间长度乘上被积函数在小区间中某点的值；在上述例题中，对和式的通项适当放缩，可以化为积分和的形式.

例 11. 求极限 $\lim_{n\to\infty} \dfrac{(-1)^n}{n} \sum_{i=1}^{n} \sin(\sqrt{n^2 + i} \cdot \pi)$.

解 由于 $\sin(\sqrt{n^2+i} \cdot \pi) = (-1)^n \cdot \sin(\sqrt{n^2+i} \cdot \pi - n\pi) =$
$(-1)^n \cdot \sin\left(\dfrac{i}{\sqrt{n^2+i}+n}\pi\right)$，注意到

$$\lim_{n\to\infty} \frac{1}{n} \sum_{i=1}^{n} \sin\left(\frac{i}{n} \cdot \frac{\pi}{2}\right) = \int_0^1 \sin\frac{\pi}{2}x\,\mathrm{d}x = \frac{2}{\pi},$$

可得

$$\lim_{n\to\infty} \frac{(-1)^n}{n} \sum_{i=1}^{n} \sin(\sqrt{n^2+i} \cdot \pi) = \frac{2}{\pi} + \lim_{n\to\infty} \frac{1}{n} \sum_{i=1}^{n} \left[\sin\left(\frac{i}{\sqrt{n^2+i}+n}\pi\right) - \sin\left(\frac{i}{n} \cdot \frac{\pi}{2}\right) \right].$$

对任意的 $i = 1, \cdots, n$，由于

$$\left| \sin\left(\frac{i}{\sqrt{n^2+i}+n}\pi\right) - \sin\left(\frac{i}{n} \cdot \frac{\pi}{2}\right) \right| \leqslant \left| \frac{i}{\sqrt{n^2+i}+n}\pi - \frac{i}{n} \cdot \frac{\pi}{2} \right|$$

$$= i\pi \frac{i}{2n\left(\sqrt{n^2+i}+n\right)^2} \leqslant \frac{\pi}{8} \cdot \frac{i^2}{n^3} \leqslant \frac{1}{n}$$

故 $\left| \dfrac{1}{n} \sum_{i=1}^{n} \left[\sin\left(\dfrac{i}{\sqrt{n^2+i}+n}\pi\right) - \sin\left(\dfrac{i}{n} \cdot \dfrac{\pi}{2}\right) \right] \right| \leqslant \dfrac{1}{n} \to 0$，因此

$$\lim_{n\to\infty} \frac{(-1)^n}{n} \sum_{i=1}^{n} \sin(\sqrt{n^2+i} \cdot \pi) = \frac{2}{\pi}.$$

评注：对于不能直接化为积分的和式，可考虑其与可化为积分和式的差异，只要保证差异累积之后仍为无穷小即可.

例 12. 设函数 $f(x)$ 在闭区间 $[0, 1]$ 上具有连续导数，证明：

$$\lim_{n\to\infty} n\left(\int_0^1 f(x)\mathrm{d}x - \frac{1}{n} \sum_{k=1}^{n} f\left(\frac{k}{n}\right) \right) = -\frac{1}{2}[f(1) - f(0)].$$

证明 记 $A_n = \dfrac{1}{n} \sum_{k=1}^{n} f\left(\dfrac{k}{n}\right)$，根据定积分定义，有 $\lim_{n\to\infty} A_n = \int_0^1 f(x)\mathrm{d}x$. 显然

$\lim\limits_{n\to\infty}\Big(\int_0^1 f(x)\mathrm{d}x - A_n\Big) = 0$，下面需要求 $\lim\limits_{n\to\infty} n\Big[\int_0^1 f(x)\mathrm{d}x - A_n\Big]$.

记 $x_k = \dfrac{k}{n}$，则 $A_n = \sum\limits_{k=1}^{n}\int_{x_{k-1}}^{x_k} f(x_k)\mathrm{d}x$，记 $J_n = n\Big[\int_0^1 f(x)\mathrm{d}x - \dfrac{1}{n}\sum\limits_{k=1}^{n}f\Big(\dfrac{k}{n}\Big)\Big]$，则

$$J_n = n\sum_{k=1}^{n}\int_{x_{k-1}}^{x_k}[f(x) - f(x_k)]\mathrm{d}x.$$

由于 $f(x)$ 连续可导，则 $\dfrac{f(x) - f(x_k)}{x - x_k}$ 连续，同时 $x - x_k$ 在区间 (x_{k-1}, x_k) 上恒负，由积分中值定理，存在 $\xi_k \in (x_{k-1}, x_k)$ 使得

$$J_n = n\sum_{k=1}^{n}\int_{x_{k-1}}^{x_k}\frac{f(x) - f(x_k)}{x - x_k}(x - x_k)\mathrm{d}x = n\sum_{k=1}^{n}\frac{f(\xi_k) - f(x_k)}{\xi_k - x_k}\int_{x_{k-1}}^{x_k}(x - x_k)\mathrm{d}x$$

$$= -\frac{1}{2n}\sum_{k=1}^{n}\frac{f(\xi_k) - f(x_k)}{\xi_k - x_k}.$$

对函数 $f(x)$ 在区间 $[\xi_k, x_k]$ 上使用拉格朗日中值定理，存在 $\eta_k \in (\xi_k, x_k) \subset (x_{k-1}, x_k)$ 使得

$$J_n = -\frac{1}{2n}\sum_{k=1}^{n}\frac{f(\xi_k) - f(x_k)}{\xi_k - x_k} = -\frac{1}{2n}\sum_{i=1}^{n}f'(\eta_k).$$

由于 $f'(x)$ 可积，根据定积分定义可知

$$\lim_{n\to\infty}\frac{1}{n}\sum_{i=1}^{n}f'(\eta_k) = \int_0^1 f'(x)\mathrm{d}x = f(1) - f(0),$$

故 $\lim\limits_{n\to\infty} J_n = -\dfrac{1}{2}[f(1) - f(0)]$.

评注：在定积分定义中，当对区间 $[0,1]$ n 等分时，无论 ξ_k 取区间 $\Big[\dfrac{k-1}{n}, \dfrac{k}{n}\Big]$ 的左端点、右端点或其他点，都有 $\lim\limits_{n\to\infty}\dfrac{1}{n}\sum\limits_{k=1}^{n}f(\xi_k) = \int_0^1 f(x)\mathrm{d}x$. 本题考虑了 ξ_k 取右端点时，$\int_0^1 f(x)\mathrm{d}x$ 和 $\dfrac{1}{n}\sum\limits_{k=1}^{n}f(\xi_k)$ 的差（一个无穷小）与 n（无穷大）乘积的极限，其值为 $-\dfrac{1}{2}[f(1) - f(0)]$. 若 ξ_k 取左端点时，这个极限是多少？若取区间中点时，情况又如何呢？

3　本节练习

（A 组）

1. 利用夹逼准则求下列数列的极限：

（1）$\lim\limits_{n\to\infty}\Big(\dfrac{1}{n^2} + \dfrac{1}{(n+1)^2} + \cdots + \dfrac{1}{(2n)^2}\Big)$；

（2）$\lim\limits_{n\to\infty}\dfrac{1 + \sqrt[n]{2} + \cdots + \sqrt[n]{n}}{n}$；

(3) $\lim\limits_{n\to\infty}\dfrac{1\cdot 3\cdot\cdots\cdot(2n-1)}{2\cdot 3\cdot\cdots\cdot 2n}$;

(4) $\lim\limits_{n\to\infty}\dfrac{1!+2!+\cdots+n!}{n!}$.

2. 利用单调有界准则证明下列数列的极限存在并求其值:

(1) 设 $x_1=\sqrt{2}$, $x_{n+1}=\sqrt{2x_n}$, $n=1,2,\cdots$;

(2) 设 $0<x_1<1$, $x_{n+1}=x_n(1-x_n)$, $n=1,2,\cdots$;

(3) 设 $0<x_1<3$, $x_{n+1}=\sqrt{x_n(3-x_n)}$, $n=1,2,\cdots$;

(4) 设 $x_1>0$, $x_{n+1}=\dfrac{1}{2}\left(x_n+\dfrac{4}{x_n}\right)$, $n=1,2,\cdots$.

3. 设对于数列 $\{x_n\}$, 有 $\lim\limits_{n\to\infty}x_{2n}=a$, $\lim\limits_{n\to\infty}x_{2n-1}=a$, 证明: $\lim\limits_{n\to\infty}x_n=a$.

4. 设数列 $\{x_n\}$ 满足压缩性条件: $|x_{n+1}-x_n|\le k|x_n-x_{n-1}|$, $n=2,3,\cdots$, 其中, $0<k<1$, 证明: $\{x_n\}$ 收敛.

5. 求 $\lim\limits_{n\to\infty}\tan^n\left(\dfrac{\pi}{4}+\dfrac{1}{n}\right)$.

6. (1) $\lim\limits_{n\to\infty}\dfrac{\left[1^p+3^p+\cdots+(2n-1)^p\right]^{q+1}}{\left[2^p+4^p+\cdots+(2n)^q\right]^{p+1}}$ $(p,q>0)$.

(2) $\lim\limits_{n\to\infty}\left(\dfrac{1}{\sqrt{4n^2-1^2}}+\dfrac{1}{\sqrt{4n^2-2^2}}+\cdots+\dfrac{1}{\sqrt{4n^2-n^2}}\right)$.

(3) $\lim\limits_{n\to\infty}\dfrac{1}{n^4}\prod\limits_{i=1}^{2n}(n^2+i^2)^{\frac{1}{n}}$.

(B 组)

1. 设 $x_1>0$, $x_{n+1}=\dfrac{2(1+x_n)}{2+x_n}$ $(n=1,2,\cdots)$, 证明: $\lim\limits_{n\to\infty}x_n$ 存在, 并求其值.

2. 设 $x_1>0$, $x_{n+1}=\dfrac{a+x_n}{1+x_n}$ $(n=1,2,\cdots)$, 讨论数列 $\{x_n\}$ 的收敛性, 并在收敛时求出其极限.

3. 设 $x_1>0$, $x_{n+1}=\dfrac{1}{1+x_n}$ $(n=1,2,\cdots)$, 证明: $\lim\limits_{n\to\infty}x_n$ 存在, 并求其值.

4. 设 $x_0=a$, $x_1=b$, $x_n=\dfrac{1}{2}(x_{n-1}+x_{n-2})$ $(n=2,3,\cdots)$, 求 $\lim\limits_{n\to\infty}x_n$.

5. 设 $\alpha>0$, 求 $\lim\limits_{n\to\infty}\dfrac{1^{\alpha-1}+2^{\alpha-1}+\cdots+n^{\alpha-1}}{n^\alpha}$.

6. 设 $0<x_1<1$, $x_{n+1}=x_n(1-x_n)$ $(n=1,2,\cdots)$, 求 $\lim\limits_{n\to\infty}nx_n$.

7. 给定两正数 a_1 与 b_1 $(a_1<b_1)$,

(1) 令 $a_{n+1}=\sqrt{a_nb_n}$, $b_{n+1}=\dfrac{a_n+b_n}{2}$, $n=1,2,\cdots$; (2) 令 $a_{n+1}=\dfrac{2a_nb_n}{a_n+b_n}$,

$b_{n+1} = \sqrt{a_n b_n}$，$n = 1$，2，$\cdots$；

分别证明：$\lim\limits_{n\to\infty} a_n$ 与 $\lim\limits_{n\to\infty} b_n$ 皆存在且相等.

8. 求极限（1）$\lim\limits_{n\to\infty} \dfrac{1}{n}\left(\dfrac{n}{\dfrac{1}{2}+\dfrac{2}{3}+\cdots+\dfrac{n}{n+1}}\right)^n$；（2）$\lim\limits_{n\to\infty} \dfrac{n!}{n^n \cdot \prod\limits_{i=1}^{n}\sin\dfrac{i\pi}{2n}}$.

4　竞赛实战

（A 组）

1.（第八届江苏省赛）已知 $f(x) = a^{x^3}$，求极限 $\lim\limits_{n\to\infty} \dfrac{1}{n^4}\ln\left[f(1)f(2)\cdots f(n)\right]$.

2.（第十一届江苏省赛）求极限 $\lim\limits_{n\to\infty} \dfrac{|1-2+3-\cdots+(-1)^{n+1}n|}{n}$.

3.（第十二届江苏省赛）设 $h(x) = e^x$，求极限 $\lim\limits_{n\to+\infty} \dfrac{\ln\left[h(1)h(4)\cdots h(3n+1)\right]}{1+n^2}$.

4.（第十四届江苏省赛）求极限

（1）$\lim\limits_{n\to\infty}\left(\dfrac{1^2}{n^3+1^2}+\dfrac{2^2}{n^3+2^2}+\cdots+\dfrac{n^2}{n^3+n^2}\right)$；　（2）$\lim\limits_{n\to\infty}\left(\dfrac{1^2}{n^3+1^3}+\dfrac{2^2}{n^3+2^3}+\cdots+\dfrac{n^2}{n^3+n^3}\right)$.

5.（第一届国家决赛）求极限 $\lim\limits_{n\to\infty}\left(\dfrac{a^{\frac{1}{n}}+b^{\frac{1}{n}}+c^{\frac{1}{n}}}{3}\right)^n$，其中 $a>0,b>0,c>0$.

6.（第一届国家决赛）求极限 $\lim\limits_{n\to\infty}\sum\limits_{k=1}^{n-1}\left(1+\dfrac{k}{n}\right)\sin\dfrac{k\pi}{n^2}$.

7.（第二届国家决赛）设 $x_n = (1+a)(1+a^2)\cdots(1+a^{2^n})$，其中，$|a|<1$，求 $\lim\limits_{n\to\infty} x_n$.

8.（第七届国家预赛）求极限 $\lim\limits_{n\to\infty} n\left(\dfrac{\sin\dfrac{\pi}{n}}{n^2+1}+\dfrac{\sin\dfrac{2\pi}{n}}{n^2+2}+\cdots+\dfrac{\sin\dfrac{n\pi}{n}}{n^2+n}\right)$.

（B 组）

1.（第一届江苏省赛）一点先向正东移动 a m，然后左拐弯移动 aq m（其中 $0\leqslant q\leqslant 1$），如此不断重复左拐弯，使得后一段移动距离是前一段的 q 倍，这样该点有一极限位置，试问该极限位置与原出发点相距多少米？

2.（第九届江苏省赛）设数列 $\{x_n\}$ 为：$x_1 = \sqrt{3}$，$x_2 = \sqrt{3-\sqrt{3}}$，$\cdots$，$x_{n+2} = \sqrt{3-\sqrt{3+x_n}}$，$(n=1,2,\cdots,n)$，求证数列 $\{x_n\}$ 收敛，并求极限.

3.（第十二届江苏省赛）设对每个 j，$\{f_j(k)\}_{k=1}^{\infty}$ 都是无穷小数列，$j=1,2,3\cdots$，定义：

$$z_k = \lim\limits_{n\to\infty}\left[f_1(k)f_2(k)\cdots f_n(k)\right], k=1,2,3,\cdots,$$

若 $\{z_k\}$ 是一个数列，则 $\lim\limits_{k \to \infty} z_k = 0$ 是否一定成立？若一定成立，给出证明；若未必成立，给出反例．

4．（第三届国家预赛、第九届国家预赛）设 $\{a_n\}_{n=0}^{\infty}$ 为数列，λ 为有限数，求证：如果存在正整数 p，使得 $\lim\limits_{n \to \infty}(a_{n+p} - a_n) = \lambda$，则 $\lim\limits_{n \to \infty} \dfrac{a_n}{n} = \dfrac{\lambda}{p}$．

5．（第四届国家预赛）求极限 $\lim\limits_{n \to \infty}(n!)^{\frac{1}{n^2}}$．

6．（第六届国家预赛）设 $A_n = \dfrac{n}{n^2+1} + \dfrac{n}{n^2+2^2} + \cdots + \dfrac{n}{n^2+n^2}$，求 $\lim\limits_{n \to \infty} n\left(\dfrac{\pi}{4} - A_n\right)$．

7．（第七届国家决赛）求极限 $\lim\limits_{n \to \infty} |n\sin(\pi n! e)|$．

8．（第八届国家预赛）设函数 $f(x)$ 在闭区间 $[0,1]$ 上具有连续导数，$f(0) = 0$，$f(1) = 1$，证明：

$$\lim\limits_{n \to \infty} n\left[\int_0^1 f(x)\,\mathrm{d}x - \dfrac{1}{n}\sum_{k=1}^{n} f\left(\dfrac{k}{n}\right)\right] = -\dfrac{1}{2}.$$

9．（第八届国家决赛）设 $a_n = \sum\limits_{k=1}^{n} \dfrac{1}{k} - \ln n$，证明：$\lim\limits_{n \to \infty} a_n$ 存在．

10．（第九届国家预赛）求极限 $\lim\limits_{n \to \infty} \sin^2(\pi\sqrt{n^2+n})$．

11．（第九届国家决赛）求极限 $\lim\limits_{n \to \infty}\left[\sqrt[n+1]{(n+1)!} - \sqrt[n]{n!}\right]$．

第二节　数项级数

1　内容总结与精讲

◆ 数项级数收敛的定义

设数项级数 $\sum\limits_{n=1}^{\infty} a_n$，记 $S_n = \sum\limits_{k=1}^{n} a_k$，则级数 $\sum\limits_{n=1}^{\infty} a_n$ 收敛 $\Leftrightarrow$ 数列 $\{S_n\}$ 收敛，因此数项级数 $\sum\limits_{n=1}^{\infty} a_n$ 的收敛性问题本质上是部分和数列 $\{S_n\}$ 的收敛性问题，称 $S = \lim\limits_{n \to \infty} S_n$ 为级数 $\sum\limits_{n=1}^{\infty} a_n$ 的和，记 $S = \sum\limits_{n=1}^{\infty} a_n$．

注：由定义可知，数项级数中增加、去掉或改变有限项，不会影响级数的收敛性，但是会改变级数的和．

◆ 级数收敛的柯西准则及其推论

级数收敛的柯西准则：级数 $\sum\limits_{n=1}^{\infty} a_n$ 收敛 $\Leftrightarrow \forall \varepsilon > 0$，$\exists N > 0$，当 $n > N$ 时，对 $\forall p \in \mathbf{N}$，有

$$|a_{n+1} + a_{n+2} + \cdots + a_{n+p}| < \varepsilon.$$

相应地，级数 $\displaystyle\sum_{n=1}^{\infty} a_n$ 发散 $\Leftrightarrow \exists \varepsilon_0 > 0,\ \forall N > 0,\ \exists n_0 > N,\ \exists p_0 \in \mathbf{N}$，使得

$$|a_{n_0+1} + a_{n_0+2} + \cdots + a_{n_0+p_0}| \geqslant \varepsilon.$$

柯西准则有如下两个推论：

（1）级数收敛的必要条件：级数 $\displaystyle\sum_{n=1}^{\infty} a_n$ 收敛 $\Rightarrow \lim_{n \to \infty} a_n = 0$，反之 $\{a_n\}$ 不收敛于零 $\Rightarrow$ 级数 $\displaystyle\sum_{n=1}^{\infty} a_n$ 发散.

（2）级数的绝对收敛性：级数 $\displaystyle\sum_{n=1}^{\infty} |a_n|$ 收敛 $\Rightarrow$ 级数 $\displaystyle\sum_{n=1}^{\infty} a_n$ 收敛.（此时称为绝对收敛）

注：级数 $\displaystyle\sum_{n=1}^{\infty} a_n$ 收敛时，$\displaystyle\sum_{n=1}^{\infty} |a_n|$ 未必收敛，若 $\displaystyle\sum_{n=1}^{\infty} a_n$ 收敛而 $\displaystyle\sum_{n=1}^{\infty} |a_n|$ 发散，称 $\displaystyle\sum_{n=1}^{\infty} a_n$ 条件收敛.

◆　正项级数的敛散性判定

（1）正项级数 $\displaystyle\sum_{n=1}^{\infty} a_n$ 收敛 $\Leftrightarrow$ 部分和数列 $\{S_n\}$ 有上界.

（2）比较判别法：设 $\displaystyle\sum_{n=1}^{\infty} a_n$ 和 $\displaystyle\sum_{n=1}^{\infty} b_n$ 为两个正项级数，若 $\exists N > 0$，当 $n > N$ 时 $a_n \leqslant k b_n\,(k > 0)$ 成立，则

（a）级数 $\displaystyle\sum_{n=1}^{\infty} b_n$ 收敛 $\Rightarrow$ 级数 $\displaystyle\sum_{n=1}^{\infty} a_n$ 收敛；

（b）级数 $\displaystyle\sum_{n=1}^{\infty} a_n$ 发散 $\Rightarrow$ 级数 $\displaystyle\sum_{n=1}^{\infty} b_n$ 发散.

（3）比较判别法的极限形式：设 $\displaystyle\sum_{n=1}^{\infty} a_n$，$\displaystyle\sum_{n=1}^{\infty} b_n$ 为两个正项级数，若 $\lim_{n \to \infty} \dfrac{a_n}{b_n} = l$，则

（a）当 $0 < l < +\infty$ 时，级数 $\displaystyle\sum_{n=1}^{\infty} a_n$ 和 $\displaystyle\sum_{n=1}^{\infty} b_n$ 敛散性一致；

（b）当 $l = 0$ 时，级数 $\displaystyle\sum_{n=1}^{\infty} b_n$ 收敛 $\Rightarrow$ 级数 $\displaystyle\sum_{n=1}^{\infty} a_n$ 收敛；

（c）当 $l = +\infty$ 时，级数 $\displaystyle\sum_{n=1}^{\infty} a_n$ 收敛 $\Rightarrow$ 级数 $\displaystyle\sum_{n=1}^{\infty} b_n$ 收敛.

（4）比较判别法的分式形式：设正项级数 $\displaystyle\sum_{n=1}^{\infty} a_n$，$\displaystyle\sum_{n=1}^{\infty} b_n$ 满足 $\exists N > 0$，当 $n > N$ 时

$\dfrac{a_{n+1}}{a_n} \leqslant \dfrac{b_{n+1}}{b_n}$ 成立，则

$$\text{级数} \sum_{n=1}^{\infty} b_n \text{ 收敛} \Rightarrow \text{级数} \sum_{n=1}^{\infty} a_n \text{ 收敛}.$$

（5）比值判别法（D'Alember 判别法）：设 $\sum\limits_{n=1}^{\infty} a_n (a_n \neq 0)$ 为正项级数，$\exists N > 0$，

（a）若当 $n > N$ 时，$\dfrac{a_{n+1}}{a_n} \leqslant q < 1$ 成立，则级数 $\sum\limits_{n=1}^{\infty} a_n$ 收敛；

（b）若当 $n > N$ 时，$\dfrac{a_{n+1}}{a_n} \geqslant 1$ 成立，则级数 $\sum\limits_{n=1}^{\infty} a_n$ 发散.

注：若将（a）改为 $\dfrac{a_{n+1}}{a_n} < 1$，结论不成立. $\left(\text{如} \sum\limits_{n=1}^{\infty} \dfrac{1}{n} \right)$

（6）比值判别法的极限形式：设 $\sum\limits_{n=1}^{\infty} a_n (a_n \neq 0)$ 为正项级数，且 $\lim\limits_{n \to \infty} \dfrac{a_{n+1}}{a_n} = l$，

（a）当 $l < 1$ 时，级数 $\sum\limits_{n=1}^{\infty} a_n$ 收敛；

（b）当 $l > 1$ 时，级数 $\sum\limits_{n=1}^{\infty} a_n$ 发散；

（c）当 $l = 1$ 时，级数 $\sum\limits_{n=1}^{\infty} a_n$ 可能收敛也可能发散.

（7）根值判别法（柯西判别法）：设 $\sum\limits_{n=1}^{\infty} a_n$ 为正项级数，且 $\exists N > 0$，

（a）若当 $n > N$ 时，$\sqrt[n]{a_n} \leqslant q < 1$ 成立，则级数 $\sum\limits_{n=1}^{\infty} a_n$ 收敛；

（b）若当 $n > N$ 时，$\sqrt[n]{a_n} \geqslant 1$ 成立，则级数 $\sum\limits_{n=1}^{\infty} a_n$ 发散.

注：若将（a）改为 $\sqrt[n]{a_n} < 1$，结论不成立. $\left(\text{如} \sum\limits_{n=1}^{\infty} \dfrac{1}{n} \right)$

（8）根值判别法的极限形式：设 $\sum\limits_{n=1}^{\infty} a_n (a_n \neq 0)$ 为正项级数，且 $\lim\limits_{n \to \infty} \sqrt[n]{a_n} = l$，

（a）当 $l < 1$ 时，级数 $\sum\limits_{n=1}^{\infty} a_n$ 收敛；

（b）当 $l > 1$ 时，级数 $\sum\limits_{n=1}^{\infty} a_n$ 发散；

（c）当 $l = 1$ 时，级数 $\sum\limits_{n=1}^{\infty} a_n$ 可能收敛也可能发散.

注：（i）若 $\lim\limits_{n \to \infty} \sqrt[n]{a_n}$ 不存在，可取 $\varlimsup\limits_{n \to \infty} \sqrt[n]{a_n} = l$（该极限总是存在或为正无穷大），有相同的结论；

（ii）一个正项级数的敛散性如果可以用比值判别法，那么一定可以用根值判别法，反之未必.$\left(\text{如} \sum\limits_{n=1}^{\infty} \dfrac{3 + (-1)^n}{2^n}\right)$

（9）拉贝（Raabe）判别法：设 $\sum\limits_{n=1}^{\infty} a_n (a_n \neq 0)$ 为正项级数，且 $\lim\limits_{n \to \infty} n\left(\dfrac{a_n}{a_{n+1}} - 1\right) = r$,

（a）当 $r > 1$ 时，级数 $\sum\limits_{n=1}^{\infty} a_n$ 收敛；

（b）当 $r < 1$ 时，级数 $\sum\limits_{n=1}^{\infty} a_n$ 发散；

（c）当 $r = 1$ 时，级数 $\sum\limits_{n=1}^{\infty} a_n$ 可能收敛也可能发散.

注：比值判别法和根值判别法是以几何级数 $\left(\sum\limits_{n=1}^{\infty} q^n\right)$ 为参考级数建立的判别法，而拉贝判别法是以 p 级数 $\left(\sum\limits_{n=1}^{\infty} \dfrac{1}{n^p}\right)$ 为参考级数建立的判别法，因此其更加准确.（例如判断 $\sum\limits_{n=1}^{\infty} \dfrac{(2n-1)!!}{(2n)!!} \dfrac{1}{2n+1}$ 收敛）

（10）柯西积分判别法：设 $f(x)$ 为 $[1, +\infty)$ 上非负的递减函数，则正项级数 $\sum\limits_{n=1}^{\infty} f(n)$ 与无穷积分 $\int_1^{+\infty} f(x)\mathrm{d}x$ 同时收敛或同时发散.

◆ **变号级数的敛散性判定**

变号级数包括交错级数（正负项相间）和任意项级数（正负项随机出现）.

（1）莱布尼茨判别法：若交错级数 $\sum\limits_{n=1}^{\infty} (-1)^n a_n$ 满足（a）$a_n > 0$,（b）数列 $\{a_n\}$ 单调递减,（c）$\lim\limits_{n \to \infty} a_n = 0$,则级数 $\sum\limits_{n=1}^{\infty} (-1)^n a_n$ 收敛.

（2）阿贝尔（Abel）判别法：级数 $\sum\limits_{n=1}^{\infty} u_n$ 中，$u_n = a_n \cdot b_n$,如果（a）级数 $\sum\limits_{n=1}^{\infty} a_n$ 收敛,（b）数列 $\{b_n\}$ 单调有界$(\exists M > 0, |b_n| \leq M)$,则级数 $\sum\limits_{n=1}^{\infty} u_n$ 收敛.

（3）狄利克雷（Dirichlet）判别法：级数 $\sum\limits_{n=1}^{\infty} u_n$ 中，$u_n = a_n \cdot b_n$,如果（a）$B_n = \sum\limits_{k=1}^{n} b_k$ 有界,（b）数列 $\{a_n\}$ 单调递减,（c）$\lim\limits_{n \to \infty} a_n = 0$,则级数 $\sum\limits_{n=1}^{\infty} u_n$ 收敛.

注：阿贝尔和狄利克雷判别法用到如下的阿贝尔变换（分布求和公式）

设 $\{a_n\}$，$\{b_n\}$ 是两数列，记 $B_k = \sum_{i=1}^{k} b_i$，$k = 1, 2, \cdots$，则

$$\sum_{k=1}^{n} a_k b_k = a_n B_n - \sum_{k=1}^{n-1} (a_{k+1} - a_k) B_k.$$

◆ **数项级数收敛的性质**

1. 线性：若级数 $\sum_{n=1}^{\infty} a_n$，$\sum_{n=1}^{\infty} b_n$ 都收敛，则任意常数 α，β，级数 $\sum_{n=1}^{\infty} (\alpha a_n + \beta b_n)$ 也收敛，且

$$\sum_{n=1}^{\infty} (\alpha a_n + \beta b_n) = \alpha \sum_{n=1}^{\infty} a_n + \beta \sum_{n=1}^{\infty} b_n.$$

2. 结合律（加括号级数）：设 $\sum_{n=1}^{\infty} a_n$ 为收敛级数，则对 $\sum_{n=1}^{\infty} a_n$ 任意加括号后得到的级数 $\sum_{k=1}^{\infty} b_k$ 也收敛，且二者的和相等.

注：（1）若 $\sum_{n=1}^{\infty} a_n$ 为正项级数，则逆命题也成立，即如果 $\sum_{n=1}^{\infty} a_n$ 的加括号级数 $\sum_{k=1}^{\infty} b_k$ 收敛，则级数 $\sum_{n=1}^{\infty} a_n$ 一定收敛；

（2）若数项级数 $\sum_{n=1}^{\infty} a_n$ 满足：（a）$\lim_{n \to \infty} a_n = 0$，（b）加上括号后收敛且每个括号内项的个数小于某个定数 L，则原级数 $\sum_{n=1}^{\infty} a_n$ 收敛；

（3）若数项级数 $\sum_{n=1}^{\infty} a_n$ 加上括号后收敛且每个括号内项的符号相同，则原级数 $\sum_{n=1}^{\infty} a_n$ 收敛.

3. 交换律（级数重排）：记 $f(n): \mathbf{N} \to \mathbf{N}$ 为自然数的一个重排，设级数 $\sum_{n=1}^{\infty} a_n$ 绝对收敛，则其任意一个重排级数 $\sum_{n=1}^{\infty} a_{f(n)}$ 绝对收敛，且 $\sum_{n=1}^{\infty} a_n = \sum_{n=1}^{\infty} a_{f(n)}$.

注：（1）若 $\sum_{n=1}^{\infty} a_n$ 为变号级数，则上述结论不成立；

（2）若 $\sum_{n=1}^{\infty} a_n$ 为任意级数，对于自然数的一个重排 $f(n)$，存在定数 L 使得 $|f(n) - n| \leqslant L$（$\forall n$），则

$$\sum_{n=1}^{\infty} a_n \text{ 收敛} \Leftrightarrow \sum_{n=1}^{\infty} a_{f(n)} \text{ 收敛，且} \sum_{n=1}^{\infty} a_n = \sum_{n=1}^{\infty} a_{f(n)}.$$

（3）设级数 $\sum\limits_{n=1}^{\infty} a_n$ 条件收敛，则对任意的 S（有限数或 $\pm\infty$），都存在自然数的一个重排 $f(n)$，使得 $\sum\limits_{n=1}^{\infty} a_n$ 的重排级数 $\sum\limits_{n=1}^{\infty} a_{f(n)}$ 收敛于 S，即 $S = \sum\limits_{n=1}^{\infty} a_{f(n)}$.

4. 分配律（级数乘积）：设 $\sum\limits_{n=1}^{\infty} a_n$，$\sum\limits_{n=1}^{\infty} b_n$ 为两个数项级数，级数的乘积矩阵（两个级数各项所有可能的乘积组成的矩阵）表示为：

$$\begin{pmatrix} a_1 b_1 & a_1 b_2 & \cdots & a_1 b_n & \cdots \\ a_2 b_1 & a_2 b_2 & \cdots & a_2 b_n & \cdots \\ \vdots & \vdots & & \vdots & \vdots \\ a_n b_1 & a_n b_2 & \cdots & a_n b_n & \cdots \\ \vdots & \vdots & & \vdots & \vdots \end{pmatrix},$$

任何将该矩阵中的元素排成一个序列的方法都是 $\sum\limits_{n=1}^{\infty} a_n$ 与 $\sum\limits_{n=1}^{\infty} b_n$ 乘积的一个表示，常用以下两种：

（1）对角线方法（柯西乘积）：$\sum\limits_{n=1}^{\infty} a_n$ 与 $\sum\limits_{n=1}^{\infty} b_n$ 的乘积为 $\sum\limits_{n=1}^{\infty} c_n$，其中

$$c_n = \sum_{\substack{i+j=n+1 \\ 1 \le i,j \le n}} a_i b_j = a_1 b_n + a_2 b_{n-1} + \cdots + a_n b_1;$$

（2）正方形乘积：$\sum\limits_{n=1}^{\infty} a_n$ 与 $\sum\limits_{n=1}^{\infty} b_n$ 的乘积为 $\sum\limits_{n=1}^{\infty} d_n$，其中

$$d_n = a_1 b_n + a_2 b_n + \cdots + a_n b_n + a_n b_{n-1} + \cdots + \cdots + a_n b_1.$$

结论：设级数 $\sum\limits_{n=1}^{\infty} a_n$ 与 $\sum\limits_{n=1}^{\infty} b_n$ 都绝对收敛，其乘积矩阵中所有元素的任何一个排列构成的级数也绝对收敛，并且它们的和为 $\sum\limits_{n=1}^{\infty} a_n \cdot \sum\limits_{n=1}^{\infty} b_n$.

◆ **函数项级数（幂级数）的收敛域**

若 $x \in I$ 时，函数项级数 $\sum\limits_{n=1}^{\infty} u_n(x)$ 收敛，$x \notin I$ 时，$\sum\limits_{n=1}^{\infty} u_n(x)$ 发散，则称 I 为函数项级数 $\sum\limits_{n=1}^{\infty} u_n(x)$ 的收敛域. 显然，函数项级数 $\sum\limits_{n=1}^{\infty} u_n(x)$ 的收敛域问题，本质上就是 x 确定时，数项级数 $\sum\limits_{n=1}^{\infty} u_n(x)$ 的收敛性问题！

函数项级数中，最常用到的是幂级数，其一般项为幂函数，形如 $\sum\limits_{n=0}^{\infty} a_n (x-x_0)^n$，方便起见，一般只考虑 $\sum\limits_{n=0}^{\infty} a_n x^n$. 关于其收敛域的结论如下.

1. 阿贝尔第一定理：如果幂级数 $\sum\limits_{n=0}^{\infty} a_n x^n$ 在 $x = x_0 (x_0 \neq 0)$ 处收敛，则它在满足不等式 $|x| < |x_0|$ 的一切 x 处绝对收敛；如果幂级数 $\sum\limits_{n=0}^{\infty} a_n x^n$ 在 $x = x_0$ 处发散，则它在满足不等式 $|x| > |x_0|$ 的一切 x 处发散.

推论：如果幂级数 $\sum\limits_{n=0}^{\infty} a_n x^n$ 不是仅在 $x = 0$ 一点收敛，也不是在整个数轴上都收敛，则必有一个完全确定的正数 R 存在（称为幂级数的收敛半径），它具有下列性质：

（1）当 $|x| < R$ 时，幂级数绝对收敛；

（2）当 $|x| > R$ 时，幂级数发散；

（3）当 $x = R$ 与 $x = -R$ 时，幂级数可能收敛也可能发散.

2. 收敛半径的计算公式：设幂级数 $\sum\limits_{n=0}^{\infty} a_n x^n$ 的收敛半径为 R，则

（1）（D'Alembert 公式）设 $a_n \neq 0$ 且 $\lim\limits_{n \to \infty} \left| \dfrac{a_n}{a_{n+1}} \right|$ 存在（可为 $+\infty$），则

$$R = \lim_{n \to \infty} \left| \frac{a_n}{a_{n+1}} \right|;$$

（2）（柯西公式）若 $\lim\limits_{n \to \infty} \sqrt[n]{|a_n|}$ 存在（可为 $+\infty$），则 $R = \dfrac{1}{\lim\limits_{n \to \infty} \sqrt[n]{|a_n|}}$；

（3）（柯西 – 阿达马公式）$R = \dfrac{1}{\varlimsup\limits_{n \to \infty} \sqrt[n]{|a_n|}}$.

注：对于缺项幂级数的收敛半径，可以使用柯西 – 阿达马公式或直接使用比值判别法.

3. 幂级数的乘积：设幂级数 $\sum\limits_{n=0}^{\infty} a_n x^n$ 和 $\sum\limits_{n=0}^{\infty} b_n x^n$ 的收敛半径分别为 R_1, R_2，由于幂级数在收敛区间内都绝对收敛，因此当 $x \in (-R, R)$，$R = \min(R_1, R_2)$ 时，其柯西乘积为

$$\sum_{n=0}^{\infty} a_n x^n \cdot \sum_{n=0}^{\infty} b_n x^n = \sum_{n=0}^{\infty} \left(\sum_{k=0}^{n} a_k b_{n-k} \right) x^n.$$

例如 $\sum\limits_{n=0}^{\infty} x^n \cdot \sum\limits_{n=1}^{\infty} \dfrac{x^n}{n} = \sum\limits_{n=1}^{\infty} \left(\sum\limits_{k=1}^{n} \dfrac{1}{k} \right) x^n = \sum\limits_{n=1}^{\infty} \left(1 + 2 + \cdots + \dfrac{1}{n} \right) x^n.$

2　典型例题与方法进阶

例 1. 判断下列级数的敛散性：

（1）$\sum\limits_{n=1}^{\infty} \int_0^{\frac{1}{n}} \dfrac{\sqrt{x}}{1 + x^2} \mathrm{d}x$；　　　（2）$\sum\limits_{n=1}^{\infty} \dfrac{1! + 2! + \cdots + n!}{(2n)!}$；　　　（3）$\sum\limits_{n=1}^{\infty} \dfrac{1}{n^{1 + \frac{1}{n}}}$；

(4) $\sqrt{2} + \sqrt{2 - \sqrt{2}} + \cdots + \sqrt{2 - \sqrt{2 + \sqrt{2 + \sqrt{2}}}} + \cdots$; $\qquad$ (5) $\sum\limits_{n=2}^{\infty} \dfrac{n^{\ln n}}{(\ln n)^n}$.

解 (1) 因为 $0 < a_n < \displaystyle\int_0^{\frac{1}{n}} \sqrt{x}\mathrm{d}x = \dfrac{2}{3} \cdot \dfrac{1}{n^{\frac{3}{2}}}$, 据比较判别法, $\sum\limits_{n=1}^{\infty} \dfrac{1}{n^{\frac{3}{2}}}$ 收敛, 所以原级数收敛.

(2) $0 < a_n < \dfrac{n \cdot n!}{(2n)!} = \dfrac{n}{(n+1)(n+2)\cdots(2n)} < \dfrac{1}{2(n+1)^2}$, 因为级数 $\sum\limits_{n=1}^{\infty} \dfrac{1}{2(n+1)^2}$ 收敛, 所以原级数收敛.

(3) 因为 $\lim\limits_{n\to\infty} \dfrac{1}{n^{1+\frac{1}{n}}} / \dfrac{1}{n} = 1$, 据比较判别法极限形式, $\sum\limits_{n=1}^{\infty} \dfrac{1}{n}$ 发散, 故原级数发散.

(4) $a_n = \sqrt{2 - \underbrace{\sqrt{2 + \sqrt{\cdots + \sqrt{2}}}}_{n-1}}$, 则 $a_1 = \sqrt{2} = 2\cos\dfrac{\pi}{4}$, $a_2 = \sqrt{2 - 2\cos\dfrac{\pi}{4}} = 2\sin\dfrac{\pi}{8}$, 设 $a_{n-1} = 2\sin\dfrac{\pi}{2^n}$, 则 $a_n^2 = 2 - 2\cos\dfrac{\pi}{2^{n+1}} = \left(2\sin\dfrac{\pi}{2^{n+1}}\right)^2 \Rightarrow a_n = 2\sin\dfrac{\pi}{2^{n+1}}$, 即级数 $\sum\limits_{n=1}^{\infty} a_n$ 与 $\sum\limits_{n=1}^{\infty} \sin\dfrac{\pi}{2^{n+1}}$ 同敛散, 而 $\sum\limits_{n=1}^{\infty} \sin\dfrac{\pi}{2^{n+1}}$ 与 $\sum\limits_{n=1}^{\infty} \dfrac{\pi}{2^{n+1}}$ 同敛散, 故原级数收敛.

(5) 因为 $\sqrt[n]{a_n} = \dfrac{n^{\frac{\ln n}{n}}}{\ln n} = \dfrac{\mathrm{e}^{\frac{\ln^2 n}{n}}}{\ln n}$, 而 $\lim\limits_{x\to+\infty} \dfrac{\ln^2 x}{x} = 0$, 即 $\lim\limits_{n\to+\infty} \dfrac{\ln^2 n}{n} = 0$, 所以 $\lim\limits_{n\to+\infty} \sqrt[n]{a_n} = \lim\limits_{n\to+\infty} \dfrac{\mathrm{e}^{\frac{\ln^2 n}{n}}}{\ln n} = 0 < 1$, 根据根值判别法, 原级数收敛.

例2. 判断 $\dfrac{a}{1} - \dfrac{b}{2} + \dfrac{a}{3} - \dfrac{b}{4} + \cdots + \dfrac{a}{2n-1} - \dfrac{b}{2n} + \cdots$ (a, b 为任意实数) 是否收敛, 若收敛是条件收敛, 还是绝对收敛?

解 $a = b$ 时, $\dfrac{a}{1} - \dfrac{b}{2} + \dfrac{a}{3} - \dfrac{b}{4} + \cdots + \dfrac{a}{2n-1} - \dfrac{b}{2n} + \cdots$ 是收敛的交错级数, 由于 $a \neq 0$ 时其绝对值级数 $|a| + \dfrac{|a|}{2} + \dfrac{|a|}{3} + \dfrac{|a|}{4} + \cdots + \dfrac{|a|}{2n-1} + \dfrac{|a|}{2n} + \cdots$ 是发散的, 故 $a = b$ 时级数条件收敛;

当 $a \neq b$ 时, $\sum\limits_{n=2}^{\infty} \left(\dfrac{a}{2n-1} - \dfrac{b}{2n}\right) = \sum\limits_{n=2}^{\infty} \left[\dfrac{a-b}{2n-1} + \dfrac{b}{2n(2n-1)}\right]$ 发散, 故去括号后级数发散.

例3. 讨论级数 $1 - \dfrac{1}{2^p} + \dfrac{1}{\sqrt{3}} - \dfrac{1}{4^p} + \dfrac{1}{\sqrt{5}} - \dfrac{1}{6^p} + \cdots$ 的敛散性 (p 为常数).

解 (1) 当 $p < 0$ 时, a_n 不趋近于零, 级数发散;

（2）当 $p = \dfrac{1}{2}$ 时，为条件收敛的交错级数；

（3）当 $p > \dfrac{1}{2}$ 时，$\mu_n = \dfrac{1}{\sqrt{2n-1}} - \dfrac{1}{(2n)^p} = \dfrac{1}{\sqrt{2n-1}}\left[1 - \dfrac{\sqrt{2n-1}}{(2n)^p}\right] \sim \dfrac{1}{\sqrt{2n-1}}$，

$\sum \mu_n$，发散，原级数也发散；

（4）当 $0 < p < \dfrac{1}{2}$ 时，$-\mu_n = \dfrac{-1}{\sqrt{2n-1}} + \dfrac{1}{(2n)^p} = \dfrac{1}{(2n)^p}\left[1 - \dfrac{(2n)^p}{\sqrt{2n-1}}\right] \sim \dfrac{1}{(2n)^p}$，

$\sum(-\mu_n)$ 发散，原级数也发散.

例 4. 设 $a_n > 0$ 且 $\displaystyle\sum_{n=1}^{\infty} a_n$ 收敛，$r_n = \displaystyle\sum_{k=n}^{\infty} a_k$，证明：

（1）$\displaystyle\sum_{n=1}^{\infty} \dfrac{a_n}{r_n}$ 发散；（2）$\displaystyle\sum_{n=1}^{\infty} \dfrac{a_n}{\sqrt{r_n}}$ 收敛.

证明　（1）由 $\displaystyle\sum_{n=1}^{\infty} a_n$ 收敛知 $\lim_{n \to \infty} r_n = 0$，故取 $\varepsilon_0 = \dfrac{1}{2}$，对 $\forall N > 0$，$\exists n_0 > N$ 以及 $\exists p_0 \in \mathbf{N}$，使得

$$\frac{r_{n_0+p_0+1}}{r_{n_0+1}} < \frac{1}{2}.$$

于是

$$\sum_{k=n_0+1}^{n_0+p_0} \frac{a_k}{r_k} \geqslant \frac{1}{r_{n_0+1}} \sum_{k=n_0+1}^{n_0+p_0} a_k = \frac{r_{n_0+1} - r_{n_0+p_0+1}}{r_{n_0+1}} = 1 - \frac{r_{n_0+p_0+1}}{r_{n_0+1}} > \frac{1}{2},$$

由柯西收敛准则知 $\displaystyle\sum_{n=1}^{\infty} \dfrac{a_n}{r_n}$ 发散.

（2）因为 $a_n = r_n - r_{n+1}$，故

$$\frac{a_n}{\sqrt{r_n}} = \frac{r_n - r_{n+1}}{\sqrt{r_n}} = \frac{\sqrt{r_n} + \sqrt{r_{n+1}}}{\sqrt{r_n}}(\sqrt{r_n} - \sqrt{r_{n+1}}) \leqslant 2(\sqrt{r_n} - \sqrt{r_{n+1}}).$$

由 $\displaystyle\lim_{n \to \infty} r_n = 0$ 知 $\displaystyle\sum_{n=1}^{\infty}(\sqrt{r_n} - \sqrt{r_{n+1}})$ 收敛于 $\sqrt{r_1}$，由正项级数的比较判别法，$\displaystyle\sum_{n=1}^{\infty} \dfrac{a_n}{\sqrt{r_n}}$ 收敛.

例 5. $\displaystyle\sum_{n=1}^{\infty} a_n$ 为正项级数，证明：

（1）若 $\displaystyle\sum_{n=1}^{\infty} a_n$ 收敛，则存在正项级数 $\displaystyle\sum_{n=1}^{\infty} b_n$ 也收敛，且 $\displaystyle\lim_{n \to \infty} \dfrac{a_n}{b_n} = 0$；

（2）若 $\displaystyle\sum_{n=1}^{\infty} a_n$ 发散，则存在正项级数 $\displaystyle\sum_{n=1}^{\infty} b_n$ 也发散，且 $\displaystyle\lim_{n \to \infty} \dfrac{b_n}{a_n} = 0$.

证明　（1）若 $\displaystyle\sum_{n=1}^{\infty} a_n$ 收敛，令 $r_n = \displaystyle\sum_{k=n}^{\infty} a_k$，则 $\{r_n\}$ 单调减少且 $\displaystyle\lim_{n \to \infty} r_n = 0$.

取 $b_n = \dfrac{a_n}{\sqrt{r_n}}$，则由例 4 可知 $\displaystyle\sum_{n=1}^{\infty} b_n$ 收敛，且 $\displaystyle\lim_{n\to\infty}\dfrac{a_n}{b_n} = \lim_{n\to\infty}\sqrt{r_n} = 0$.

（2）若 $\displaystyle\sum_{n=1}^{\infty} a_n$ 发散，令 $s_n = \displaystyle\sum_{k=1}^{n} a_k$，则 $\{s_n\}$ 单调增加且 $\displaystyle\lim_{n\to\infty} s_n = +\infty$，故对任意正整数 n，都存在 $p_n \in \mathbf{N}_+$，使得 $\dfrac{s_n}{s_{n+p_n}} \leqslant \dfrac{1}{2}$. 故

$$\sum_{k=n+1}^{n+p_n} \frac{a_k}{s_k} \geqslant \frac{1}{s_{n+p_n}} \sum_{k=n+1}^{n+p_n} a_k = \frac{s_{n+p_n} - s_n}{s_{n+p_n}} = 1 - \frac{s_n}{s_{n+p_n}} \geqslant \frac{1}{2},$$

由级数收敛的柯西准则，知 $\displaystyle\sum_{n=1}^{\infty} \dfrac{a_n}{s_n}$ 发散. 记 $b_n = \dfrac{a_n}{s_n}$，则 $\displaystyle\sum_{n=1}^{\infty} b_n$ 发散，且 $\displaystyle\lim_{n\to\infty}\dfrac{b_n}{a_n} = \lim_{n\to\infty}\dfrac{1}{s_n} = 0$.

评注：对任意收敛的正项级数 $\displaystyle\sum_{n=1}^{\infty} a_n$，总存在无穷大数列 $\{c_n\}$，使得 $\displaystyle\sum_{n=1}^{\infty} c_n a_n$ 也收敛，即不存在最大的收敛数列；同样，即对任意发散的正项级数 $\displaystyle\sum_{n=1}^{\infty} a_n$，总存在无穷小数列 $\{c_n\}$，使得 $\displaystyle\sum_{n=1}^{\infty} c_n a_n$ 也发散.

例 6. 若级数 $\displaystyle\sum_{n=1}^{\infty} a_n$ 和 $\displaystyle\sum_{n=1}^{\infty} b_n$ 均收敛，讨论 $\displaystyle\sum_{n=1}^{\infty} a_n b_n$ 是否一定收敛.

证明 （1）级数 $\displaystyle\sum_{n=1}^{\infty} a_n$ 和 $\displaystyle\sum_{n=1}^{\infty} b_n$ 中一个为绝对收敛，则 $\displaystyle\sum_{n=1}^{\infty} a_n b_n$ 一定绝对收敛，证明如下：

不妨设 $\displaystyle\sum_{n=1}^{\infty} a_n$ 收敛，$\displaystyle\sum_{n=1}^{\infty} b_n$ 绝对收敛，由 $\displaystyle\sum_{n=1}^{\infty} a_n$ 收敛 $\Rightarrow \displaystyle\lim_{n\to\infty} a_n = 0$，故数列 $\{a_n\}$ 有界，$\exists M$，使得 $|a_n| \leqslant M$，从而 $|a_n b_n| \leqslant M |b_n|$，由于 $\displaystyle\sum_{n=1}^{\infty} b_n$ 绝对收敛，由比较判别法知 $\displaystyle\sum_{n=1}^{\infty} a_n b_n$ 绝对收敛.

（2）一般情形，级数 $\displaystyle\sum_{n=1}^{\infty} a_n$ 和 $\displaystyle\sum_{n=1}^{\infty} b_n$ 均收敛，无法得到 $\displaystyle\sum_{n=1}^{\infty} a_n b_n$ 一定收敛，例如

$$a_n = b_n = \frac{(-1)^n}{\sqrt{n}},$$

由莱布尼茨判别法，$\displaystyle\sum_{n=1}^{\infty} a_n$ 和 $\displaystyle\sum_{n=1}^{\infty} b_n$ 均收敛，但是 $\displaystyle\sum_{n=1}^{\infty} a_n b_n = \displaystyle\sum_{n=1}^{\infty} \dfrac{1}{n}$ 发散.

评注：收敛级数的乘积未必收敛.

例 7. 设 $a_{2n-1} = \dfrac{1}{n}$，$a_{2n} = \displaystyle\int_n^{n+1} \dfrac{1}{x}\mathrm{d}x\,(n = 1, 2, \cdots)$，判断级数 $a_1 - a_2 + a_3 - a_4$

23

$+ \cdots + (-1)^{n-1} a_n + \cdots$ 的敛散性，并证明 $\lim\limits_{n \to \infty} \left(1 + \dfrac{1}{2} + \cdots + \dfrac{1}{n} - \ln n \right)$ 存在.

解 显然 $a_{2n} = \ln\left(1 + \dfrac{1}{n} \right)$，$a_{2n-1} = \dfrac{1}{n}$，因为

$$a_{2n-1} - a_{2n} = \frac{1}{n} - \ln\left(1 + \frac{1}{n} \right) > 0, \ (\ln(1+x) < x),$$

对正项级数 $\sum\limits_{n=1}^{\infty} (a_{2n-1} - a_{2n})$，有 $\dfrac{1}{n} - \ln\left(1 + \dfrac{1}{n} \right) \sim \dfrac{1}{2n^2}$，所以 $\sum\limits_{n=1}^{\infty} (a_{2n-1} - a_{2n})$ 收敛，

因此

$$S_{2n} = (a_1 - a_2) + \cdots + (a_{2n-1} - a_{2n})$$

极限存在，设极限为 A；又因为 $S_{2n+1} = S_{2n} + a_{2n+1}$ 以及 $\lim\limits_{n \to \infty} a_{2n+1} = \lim\limits_{n \to \infty} \dfrac{1}{n+1} = 0$，故

$$\lim_{n \to \infty} S_{2n+1} = \lim_{n \to \infty} S_{2n} = A.$$

所以原级数部分和极限存在为 A，级数收敛.

又

$$S_{2n-1} = (a_1 + a_3 + \cdots + a_{2n-1}) - (a_2 + a_4 + \cdots + a_{2n-2})$$

$$= \left(1 + \frac{1}{2} + \cdots + \frac{1}{n} \right) - \left(\ln\frac{2}{1} + \ln\frac{3}{2} + \cdots + \ln\frac{n}{n-1} \right)$$

$$= 1 + \frac{1}{2} + \cdots + \frac{1}{n} - \ln n$$

以及 $\lim\limits_{n \to \infty} S_{2n-1} = \lim\limits_{n \to \infty} S_{2n} = A$，知 $\lim\limits_{n \to \infty} \left(1 + \dfrac{1}{2} + \cdots + \dfrac{1}{n} - \ln n \right)$ 存在.

例 8. 设正数列 $\{a_n\}$ 单调增加，分情况讨论级数 $\sum\limits_{n=1}^{\infty} \dfrac{a_{n+1} - a_n}{a_{n+1}}$ 的收敛性：

（1）$\{a_n\}$ 有界；（2）$\{a_n\}$ 无界.

解 （1）由于数列 $\{a_n\}$ 单调增加且有界，故 $\lim\limits_{n \to \infty} a_n$ 存在有限，由柯西准则对任意正整数 p

$$\lim_{N \to \infty} (a_{N+p+1} - a_N) = 0.$$

同时

$$\sum_{n=N}^{N+p} \frac{a_{n+1} - a_n}{a_{n+1}} \leqslant \frac{1}{a_1} \sum_{n=N}^{N+p} (a_{n+1} - a_n) = \frac{a_{N+p+1} - a_N}{a_1},$$

知 $\lim\limits_{N \to \infty} \sum\limits_{n=N}^{N+p} \dfrac{a_{n+1} - a_n}{a_{n+1}} = 0$，由级数收敛的柯西准则可得 $\sum\limits_{n=1}^{\infty} \dfrac{a_{n+1} - a_n}{a_{n+1}}$ 收敛.

（2）若 $\{a_n\}$ 无界，则 $\lim\limits_{n \to \infty} a_n = +\infty$，故 $\forall N$，$\exists p$ 使得 $a_{N+p+1} \geqslant 2a_N$，此时

$$\sum_{n=N}^{N+p} \frac{a_{n+1} - a_n}{a_{n+1}} \geqslant \frac{a_{N+p+1} - a_N}{a_{N+p+1}} = 1 - \frac{a_N}{a_{N+p+1}} \geqslant \frac{1}{2} \ (\forall N),$$

由级数收敛的柯西准则可得 $\sum\limits_{n=1}^{\infty} \dfrac{a_{n+1}-a_n}{a_{n+1}}$ 发散.

例 9. 设 $a_n = \int_0^{\frac{\pi}{2}} t\left|\dfrac{\sin nt}{\sin t}\right|^3 dt$,证明:级数 $\sum\limits_{n=1}^{\infty} \dfrac{1}{a_n}$ 发散.

证明 首先 $a_n = \int_0^{\frac{\pi}{2}} t\left|\dfrac{\sin nt}{\sin t}\right|^3 dt = \int_0^{\frac{\pi}{n}} t\left|\dfrac{\sin nt}{\sin t}\right|^3 dt + \int_{\frac{\pi}{n}}^{\frac{\pi}{2}} t\left|\dfrac{\sin nt}{\sin t}\right|^3 dt = I_1 + I_2$,

下面分别讨论:

(1)当 $0 \leqslant t \leqslant \dfrac{\pi}{n}$ 时,令 $f(t) = n\sin t - \sin nt$,则 $f(0)=0$,且

$$f'(t) = n\cos t - n\cos nt = n(\cos t - \cos nt) \geqslant 0,$$

故 $f(t) = n\sin t - \sin nt \geqslant 0 \Rightarrow \sin nt \leqslant n\sin t$. 于是

$$I_1 = \int_0^{\frac{\pi}{n}} t\left|\dfrac{\sin nt}{\sin t}\right|^3 dt \leqslant n^3 \int_0^{\frac{\pi}{n}} t\, dt = \dfrac{\pi^2 n}{2}.$$

(2)当 $\dfrac{\pi}{n} \leqslant t \leqslant \dfrac{\pi}{2}$ 时,由于令 $\sin t$ 在 $\left(0, \dfrac{\pi}{2}\right)$ 上为上凸函数($(\sin t)'' = -\sin x < 0$),

由凸性的几何意义可知 $\sin t$ 的图像位于连接 $(0,0)$ 和 $\left(\dfrac{\pi}{2}, 1\right)$ 的弦的上方,即 $\sin t \geqslant$ $\dfrac{\pi}{2}t$,同时 $|\sin nt| \leqslant 1$,则

$$I_2 = \int_{\frac{\pi}{n}}^{\frac{\pi}{2}} t\left|\dfrac{\sin nt}{\sin t}\right|^3 dt \leqslant \int_{\frac{\pi}{n}}^{\frac{\pi}{2}} t\left(\dfrac{\pi}{2t}\right)^3 dt = \dfrac{\pi^3}{8}\left(\dfrac{n}{\pi} - \dfrac{\pi}{2}\right) \leqslant \dfrac{\pi^2 n}{8}.$$

综上可得 $a_n = I_1 + I_2 \leqslant \dfrac{\pi^2 n}{2} + \dfrac{\pi^2 n}{8} = \dfrac{5\pi^2 n}{8}$,故 $\dfrac{1}{a_n} \geqslant \dfrac{8}{5\pi^2}\dfrac{1}{n}$,由比较判别法知级数 $\sum\limits_{n=1}^{\infty} \dfrac{1}{a_n}$ 发散.

评注: 证明正项级数发散的重要方法是与调和级数比较,特别地,若 $a_n \leqslant$ $O(n)$,则 $\sum\limits_{n=1}^{\infty} \dfrac{1}{a_n}$ 发散;本题是结合级数与积分的综合性题目,其核心是证明相关的积分不等式,我们采用了寻求被积函数分段上界的方法进行证明.

例 10. 判断级数的 $\sum\limits_{n=2}^{\infty} \dfrac{(-1)^n}{n - \sqrt{n}}$ 收敛性.

解 由于 $a_n = \dfrac{1}{n - \sqrt{n}} > 0$,级数为交错级数. 首先有 $\lim\limits_{n\to\infty} a_n = \lim\limits_{n\to\infty} \dfrac{1}{n} \cdot \dfrac{1}{1 - \dfrac{1}{\sqrt{n}}} = 0$,

其次,

$$a_n - a_{n+1} = \dfrac{1}{n - \sqrt{n}} - \dfrac{1}{(n+1) - \sqrt{n+1}} = \dfrac{1 - \dfrac{1}{\sqrt{n} + \sqrt{n+1}}}{(n - \sqrt{n})((n+1) - \sqrt{n+1})} > 0,$$

即数列 $\{a_n\}$ 单调减少，由莱布尼茨判别法，原级数收敛.

评注：莱布尼茨判别法只适合用于正、负项交错出现的级数，无法处理正、负项任意出现（且均出现无穷多次）的级数.

例 11. 证明：级数 $\displaystyle\sum_{n=2}^{\infty} \frac{(-1)^n}{\sqrt{n+(-1)^n}}$ 条件收敛.

证明 $\displaystyle\sum_{n=2}^{\infty} \frac{(-1)^n}{\sqrt{n+(-1)^n}} = \frac{1}{\sqrt{3}} - \frac{1}{\sqrt{2}} + \frac{1}{\sqrt{5}} - \frac{1}{\sqrt{4}} + \cdots$ 是交错级数，但是一般项的

绝对值不单调，因此不能使用莱布尼茨判别法. 记 $\displaystyle S_n = \sum_{k=2}^{n} \frac{(-1)^k}{\sqrt{k+(-1)^k}}$，考虑

$$S_{2n+1} = \sum_{k=2}^{2n+1} \frac{(-1)^k}{\sqrt{k+(-1)^k}} = \left(\frac{1}{\sqrt{3}} - \frac{1}{\sqrt{2}} \right) + \left(\frac{1}{\sqrt{5}} - \frac{1}{\sqrt{4}} \right) + \cdots + \left(\frac{1}{\sqrt{2n+1}} - \frac{1}{\sqrt{2n}} \right).$$

注意到

$$\left| \frac{1}{\sqrt{2n+1}} - \frac{1}{\sqrt{2n}} \right| = \frac{\sqrt{2n+1} - \sqrt{2n}}{\sqrt{2n+1}\sqrt{2n}} = \frac{1}{\sqrt{2n+1}\sqrt{2n}(\sqrt{2n+1}+\sqrt{2n})} \sim \frac{1}{n\sqrt{n}},$$

由于 $\displaystyle\sum_{n=1}^{\infty} \frac{1}{n\sqrt{n}}$ 收敛，知 $\{S_{2n+1}\}$ 收敛，由于 $\displaystyle\lim_{n \to \infty} \frac{(-1)^n}{\sqrt{n+(-1)^n}} = 0$，知 $\{S_{2n}\}$ 收敛，

故级数 $\displaystyle\sum_{n=2}^{\infty} \frac{(-1)^n}{\sqrt{n+(-1)^n}}$ 收敛.

又由于 $\left| \dfrac{(-1)^n}{\sqrt{n+(-1)^n}} \right| \geqslant \dfrac{1}{n+1}$，级数 $\displaystyle\sum_{n=2}^{\infty} \frac{1}{n+1}$ 发散，可得级数 $\displaystyle\sum_{n=2}^{\infty} \frac{(-1)^n}{\sqrt{n+(-1)^n}}$

条件收敛.

评注：当交错级数不满足莱布尼茨判别法时，若一般项趋于零，可以考虑将相邻的正负项加括号后证明其敛散性（相邻的正负项加括号后一般符号固定，称为不变号级数）.

例 12. 讨论下列级数的敛散性：

(1) $\displaystyle\sum_{n=1}^{\infty} \frac{(-1)^{n-1}}{\sqrt{n}} \left(1 + \frac{1}{n} \right)^n$；   (2) $\displaystyle\sum_{n=1}^{\infty} \frac{\sin nx}{n}$ $(\forall x \in \mathbf{R})$.

解 (1) 设 $a_n = \left(1 + \dfrac{1}{n} \right)^n$，$b_n = \dfrac{(-1)^{n-1}}{\sqrt{n}}$，根据莱布尼茨判别法，交错级数

$\displaystyle\sum_{n=1}^{\infty} b_n$ 收敛，又由于数列 $\{a_n\}$ 单调增加有上界，故满足阿贝尔判别法的条件，原级数收敛；

(2) 设 $a_n = \dfrac{1}{n}$，$b_n = \sin nx$，因为 $\cos \dfrac{x}{2} \sin kx = \dfrac{1}{2} \left(\sin \dfrac{2k+1}{2}x - \sin \dfrac{2k-1}{2}x \right)$，

可知

26

$$2\cos\frac{x}{2}\sum_{k=1}^{n}\sin kx = \sum_{k=1}^{n}\left(\sin\frac{2k+1}{2}x - \sin\frac{2k-1}{2}x\right) = \sin\frac{2n+1}{2}x - \sin\frac{x}{2},$$

当 $x = k\pi$ 时，$b_n = 0$；

当 $x \neq k\pi$ 时，$\left|\sum_{k=1}^{n}b_k\right| = \left|\sum_{k=1}^{n}\sin kx\right| = \left|\left(\sin\frac{2n+1}{2}x - \sin\frac{x}{2}\right)\middle/\left(2\cos\frac{x}{2}\right)\right| \leqslant$ $\csc x.$

因此级数 $\sum\limits_{n=1}^{\infty}b_n$ 的部分和数列有界，故满足狄利克雷判别法的条件，原级数收敛.

例 13. 已知 $a_1 = a_2 = 1$，$a_{n+2} = a_{n+1} + a_n (n = 1,2,\cdots)$，求幂级数 $\sum\limits_{n=1}^{\infty}a_n x^n$ 的收敛半径.

解 令 $b_n = \dfrac{a_{n+1}}{a_n}$，则 $b_{n+1} = \dfrac{a_{n+2}}{a_{n+1}} = \dfrac{a_{n+1}+a_n}{a_{n+1}} = 1 + \dfrac{a_n}{a_{n+1}} = 1 + \dfrac{1}{b_n}$，取 $b_0 = \dfrac{1+\sqrt{5}}{2}$，下证 $\lim\limits_{n\to\infty}b_n = b_0.$

注意到 $b_n \geqslant 1$，故 $\dfrac{1}{b_n} \leqslant 1$，同时 $b_0 = 1 + \dfrac{1}{b_0}$，于是

$$|b_{n+1} - b_0| = \left|1 + \frac{1}{b_n} - 1 - \frac{1}{b_0}\right| = \frac{1}{b_n b_0}|b_n - b_0| \leqslant \frac{2}{1+\sqrt{5}}|b_n - b_0|$$

$$\leqslant \left(\frac{2}{1+\sqrt{5}}\right)^2|b_{n-1} - b_0| \leqslant \cdots \leqslant \left(\frac{2}{1+\sqrt{5}}\right)^n|b_1 - b_0|.$$

由于 $\lim\limits_{n\to\infty}\left(\dfrac{2}{1+\sqrt{5}}\right)^n = 0$，故 $\lim\limits_{n\to\infty}b_n = b_0 = \dfrac{1+\sqrt{5}}{2}$，因此收敛半径 $R = \dfrac{2}{1+\sqrt{5}} = \dfrac{\sqrt{5}-1}{2}.$

评注： 本题中幂级数的系数为斐波那契（Fibonacci）数列 $\{F_n\}$，其和函数为 $S(x) = \dfrac{x}{1-x-x^2}\left(|x| < \dfrac{\sqrt{5}-1}{2}\right)$. 斐波那契数列的定义以及主要性质包括：

（1）$F_1 = F_2 = 1$，$F_{n+2} = F_{n+1} + F_n (n = 1,2,\cdots)$，$\dfrac{3}{2}F_{n-1} \leqslant F_n \leqslant 2F_{n-1}$；

（2）$\lim\limits_{n\to\infty}\dfrac{1}{F_n} = 0$，即 $\{F_n\}$ 为无穷大数列，同时 $\lim\limits_{n\to\infty}\dfrac{F_{n+1}}{F_n} = \dfrac{1+\sqrt{5}}{2}$；

（3）通项公式为 $F_n = \dfrac{1}{\sqrt{5}}\left[\left(\dfrac{1+\sqrt{5}}{2}\right)^n - \left(\dfrac{1-\sqrt{5}}{2}\right)^n\right].$

3　本节练习

（A 组）

1. 判定下列级数的敛散性：

(1) $\sum_{n=1}^{\infty} \dfrac{n^{n+\frac{1}{n}}}{\left(n+\dfrac{1}{n}\right)^{n}}$; (2) $\sum_{n=1}^{\infty} \dfrac{e^{n} n!}{n^{n}}$;

(3) $\sum_{n=1}^{\infty} a_{n}$, 其中, $a_{n} = \dfrac{1}{\left(n^{k}+1\right)^{\frac{1}{k}}}$ $(k \in \mathbf{N})$.

2. 判断下列级数的敛散性：

(1) $\sum_{n=1}^{\infty}\left(\sqrt{n+2}-2\sqrt{n+1}+\sqrt{n}\right)$; (2) $\sum_{n=2}^{\infty} \sin\left(n\pi + \dfrac{1}{\ln n}\right)$;

(3) $\sum_{n=1}^{\infty}\left(1 - \dfrac{x_{n}}{x_{n+1}}\right)$, 正项数列 $\{x_{n}\}$ 单调上升且有上界.

3. 判断下列级数的敛散性：

(1) $\sum_{n=1}^{\infty} \dfrac{x^{n}}{(1+x)(1+x^{2})\cdots(1+x^{n})}$ $(x \geqslant 0)$; (2) $\sum_{n=1}^{\infty} \dfrac{a^{\frac{n(n+1)}{2}}}{(1+a)(1+a^{2})\cdots(1+a^{n})}$

$(a > 0)$.

4. 设正数列 $\{a_{n}\}$ 单调增加，证明：级数 $\sum_{n=1}^{\infty} \dfrac{1}{a_{n}}$ 收敛 $\Leftrightarrow$ 级数 $\sum_{n=1}^{\infty} \dfrac{n}{a_{1}+a_{2}+\cdots+a_{n}}$ 收敛.

5. 设 $a_{n} = \displaystyle\int_{0}^{\frac{\pi}{4}} \tan^{n} t \, dt$，证明：级数 $\sum_{n=1}^{\infty} \dfrac{a_{n}}{n^{\lambda}}$ $(\lambda > 0)$ 收敛.

(B 组)

1. 若正项级数 $\sum_{n=1}^{\infty} a_{n}$ 收敛，并且 $\{a_{n}\}$ 单调减少，证明：$\lim\limits_{n\to\infty} n a_{n} = 0$.

2. 设 $a_{n} > 0$ 且 $\sum_{n=1}^{\infty} a_{n}$ 发散，$s_{n} = \sum_{k=1}^{n} a_{k}$，证明：(1) $\sum_{n=1}^{\infty} \dfrac{a_{n}}{s_{n}}$ 发散；(2) $\sum_{n=1}^{\infty} \dfrac{a_{n}}{s_{n}^{2}}$ 收敛.

3. 设正项级数 $\sum_{n=1}^{\infty} a_{n}$ 收敛，证明：$\lim\limits_{n\to\infty} \dfrac{\sum_{k=1}^{n} k a_{k}}{n} = 0$.

4. 讨论下列级数的敛散性：

(1) $\sum_{n=2}^{\infty} \dfrac{(-1)^{n}}{\sqrt{n+(-1)^{n}}}$; (2) $\sum_{n=1}^{\infty} \sin\left(\sqrt{n^{2}+1} \cdot \pi\right)$; (3) $\sum_{n=2}^{\infty} \dfrac{1}{\ln n!}$;

(4) $\sum_{n=2}^{\infty} \dfrac{(-1)^{n-1}}{n^{p+\frac{1}{n}}}$; (5) $\sum_{n=1}^{\infty} \dfrac{1}{a^{\ln n}}$ $(a > 0)$.

5. 判断级数 $\sum_{n=1}^{\infty} (-1)^{[\sqrt{n}]} \dfrac{1}{n}$ 的收敛性.

6. 设 $a_{n} > 0$，$s_{n} = \sum_{k=1}^{n} a_{k}$，证明：当 $\mu > 1$ 时 $\sum_{n=1}^{\infty} \dfrac{a_{n}}{s_{n}^{\mu}}$ 收敛.

7. 已知 $a_1 = a_2 = 1$，$a_{n+2} = 2a_{n+1} + 3a_n (n = 1, 2, \cdots)$，求幂级数 $\sum\limits_{n=1}^{\infty} a_n x^n$ 的收敛半径、收敛域.

4　竞赛实战

（A 组）

1. （第一届江苏省赛）已知数列 $\{na_n\}$ 收敛，$\sum\limits_{n=2}^{\infty} n(a_n - a_{n-1})$ 也收敛，求证：$\sum\limits_{n=1}^{\infty} a_n$ 收敛.

2. （第二届江苏省赛）设 $a_n > 0 (n = 1, 2, \cdots)$，$S_n = a_1 + a_2 + \cdots + a_n$，试判别级数 $\sum\limits_{n=1}^{\infty} \dfrac{a_n}{S_n^2}$ 的敛散性.

3. （第三届江苏省赛）讨论级数 $1 - \dfrac{1}{2^p} + \dfrac{1}{\sqrt{3}} - \dfrac{1}{4^p} + \dfrac{1}{\sqrt{5}} - \dfrac{1}{6^p} + \cdots$ 的敛散性（p 为常数）.

4. （第四届江苏省赛）（1）判别级数 $\sum\limits_{n=1}^{\infty} \dfrac{(-1)^n}{\sqrt{n}}$ 的敛散性；

（2）若当 $n \to \infty$ 时，a_n 与 $\dfrac{1}{\sqrt{n}}$ 为等价无穷小，试问：交错级数 $\sum\limits_{n=1}^{\infty} (-1)^n a_n$ 是否一定收敛？若收敛，证明之，若不一定收敛，举一发散的例子.

5. （第六届江苏省赛）设 k 为常数，试判别级数 $\sum\limits_{n=2}^{\infty} (-1)^n \dfrac{1}{n^k (\ln n)^2}$ 的敛散性，何时绝对收敛、条件收敛及发散？

6. （第七届江苏省赛）求幂级数 $\sum\limits_{n=1}^{\infty} \dfrac{1}{n(3^n + (-2)^n)} x^n$ 的收敛域.

7. （第八届江苏省赛）级数 $\sum\limits_{n=1}^{\infty} (-1)^{n+1} \dfrac{\sqrt{n+1} - \sqrt{n}}{n^p}$ 条件收敛时，求常数 p 的取值范围.

8. （第十一届江苏省赛）级数 $\sum\limits_{n=2}^{\infty} (-1)^n \dfrac{n^k}{n + (-1)^n}$ 为条件收敛，求常数 k 的取值范围.

9. （第二届国家预赛）设 $a_n > 0$，$S_n = \sum\limits_{k=1}^{n} a_k$，证明：

（1）当 $\alpha > 1$ 时，级数 $\sum\limits_{n=1}^{+\infty} \dfrac{a_n}{S_n^\alpha}$ 收敛；

（2）当 $\alpha \leqslant 1$，且 $S_n \to \infty (n \to \infty)$ 时，级数 $\sum\limits_{n=1}^{+\infty} \dfrac{a_n}{S_n^\alpha}$ 发散.

10.（第五届国家预赛）设 $f(x)$ 在 $x=0$ 处存在二阶导数 $f''(0)$，且 $\lim\limits_{x \to 0} \dfrac{f(x)}{x} = 0$.

证明：级数 $\sum\limits_{n=1}^{\infty} \left| f\left(\dfrac{1}{n} \right) \right|$ 收敛.

11.（第五届国家预赛）判断级数 $\sum\limits_{n=1}^{\infty} \dfrac{1 + \frac{1}{2} + \cdots + \frac{1}{n}}{(n+1)(n+2)}$ 的敛散性，若收敛，求其和.

（B 组）

1.（第八届江苏省赛）

（1）设幂级数 $\sum\limits_{n=1}^{\infty} a_n^2 x^n$ 的收敛域为 $[-1,1]$，求证：幂级数 $\sum\limits_{n=1}^{\infty} \dfrac{a_n}{n} x^n$ 的收敛域也为 $[-1,1]$.

（2）试问命题（1）的逆命题是否正确？若正确给出证明；若不正确，举一反例说明.

2.（第十届江苏省赛）已知数列 $\{a_n\}: a_1=1, a_2=2, a_3=5, \cdots, a_{n+1} = 3a_n - a_{n-1}$ $(n=2,3,\cdots)$，记 $x_n = \dfrac{1}{a_n}$，判别级数 $\sum\limits_{n=1}^{\infty} x_n$ 的敛散性.

3.（第十二届江苏省赛）判别级数 $\sum\limits_{n=1}^{\infty} \dfrac{(-1)^{n+1}}{2n + \sin^2 n}$ 的敛散性（区分绝对收敛或条件收敛）.

4.（第十三届江苏省赛）讨论级数 $\sum\limits_{n=2}^{\infty} (-1)^n (\sqrt{n^2+1} - \sqrt{n^2-1}) n^\lambda \ln n$ $(\lambda \in [0,1])$ 的敛散性，若收敛，要区分是绝对收敛还是条件收敛.

5.（第二届国家决赛）设 $f(x)$ 是在 $(-\infty, +\infty)$ 内的可微函数，且 $|f'(x)| < mf(x)$，其中 $0 < m < 1$. 任取实数 a_0，定义 $a_n = \ln f(a_{n-1})$，$n=1,2,\cdots$. 证明：$\sum\limits_{n=1}^{+\infty} (a_n - a_{n-1})$ 绝对收敛.

6.（第四届国家预赛）设 $\sum\limits_{n=1}^{\infty} a_n$ 与 $\sum\limits_{n=1}^{\infty} b_n$ 为正项级数，那么

（1）若 $\lim\limits_{n \to \infty} \left(\dfrac{a_n}{a_{n+1} b_n} - \dfrac{1}{b_{n+1}} \right) > 0$，则 $\sum\limits_{n=1}^{\infty} a_n$ 收敛；

（2）若 $\lim\limits_{n \to \infty} \left(\dfrac{a_n}{a_{n+1} b_n} - \dfrac{1}{b_{n+1}} \right) < 0$，且 $\sum\limits_{n=1}^{\infty} b_n$ 发散，则 $\sum\limits_{n=1}^{\infty} a_n$ 发散.

7.（第四届国家决赛）若对任意收敛于 0 的数列 $\{x_n\}$ 级数 $\sum\limits_{n=1}^{\infty} a_n x_n$ 都收敛，

证明：级数 $\sum\limits_{n=1}^{\infty} |a_n|$ 收敛.

8. （第五届国家决赛）设 $\sum\limits_{n=0}^{\infty} a_n x^n$ 的收敛半径为 1，$\lim\limits_{n\to\infty} na_n = 0$ 且 $\lim\limits_{x\to 1^-} \sum\limits_{n=0}^{\infty} a_n x^n = A$，证明：$\sum\limits_{n=0}^{\infty} a_n$ 收敛且 $\sum\limits_{n=0}^{\infty} a_n = A$.

9. （第六届国家决赛）设 $p>0$，$x_1 = \dfrac{1}{4}$，且 $x_{n+1}^p = x_n^p + x_n^{2p}$（$n = 1,2,\cdots$），证明：级数 $\sum\limits_{n=1}^{\infty} \dfrac{1}{1 + x_n^p}$ 收敛，并求和.

10. （第八届国家决赛）设 $a_n = \sum\limits_{k=1}^{n} \dfrac{1}{k} - \ln n$，$\lim\limits_{n\to\infty} a_n = C$，讨论级数 $\sum\limits_{n=1}^{\infty} (a_n - C)$ 的敛散性.

11. （第九届国家决赛）设 $0 < a_n < 1$，$n = 1$，2，$\cdots$，且 $\lim\limits_{n\to\infty} \dfrac{-\ln a_n}{\ln n} = q$（有限或 $+\infty$）.

（1）证明：当 $q > 1$ 时，级数 $\sum\limits_{n=1}^{\infty} a_n$ 收敛；当 $q < 1$ 时，级数 $\sum\limits_{n=1}^{\infty} a_n$ 发散.

（2）讨论当 $q = 1$ 时，级数 $\sum\limits_{n=1}^{\infty} a_n$ 的敛散性，并说明理由.

第二章 一元函数极限、连续与微分

第一节 函数极限与连续性

1 内容总结与精讲

◆ 函数极限的统一定义

统一形式：$\lim f(x) = A \Leftrightarrow \forall \varepsilon > 0$，存在某一时刻，从此时刻以后，恒有 $|f(x) - A| < \varepsilon$.（见下表）

过程	$n \to \infty$	$x \to \infty$	$x \to +\infty$	$x \to -\infty$
时刻	N	X		
从此时刻以后	$n > N$	X		
$f(x)$	$|f(n) - A| < \varepsilon$	$|f(x) - A| < \varepsilon$		

过程	$x \to x_0$	$x \to x_0^+$	$x \to x_0^-$
时刻	δ		
从此时刻以后	$0 < |x - x_0| < \delta$	$0 < x - x_0 < \delta$	$-\delta < x - x_0 < 0$
$f(x)$	$|f(x) - A| < \varepsilon$		

注：1. 数列可以看作自变量取整数的函数（整标函数）$x_n = f(n)$；

2. "$\varepsilon - \delta$"式定义的邻域式描述——$\forall \varepsilon > 0$，$\exists \delta > 0$，当 $x \in U^o(x_0, \delta)$ 时，$f(x) \in U(A, \varepsilon)$；

3. "$\varepsilon - X$"式定义的邻域式描述——$\forall \varepsilon > 0$，$\exists X > 0$，当 $x \in U(\infty, X)$ 时，$f(x) \in U(A, \varepsilon)$（$U(\infty, X)$ 为 ∞ 的邻域，表示区间 $(-\infty, -X) \cup (X, +\infty)$，类似地，$U(+\infty, X) = (X, +\infty)$ 和 $U(-\infty, X) = (-\infty, X)$ 分别为 $+\infty$，$-\infty$ 的邻域）；

4. $\lim\limits_{x \to \infty} f(x) = A \Leftrightarrow \lim\limits_{x \to +\infty} f(x) = \lim\limits_{x \to -\infty} f(x) = A$，$\lim\limits_{x \to x_0} f(x) = A \Leftrightarrow \lim\limits_{x \to x_0^+} f(x) = \lim\limits_{x \to x_0^-} f(x) = A$；（分段函数在分段点，某些函数如 $\arctan\dfrac{1}{x}$，$e^{\frac{1}{x}}$，$\dfrac{\sin|x|}{x}$ 等在 $x = 0$ 处，需要计算左、右极限）

5. $\lim f(x) = \infty (+\infty, -\infty) \Leftrightarrow \forall M > 0$，存在某时刻，从此时刻以后，恒有 $|f(x)| > M$（$f(x) > M$，$f(x) < -M$）；

6. 否定说法：

（1）当 $x \to x_0$ 时 $f(x)$ 不收敛于 $A \Leftrightarrow \exists \varepsilon_0 > 0$，$\forall \delta > 0$，$\exists x_1 \in U^o(x_0, \delta)$，使得

$|f(x_1) - A| \geqslant \varepsilon_0$；

$\Leftrightarrow \exists \varepsilon_0 > 0$ 及不等于 x_0 的数列 $\{x_n\}$，满足 $\lim\limits_{n \to \infty} x_n = x_0$ 且 $\forall n$，$|f(x_n) - A| \geqslant \varepsilon_0$；

（2）当 $x \to x_0$ 时 $f(x)$ 不收敛 $\Leftrightarrow$ 对 $\forall A \in \mathbf{R}$，$\exists \varepsilon_0 > 0$，对 $\forall \delta > 0$，$\exists x_1 \in U^o(x_0, \delta)$，使得 $|f(x_1) - A| \geqslant \varepsilon_0$；

$\Leftrightarrow \exists \varepsilon_0 > 0$ 及不等于 x_0 的数列 $\{x_n^{(1)}\}$，$\{x_n^{(2)}\}$，满足 $\lim\limits_{n \to \infty} x_n^{(1)} = \lim\limits_{n \to \infty} x_n^{(2)} = x_0$ 且 $\forall n$，$|f(x_n^{(1)}) - f(x_n^{(2)})| \geqslant \varepsilon_0$；

◆ **函数极限的性质与相关定理**

1. **唯一性**：若某过程中函数 $f(x)$ 有极限，则极限值唯一.

2. **局部有界性**：若某过程中函数 $f(x)$ 收敛，则 $f(x)$ 在该过程的局部邻域内有界，所谓的局部邻域包括——

（1）$U^o(x_0, \delta)$（$x \to x_0$ 时），（2）$(x_0 - \delta, x_0)$（$x \to x_0^-$ 时），

（3）$(x_0, x_0 + \delta)$（$x \to x_0^+$ 时），（4）$U(\infty, X)$（$x \to \infty$ 时），

（5）$U(-\infty, X)$（$x \to -\infty$ 时），（6）$U(+\infty, X)$（$x \to +\infty$ 时）.

3. **局部保号性与局部保序性**：不同的极限过程中，分别在局部有界性（1）~（6）的邻域内满足保号性和保序性；（与数列极限的性质类似，此处从略）

4. **四则运算性**：在同一过程中，两个收敛函数的和、差、积、商仍然收敛，且和函数、差函数、积函数、商函数的极限分别为两个函数极限的和、差、积、商（作商时要求分母及其极限不为零）.

5. **迫敛性**：类似于数列极限的迫敛性，熟练运用函数不等式.

6. **单调有界准则**：单侧邻域内单调有界的函数其单侧极限一定存在（双侧邻域内单调有界的函数只能得出其两个单侧极限一定存在，并不能得出双侧极限存在）.

7. **柯西收敛准则**：$\lim\limits_{x \to x_0} f(x)$ 存在（有限）$\Leftrightarrow \forall \varepsilon > 0$，$\exists \delta > 0$，对 $\forall x_1$，$x_2 \in U^o(x_0, \delta)$，有 $|f(x_1) - f(x_2)| < \varepsilon$；

$\lim\limits_{x \to \infty} f(x)$ 存在（有限）$\Leftrightarrow \forall \varepsilon > 0$，$\exists X > 0$，对 $\forall x_1$，$x_2 \in U(\infty, X)$，有 $|f(x_1) - f(x_2)| < \varepsilon$；

（柯西准则给出的极限存在且有限的充要条件，无穷大量不满足柯西准则）

8. **等价无穷小代换**：对于积或商中的无穷小因子，可以替换为其等价无穷小.

常用的等价无穷小：$x \to 0$ 时

$\sin x \sim \tan x \sim \arcsin x \sim \arctan x \sim x$，$1 - \cos x \sim \dfrac{1}{2} x^2$，$x - \sin x \sim \dfrac{1}{6} x^3$，$\tan x - x \sim \dfrac{1}{3} x^3$，

$e^x - 1 \sim \ln(1 + x) \sim x$，$(1 + x)^a - 1 \sim ax$，$\alpha(x) + o(\alpha(x)) \sim \alpha(x)$（$\alpha(x)$ 为无穷小量）

注：（1）上述中的 x 可以换为任意的非零无穷小量.

（2）公式 $\alpha(x) + o(\alpha(x)) \sim \alpha(x)$ 说明和或差因式中的高阶无穷小量可以忽略.

（3）对于无穷大，建议通过取倒数、变量替换等方法化为无穷小之后再进行等价替换.

9. <u>洛必达法则</u>：对于分式型的极限 $\lim \dfrac{f(x)}{g(x)}$，若满足（i）为 "$\dfrac{0}{0}$" 型或 "$\dfrac{\infty}{\infty}$" 型未定式，（ii）分子、分母均在极限过程中的某邻域内可导，（iii）分子、分母分别求导后 $\lim \dfrac{f'(x)}{g'(x)}$ 存在，则 $\lim \dfrac{f(x)}{g(x)} = \lim \dfrac{f'(x)}{g'(x)}$.

注：（1）其他形式的未定式，必须先通过代数变形化为 $\dfrac{0}{0}$ 型或 $\dfrac{\infty}{\infty}$ 型未定式（对于幂指型的未定式 "1^{∞}"，"∞^{0}"，"0^{0}"，一般通过取对数的方法化为分式的形式），然后使用洛必达法则；

（2）使用洛必达法则（特别是连续使用时），要验证条件（i）~（iii）；

（3）洛必达法则与其他求极限方法（代数恒等变形、等价无穷小替换、泰勒展开式等）结合使用效果更好，此外注意求极限过程中可以先析出积或商中极限非零的因子（简化求导）；

（4）对于 "$\dfrac{\infty}{\infty}$" 型，洛必达法则可以推广到 "$\dfrac{*}{\infty}$" 型（只需要保证分母为无穷大）.

10. <u>皮亚诺型余项泰勒公式</u>：求极限时可以将复杂函数展开为带余项 $o(x^n)$ 的多项式，大大简化极限的计算，需要注意的问题有：

（1）在何处展开——对于 $x \to x_0$ 时的极限，在 x_0 处展开，若为 $x \to \infty$ 时的极限，可以通过变量替换 $t = \dfrac{1}{x}$ 化为 $t \to 0$；

（2）展开的阶数——若分子或分母中有一方的阶数确定（例如 k 阶），则另一方只需要展开到同样阶数（即出现 $o(x^k)$）.

◆ **连续函数的定义**

<u>极限式定义</u>：设函数 $f(x)$ 在 x_0 的某邻域 $U(x_0)$ 内有定义，若 $\lim\limits_{x \to x_0} f(x) = f(x_0)$，则称 $f(x)$ 在 x_0 点连续；

<u>"$\varepsilon - \delta$"式定义</u>：$f(x)$ 在 x_0 点连续 $\Leftrightarrow \forall \varepsilon > 0$，$\exists \delta > 0$，当 $|x - x_0| < \delta$ 时，$|f(x) - f(x_0)| < \varepsilon$；

<u>邻域式定义</u>：$f(x)$ 在 x_0 点连续 $\Leftrightarrow \forall \varepsilon > 0$，$\exists \delta > 0$，当 $x \in U(x_0, \delta)$ 时，$f(x) \in U(f(x_0), \varepsilon)$；

<u>增量式定义</u>：$f(x)$ 在 x_0 点连续 $\Leftrightarrow \lim\limits_{\Delta x \to 0} \Delta y = 0$（其中 $\Delta x = x - x_0$，$\Delta y = f(x) - f(x_0)$ 分别为自变量和函数的增量）.

注：（1）若函数 $f(x)$ 在 x_0 点连续要求：（i）$f(x)$ 在 x_0 点的实心邻域 $U(x_0)$ 内有定义，（ii）$f(x)$ 在 x_0 点极限 $\lim\limits_{x \to x_0} f(x)$ 存在，（iii）$f(x)$ 在 x_0 点极限 $\lim\limits_{x \to x_0} f(x)$ $= f(x_0)$；

（2）函数 $f(x)$ 在 x_0 点有极限只要求 $f(x)$ 在 x_0 点的空心邻域 $U^{\circ}(x_0)$ 内有定义，可以注意到，$f(x)$ 在 x_0 点有极限的 $"\varepsilon - \delta"$ 式定义和 $f(x)$ 在 x_0 点连续的 $"\varepsilon - \delta"$ 式定义区别仅仅为空心邻域和实心邻域；

（3）若将极限式定义中的极限改为左、右极限，分别称函数在 x_0 点左、右连续，即 $\lim\limits_{x \to x_0^-} f(x) = f(x_0)$ 时，称 $f(x)$ 在 x_0 点左连续，$\lim\limits_{x \to x_0^+} f(x) = f(x_0)$ 时，称 $f(x)$ 在 x_0 点右连续，显然，$f(x)$ 在 x_0 点连续当且仅当 $f(x)$ 在 x_0 点同时左连续和右连续；

（4）若函数 $f(x)$ 在区间 I 上的每一点都连续，则称 $f(x)$ 在 I 上连续，若 I 为闭区间时，要求在 I 的左端点右连续，同时在右端点左连续（记 $f(x) \in C(I)$ 或 $f(x) \in C[a, b]$）；

（5）连续性为函数的局部概念，只能直接给出函数在一点连续的定义（要求函数在该点的局部邻域有定义），函数在区间 I 上连续是"逐点连续"；

（6）将连续性整体化，得到"一致连续"的概念：函数 $f(x)$ 在区间 I 上一致连续 $\Leftrightarrow \forall \varepsilon > 0$，$\exists \delta > 0$，对 $\forall x_1, x_2 \in I$，当 $|x_1 - x_2| < \delta$ 时，$|f(x_1) - f(x_2)| < \varepsilon$（$f(x)$ 在区间 I 上一致连续可以理解为 $f(x)$ 在区间 I 上的每个点 x_0 具有统一的连续"尺度" δ，相对于任意给定的 ε）；

（7）$f(x)$ 在 x_0 点不连续 $\Leftrightarrow \exists \varepsilon_0 > 0$，对 $\forall \delta > 0$，$\exists x_1 \in U(x_0, \delta)$，使得 $|f(x_1) - f(x_0)| \geq \varepsilon_0$；

$\Leftrightarrow \exists \varepsilon_0 > 0$ 及收敛于 x_0 的数列 $\{x_n\}$，满足 $\forall n$，$|f(x_n) - f(x_0)| \geq \varepsilon_0$.

◆ **函数的间断点及其分类**

若函数 $f(x)$ 在 x_0 点不连续，则称 x_0 为 $f(x)$ 的间断点，此时分为三种情形：

（i）$\lim\limits_{x \to x_0} f(x)$ 存在但是 $f(x)$ 在 x_0 点无定义，或 $f(x)$ 在 x_0 点有定义但是 $\lim\limits_{x \to x_0} f(x) \neq f(x_0)$，此时称 x_0 为 $f(x)$ 的可去间断点（通过增加或改变 $f(x)$ 在 x_0 点的定义，可以将 x_0 由间断点变为连续点）；

（ii）$f(x)$ 在 x_0 点左、右极限都存在，但是不相等，即 $\lim\limits_{x \to x_0^-} f(x) \neq \lim\limits_{x \to x_0^+} f(x)$，则称 x_0 为 $f(x)$ 的跳跃间断点；（可去间断点和跳跃间断点统称为第一类间断点）；

（iii）$f(x)$ 在 x_0 点的左极限或右极限至少一个不存在，则称 x_0 为 $f(x)$ 的第二类间断点.

注：（1）若 $f(x)$ 在 x_0 点的邻域 $U(x_0)$ 内单调，$f(x)$ 在 x_0 点不连续，则 x_0 必为 $f(x)$ 的跳跃间断点；

（2）若 $f(x)$ 在 x_0 点的邻域 $U(x_0)$ 内可导，$f'(x)$ 在 x_0 点不连续，则 x_0 必为 $f'(x)$ 的第二类间断点.

◆ **渐近线**

函数 $f(x)$ 的渐近线分为水平渐近线、垂直渐近线、斜渐近线：

（i）若 $\lim\limits_{x\to\infty}f(x)=A$（或 $\lim\limits_{x\to+\infty}f(x)=A$ 或 $\lim\limits_{x\to-\infty}f(x)=A$），称 $y=A$ 为 $f(x)$ 的水平渐近线；

（ii）若 $\lim\limits_{x\to x_0}f(x)=\infty$（或 $\lim\limits_{x\to x_0^-}f(x)=\infty$ 或 $\lim\limits_{x\to x_0^+}f(x)=\infty$），称 $x=x_0$ 为 $f(x)$ 的垂直渐近线；

（iii）若 $\lim\limits_{x\to\infty}\dfrac{f(x)}{x}=a\neq 0$ 且 $\lim\limits_{x\to\infty}(f(x)-ax)=b$，称 $y=ax+b$ 为 $f(x)$ 的斜渐近线（$x\to\infty$ 可换为 $x\to+\infty$ 或 $x\to-\infty$，但要注意两个极限的过程一致）；

注：任意函数的水平渐近线与斜渐近线一共最多两条，垂直渐近线的数量不定.

◆ **有界闭区间连续函数的性质**

1. 有界性：有界闭区间上的连续函数一定有界.

2. 最值定理：有界闭区间上的连续函数一定存在最大值和最小值.

3. 零点定理和介值定理：

（1）若 $f(x)\in C[a,b]$，满足 $f(a)\cdot f(b)<0$，则 $\exists\xi\in(a,b)$，使得 $f(\xi)=0$；（若条件改为 $f(a)\cdot f(b)\leqslant 0$，则结论中的 $\xi\in[a,b]$）

（2）若 $f(x)\in C[a,b]$，$f(a)\neq f(b)$，则对任意 k 介于 $f(a)$，$f(b)$ 之间，都存在 $\xi\in(a,b)$，使得 $f(\xi)=k$；（事实上，任意区间上的连续函数，都可以取遍介于任意两个函数值之间的一切值）

（3）有界闭区间上的连续函数的值域亦为有界闭区间.

4. 一致连续性：有界闭区间上的连续函数一定是一致连续的.

2 典型例题与方法进阶

例1. 求极限 $\lim\limits_{x\to+\infty}(\sin\sqrt{x+1}-\sin\sqrt{x})$.

解 $\lim\limits_{x\to+\infty}(\sin\sqrt{x+1}-\sin\sqrt{x})=\lim\limits_{x\to+\infty}2\cos\dfrac{\sqrt{x+1}+\sqrt{x}}{2}\sin\dfrac{\sqrt{x+1}-\sqrt{x}}{2}$，

由于 $\left|2\cos\dfrac{\sqrt{x+1}+\sqrt{x}}{2}\right|\leqslant 2$，$\lim\limits_{x\to+\infty}\sin\dfrac{\sqrt{x+1}-\sqrt{x}}{2}=\lim\limits_{x\to+\infty}\sin\dfrac{1}{2(\sqrt{x+1}+\sqrt{x})}=0$，

所以 $\lim\limits_{x\to+\infty}(\sin\sqrt{x+1}-\sin\sqrt{x})=\lim\limits_{x\to+\infty}2\cos\dfrac{\sqrt{x+1}+\sqrt{x}}{2}\sin\dfrac{\sqrt{x+1}-\sqrt{x}}{2}=0$.

例2. 求极限 $\lim\limits_{n\to+\infty}\left(1+\sin\pi\sqrt{1+4n^2}\right)^n$.

解 $\lim\limits_{x\to+\infty}\left(1+\sin\pi\sqrt{1+4n^2}\right)^n=\exp\left(\lim\limits_{n\to\infty}n\sin\pi\sqrt{1+4n^2}\right)$

$$= \exp\left(\lim_{n\to\infty} n\sin\pi\left(\sqrt{1+4n^2}-2n\right)\right)$$

$$= \exp\left(\lim_{n\to\infty} n\sin\frac{\pi}{\sqrt{1+4n^2}+2n}\right) = \exp\left(\lim_{n\to\infty}\frac{n\pi}{\sqrt{1+4n^2}+2n}\right) = e^{\frac{\pi}{4}}.$$

例 3. 求极限 $\lim\limits_{x\to+\infty}\dfrac{(x+a)^{x+a}(x+b)^{x+b}}{(x+a+b)^{2x+a+b}}$.

解 $\lim\limits_{x\to+\infty}\dfrac{(x+a)^{x+a}(x+b)^{x+b}}{(x+a+b)^{2x+a+b}}$

$$= \exp\left(\lim_{x\to\infty}\big((x+a)\ln(x+a)+(x+b)\ln(x+b)-(2x+a+b)\ln(x+a+b)\big)\right)$$

$$= \exp\left(\lim_{x\to\infty}\left((x+a)\ln\frac{x+a}{x+a+b}+(x+b)\ln\frac{x+b}{x+a+b}\right)\right)$$

$$= \exp\left(\lim_{x\to\infty}\left(-\frac{(x+a)b}{x+a+b}-\frac{(x+b)a}{x+a+b}\right)\right) = e^{-(a+b)}.$$

例 4. 求极限 $\lim\limits_{x\to0}\dfrac{1}{x^3}\left[\left(\dfrac{2+\cos x}{3}\right)^x-1\right]$.

解 原式 $= \lim\limits_{x\to0}\dfrac{e^{x\ln\left(\frac{2+\cos x}{3}\right)}-1}{x^3} = \lim\limits_{x\to0}\dfrac{\ln\left(\dfrac{2+\cos x}{3}\right)}{x^2} = \lim\limits_{x\to0}\dfrac{\ln\left(1+\dfrac{\cos x-1}{3}\right)}{x^2}$

$$= \lim_{x\to0}\frac{\cos x-1}{3x^2} = -\frac{1}{6}.$$

例 5. 当 $x\to0$ 时，$1-\cos x\cos 2x\cos 3x$ 与 ax^n 是等价无穷小，求常数 a, n.

解 当 $x\to0$ 时，有

$$\cos x = 1-\frac{1}{2}x^2+o(x^2),\quad \cos 2x = 1-\frac{1}{2}(2x)^2+o(x^2) = 1-2x^2+o(x^2),$$

$$\cos 3x = 1-\frac{1}{2}(3x)^2+o(x^2) = 1-\frac{9}{2}x^2+o(x^2),$$

故 $1-\cos x\cos 2x\cos 3x = 1-\left(1-\dfrac{1}{2}x^2+o(x^2)\right)\left(1-2x^2+o(x^2)\right)\left(1-\dfrac{9}{2}x^2+o(x^2)\right)$

$$= 7x^2+o(x^2),$$

由于 $1-\cos x\cos 2x\cos 3x$ 与 ax^n 是等价无穷小，所以 $a=7$, $n=2$.

例 6. 设函数 $f(x)$ 定义在 $(a,+\infty)$，$f(x)$ 在任意的有限区间内有界且满足

$$\lim_{x\to+\infty}[f(x+1)-f(x)] = A.\ 证明：\ \lim_{x\to+\infty}\frac{f(x)}{x} = A.$$

证明 由于 $\lim\limits_{x\to+\infty}[f(x+1)-f(x)] = A$，所以 $\forall\varepsilon>0$，$\exists X_1>a$，当 $x\geqslant X_1$ 时，

$$\left|f(x+1)-f(x)-A\right| < \frac{\varepsilon}{2}.$$

又由于 $f(x)$ 在有限区间 $[X_1, X_1+1]$ 上有界，对上述 $\varepsilon>0$，$\exists X_2>a$，当 $x>X_2$ 时，

对 $\forall x_0 \in (X_1, X_1 + 1]$ 有

$$\left| \frac{f(x_0) - x_0 A}{x} \right| < \frac{\varepsilon}{2}.$$

取 $X = \max\{X_1, X_2\}$，当 $x > X$ 时，记 $n = [x - X_1]$（其中 $[\cdot]$ 为取整函数），则 $n \leq x - X_1 < n + 1$，令 $x_0 = x - n$，则 $x_0 \in [X_1, X_1 + 1]$，此时

$$\left| \frac{f(x)}{x} - A \right| = \left| \frac{[f(x) - f(x-1)] + [f(x-1) - f(x-2)] + \cdots + [f(x-n+1) - f(x_0)] + f(x_0)}{x} - A \right|$$

$$\leq \frac{|f(x) - f(x-1) - A| + |f(x-1) - f(x-2) - A| + \cdots + |f(x-n+1) - f(x_0) - A| + |f(x_0) - x_0 A|}{x}$$

$$< \frac{n}{x} \frac{\varepsilon}{2} + \frac{|f(x_0) - x_0 A|}{x} < \frac{\varepsilon}{2} + \frac{\varepsilon}{2} = \varepsilon. \qquad\qquad 得证.$$

评注：本题亦可将条件"$f(x)$ 在任意的有限区间内有界"改为"$f(x)$ 连续"；利用取整函数不等式 $[x] \leq x < [x] + 1$ 可以将无限区间函数的变化归结到有限的区间中处理.

例7. 求 $\lim\limits_{x \to 0} \dfrac{\sin(e^x - 1) - (e^{\sin x} - 1)}{x^4}$.

解 当 $x \to 0$ 时，

$$e^x - 1 = x + \frac{1}{2}x^2 + \frac{1}{6}x^3 + \frac{1}{24}x^4 + o(x^4), \quad \sin x = x - \frac{1}{6}x^3 + o(x^4).$$

故：

$$\sin(e^x - 1) = (e^x - 1) - \frac{1}{6}(e^x - 1)^3 + o(x^4)$$

$$= x + \frac{1}{2}x^2 + \frac{1}{6}x^3 + \frac{1}{24}x^4 - \frac{1}{6}\left(x + \frac{1}{2}x^2\right)^3 + o(x^4) = x + \frac{1}{2}x^2 - \frac{5}{24}x^4 + o(x^4),$$

$$e^{\sin x} - 1 = \sin x + \frac{1}{2}(\sin x)^2 + \frac{1}{6}(\sin x)^3 + \frac{1}{24}(\sin x)^4 + o(x^4)$$

$$= \left(x - \frac{1}{6}x^3\right) + \frac{1}{2}\left(x - \frac{1}{6}x^3\right)^2 + \frac{1}{6}x^3 + \frac{1}{24}x^4 + o(x^4) = x + \frac{1}{2}x^2 - \frac{1}{8}x^4 + o(x^4),$$

$$\lim_{x \to 0} \frac{\sin(e^x - 1) - (e^{\sin x} - 1)}{x^4} = \lim_{x \to 0} \frac{\left(x + \frac{1}{2}x^2 - \frac{5}{24}x^4 + o(x^4)\right) - \left(x + \frac{1}{2}x^2 - \frac{1}{8}x^4 + o(x^4)\right)}{x^4} = -\frac{1}{12}.$$

评注：本题是典型的借助泰勒展求函数极限；处理复合函数的泰勒展开时，不能够将内层函数进行等价替换（若将上题中的 $\sin(e^x - 1) \sim \sin x$ 以及 $e^{\sin x} - 1 \sim e^x - 1$ 会得出错误结果）；当已知分母的阶数等于 4 时，要将分子亦展开到 x^4（出现 $o(x^4)$ 即可）；展开的过程中要熟练运用多项式乘法，将高阶项及时忽略.

例8. 已知 $\lim\limits_{x \to 0} \dfrac{(1+x)^{\frac{1}{x}} - (A + Bx + Cx^2)}{x^3} = D \neq 0$，求常数 A，B，C，D.

解 （方法一）由于 $\lim\limits_{x\to 0}\dfrac{(1+x)^{\frac{1}{x}}-(A+Bx+Cx^2)}{x^3}=D\neq 0$，知

（1）$\lim\limits_{x\to 0}(1+x)^{\frac{1}{x}}-(A+Bx+Cx^2)=0\Rightarrow A=\lim\limits_{x\to 0}(1+x)^{\frac{1}{x}}=\mathrm{e}$；

（2）$\lim\limits_{x\to 0}\dfrac{(1+x)^{\frac{1}{x}}-(A+Bx+Cx^2)}{x}=0\Rightarrow B=\lim\limits_{x\to 0}\dfrac{(1+x)^{\frac{1}{x}}-\mathrm{e}}{x}$

$$=\lim\limits_{x\to 0}(1+x)^{\frac{1}{x}}\dfrac{x-(1+x)\ln(1+x)}{x^2(1+x)}=-\dfrac{1}{2}\mathrm{e}$$；

（3）$\lim\limits_{x\to 0}\dfrac{(1+x)^{\frac{1}{x}}-(A+Bx+Cx^2)}{x^2}=0\Rightarrow C=\lim\limits_{x\to 0}\dfrac{(1+x)^{\frac{1}{x}}-\mathrm{e}+\frac{\mathrm{e}}{2}x}{x^2}=\dfrac{11}{24}\mathrm{e}$；

（4）$D=\lim\limits_{x\to 0}\dfrac{(1+x)^{\frac{1}{x}}-\left(\mathrm{e}-\frac{\mathrm{e}}{2}x+\frac{11\mathrm{e}}{24}x^2\right)}{x^3}=-\dfrac{7}{16}\mathrm{e}$.

评注：分子是 x^3 的同阶无穷小，则必为无穷小、x 的高阶无穷小以及 x^2 的高阶无穷小，由此可得式（1）、式（2）和式（3），从而分别求出 A，B，C.

（方法二）当 $x\to 0$ 时，

$$\mathrm{e}^x=1+x+\dfrac{1}{2}x^2+\dfrac{1}{6}x^3+o(x^3)\,,\quad\dfrac{\ln(1+x)}{x}=1-\dfrac{1}{2}x+\dfrac{1}{3}x^2-\dfrac{1}{4}x^3+o(x^3).$$

故 $(1+x)^{\frac{1}{x}}$

$$=\mathrm{e}^{\frac{\ln(1+x)}{x}}=\mathrm{e}\cdot\mathrm{e}^{\frac{\ln(1+x)}{x}-1}=\mathrm{e}\cdot\left[1+\left(\dfrac{\ln(1+x)}{x}-1\right)+\dfrac{1}{2}\left(\dfrac{\ln(1+x)}{x}-1\right)^2+\dfrac{1}{6}\left(\dfrac{\ln(1+x)}{x}-1\right)^3+o(x^3)\right]$$

$$=\mathrm{e}\cdot\left[1+\left(-\dfrac{1}{2}x+\dfrac{1}{3}x^2-\dfrac{1}{4}x^3\right)+\dfrac{1}{2}\left(-\dfrac{1}{2}x+\dfrac{1}{3}x^2-\dfrac{1}{4}x^3\right)^2+\dfrac{1}{6}\left(-\dfrac{1}{2}x+\dfrac{1}{3}x^2-\dfrac{1}{4}x^3\right)^3\right]+o(x^3)$$

$$=\mathrm{e}\cdot\left[1-\dfrac{1}{2}x+\left(\dfrac{1}{3}+\dfrac{1}{8}\right)x^2-\left(\dfrac{1}{4}+\dfrac{1}{6}+\dfrac{1}{48}\right)x^3\right]+o(x^3)=\mathrm{e}\cdot\left[1-\dfrac{1}{2}x+\dfrac{11}{24}x^2-\dfrac{7}{16}x^3\right]+o(x^3).$$

代入原式，有

$$\lim\limits_{x\to 0}\dfrac{\mathrm{e}\cdot\left[1-\frac{1}{2}x+\frac{11}{24}x^2-\frac{7}{16}x^3\right]+o(x^3)-(A+Bx+Cx^2)}{x^3}=D\Rightarrow A=\mathrm{e},B=-\dfrac{\mathrm{e}}{2},C=\dfrac{11}{24}\mathrm{e},D=-\dfrac{7}{16}\mathrm{e}.$$

评注：借助泰勒展开，可以一次性地计算出所有的参数.

例 9. 讨论函数 $f(x)=\lim\limits_{n\to\infty}\dfrac{(1-x^{2n})x}{1+x^{2n}}$ 的连续性，并判断其间断点类型.

解 可得 $f(x)=\begin{cases}-x,&|x|>1,\\0,&|x|=1,\\x,&|x|<1,\end{cases}$ 因此：$f(x)$ 在 $(-\infty,-1)$，$(-1,1)$，$(1,$

$+\infty)$ 连续，$x=\pm 1$ 为 $f(x)$ 的第一类跳跃间断点.

例 10. 求曲线 $y=\dfrac{1}{x}+\ln(1+\mathrm{e}^x)$ 的渐近线.

解 $\lim\limits_{x \to +\infty} y = \lim\limits_{x \to +\infty} \left[\dfrac{1}{x} + \ln(1 + e^x) \right] = +\infty$，$\lim\limits_{x \to -\infty} y = \lim\limits_{x \to -\infty} \left[\dfrac{1}{x} + \ln(1 + e^x) \right] = 0$，

所以 $y = 0$ 是曲线的水平渐近线；

$\lim\limits_{x \to 0} y = \lim\limits_{x \to 0} \left[\dfrac{1}{x} + \ln(1 + e^x) \right] = \infty$，所以 $x = 0$ 是曲线的垂直渐近线；

$$\lim_{x \to +\infty} \frac{y}{x} = \lim_{x \to +\infty} \frac{\dfrac{1}{x} + \ln(1 + e^x)}{x} = 0 + \lim_{x \to +\infty} \frac{\ln(1 + e^x)}{x} = \lim_{x \to +\infty} \frac{\dfrac{e^x}{1 + e^x}}{1} = 1,$$

$b = \lim\limits_{x \to +\infty} (y - x) = \lim\limits_{x \to +\infty} \left(\dfrac{1}{x} + \ln(1 + e^x) - x \right) = 0$，所以 $y = x$ 是曲线的斜渐近线.

例 11. 讨论黎曼函数 $R(x) = \begin{cases} \dfrac{1}{m}, & 若\ x = \dfrac{n}{m}, \\ 0, & 若\ x \in \mathbf{Q}^c \end{cases}$ 在 $(0, 1)$ 内的连续性（定义中的

m，n 为互质正整数）.

解 首先证明，$\forall x_0 \in (0, 1)$，都有 $\lim\limits_{x \to x_0} R(x) = 0$：$\forall \varepsilon > 0$，取 $N = \left[\dfrac{1}{\varepsilon} \right] + 1$，

令集合

$$I(N) = \left\{ \frac{n}{m} \,\middle|\, m = 2, 3, \cdots, N; n = 1, 2, \cdots, m - 1 \right\} \subset (0, 1),$$

显然（i）集合 $I(N)$ 为有限集，（ii）$\forall x \notin I(N), R(x) < \dfrac{1}{N} < \varepsilon$.

$\forall x_0 \in (0, 1)$，若 $x_0 \in I(N)$，记 $\delta = \min\limits_{x \in I(N) \setminus x_0} |x - x_0| > 0$，若 $x_0 \notin I(N)$，记 $\delta = \min\limits_{x \in I(N)} |x - x_0| > 0$，则当 $x \in U^o(x_0, \delta)$ 时，$x \notin I(N) \Rightarrow R(x) < \varepsilon$，故 $\lim\limits_{x \to x_0} R(x) = 0$.

因此，若 $x_0 \in (0, 1) \cap \mathbf{Q}^c$，由于 $\lim\limits_{x \to x_0} R(x) = 0 = R(x_0)$，知 $f(x)$ 在 x_0 点连续；若 $x_0 \in (0, 1) \cap \mathbf{Q}$，由于 $\lim\limits_{x \to x_0} R(x) = 0 \neq R(x_0)$，知 $f(x)$ 在 x_0 点不连续，x_0 为 $f(x)$ 的可去间断点.

评注： 用定义证明函数连续性的关键是计算函数的极限，而其中核心是对 $\forall \varepsilon > 0$ 寻找合适的 δ！本题用有限数集必存在最小值等方法寻找 δ.

例 12. 设函数 $f(x)$ 在 $(0, 1)$ 上有定义，且函数 $e^x f(x)$ 与函数 $e^{-f(x)}$ 在 $(0, 1)$ 上都单调增加，证明 $f(x)$ 在 $(0, 1)$ 上连续.

证明 $\forall x_0 \in (0, 1)$，只需证 $f(x)$ 在 x_0 处同时左右连续，即证 $\lim\limits_{x \to x_0^+} f(x) = \lim\limits_{x \to x_0^-} f(x) = f(x_0)$.

（1）若 $x \in (x_0, 1)$，由于 $e^x f(x)$ 与 $e^{-f(x)}$ 单调增加，可得 $e^{x_0} f(x_0) \leqslant e^x f(x) \Rightarrow e^{x_0 - x} f(x_0) \leqslant f(x)$ 以及 $e^{-f(x_0)} \leqslant e^{-f(x)} \Rightarrow f(x_0) \geqslant f(x)$，因此有 $e^{x_0 - x} f(x_0) \leqslant f(x) \leqslant f(x_0)$，取极限 $x \to x_0^+$，有 $\lim\limits_{x \to x_0^+} f(x) = f(x_0)$；

（2）若 $x \in (0, x_0)$，由于 $e^x f(x)$ 与 $e^{-f(x)}$ 单调增加，可得 $e^x f(x) \leqslant e^{x_0} f(x_0) \Rightarrow$ $f(x) \leqslant e^{x_0 - x} f(x_0)$ 以及 $e^{-f(x)} \leqslant e^{-f(x_0)} \Rightarrow f(x) \geqslant f(x_0)$，因此有 $f(x_0) \leqslant f(x) \leqslant e^{x_0 - x} f(x_0)$，取极限 $x \to x_0^-$，有 $\lim_{x \to x_0^-} f(x) = f(x_0)$；

综上所述，$\forall x_0 \in (0,1)$，$f(x)$ 在 x_0 处连续，故 $f(x)$ 在 $(0,1)$ 上连续.

评注：本题是利用函数的单调性证明函数的连续性，由于单调性只能得出单侧极限，因此需要考虑分别证明函数的左、右连续性；除单调函数需计算左、右极限外，分段函数在分段点，一些特殊函数（如 $y = e^{\frac{1}{x}}$，$y = \arctan \frac{1}{x}$，$\frac{|x|}{\sin x}$ 等）在 $x = 0$ 处也需要计算左、右极限.

例 13. 设函数 $f(x)$ 为 $(-\infty, +\infty)$ 上非常函数的连续的周期函数，证明：$f(x)$ 必存在最小正周期.

证明　首先证明若 $\{T_n\}$ 为 $f(x)$ 的周期，$T = \lim_{n \to \infty} T_n$，则 T 也为 $f(x)$ 的周期：由于 $f(x)$ 在 $(-\infty, +\infty)$ 上连续，对 $\forall x \in (-\infty, +\infty)$，

$$f(x + T) = f(\lim_{n \to \infty}(x + T_n)) = \lim_{n \to \infty} f(x + T_n) = \lim_{n \to \infty} f(x) = f(x),$$

故 T 为 $f(x)$ 的周期.

令 $\Im$ 为 $f(x)$ 全体正周期构成的集合，若 $\inf \Im > 0$，记 $T = \inf \Im$，存在 $\{T_n\} \subset \Im$，使得 $T = \lim_{n \to \infty} T_n$，由上述证明，必有 $T \in \Im$，则 T 即为 $f(x)$ 的最小正周期.

若 $\inf \Im = 0$，则存在 $\{T_n\} \subset \Im$，使得 $\lim_{n \to \infty} T_n = 0$. 对 $\forall x \in (-\infty, +\infty)$，记 $x_n = \left[\dfrac{x}{T_n}\right] \cdot T_n$（其中 $[\cdot]$ 表示取整函数），则 $x - T_n \leqslant x_n \leqslant x$ 且 $f(x_n) = f\left(0 + \left[\dfrac{x}{T_n}\right] \cdot T_n\right) = f(0)$. 根据 $\lim_{n \to \infty} T_n = 0$ 知 $\lim_{n \to \infty} x_n = x$，由连续性可得 $f(x) = \lim_{n \to \infty} f(x_n) = f(0)$，即 $f(x)$ 恒为常数，矛盾. 综上可证 $f(x)$ 必存在最小正周期.

评注：非常值的周期函数未必有最小正周期，例如狄利克雷函数（有理数取值为 1，无理数取值为 0，每一个有理数均为其周期），但是本题告诉我们，连续的非常值周期函数必有最小正周期；通过连续性可以得出函数运算与极限运算的换序，这是本题证明的主要方法.

例 14. （1）证明：方程 $x^n + x^{n-1} + \cdots + x = 1$（$n > 1$ 的整数）在区间 $\left(\dfrac{1}{2}, 1\right)$ 内有且仅有一个实根；

（2）记（1）中的实根为 x_n，证明：$\lim_{n \to \infty} x_n$ 存在，并求此极限.

证明　（1）令 $f(x) = x^n + x^{n-1} + \cdots + x - 1$，则 $f(1) > 0$，$f\left(\dfrac{1}{2}\right) = \dfrac{\dfrac{1}{2}\left[\left(1 - \dfrac{1}{2}\right)^n\right]}{1 - \dfrac{1}{2}} -$

$1 = -\left(\dfrac{1}{2}\right)^n < 0$，由零点定理，$f(x)$ 在 $\left(\dfrac{1}{2},1\right)$ 至少存在一个零点，也即方程 $x^n +$

$x^{n-1} + \cdots + x = 1$ 在区间 $\left(\dfrac{1}{2},1\right)$ 内至少有一个实根. 又由于 $f(x)$ 在 $\left(\dfrac{1}{2},1\right)$ 上是单调

的，可知方程 $x^n + x^{n-1} + \cdots + x = 1$ 在区间 $\left(\dfrac{1}{2},1\right)$ 内有且仅有一个实根.

（2）由于 $f(x_n) = 0$，可知 $x_n^{\,n} + x_n^{\,n-1} + \cdots + x_n - 1 = 0$（i），进而有 $x_{n+1}^{\,n+1} + x_{n+1}^{\,n} +$

$\cdots + x_{n+1} - 1 = 0$，可知 $x_{n+1}^{\,n} + x_{n+1}^{\,n-1} + \cdots + x_{n+1} - 1 < 0$（ii），比较式（i）与式（ii）

可知 $x_{n+1} < x_n$，故 $\{x_n\}$ 单调. 又由于 $\dfrac{1}{2} < x_n < 1$，也即 $\{x_n\}$ 是有界的，则由单调有界

收敛定理可知 $\{x_n\}$ 收敛，假设 $\lim\limits_{n\to\infty} x_n = a$，可知 $a < x_2 < x_1 = 1$. 当 $n\to\infty$ 时，$\lim\limits_{n\to\infty} f(x_n)$

$= \lim\limits_{n\to\infty} \dfrac{x_n(1 - x_n^{\,n})}{1 - x_n} - 1 = \dfrac{a}{1-a} - 1 = 0$，得 $\lim\limits_{n\to\infty} x_n = \dfrac{1}{2}$.

例 15. 设 $f_n(x) = \sin x + \sin^2 x + \cdots + \sin^n x$，证明：（1）$\forall n \geq 2$，方程 $f_n(x) = 1$

在 $\left(\dfrac{\pi}{6}, \dfrac{\pi}{2}\right)$ 内有且只有一个根； （2）设 $x_n \in \left(\dfrac{\pi}{6}, \dfrac{\pi}{2}\right)$ 是 $f_n(x) = 1$ 的根，则

$\lim\limits_{n\to\infty} x_n = \dfrac{\pi}{6}$.

证明 （1）显然 $f_n(x) \in C\left[\dfrac{\pi}{6}, \dfrac{\pi}{2}\right]$，由于 $f_n\left(\dfrac{\pi}{2}\right) = n > 1$，$f_n\left(\dfrac{\pi}{6}\right) = 1 - \dfrac{1}{2^n} < 1$，

所以 $\exists \xi \in \left(\dfrac{\pi}{6}, \dfrac{\pi}{2}\right)$，使得 $f_n(\xi) = 1$. 又由于 $\forall n \geq 1$，$\sin^n x$ 在 $\left(\dfrac{\pi}{6}, \dfrac{\pi}{2}\right)$ 严格单调增

加，故 $f_n(x)$ 也在 $\left(\dfrac{\pi}{6}, \dfrac{\pi}{2}\right)$ 严格单调增加，因此方程 $f_n(x) = 1$ 在 $\left(\dfrac{\pi}{6}, \dfrac{\pi}{2}\right)$ 内有且只有

一个根；

（2）设 $x_n \in \left(\dfrac{\pi}{6}, \dfrac{\pi}{2}\right)$ 是 $f_n(x) = 1$ 的根，由于

$$f_n(x_{n-1}) = \sin x_{n-1} + \sin^2 x_{n-1} + \cdots + \sin^{n-1} x_{n-1} + \sin^n x_{n-1} = f_{n-1}(x_{n-1}) + \sin^n x_{n-1}$$
$$= 1 + \sin^n x_{n-1} > 1 = f_n(x_n)$$

同时 $f_n(x)$ 严格单调增加，可得 $x_n < x_{n-1}$，即数列 $\{x_n\}$ 单调递减，又 $x_n \in$

$\left(\dfrac{\pi}{6}, \dfrac{\pi}{2}\right)$，故数列 $\{x_n\}$ 收敛，设 $\lim\limits_{n\to\infty} x_n = A$. 在 $f_n(x_n) = \sin x_n + \sin^2 x_n + \cdots + \sin^n x_n =$

$\dfrac{\sin x_n(1 - \sin^n x_n)}{1 - \sin x_n} = 1$ 两边同时取极限 $n\to\infty$，注意到 $\sin x_n \leq \sin x_2 < 1$，可知 $\lim\limits_{n\to\infty} \sin^n x_n =$

0，故可得 $\dfrac{\sin A}{1 - \sin A} = 1 \Rightarrow \sin A = \dfrac{1}{2}$，故 $\lim\limits_{n\to\infty} x_n = \dfrac{\pi}{6}$.

评注：介值定理（或零点定理）可以证明方程根的存在性，若证明根的唯一性或确定根的个数，需要用到函数的单调性；在本题中单调性可以直接看出来，对

于复杂的函数，可以通过计算其导数得出单调性.

例 16. 设函数 $f(x) \in C(-\infty, +\infty)$，$f(f(x)) = x$，求证：$\exists \xi \in (-\infty, +\infty)$，使得 $f(\xi) = \xi$.

证明　用反证法，若结论不成立，令
$$F(x) = f(x) - x,$$

则 $F(x)$ 在 $(-\infty, +\infty)$ 上没有零点，有介值定理可知 $F(x)$ 在 $(-\infty, +\infty)$ 上恒正或恒负：

（1）若 $\forall x \in (-\infty, +\infty)$，$F(x) > 0$，则 $F(f(x)) = f(f(x)) - f(x) = x - f(x) = -F(x) < 0$，矛盾；

（2）若 $\forall x \in (-\infty, +\infty)$，$F(x) < 0$，则 $F(f(x)) = f(f(x)) - f(x) = x - f(x) = -F(x) > 0$，矛盾；

综上，可知 $\exists \xi \in (-\infty, +\infty)$，使得 $f(\xi) = \xi$.

评注：满足 $f(\xi) = \xi$ 的点 ξ 称为函数 $f(x)$ 的"不动点"；求函数不动点的方法包括：利用介值定理，构造逼近点列等；本题利用介值定理证明函数存在不动点，将不动点问题转化为零点问题，并使用反证法得出矛盾是关键的技巧.

例 17. $f(x)$ 为定义在圆周上的连续函数，证明：必存在一条直径，在其两个端点 a, b 上有 $f(a) = f(b)$.

证明　用 $0 \leqslant \theta \leqslant 2\pi$ 表示 $f(x)$ 在圆周上的定义域，则有 $f(0) = f(2\pi)$，令
$$g(\theta) = f(\theta) - f(\theta + \pi),$$

则 $g(\theta)$ 为 $[0, \pi]$ 上的连续函数，

$g(0) \cdot g(\pi) = (f(0) - f(\pi)) \cdot (f(\pi) - f(2\pi)) = -(f(0) - f(\pi))^2 \leqslant 0$，

根据介值定理，$\exists \theta_0 \in [0, \pi]$，使得
$$g(\theta_0) = f(\theta_0) - f(\theta_0 + \pi) = 0,$$

即 $f(\theta_0) = f(\theta_0 + \pi)$，分别取 a，b 为对应 $\theta = \theta_0$，$\theta = \theta_0 + \pi$ 的两个点，它们为一条直径的两个端点，且 $f(a) = f(b)$.

评注：将定义在圆周上的函数看作 $[0, 2\pi]$ 上的函数，这种引入参量的方法是处理类似几何问题的重要技巧.

例 18. 证明：若 $f(x)$ 在区间 I 上处处连续且为一一映射，则 $f(x)$ 在区间 I 上必为严格单调函数.

证明　使用反证法：若 $f(x)$ 在区间 I 上不严格单调，则 $\exists x_1, x_2, x_3 \in I, x_1 < x_2 < x_3$，使得

　　（i）$f(x_1) \leqslant f(x_2) \geqslant f(x_3)$，或者 （ii）$f(x_1) \geqslant f(x_2) \leqslant f(x_3)$.

对于（i）：若 $f(x_1) \leqslant f(x_3)(\leqslant f(x_2))$，由介值定理，$\exists \xi \in [x_1, x_2]$，使得 $f(\xi) = f(x_3)$，与 $f(x)$ 为一一映射矛盾；若 $f(x_3) \leqslant f(x_1)(\leqslant f(x_2))$，由介值定理，$\exists \eta \in [x_2, x_3]$，使得 $f(\xi) = f(x_1)$，也与 $f(x)$ 为一一映射矛盾.

对于（ii）：若 $f(x_1) \geqslant f(x_3)(\geqslant f(x_2))$，由介值定理，$\exists \xi \in [x_1, x_2]$，使得 $f(\xi) =$

$f(x_3)$，与 $f(x)$ 为一一映射矛盾；若 $f(x_3) \geq f(x_1)(\geq f(x_2))$，由介值定理，$\exists \eta \in [x_2, x_3]$，使得 $f(\xi) = f(x_1)$，也与 $f(x)$ 为一一映射矛盾. 综上所述，$f(x)$ 在区间 I 上必为严格单调函数.

评注：本题说明对于某区间上的连续函数，一一映射（可逆）与严格单调是等价的；因此，对于某区间上的连续函数，当其存在反函数时，必为严格单调函数.

3　本节练习

（A 组）

1. 求 $\lim\limits_{x \to 0} \dfrac{[\sin x - \sin(\sin x)]\sin x}{x^4}$.

2. 求 $\lim\limits_{x \to \infty}\left(\sqrt[6]{x^6 + x^5} - \sqrt[6]{x^6 - x^5}\right)$.

3. 求 $\lim\limits_{x \to +\infty}\left[\left(x^3 - x^2 + \dfrac{x}{2}\right)\mathrm{e}^{\frac{1}{x}} - \sqrt{x^6 + 1}\right]$.

4. 试确定 A，B，C 的值，使得 $\mathrm{e}^x(1 + Bx + Cx^2) = 1 + Ax + o(x^3)$.

5. 设 $f(x) = \lim\limits_{n \to \infty} \dfrac{(n-1)x}{nx^2 + 1}$，求 $f(x)$ 的间断点.

6. 设 $f(x) = \lim\limits_{n \to \infty} \dfrac{x^{2n-1} + ax^2 + bx}{x^{2n} + 1}$ 为连续函数，求 a，b 的值.

7. 设 $f(x)$ 在 $x = 0$ 处连续且对 $\forall x, y \in (-\infty, +\infty)$ 有 $f(x+y) = f(x) \cdot f(y)$，试证：$f(x)$ 在 $(-\infty, +\infty)$ 上连续.

8. 设 $f(x) = \begin{cases} x, & x < 0, \\ \lim\limits_{n \to \infty} \dfrac{x^{n+1}}{(1 + x^n)(2 - x)}, & x \geq 0 \end{cases}$ 研究其连续性，指出间断点的类型.

9. 讨论函数 $f(x) = \lim\limits_{n \to \infty} \sqrt[n]{1 + x^n + \left(\dfrac{x^2}{2}\right)^n}$ 的连续性.

10. 求曲线 $y = \dfrac{x^3}{x^2 - 2x - 3}$ 的渐近线.

11. 对椭圆内任意一点 P，存在椭圆过 P 点的弦使得 P 为弦的中点.

12. 设函数 $f(x) \in C[a,b]$ 满足 $f(a) \geq a, f(b) \leq b$，证明：$\exists \xi \in [a, b]$，使得 $f(\xi) = \xi$.

13. 设函数 $f(x)$ 在 $(-\infty, +\infty)$ 上可微，满足 $|f'(x)| \leq r < 1$，证明：$\exists \xi \in (-\infty, +\infty)$，使得 $f(\xi) = \xi$.

14. 设 $f(x)$ 在 $[a, a+2b]$ 上连续，证明：存在 $x \in [a, a+b]$ 使得 $f(x+b) - f(x) = \dfrac{1}{2}[f(a+2b) - f(a)]$.

（B 组）

1. 求 $\lim\limits_{x\to 0}\dfrac{2\ln(2-\cos x)-3\left((1+\sin^2 x)^{\frac{1}{3}}-1\right)}{(x\ln(1+x))^2}$.

2. 设 $f(x)$ 在 $[1,+\infty)$ 上有连续导数，且 $\lim\limits_{x\to+\infty}\left[f'(x)+f(x)\right]=0$，证明：$\lim\limits_{x\to+\infty}f(x)=0$.

3. 设函数 $f(x)$ 定义在 $[0,1]$ 上，满足 $f(0)=0$，$f'(0)=a$，求极限 $\lim\limits_{n\to\infty}\left[f\left(\dfrac{1}{n^2}\right)+f\left(\dfrac{2}{n^2}\right)+\cdots+f\left(\dfrac{n}{n^2}\right)\right]$.

4. 设函数 $f(x)$ 在 $(0,+\infty)$ 上连续，对任意的正数 x 有 $f(x^2)=f(x)$，且 $f(3)=5$，求 $f(x)$.

5. 是否存在 $(-\infty,+\infty)$ 上的连续函数 $f(x)$，使得 $f(f(x))=e^{-x}$？

6. 证明：只存在第一类间断点的函数一定在有限区间内有界.

7. $f(x)$ 在 $[a,+\infty)$ 上连续，且 $\lim\limits_{x\to+\infty}f(x)$ 存在，则 $f(x)$ 在 $[a,+\infty)$ 上是否存在最大值或最小值？若 $f(x)$ 在 $[a,+\infty)$ 上连续有界，上述问题如何？

4 竞赛实战

（A 组）

1. （第一届江苏省赛）（1）函数 $y=\sin x\,|\sin x|$（其中 $|x|\leqslant\dfrac{\pi}{2}$）的反函数为 _____ .

（2）当 $x\to 0$ 时，$3x-4\sin x+\sin x\cos x$ 与 x^n 为同阶无穷小，则 $n=$ _____ .

2. （第三届江苏省赛）已知当 x 大于 $\dfrac{1}{2}$ 且趋向于 $\dfrac{1}{2}$ 时，$\pi-3\arccos x$ 与 $a\left(x-\dfrac{1}{2}\right)^b$ 为等价无穷小，则 $a=$ ____ ，$b=$ _____ .

3. （第四届江苏省赛）$\lim\limits_{x\to 0}\dfrac{\sqrt{1+x^2}+\sqrt{1-x^2}-2}{\sqrt{1+x^4}-1}=$ _____ .

4. （第六届江苏省赛）$\lim\limits_{x\to 0}\dfrac{\sqrt{1+x^2}+\sqrt{1-x^2}-2}{\sqrt{1+x^4}-1}=$ _____ .

5. （第七届江苏省赛）

（1）$x\to 0$ 时，$x-\sin x\cos x\cos 2x$ 与 cx^k 为等价无穷小，则 $c=$ _____ .

（2）$\lim\limits_{x\to\infty}\left(x\arctan\dfrac{1}{x}\right)^{x^2}=$ _____ .

6. （第九届江苏省赛）

（1）$x\to 0$ 时，$x-\sin x\cos x\cos 2x$ 与 cx^k 为等价无穷小，则 $c=$ _____ .

（2）$\lim\limits_{x\to\infty}\left(x\arctan\dfrac{1}{x}\right)^{x^2}=$ _____ .

7. （第十一届江苏省赛）$\lim\limits_{x\to 1}\dfrac{(\sqrt{x}-1)\ (\sqrt[3]{x}-1)\ (\sqrt[4]{x}-1)}{(x-1)^3}=$ _____.

8. （第十二届江苏省赛）

（1）极限$\lim\limits_{x\to 0}\dfrac{1-x\cot x}{x^2\cos x^2}=$ _____.

（2）若当 $x\to 0$ 时，$f(x)=\mathrm{e}^x-2ax^2+3bx-1$ 是 x^2 的高阶无穷小，则 $a=$ _____，$b=$ _____.

（3）函数$f(x)=\dfrac{x^2-x}{x^2-1}\sqrt{1+\dfrac{1}{x^2}}$的间断点是 _____，它们的类型分别是 _____ _____.

9. （第一届国家决赛、第三届国家预赛）求极限$\lim\limits_{n\to\infty}n\left[\left(1+\dfrac{1}{n}\right)^n-\mathrm{e}\right]$.

（B 组）

1. （第十三届江苏省赛）求极限$\lim\limits_{x\to 0}\dfrac{\tan(\tan x)-\tan(\tan(\tan x))}{\tan x\cdot\tan(\tan x)\cdot\tan(\tan(\tan x))}$.

2. （第一届国家预赛）求极限$\lim\limits_{x\to 0}\left(\dfrac{\mathrm{e}^x+\mathrm{e}^{2x}+\cdots+\mathrm{e}^{nx}}{n}\right)^{\frac{\mathrm{e}}{x}}$，其中 n 是给定的正整数.

3. （第二届国家预赛）求极限$\lim\limits_{x\to\infty}\mathrm{e}^{-x}\left(1+\dfrac{1}{x}\right)^{x^2}$.

4. （第三届国家决赛）计算下列各题（要求写出重要步骤）.

（1）$\lim\limits_{x\to 0}\dfrac{\sin^2 x-x^2\cos^2 x}{x^2\sin^2 x}$;　　　　（2）$\lim\limits_{x\to\infty}\left[\left(x^3+\dfrac{x}{2}-\tan\dfrac{1}{x}\right)\mathrm{e}^{\frac{1}{x}}-\sqrt{1+x^6}\right]$.

5. （第四届国家决赛）计算$\lim\limits_{x\to 0^+}\left[\ln(x\ln a)\cdot\ln\left(\dfrac{\ln ax}{\ln\dfrac{x}{a}}\right)\right]$ $(a>1)$.

6. （第九届国家决赛）设函数$f(x)$在区间$(0,1)$内连续，且存在两两互异的点 $x_1,x_2,x_3,x_4\in(0,1)$使得 $\alpha=\dfrac{f(x_1)-f(x_2)}{x_1-x_2}<\dfrac{f(x_3)-f(x_4)}{x_3-x_4}=\beta$，证明：对$\forall\lambda\in(\alpha,\beta)$，存在$x_5,x_6\in(0,1)$，使$\dfrac{f(x_5)-f(x_6)}{x_5-x_6}=\lambda$.

第二节　导数与微分的概念与计算

1　内容总结与精讲

◆ 导数与微分的概念

导数：设函数$f(x)$在 x_0 点的某邻域内有定义，若极限$\lim\limits_{x\to x_0}\dfrac{f(x)-f(x_0)}{x-x_0}$存在，

则称 $f(x)$ 在 x_0 点可导，并称极限值为函数 $f(x)$ 在 x_0 点的导数，记为 $f'(x_0),f'(x)\mid_{x=x_0}$.

注：1. 导数的实质是增量比值的极限，$f'(x_0)=\lim\limits_{\Delta x\to0}\dfrac{\Delta y}{\Delta x}=\lim\limits_{\Delta x\to0}\dfrac{f(x_0+\Delta x)-f(x_0)}{\Delta x}=\lim\limits_{h\to0}\dfrac{f(x_0+h)-f(x_0)}{h}$.

2. 导数为"局部概念"，函数在一点可导，必须要求函数在该点的某个邻域内存在.

3. $f'_-(x_0)=\lim\limits_{x\to x_0^-}\dfrac{f(x)-f(x_0)}{x-x_0}$，$f'_+(x_0)=\lim\limits_{x\to x_0^+}\dfrac{f(x)-f(x_0)}{x-x_0}$ 分别称为函数 $f(x)$ 在 x_0 点的左导数和右导数，函数 $f(x)$ 在 x_0 点的可导 $\Leftrightarrow$ 函数 $f(x)$ 在 x_0 点的左、右导数存在且相等.

4. $f(x)$ 在 x_0 点可导，则 $f(x)$ 在 x_0 点一定连续，但不能推出 $f(x)$ 在 x_0 点的邻域内连续.

5. $f(x)$ 在 x_0 点的左、右导数都存在（不要求相等），则 $f(x)$ 在 x_0 点一定连续.

6. 若存在 $\lim\limits_{n\to\infty}x_n=x_0$ 且 $\lim\limits_{n\to\infty}\dfrac{f(x_n)-f(x_0)}{x_n-x_0}$ 存在，不能推出 $f(x)$ 在 x_0 点可导（反之成立）.

7. $f(x)$ 在闭区间 $[a,b]$ 可导 $\Leftrightarrow\forall x_0\in(a,b),f(x)$ 在 x_0 点可导，且 $f(x)$ 在 $x=a$ 点右可导、$f(x)$ 在 $x=b$ 点左可导 $\Rightarrow f(x)$ 在闭区间 $[a,b]$ 连续.

微分：设函数 $f(x)$ 在 x_0 点某邻域内有定义，若存在常数 A，使得 $f(x_0+\Delta x)-f(x_0)=A\Delta x+o(\Delta x)$，则称 $f(x)$ 在 x_0 点可微，称 $A\Delta x$ 为 $f(x)$ 在 x_0 点的微分，记 $\mathrm{d}f(x)\mid_{x=x_0}=A\Delta x=A\mathrm{d}x$.

注：1. 微分的实质是函数增量的线性主部，即函数 $f(x)$ 在 x_0 点的微分是 Δx 的线性函数，同时是函数增量 $\Delta y=f(x_0+\Delta x)-f(x_0)$ 的主要部分（相差 Δx 的高阶无穷小）.

2. 一元函数可微等价于可导，且 $\mathrm{d}f(x)\mid_{x=x_0}=f'(x_0)\mathrm{d}x$.

3. 由微分定义可得出可微函数在 x_0 点附近的一阶近似计算公式：$f(x)\approx f(x_0)+f'(x_0)(x-x_0)$，其误差为 $x-x_0$ 的高阶无穷小（亦可看作一阶皮亚诺余项泰勒公式）.

4. n 阶微分是 $n-1$ 阶微分的微分，即 $\mathrm{d}^nf(x)=\mathrm{d}(\mathrm{d}^{n-1}f(x))=\mathrm{d}(f^{n-1}(x)\mathrm{d}x^{n-1})=f^n(x)\mathrm{d}x^n$（注意这几个符号的不同：$\mathrm{d}x^2=(\mathrm{d}x)^2,\mathrm{d}^2x=\mathrm{d}(\mathrm{d}x)=0,\mathrm{d}(x^2)=2x\mathrm{d}x$）.

5. 一阶微分具有形式不变性，即 $\mathrm{d}y=f'(u)\mathrm{d}u$，无论 u 是自变量还是中间变量均成立，高阶微分不具有形式不变性，例如：当 u 是中间变量时，$\mathrm{d}^2y=\mathrm{d}(f'(u)$

$du) = f''(u) du^2 + f'(u) d^2u.$ ($d^2x = d(dx) = 0$ 只对 x 为自变量时成立)

◆ **导数的重要性质**

1. **导数极限定理**：设函数 $f(x)$ 在 x_0 点的邻域 $U(x_0)$ 内连续，在 $U^o(x_0)$ 内可导，且 $\lim\limits_{x\to x_0} f'(x) = A$，则 $f(x)$ 在 x_0 点可导，且 $f'(x_0) = A$.

（1）若 $f(x)$ 在 x_0 点左或右连续，导函数的左或右极限存在，则 $f(x)$ 在 x_0 点左或右可导，并且 $f(x)$ 在 x_0 点的左或右导数等于 $f'(x)$ 的左或右极限，即 $f'_-(x_0) = \lim\limits_{x\to x_0^-} f'(x)$ 或 $f'_+(x_0) = \lim\limits_{x\to x_0^+} f'(x)$；

（2）若没有 $f(x)$ 在 x_0 点连续的条件，上述结论不成立，即 $f(x)$ 在 $U^o(x_0)$ 内可导，且 $\lim\limits_{x\to x_0} f'(x)$ 存在，无法得出 $f(x)$ 在 x_0 点可导；

（3）本定理可用来求连续函数在分段点或区间端点的导数（避免用定义）；

2. **导函数介值定理（达布定理）**：

（1）若函数 $f(x)$ 在 $[a,b]$ 上可导，且 $f_+'(a) \cdot f_-'(b) < 0$，则存在 $\xi \in (a,b)$，使得 $f'(\xi) = 0$；

（2）若函数 $f(x)$ 在 $[a,b]$ 上可导，且 $f_+'(a) \neq f_-'(b)$，则对任意的常数 k 介于 $f'_+(a)$ 和 $f_-'(b)$ 之间，都 $\exists \xi \in (a,b)$，使得 $f'(\xi) = k$；

（3）导函数在 $[a,b]$ 上未必连续，但一定具有介值性（注意与连续函数的介值性区分）；

（4）若函数 $f(x)$ 在区间 I 上可导，且 $f'(x) \neq 0$，则 $f(x)$ 在区间 I 上一定严格单调；

（5）若函数 $f(x)$ 在区间 I 上可导，则 $f'(x)$ 在区间 I 内至多有第二类间断点，即具有第一类间断点的函数一定没有原函数；

（6）若函数 $f(x)$ 在区间 I 上可导，且 $f'(x)$ 在区间 I 内单调，则 $f'(x)$ 在 I 内连续.

3. $f(x)$ 可导，则 $f^2(x)$ 可导，反之不成立，$f(x)$ 可导与 $|f(x)|$ 可导的关系如下：（见例4）

（1）若 $f(x)$ 在 x_0 点连续且 $f(x_0) \neq 0$，则 $f(x)$ 在 x_0 点可导与 $|f(x)|$ 在 x_0 点可导等价；

（2）若 $f(x)$ 在 x_0 点连续且 $|f(x)|$ 在 x_0 点可导，则 $f(x)$ 在 x_0 点可导；

（3）$f(x)$ 在 x_0 点可导与 $|f(x)|$ 在 x_0 点可导，二者不能互相推出.

4. $f(x)$ 在点 x_0 处可导，$g(x)$ 在点 x_0 处不可导，则

（1）$f(x) \pm g(x)$ 在点 x_0 处一定不可导；

（2）$f(x) \cdot g(x)$ 在点 x_0 处可能可导，也可能不可导；

（3）若 $g(x)$ 在点 x_0 处连续不可导，则 $f(x) \cdot g(x)$ 在点 x_0 处可导 $\Leftrightarrow f(x_0) = 0$.

◆ **求导函数的主要方法**

1. 利用定义：通常用来求在特殊点（分段点、区间端点等）的导数（包括

左、右导数).

2. 四则运算法则：设 $f(x)$，$g(x)$（n 阶）可导，

(1) $(af(x)+bg(x))'=af'(x)+bg'(x)$，

(2) $(f(x)g(x))'=f'(x)g(x)+f(x)g'(x)$，

(3) $\left(\dfrac{f(x)}{g(x)}\right)'=\dfrac{f'(x)g(x)-f(x)g'(x)}{g^2(x)}$ $(g(x)\neq 0)$.

注：式（1）和式（2）可以推广到任意有限个函数的情形，式（4）在计算低阶多项式与其他函数乘积的高阶导数时比较方便.

3. 复合函数求导法则（链式法则）：若函数 $u=g(x)$ 在 x 处可导，函数 $y=f(u)$ 在与 x 对应的 u 处可导，则复合函数 $f(g(x))$ 在 x 处可导，且 $(f(g(x)))'=f'(g(x))\cdot g'(x)$.

注：$(f(g(x)))'$ 与 $f'(g(x))$ 表示不同的含义，前者为先把 $f(x)$ 中的 x 换为 $g(x)$ 后再对 x 求导，后者为先对 $f(x)$ 求导，求导后再将 x 换为 $g(x)$.

4. 反函数求导法则：设在区间 I 上的严格单调函数 $x=f(y)$ 在 y 处可导，且 $f'(y)\neq 0$，则它的反函数 $y=f^{-1}(x)$ 在对应点 x 处可导，且

$$(f^{-1}(x))'=\frac{1}{f'(y)}=\frac{1}{f'(f^{-1}(x))}.$$

5. 隐函数求导法：由方程 $F(x,y)=0$ 确定的隐函数，若求 $y=y(x)$ 的导数，只需方程两边同时对 x 求导，视 y 为 x 的函数.

注：若求 y 对 x 的二阶导数，只需方程两边同时对 x 求两次导数，视 y 以及 y' 为 x 的函数.

6. 参数方程求导公式：由参数方程 $\begin{cases}x=x(t)\\y=y(t)\end{cases}$，确定的函数 $y=y(x)$ 的求导公式：（习惯上用 $\dot{x}$，$\ddot{x}$，$\dot{y}$，$\ddot{y}$ 表示 $x=x(t)$，$y=y(t)$ 对参数 t 的一阶和二阶导数）

$$\frac{\mathrm{d}y}{\mathrm{d}x}=\frac{\dot{y}}{\dot{x}},\quad \frac{\mathrm{d}^2 y}{\mathrm{d}x^2}=\frac{\ddot{y}\dot{x}-\dot{y}\ddot{x}}{\dot{x}^3}.$$

7. 极坐标函数求导法：将极坐标方程 $r=r(\theta)$ 转化为以 θ 为参数的直角坐标方程 $\begin{cases}x=r(\theta)\cos\theta\\y=r(\theta)\sin\theta,\end{cases}$ 利用参数方程求导公式可得 y 对 x 的导数.

8. 变限积分求导公式：若 $\varphi(x)$，$\psi(x)$ 可导，$f(x)$ 连续，则

$$\left(\int_{\psi(x)}^{\varphi(x)}f(t)\,\mathrm{d}t\right)'=f(\varphi(x))\varphi'(x)-f(\psi(x))\psi'(x).$$

注：若被积函数中包含非积分变量 x，则必需通过线性或换元法将 x 移出积分号或归结到积分的上（下）限中，然后再使用变限积分求导公式，否则，就要使用下述的含参量积分求导公式.

9. 含参量积分求导公式：若 $\varphi(x)$，$\psi(x)$ 可导，$f(x,t)$ 以及 $\dfrac{\partial f(x,t)}{\partial x}$ 连续，则

$$\left(\int_{\psi(x)}^{\varphi(x)} f(x,t)\,\mathrm{d}t\right)' = f(x,\varphi(x))\varphi'(x) - f(x,\psi(x))\psi'(x) + \int_{\psi(x)}^{\varphi(x)} \frac{\partial f(x,t)}{\partial x}\,\mathrm{d}t.$$

◆ **高阶函数与函数展开为幂级数**

1. 常用的基本函数高阶导数公式包括以下几个：

(i) $(a^x)^{(n)} = a^x \cdot \ln^n a\,(a>0)$，$(e^x)^{(n)} = e^x$

(ii) $(\sin kx)^{(n)} = k^n \sin\left(kx + n \cdot \dfrac{\pi}{2}\right)$，$(\cos kx)^{(n)} = k^n \cos\left(kx + n \cdot \dfrac{\pi}{2}\right)$

(iii) $(x^\alpha)^{(n)} = \alpha(\alpha-1)\cdots(\alpha-n+1)x^{\alpha-n}$

(iv) $(\ln x)^{(n)} = (-1)^{n-1}\dfrac{(n-1)!}{x^n}$，$\left(\dfrac{1}{x}\right)^{(n)} = (-1)^n\dfrac{n!}{x^{n+1}}$

2. 求高阶导数的主要方法有：

(1) 利用代数恒等变形，将复杂函数化为可直接利用公式计算的基本函数；

(2) 利用莱布尼茨公式 $(f(x)g(x))^{(n)} = \displaystyle\sum_{k=0}^{n} C_n^k f^{(k)}(x)g^{(n-k)}(x)$，可直接求低阶多项式与基本函数乘积的高阶导数，或建立高阶导数之间的递推公式（便于计算在特定点处的高阶导数）；

3. 如果 $f(x)$ 在点 x_0 处任意阶可导，则幂级数 $\displaystyle\sum_{n=0}^{\infty} \frac{f^{(n)}(x_0)}{n!}(x-x_0)^n$ 称为 $f(x)$ 在点 x_0 的泰勒级数，若 $x_0 = 0$，幂级数 $\displaystyle\sum_{n=0}^{\infty} \frac{f^{(n)}(0)}{n!}x^n$ 称为 $f(x)$ 在点 x_0 的麦克劳林 (Maclaurin) 级数. 需牢记的基本展开式为：

$$e^x = 1 + x + \frac{1}{2!}x^2 + \cdots + \frac{1}{n!}x^n + \cdots, \quad x \in (-\infty, +\infty);$$

$$\sin x = x - \frac{1}{3!}x^3 + \frac{1}{5!}x^5 - \cdots + (-1)^n\frac{x^{2n+1}}{(2n+1)!} + \cdots, \quad x \in (-\infty, +\infty);$$

$$(1+x)^\alpha = 1 + \alpha x + \frac{\alpha(\alpha-1)}{2!}x^2 + \cdots + \frac{\alpha(\alpha-1)\cdots(\alpha-n+1)}{n!}x^n + \cdots,$$

$$x \in \begin{cases} [-1,1], & \alpha \geqslant 0, \\ (-1,1], & -1 < \alpha < 0, \\ (-1,1), & \alpha \leqslant -1; \end{cases}$$

$$\frac{1}{1+x} = 1 - x + x^2 - x^3 + \cdots + (-1)^n x^n + \cdots, \quad x \in (-1,1)\ (\alpha = -1).$$

注：(1) 可以通过上述展开式得到的其他基本展开式：例如

$$\cos x = (\sin x)'; \quad \ln(1+x) = \int_0^x \frac{\mathrm{d}x}{1+x}; \quad \arctan x = \int_0^x \frac{\mathrm{d}x}{1+x^2}; \quad \arcsin x = \int_0^x \frac{\mathrm{d}x}{\sqrt{1-x^2}};$$

也可以通过代数变形等方法得到其他函数的展开式.

(2) 利用幂级数展开式的唯一性，可以计算在特定点处的高阶导数：若函数

$f(x)$ 在 $x = x_0$ 处的幂级数展开式为 $f(x) = \sum\limits_{n=0}^{\infty} a_n (x - x_0)^n$，则有 $f^{(n)}(x_0) = n! \cdot a_n$.

（3）对于幂级数 $\sum\limits_{n=0}^{\infty} a_n x^n$，其和函数的计算一般通过如下的逐项求导公式

$$s'(x) = \left(\sum_{n=0}^{\infty} a_n x^n \right)' = \sum_{n=0}^{\infty} (a_n x^n)' = \sum_{n=1}^{\infty} n a_n x^{n-1}$$

化为基本展开式的形式.

例如求 $s(x) = \sum\limits_{n=1}^{\infty} \dfrac{x^n}{n}$，可"先求导再求和"，得到 $s'(x) = \sum\limits_{n=1}^{\infty} \dfrac{(x^n)'}{n} = \sum\limits_{n=1}^{\infty} x^{n-1} = \dfrac{1}{1-x}$，从而 $s(x) = \ln \dfrac{1}{1-x}$，若求 $s(x) = \sum\limits_{n=1}^{\infty} n x^n$，可"先求和再求导"，可得

$$s(x) = x \sum_{n=1}^{\infty} (x^n)' = x \left(\sum_{n=1}^{\infty} x^n \right)' = x \left(\dfrac{x}{1-x} \right)' = \dfrac{x}{(1-x)^2}.$$

特别地，若求数项级数 $\sum\limits_{n=0}^{\infty} a_n$ 的和，可先求幂级数和 $s(x) = \sum\limits_{n=0}^{\infty} a_n x^n$，再令 $x \to 1$.（称为阿贝尔法）

2　典型例题与方法进阶

例1. 设函数 $f(x)$ 在 $(-\infty, +\infty)$ 上有定义，在区间 $[0,2]$ 上，$f(x) = x(x^2 - 4)$，若对任意的 x 都满足 $f(x) = k f(x+2)$，其中 k 为常数.

（1）写出 $f(x)$ 在 $[-2,0]$ 上的表达式；（2）问 k 为何值时，$f(x)$ 在 $x=0$ 处可导.

解　（1）当 $-2 \leqslant x < 0$，即 $0 \leqslant x+2 < 2$ 时，

$$f(x) = k f(x+2) = k(x+2)\left[(x+2)^2 - 4\right] = kx(x+2)(x+4).$$

（2）由题设知 $f(0) = 0$.

$$f'_+(0) = \lim_{x \to 0^+} \dfrac{f(x) - f(0)}{x - 0} = \lim_{x \to 0^+} \dfrac{x(x^2 - 4)}{x} = -4,$$

$$f'_-(0) = \lim_{x \to 0^-} \dfrac{f(x) - f(0)}{x - 0} = \lim_{x \to 0^+} \dfrac{kx(x+2)(x+4)}{x} = 8k.$$

令 $f'_+(0) = f'_-(0)$，得 $k = -\dfrac{1}{2}$. 即当 $k = -\dfrac{1}{2}$ 时，$f(x)$ 在 $x=0$ 处可导.

例2. 对于函数 $f(x) = \begin{cases} ax^2 + bx + c, & x < 0, \\ \ln(1+x), & x \geqslant 0, \end{cases}$ 问选取怎样的系数 a，b，c 才能使 $f(x)$ 处处具有一阶连续导数，但在 $x=0$ 处却不存在二阶导数.

解　由 $f(x)$ 在 $x=0$ 连续得 $f(0-) = f(0+) = f(0)$ 即 $c=0$；由 $f(x)$ 在 $x=0$ 可导得 $f'_-(0) = f'_+(0) = f'(0)$，而

$$f'_-(0) = \lim_{x \to 0^-} \frac{f(x) - f(0)}{x} = \lim_{x \to 0^-} \frac{x^2 + bx}{x} = b, f'_+(0) = \lim_{x \to 0^+} \frac{f(x) - f(0)}{x} = \lim_{x \to 0^+} \frac{\ln(1 + x)}{x} = 1,$$

故 $f'(0) = b = 1$；由 $f'(x)$ 在 $x = 0$ 连续得 $f'(0+) = f'(0-) = f'(0)$，而

$$f'(0-) = \lim_{x \to 0} (ax^2 + bx + c)' = b, f'(0+) = \lim_{x \to 0} [\ln(1 + x)]' = 1,$$

故 $b = 1$，由于

$$f''_-(0) = \lim_{x \to 0^-} \frac{f'(x) - f'(0)}{x} = \lim_{x \to 0^-} \frac{2ax + b - 1}{x} = \lim_{x \to 0^-} \frac{x^2 + 1 - 1}{x} = 2a,$$

$$f''_+(0) = \lim_{x \to 0^+} \frac{f'(x) - f'(0)}{x} = \lim_{x \to 0^+} \frac{\frac{1}{1+x} - 1}{x} = \lim_{x \to 0^+} -\frac{1}{1+x} = -1,$$

所以，当 $2a \neq -1$，即 $a \neq -\frac{1}{2}$ 时，$f''(0)$ 不存在.

综上所证　当 $a \neq -\frac{1}{2}$，$b = 1$，$c = 0$ 时 $f(x)$ 具有一阶连续导数，但在 $x = 0$ 不存在二阶导数.

例3. 设函数 $f(x)$ 连续，在 $x = 0$ 点可导，且 $\forall x, y \in \mathbf{R}$，有 $f(x + y) = \frac{f(x) + f(y)}{1 - 4f(x)f(y)}$，证明：$f(x)$ 在 $\mathbf{R}$ 上可微.

证明　令 $x = y = 0$，则 $f(0) = \frac{2f(0)}{1 - 4f^2(0)}$，故 $f(0) = 0$，则

$$f'(0) = \lim_{h \to 0} \frac{f(h) - f(0)}{h} = \lim_{h \to 0} \frac{f(h)}{h};$$

对于 $\forall x \in \mathbf{R}$，

$$\lim_{h \to 0} \frac{f(x + h) - f(x)}{h} = \lim_{h \to 0} \frac{\frac{f(x) + f(h)}{1 - 4f(x)f(h)} - f(x)}{h} = \lim_{h \to 0} \frac{f(h)}{h} \cdot \frac{1 + 4f^2(x)}{1 - 4f(x)f(h)} = f'(0)[1 + 4f^2(x)]$$

故 $f(x)$ 在 $\mathbf{R}$ 上可微，且 $f'(x) = f'(0)[1 + 4f^2(x)]$.

评注：利用定义证明可导，关键在于证明增量比值的极限存在.

例4. 设函数 $f(x)$ 在 $x = a$ 点连续，且 $|f(x)|$ 在 $x = a$ 点可导，证明：$f(x)$ 在 $x = a$ 点可导.

证明　若 $f(a) = 0$，当 $x > a$ 时，$\frac{|f(x)|}{x - a} \geq 0$，当 $x < a$ 时，$\frac{|f(x)|}{x - a} \leq 0$，因此

$$|f'_+(a)| = \lim_{x \to a^+} \frac{|f(x)|}{x - a} \geq 0,$$

同理可得

$$|f'_-(a)| = \lim_{x \to a^-} \frac{|f(x)|}{x - a} \leq 0,$$

故 $|f'(a)| = |f'_-(a)| = |f'_+(a)| = 0$，即 $\lim_{x \to a} \frac{|f(x)|}{x - a} = 0 \Rightarrow \lim_{x \to a} \frac{f(x)}{x - a} = 0$，故 $f'(a) = 0$；

若 $f(a)>0$，由于 $f(x)$ 在 $x=a$ 点连续，存在 a 的邻域 $U(a,\delta)$，当 $x\in U(a,\delta)$ 时，$f(x)>0$，故

$$f'(a)=\lim_{x\to a}\frac{f(x)-f(a)}{x-a}=\lim_{x\to a}\frac{|f(x)|-|f(a)|}{x-a}=|f'(a)|,$$

因此 $f(x)$ 在 $x=a$ 点可导；

若 $f(a)<0$，同理可得 $f'(a)=\lim\limits_{x\to a}\dfrac{f(x)-f(a)}{x-a}=\lim\limits_{x\to a}\dfrac{-|f(x)|+|f(a)|}{x-a}=$

$-|f'(a)|$，综上得证.

评注：若无条件"$f(x)$ 在 $x=a$ 点连续"则结论不成立，如：$f(x)=$

$\begin{cases}1,&x\in\mathbf{Q}\\-1,&x\notin\mathbf{Q};\end{cases}$ 事实上，"$f(x)$ 在 $x=a$ 点连续"是"$|f(x)|$ 在 $x=a$ 点可导 $\Rightarrow f(x)$ 在

$x=a$ 点可导"的充分必要条件；若 $f(a)\neq0$，则"$f(x)$ 在 $x=a$ 点可导 $\Rightarrow|f(x)|$ 在 x

$=a$ 点可导"一定成立；若 $f(a)=0$，则"$f(x)$ 在 $x=a$ 点可导 $\Rightarrow|f(x)|$ 在 $x=a$ 点

可导"不一定成立，其成立的充分必要条件是"$f'(a)=0$".

例5. 设函数 $f(x)$ 在 $x=0$ 点连续，若 $\exists a>b>0$ 使得 $\lim\limits_{x\to0}\dfrac{f(ax)-f(bx)}{x}=c$，

证明：$f(x)$ 在 $x=0$ 点可导并求 $f'(0)$.

证明　由于 $\lim\limits_{x\to0}\dfrac{f(ax)-f(bx)}{x}(x=\dfrac{t}{a})=a\lim\limits_{t\to0}\dfrac{f(t)-f(\frac{b}{a}t)}{t}=c$，故

$$\lim_{x\to0}\frac{f(x)-f(\frac{b}{a}x)}{x}=\frac{c}{a},$$

可得

$$f(x)-f(\frac{b}{a}x)=\frac{c}{a}x+o(x).$$

用 $\dfrac{b}{a}x$ 取代上述的 x，可得 $f\left(\dfrac{b}{a}x\right)-f\left(\dfrac{b^2}{a^2}x\right)=\dfrac{c}{a}\cdot\dfrac{b}{a}x+o\left(\dfrac{b}{a}x\right)$，归纳地，有

$$f\left(\frac{b^n}{a^n}x\right)-f\left(\frac{b^{n+1}}{a^{n+1}}x\right)=\frac{c}{a}\left(\frac{b^n}{a^n}x\right)+o\left(\frac{b^n}{a^n}x\right).$$

上面各式相加，可得

$$f(x)-f\left(\frac{b^{n+1}}{a^{n+1}}x\right)=\frac{c}{a-b}\left(1-\frac{b^{n+1}}{a^{n+1}}\right)x+o\left(\frac{a}{a-b}\left(1-\frac{b^{n+1}}{a^{n+1}}\right)x\right)=\frac{c}{a-b}\left(1-\frac{b^{n+1}}{a^{n+1}}\right)x+o(x).$$

由于函数 $f(x)$ 在 $x=0$ 点连续，上式两边令 $n\to\infty$，有 $f(x)-f(0)=\dfrac{c}{a-b}x+o(x)$，

故

$$f'(0)=\lim_{x\to0}\frac{f(x)-f(0)}{x}=\frac{c}{a-b}.$$

评注：为了得到函数在 $x=0$ 点的增量，本题从已知极限式出发，采用了递推

的方法.

例 6. 设 $\begin{cases} x = \ln(t + \sqrt{1+t^2}), \\ y = e^y \sin t + 1, \end{cases}$ $g(x) = A + Bx + Cx^2$，如果 $g(0) = y\big|_{t=0}, g'(0) =$

$\dfrac{dy}{dx}\big|_{t=0}, g''(0) = \dfrac{d^2 y}{dx^2}\big|_{t=0}$，求 A, B, C.

解 由于 $g(0) = A, y\big|_{t=0} = 1$ 故 $A = 1, B = g'(0) = \dfrac{dy}{dx}\big|_{t=0} = \dfrac{y'_t}{x'_t}\bigg|_{t=0}$

而 $x'_t = \dfrac{1}{\sqrt{1+t^2}}$, $x'_t\big|_{t=0} = 1$, $y'_t = e^y y'_t \sin t + e^y \cos t$, $y'_t\big|_{t=0} = e$, 故 $B = e$.

又 $2C = g''(0) = \dfrac{d\left(\dfrac{dy}{dx}\right)}{dx}\bigg|_{t=0} = \dfrac{y''_t x'_t - x''_t y'_t}{(x'_t)^3}\bigg|_{t=0}$，而 $x''_t\big|_{t=0} = -\dfrac{t}{\sqrt{(1+t^2)^3}}\big|_{t=0} = 0$,

$y''_t\big|_{t=0} = e^y (y'_t)^2 \sin t + e^y \cdot y''_t \sin t + 2 e^y y'_t \cos t - e^y \sin t\big|_{t=0} = 2e^2$.

故 $2C = 2e^2$，所以 $C = e^2$. 因此 $A = 1$, $B = e$, $C = e^2$ 满足条件.

例 7. 设有方程 $(1 - x^2)\dfrac{d^2 y}{dx^2} - x\dfrac{dy}{dx} + a^2 y = 0$ 试用变量替换 $x = \sin t$ 将方程化简.

解 由于 $\dfrac{dy}{dx} = \dfrac{\dfrac{dy}{dt}}{\dfrac{dx}{dt}} = \dfrac{\dfrac{dy}{dt}}{\cos t} = \dfrac{1}{\cos t} \cdot \dfrac{dy}{dt}$，以及

$\dfrac{d^2 y}{dx^2} = \dfrac{d}{dx}\left(\dfrac{dy}{dx}\right) = \dfrac{d}{dt}\left(\dfrac{1}{\cos t} \cdot \dfrac{dy}{dt}\right) \Big/ \dfrac{dx}{dt} = \left(\dfrac{\sin t}{\cos^2 t} \cdot \dfrac{dy}{dt} + \dfrac{1}{\cos t} \cdot \dfrac{d^2 y}{dt^2}\right)\dfrac{1}{\cos t} = \dfrac{1}{\cos^2 t} \cdot \dfrac{d^2 y}{dt^2} + \dfrac{\sin t}{\cos^2 t} \cdot \dfrac{dy}{dt}.$

将上两式的结果代入原方程，得

$$(1 - \sin^2 t)\left(\dfrac{1}{\cos^2 t} \cdot \dfrac{d^2 y}{dt^2} + \dfrac{\sin t}{\cos^2 t} \cdot \dfrac{dy}{dt}\right) - \sin t \dfrac{1}{\cos t} \cdot \dfrac{dy}{dt} + a^2 y = 0,$$

即原方程化简为 $\dfrac{d^2 y}{dt^2} + a^2 y = 0$.

例 8. 求对数螺线 $\rho = e^\theta$ 在点 $(\rho, \theta) = \left(e^{\frac{\pi}{2}}, \dfrac{\pi}{2}\right)$ 处的切线的直角坐标方程.

解 对数螺线的参数方程为 $\begin{cases} x = e^\theta \cos \theta, \\ y = e^\theta \sin \theta, \end{cases}$ 从而 $\dfrac{dy}{dx} = \dfrac{\dfrac{dy}{d\theta}}{\dfrac{dx}{d\theta}} = \dfrac{e^\theta(\sin\theta + \cos\theta)}{e^\theta(\cos\theta - \sin\theta)}$. 而点

$\left(e^{\frac{\pi}{2}}, \dfrac{\pi}{2}\right)$ 在直角坐标下为 $\left(0, e^{\frac{\pi}{2}}\right)$，因此，切线的直角坐标方程为 $y - e^{\frac{\pi}{2}} =$

$\dfrac{e^\theta(\sin\theta + \cos\theta)}{e^\theta(\cos\theta - \sin\theta)}\bigg|_{\theta = \frac{\pi}{2}} \cdot (x - 0)$，即 $x + y = e^{\frac{\pi}{2}}$.

例 9. 设 $y = \arcsin x$，求 $y^{(n)}(0)$.

解 （方法一：利用莱布尼茨公式）

由于 $y = \arcsin x$，则 $y' = \dfrac{1}{\sqrt{1-x^2}}$，$y'' = \dfrac{x}{1-x^2} \cdot \dfrac{1}{\sqrt{1-x^2}} = \dfrac{x}{1-x^2} \cdot y'$，可得

$$xy' + (x^2 - 1)y'' = 0.$$

由莱布尼茨公式，两边求 n 阶导数可得

$$xy^{(n+1)} + ny^{(n)} + (x^2 - 1)y^{(n+2)} + 2nxy^{(n+1)} + n(n-1)y^{(n)} = 0.$$

令 $x = 0$，有

$$ny^{(n)}(0) - y^{(n+2)}(0) + n(n-1)y^{(n)}(0) = 0,$$

即 $y^{(n+2)}(0) = n^2 y^{(n)}(0)$. 由于 $y'(0) = 1$，$y''(0) = 0$，故

$$y^{(n)}(0) = \begin{cases} 0, & n = 2k, \\ ((2k-1)!!)^2, & n = 2k+1. \end{cases}$$

（方法二：利用幂级数展开式的唯一性）

由于 $y' = \dfrac{1}{\sqrt{1-x^2}} = (1-x^2)^{-\frac{1}{2}}$ 以及

$$(1-t)^{-\frac{1}{2}} = 1 - \frac{1}{2}t + \cdots + \frac{1}{k!}\left(\frac{1}{2} \cdot \frac{3}{2} \cdot \cdots \cdot \frac{2k-1}{2}\right)(-1)^k t^k + \cdots,$$

因此有

$$y' = (1-x^2)^{-\frac{1}{2}} = 1 + \frac{1}{2}x^2 + \cdots + \frac{1}{k!}\left(\frac{1}{2} \cdot \frac{3}{2} \cdot \cdots \cdot \frac{2k-1}{2}\right)(-1)^{2k} x^{2k} + \cdots.$$

由逐项积分公式，可得

$$y = \arcsin x = x + \frac{1}{2} \cdot \frac{1}{3}x^3 + \cdots + \frac{1}{k!} \cdot \frac{(2k-1)!! \, x^{2k+1}}{2^k \quad 2k+1} + \cdots.$$

由幂级数展开式的唯一性以及系数公式得

$$\frac{1}{n!}y^{(n)}(0) = \begin{cases} 0, & n = 2k, \\ \dfrac{1}{k! \, 2^k}\dfrac{(2k-1)!!}{(2k+1)}, & n = 2k+1 \end{cases} \Rightarrow y^{(n)}(0) = \begin{cases} 0, & n = 2k, \\ [(2k-1)!!]^2, & n = 2k+1. \end{cases}$$

评注：利用莱布尼茨公式和幂级数展开式的唯一性是求给定点高阶导数的重要方法；由于幂级数展开式使用更灵活，能够展开的函数应尽量使用展开式的唯一性和系数公式来确定高阶导数的值；例如计算 $y = x^3 \arcsin x$ 在 $x = 0$ 的高阶导数，显然使用幂级数展开式的唯一性更加方便.

例 10. 设 $u = f(\varphi(x) + y^2)$，其中 x，y 满足方程 $y + \mathrm{e}^y = x$，且 $f(x)$，$\varphi(x)$ 均二阶可导，求 $\dfrac{\mathrm{d}u}{\mathrm{d}x}$，$\dfrac{\mathrm{d}^2 u}{\mathrm{d}x^2}$.

解 方程 $y + \mathrm{e}^y = x$ 两边同时对 x 求导，视 y 为 x 的函数，可得：$y' = \dfrac{1}{1+\mathrm{e}^y}$；

又 $u = f(\varphi(x) + y^2)$ 两边同时对 x 求导，视 u 和 y 为 x 的函数，可得

$$\frac{\mathrm{d}u}{\mathrm{d}x} = f'(\varphi(x) + y^2) \cdot (\varphi'(x) + 2yy') = f'(\varphi(x) + y^2) \cdot \left(\varphi'(x) + 2y\frac{1}{1+\mathrm{e}^y}\right);$$

两边继续对 x 求导，视 u、y、y' 为 x 的函数，可得

$$\frac{\mathrm{d}^2 u}{\mathrm{d}x^2} = f''(\varphi(x) + y^2) \cdot (\varphi'(x) + 2yy')^2 + f'(\varphi(x) + y^2) \cdot (\varphi''(x) + 2yy'' + 2y'^2);$$

由 $y' = \dfrac{1}{1 + \mathrm{e}^y}$ 可得 $y'' = \dfrac{-\mathrm{e}^y \cdot y'}{(1 + \mathrm{e}^y)^2} = \dfrac{-\mathrm{e}^y}{(1 + \mathrm{e}^y)^3}$，于是

$$\frac{\mathrm{d}^2 u}{\mathrm{d}x^2} = f''(\varphi(x) + y^2) \cdot \left[\varphi'(x) + 2y \frac{1}{1 + \mathrm{e}^y}\right]^2 + f'(\varphi(x) + y^2) \cdot \left[\varphi''(x) - \frac{2y\mathrm{e}^y}{(1 + \mathrm{e}^y)^3} + \frac{2}{(1 + \mathrm{e}^y)^2}\right].$$

评注：计算隐函数的导数，需要视 y 为 x 的函数；计算隐函数的二阶导数，需要视 y、y' 均为 x 的函数.

例 11. (1) $f(x) = \displaystyle\int_0^x \sin(x - t)^2 \mathrm{d}t$，求 $f'(x)$；

(2) $F(t) = \displaystyle\int_1^t \mathrm{d}y \int_y^t f(x) \mathrm{d}x$，求 $F'(2)$.

解 (1)（方法一：变量替换后使用变限积分求导公式）令 $u = x - t$，则

$$f(x) = \int_0^x \sin(x - t)^2 \mathrm{d}t = \int_x^0 \sin u^2 \mathrm{d}u,$$

于是，$f'(x) = \sin x^2$；

（方法二：使用含参量积分求导公式）

$$f'(x) = \int_0^x 2(x - t)\cos(x - t)^2 \mathrm{d}t + \sin(x - x)^2 = -\int_0^x \cos(x - t)^2 \mathrm{d}(x - t)^2$$

$$= -\sin(x - t)^2 \Big|_0^x = \sin x^2.$$

(2) 令 $\varphi(y, t) = \displaystyle\int_y^t f(x) \mathrm{d}x$，则 $F(t) = \displaystyle\int_1^t \varphi(y, t) \mathrm{d}y$，于是

$$F'(t) = \int_1^t \frac{\partial \varphi(y, t)}{\partial t} \mathrm{d}y + \varphi(t, t).$$

由于 $\dfrac{\partial \varphi(y, t)}{\partial t} = f(t)$ 以及 $\varphi(t, t) = 0$，可得 $F'(t) = \displaystyle\int_1^t f(t) \mathrm{d}y + 0 = f(t)(t - 1)$，故 $F'(2) = f(2)$.

评注：变限积分求导公式只适合用于对积分号内无参变量的变限积分求导；当积分号内包含参变量时，可以通过变量替换或利用线性将积分号内的参变量去除后使用变限积分求导公式（如 (1) 的方法一），也可以使用含参量积分求导公式（如 (1) 的方法二）；某些情形下，无法将积分号内的变量去除，只能使用含参量积分求导公式（如 (2)）.

例 12. 设 $f(x)$ 连续，$\varphi(x) = \displaystyle\int_0^1 f(xt) \mathrm{d}t$ 且 $\lim\limits_{x \to 0} \dfrac{f(x)}{x} = A$（$A$ 为常数），求 $\varphi'(x)$ 并讨论 $\varphi'(x)$ 在 $x = 0$ 处的连续性.

解 由题设知 $f(0) = 0$，$\varphi(0) = 0$，令 $u = xt$ 得 $\varphi(x) = \dfrac{\displaystyle\int_0^x f(u) \mathrm{d}u}{x}$（$x \neq 0$），

从而
$$\varphi'(x) = \frac{xf(x) - \int_0^x f(u)\,\mathrm{d}u}{x^2} \quad (x \neq 0).$$

由导数定义有 $\varphi'(0) = \lim_{x\to 0}\frac{\varphi(x)}{x} = \lim_{x\to 0}\frac{\int_0^x f(u)\,\mathrm{d}u}{x^2} \xlongequal{\frac{``0"}{0}} \lim_{x\to 0}\frac{f(x)}{2x} = \frac{A}{2}.$

由于 $\lim_{x\to 0}\varphi'(x) = \lim_{x\to 0}\frac{xf(x) - \int_0^x f(u)\,\mathrm{d}u}{x^2} = \lim_{x\to 0}\frac{f(x)}{x} - \lim_{x\to 0}\frac{\int_0^x f(u)\,\mathrm{d}u}{x^2} = A - \frac{A}{2} =$

$\frac{A}{2} = \varphi'(0),$

从而 $\varphi'(x)$ 在 $x = 0$ 处连续.

例 13. 设 $f(x) = \dfrac{1+x}{(1-x)^3}$，求 $f^{(100)}(0)$ 的值.

解　由于 $\dfrac{1}{1-x} = \sum_{n=0}^{\infty} x^n$，逐项求导可得

$$\frac{1}{(1-x)^2} = \sum_{n=1}^{\infty} nx^{n-1}, \quad \frac{1}{(1-x)^3} = \frac{1}{2}\sum_{n=2}^{\infty} n(n-1)x^{n-2},$$

因此 $\dfrac{1+x}{(1-x)^3} = \dfrac{2}{(1-x)^3} - \dfrac{1}{(1-x)^2} = \sum_{n=1}^{\infty} x^{n-1} \cdot n^2$，由泰勒展开式系数的唯一性，

可得 $\dfrac{f^{(100)}(0)}{100!} = 101^2$，即

$$f^{(100)}(0) = 10201 \cdot 100!.$$

例 14. 求幂级数 $\sum_{n=0}^{\infty} \dfrac{4n^2 + 4n + 3}{2n+1}x^{2n}$ 的收敛域及和函数.

解　由于 $\lim_{n\to\infty}\sqrt[n]{\left|\dfrac{4n^2+4n+3}{2n+1}x^{2n}\right|} = \lim_{n\to\infty}\sqrt[n]{2nx^{2n}} = x^2 < 1$，以及当 $x = \pm 1$ 时，

级数 $\sum_{n=0}^{\infty}\dfrac{4n^2+4n+3}{2n+1}$ 显然发散，故收敛域为 $-1 < x < 1$，且 $s(0) = 3$. 又

$$\sum_{n=0}^{\infty}\frac{4n^2+4n+3}{2n+1}x^{2n} = \sum_{n=0}^{\infty}\frac{(2n+1)^2+2}{2n+1}x^{2n} = \sum_{n=0}^{\infty}(2n+1)x^{2n} + \sum_{n=0}^{\infty}x^{2n} + 2\sum_{n=0}^{\infty}\frac{1}{2n+1}x^{2n}$$
$$= s_1(x) + s_2(x).$$

令 $s_1(x) = \sum_{n=0}^{\infty}(2n+1)x^{2n}$，$s_2(x) = 2\sum_{n=0}^{\infty}\dfrac{1}{2n+1}x^{2n}$，可得

$$\int_0^x s_1(t)\,\mathrm{d}t = \sum_{n=0}^{\infty}\int_0^x (2n+1)t^{2n}\,\mathrm{d}t = \sum_{n=0}^{\infty} t^{2n+1}\Big|_0^x = \sum_{n=0}^{\infty} x^{2n+1} = x\sum_{n=0}^{\infty}(x^2)^n = \frac{x}{1-x^2},$$

即 $s_1(x) = \left(\dfrac{x}{1-x^2}\right)' = \dfrac{1+x^2}{(1-x^2)^2}$；同时 $xs_2(x) = 2\sum_{n=0}^{\infty}\dfrac{1}{2n+1}x^{2n+1}$，有

$$\left[xs_2(x)\right]' = 2\sum_{n=0}^{\infty}\left(\frac{1}{2n+1}x^{2n+1}\right)' = 2\sum_{n=0}^{\infty}x^{2n} = 2\sum_{n=0}^{\infty}(x^2)^n = \frac{2}{1-x^2},$$

可得 $xs_2(x) = \displaystyle\int_0^x \frac{2}{1-t^2}dt = \ln\frac{1+x}{1-x}$，故 $x \neq 0$ 时有 $s_2(x) = \dfrac{1}{x}\ln\dfrac{1+x}{1-x}$. 因此

$$\sum_{n=0}^{\infty}\frac{4n^2+4n+3}{2n+1}x^{2n} = \begin{cases} \dfrac{1+x^2}{(1-x^2)^2} + \dfrac{1}{x}\ln\dfrac{1+x}{1-x}, & x \in (-1,1) \text{ 且 } x \neq 0, \\ 3, & x = 0. \end{cases}$$

例 15. 设幂级数 $\displaystyle\sum_{n=0}^{\infty}a_nx^n$ 在 $(-\infty, +\infty)$ 内收敛，其和函数 $y(x)$ 满足 $y'' - 2xy' - 4y = 0, y(0) = 0, y'(0) = 1$.

（1）证明：$a_{n+2} = \dfrac{2}{n+1}a_n, n = 1, 2, \cdots$；

（2）求 $y(x)$ 的表达式.

解　（1）记 $y(x) = \displaystyle\sum_{n=0}^{\infty}a_nx^n$，则 $y' = \displaystyle\sum_{n=1}^{\infty}na_nx^{n-1}, y'' = \displaystyle\sum_{n=2}^{\infty}n(n-1)a_nx^{n-2}$，代入微分方程 $y'' - 2xy' - 4y = 0$，有

$$\sum_{n=2}^{\infty}n(n-1)a_nx^{n-2} - 2\sum_{n=1}^{\infty}na_nx^n - 4\sum_{n=0}^{\infty}a_nx^n = 0,$$

即

$$\sum_{n=0}^{\infty}(n+2)(n+1)a_{n+2}x^n - 2\sum_{n=0}^{\infty}na_nx^n - 4\sum_{n=0}^{\infty}a_nx^n = 0,$$

故有 $(n+2)(n+1)a_{n+2} - 2na_n - 4a_n = 0$，即 $a_{n+2} = \dfrac{2}{n+1}a_n, n = 1, 2, \cdots$.

（2）由初始条件 $y(0) = 0, y'(0) = 1$ 知 $a_0 = 0, a_1 = 1$. 于是根据递推关系式 $a_{n+2} = \dfrac{2}{n+1}a_n$，有

$$a_{2n} = 0, a_{2n+1} = \frac{1}{n!}.$$

故

$$y(x) = \sum_{n=0}^{\infty}a_nx^n = \sum_{n=0}^{\infty}a_{2n+1}x^{2n+1} = \sum_{n=0}^{\infty}\frac{1}{n!}x^{2n+1} = x\sum_{n=0}^{\infty}\frac{1}{n!}(x^2)^n = xe^{x^2}.$$

例 16. 设 $f(x) = \begin{cases} \dfrac{1+x^2}{x}\arctan x, & x \neq 0, \\ 1, & x = 0, \end{cases}$ 将 $f(x)$ 展开为 x 的幂级数，并求级数 $\displaystyle\sum_{n=1}^{\infty}\frac{(-1)^n}{1-4n^2}$ 的和.

解　由于 $(\arctan x)' = \dfrac{1}{1+x^2} = \displaystyle\sum_{n=0}^{\infty}(-x^2)^n = \sum_{n=0}^{\infty}(-1)^nx^{2n}$，因此 $\arctan x = \displaystyle\int_0^x \frac{1}{1+t^2}dt = \sum_{n=0}^{\infty}(-1)^n\frac{x^{2n+1}}{2n+1}$，于是，当 $x \neq 0$ 时，

$$f(x) = \frac{1}{x}\arctan x + x\arctan x = \sum_{n=0}^{\infty}(-1)^n\frac{x^{2n}}{2n+1} + \sum_{n=0}^{\infty}(-1)^n\frac{x^{2n+2}}{2n+1}$$

$$= 1 + \sum_{n=1}^{\infty}\left[(-1)^n\frac{x^{2n}}{2n+1} + (-1)^{n-1}\frac{x^{2n}}{2n-1}\right]$$

$$= 1 + \sum_{n=1}^{\infty}(-1)^n\left[\frac{1}{2n+1} - \frac{1}{2n-1}\right]x^{2n} = 1 + 2\sum_{n=1}^{\infty}(-1)^n\frac{1}{1-4n^2}x^{2n}.$$

由于 $f(0) = 1$，故当 $|x| \leqslant 1$ 时，

$$f(x) = 1 + 2\sum_{n=1}^{\infty}(-1)^n\frac{1}{1-4n^2}x^{2n}.$$

令 $x = 1$ 可得

$$\sum_{n=1}^{\infty}\frac{(-1)^n}{1-4n^2} = \frac{1}{2}[f(1)-1] = \frac{1}{2}\left(2\cdot\frac{\pi}{4}-1\right) = \frac{\pi}{4}-\frac{1}{2}.$$

评注：利用幂级数展开是数项级数求和的重要方法，幂级数展开中经常用到代数恒等变形、逐项微分等方法．

3　本节练习

（A 组）

1. 证明导数极限定理：设函数 $f(x)$ 在 x_0 点的邻域 $U(x_0)$ 内连续，在 $U^o(x_0)$ 内可导，且 $\lim\limits_{x\to x_0}f'(x) = A$，则 $f(x)$ 在 x_0 点可导，且 $f'(x_0) = A$.

2. 设 $f(x) = |x-a|\varphi(x)$，$\varphi(x)$ 连续，问 $f'(a)$ 是否存在？

3. 设 $f''(0) = a$ 且 $\lim\limits_{x\to 0}\frac{f(x)}{x} = 0$，求 $f(0)$，$f'(0)$ 及 $\lim\limits_{x\to 0}\frac{f(x)}{x^2}$.

4. 已知函数 $f(u)$ 具有二阶导数，且 $f'(0) = 1$，函数 $y = y(x)$ 由方程 $y - xe^{y-1} = 1$ 所确定，设 $z = f(\ln y - \sin x)$，求 $\dfrac{\mathrm{d}z}{\mathrm{d}x}\Big|_{x=0}$，$\dfrac{\mathrm{d}^2z}{\mathrm{d}x^2}\Big|_{x=0}$.

5. 设 $y = x\arctan x$，求 $y^{(n)}(0)$.

6. 设 $f_1(x) = \dfrac{x}{\sqrt{1+x^2}}$，$f_n(x) = f_1(f_{n-1}(x))$，求 $f'_n(x)$.

7. 设 $f(x)$ 为定义在 $\mathbf{R}$ 上的函数，对 $\forall x_1, x_2 \in \mathbf{R}$ 有 $f(x_1+x_2) = f(x_1)\cdot f(x_2)$，若 $f'(0) = 1$，证明：$\forall x \in \mathbf{R}$ 有 $f'(x) = f(x)$.

8. 设 $f(x)$ 为定义在 $x=0$ 的邻域 I 上的函数，证明：$f'(0)$ 存在 $\Leftrightarrow$ 存在 I 上的函数 $g(x)$，使得 $g(x)$ 在 $x=0$ 点连续且 $f(x) = f(0) + x\cdot g(x)$.

9. 求下列幂级数的收敛域及和函数

(1) $\displaystyle\sum_{n=1}^{+\infty}\frac{x^n}{n(n+1)}$；　　　(2) $\displaystyle\sum_{n=0}^{+\infty}(2n+1)x^n$；　　　(3) $\displaystyle\sum_{n=0}^{+\infty}\frac{(n^2+1)}{n!}\left(\frac{x}{3}\right)^n$.

10. 求下列数项级数的和

(1) $\sum\limits_{n=1}^{+\infty} \dfrac{(-1)^{n-1}}{n(2n-1)3^n}$;　　　(2) $\sum\limits_{n=1}^{+\infty} \dfrac{(-1)^n n}{(2n+1)!}$;　　　(3) $\sum\limits_{n=2}^{+\infty} \dfrac{1}{(n^2-1)2^n}$.

11. 求级数 $\sum\limits_{n=0}^{\infty} \dfrac{(-1)^n\left[n^2-n+\dfrac{1}{(2n)!}\right]}{2^n}$ 的和.

12. 将下列函数展开成幂级数

(1) $f(x) = \dfrac{1}{(1+x)^2}$ 在 $x=1$ 点;　　　(2) $f(x) = \dfrac{\mathrm{e}^x}{1-x}$ 在 $x=0$ 点;

(3) $f(x) = \dfrac{1}{(1+x)(1+x^2)(1+x^4)(1+x^8)}$ 在 $x=0$ 点.

13. 将函数 $f(x) = x\mathrm{e}^x$ 在 $x=1$ 处展开为幂级数.

（B 组）

1. 证明导函数介值定理：若函数 $f(x)$ 在 $[a,b]$ 上可导，且 $f'_+(a) \neq f'_-(b)$，则对任意的常数 k 介于 $f'_+(a)$ 和 $f'_-(b)$ 之间，都存在 $\xi \in (a,b)$，使得 $f'(\xi) = k$.

2. 设 $f(x)$ 在 x_0 处可导，$f(x_0) = a$，$f'(x_0) = b$，

求极限 (1) $\lim\limits_{x\to x_0} \dfrac{xf(x_0) - x_0 f(x)}{x - x_0}$; (2) $\lim\limits_{n\to\infty} \left(\dfrac{f\left(x_0 + \dfrac{1}{n}\right)}{f(x_0)}\right)^n$.

3. 设 $f(x) = a_1\sin x + a_2\sin 2x + \cdots + a_n\sin nx$，且 $|f(x)| \leq |\sin x|$，证明 $|a_1 + 2a_2 + \cdots + na_n| \leq 1$.

4. 设函数 $f(x) = \begin{cases} \dfrac{\varphi(x) - \cos x}{x}, & x \neq 0, \\ a, & x = 0, \end{cases}$ 其中 $\varphi(x)$ 具有连续二阶导函数，且

$\varphi(0) = 1$，(1) 确定 a 的值，使 $f(x)$ 在点 $x=0$ 处可导，并求 $f'(x)$，(2) 讨论 $f'(x)$ 在点 $x=0$ 的连续性.

5. 设 $y = \dfrac{1}{\sqrt{1-x^2}} \arcsin x$，求 $y^{(n)}(0)$.

6. 设 $f(x) = \dfrac{x^n}{x^2-1}$ $(n=1, 2, 3, \cdots)$，求 $f^{(n)}(x)$.

7. 求幂级数 $\sum\limits_{n=0}^{\infty} \dfrac{x^{4n}}{(4n)!}$ 的和函数.

8. 设幂级数 $\sum\limits_{n=0}^{\infty} a_n x^n$ 的系数满足 $a_0 = 2$，$na_n = a_{n-1} + n - 1$ $(n=1,2,\cdots)$，幂级数的和函数 $S(x)$.

9. 求级数 $\left(\sum\limits_{n=1}^{\infty} x^n\right)^3$ 中 x^{20} 的系数.

10. 将 $f(x) = \arctan \dfrac{2x}{1-x^2}$ 在 $x = 0$ 处展开为幂级数.

11. 将 $f(x) = \sum\limits_{n=1}^{\infty} \left(\dfrac{x}{1-x} \right)^n$ 展开为 x 的幂级数.

12. 将 $f(x) = \arctan \dfrac{1-2x}{1+2x}$ 展开为 x 的幂级数,并求级数 $\sum\limits_{n=0}^{\infty} \dfrac{(-1)^n}{2n+1}$ 的和.

4 竞赛实战

(A 组)

1. (第一届江苏省赛) 设 $P(x) = \dfrac{\mathrm{d}^n}{\mathrm{d}x^n}(1-x^m)^n$,其中 m,n 为正整数,则 $P(1) = $ _____.

2. (第一届江苏省赛) 函数 $f(x) = \ln(1-x-2x^2)$ 关于 x 的幂级数展开式为 _____,该幂级数的收敛域为 _____.

3. (第二届江苏省赛) 设 $f(x) = (x^2-3x+2)^n \cos \dfrac{\pi x^2}{16}$,则 $f^{(n)}(2) = $ _____.

4. (第三届江苏省赛) 若 $a > 0$,$\lim\limits_{x \to 0} \dfrac{1}{x-\sin x} \int_0^x \dfrac{t^2}{\sqrt{a+t}}\mathrm{d}t = \lim\limits_{x \to \frac{\pi}{6}} \left[\sin\left(\dfrac{\pi}{6}-x\right)\tan 3x \right]$,则 $a = $ _____.

5. (第四届江苏省赛) 函数 $f(x) = (x^2+3x+2)|x^3-x|$ 的不可导点的个数为 _____.

6. (第五届江苏省赛) 求级数 $\dfrac{1}{1 \cdot 3} + \dfrac{1}{2 \cdot 3^2} + \dfrac{1}{3 \cdot 3^3} + \dfrac{1}{4 \cdot 3^4} + \cdots$ 的和.

7. (第五届江苏省赛) 设 $f'(x)$ 连续,$f(0) = 0$,$f'(0) \neq 0$,求 $\lim\limits_{x \to 0} \dfrac{\int_0^{x^2} f(t)\,\mathrm{d}t}{x^2 \int_0^x f(t)\,\mathrm{d}t}$.

8. (第五届江苏省赛) 已知函数 $y = y(x)$ 由方程组 $\begin{cases} x + t(1-t) = 0, \\ te^y + y + 1 = 0 \end{cases}$ 确定,求 $\dfrac{\mathrm{d}^2 y}{\mathrm{d}x^2}\bigg|_{t=0}$.

9. (第八届江苏省赛) $\lim\limits_{x \to 0} \int_0^x \dfrac{1}{x^5}(e^{-(tx)^2} - 1)\,\mathrm{d}t = $ _____.

10. (第十届江苏省赛) 级数 $\sum\limits_{n=1}^{\infty} \dfrac{1 + (-1)^n (n-1)!}{2^n n!}$ 的和为 _____.

11. （第十一届江苏省赛）设 $f(x)$ 在 $x=0$ 处三阶可导，且 $f'(0)=0$，$f''(0)=3$，求 $\lim\limits_{x\to 0}\dfrac{f(e^x-1)-f(x)}{x^3}$.

12. （第十二届江苏省赛）求极限 $\lim\limits_{x\to 0}\dfrac{2}{x^5}\int_0^x \sin(tx)^2\,\mathrm{d}t$.

13. （第十二届江苏省赛）求级数 $\sum\limits_{n=1}^{\infty}\dfrac{n^2(n+1)+(-1)^n}{2^n n}$ 的和.

14. （第十四届江苏省赛）已知 $f(x)$ 在 $x=2$ 处连续，$\lim\limits_{x\to 2}\dfrac{f(x)-3x+2}{x-2}=2$，证明：$f(x)$ 在 $x=2$ 处可导，并求 $f'(2)$.

15. （第一届国家预赛）设函数 $f(x)$ 连续，$g(x)=\int_0^1 f(xt)\,\mathrm{d}t$，且 $\lim\limits_{x\to 0}\dfrac{f(x)}{x}=A$，$A$ 为常数，求 $g'(x)$，并讨论 $g'(x)$ 在 $x=0$ 处的连续性.

16. （第一届国家决赛）设 $f(x)$ 在 $x=1$ 点附近有定义，且在 $x=1$ 点可导，$f(1)=0$，$f'(1)=2$. 求

$$\lim_{x\to 0}\frac{f(\sin^2 x+\cos x)}{x^2+x\tan x}.$$

17. （第六届国家预赛）（1）设函数 $y=y(x)$ 由方程 $x=\int_1^{y-x}\sin^2\left(\dfrac{\pi t}{4}\right)\mathrm{d}t$ 所确定，计算 $\dfrac{\mathrm{d}y}{\mathrm{d}x}\Big|_{x=0}$.

（2）已知 $\lim\limits_{x\to 0}\left(1+x+\dfrac{f(x)}{x}\right)^{\frac{1}{x}}=e^3$，计算 $\lim\limits_{x\to 0}\dfrac{f(x)}{x^2}$.

18. （第七届国家预赛）求幂级数 $\sum\limits_{n=0}^{\infty}\dfrac{n^3+2}{(n+1)!}(x-1)^n$ 的收敛域，及其和函数.

19. （第八届国家预赛）（1）若 $f(x)$ 在点 $x=a$ 可导，且 $f(a)\neq 0$，求 $\lim\limits_{n\to\infty}\left(\dfrac{f\left(a+\dfrac{1}{n}\right)}{f(a)}\right)^n$.

（2）若 $f(1)=0$，$f'(1)$ 存在，求极限 $I=\lim\limits_{x\to 0}\dfrac{f(\sin^2 x+\cos x)\tan 3x}{(e^{x^2}-1)\sin x}$.

（3）设 $f(x)=e^x\sin 2x$，计算 $f^{(4)}(0)$.

20. （第九届国家预赛）设 $f(x)$ 有二阶连续导数，且 $f(0)=f'(0)=0$，$f''(0)=6$，求 $\lim\limits_{x\to 0}\dfrac{f(\sin^2 x)}{x^4}$.

（B组）

1. （第九届江苏省赛）求 $f(x)=\dfrac{x^2(x-3)}{(x-1)^3(1-3x)}$ 的幂级数展开式，指出其收敛域.

2. （第十一届江苏省赛）求级数 $\displaystyle\sum_{n=1}^{\infty}\dfrac{n^2(n+1)+(-1)^n}{2^n n}$ 的和.

3. （第十一届江苏省赛）是否存在满足下列条件的函数？若存在，举一例，并证明满足条件；若不存在，请给出证明.

函数 $f(x)$ 在 $x=0$ 处可导，但在 $x=0$ 的某去心邻域内处处不可导.

4. （第十三届江苏省赛）判断下一命题是否成立？若判断成立，给出证明；若判断不成立，举一反例，作出说明.

命题：若函数 $f(x)$ 在 $x=0$ 处连续，$\displaystyle\lim_{x\to0}\dfrac{f(2x)-f(x)}{x}=a\in\mathbf{R}$，则 $f(x)$ 在 $x=0$ 处可导，且 $f'(0)=a$.

5. （第十四届江苏省赛）求函数 $f(x)=\dfrac{x}{(1+x^2)^2}+\arctan\dfrac{1+x}{1-x}$ 关于 x 幂级数的展开式.

6. （第一届国家预赛）求当 $x\to1^{-}$ 时，与 $\displaystyle\sum_{n=0}^{\infty}x^{n^2}$ 等价的无穷大量.

7. （第一届国家决赛）是否存在 $\mathbf{R}^1$ 中的可微函数 $f(x)$ 使得 $f(f(x))=1+x^2+x^4-x^3-x^5$？若存在，请给出一个例子；若不存在，请给出证明.

8. （第二届国家决赛）设函数 $f(x)$ 在 $x=0$ 的某邻域内有二阶连续导数，且 $f(0)$，$f'(0)$，$f''(0)$ 均不为零. 证明：存在唯一一组实数 k_1，k_2，k_3，使得

$$\lim_{h\to0}\frac{k_1f(h)+k_2f(2h)+k_3f(3h)-f(0)}{h^2}=0.$$

第三节　导数与微分的应用

1　内容总结与精讲

◆ 单调性

1. 设函数 $f(x)$ 定义在区间 I 上，若对 $\forall x_1\leqslant x_2$，都有 $f(x_1)\leqslant(\geqslant)f(x_2)$，则称 $f(x)$ 在区间 I 上单调增加（单调减少），若上述不等式均为严格不等式，则称 $f(x)$ 在区间 I 上严格单调增加（严格单调减少）.

2. 导函数符号与单调性的关系：

（1）若 $f(x)$ 在区间 I 上可导，则 $f(x)$ 在区间 I 上单调增加（减少）$\Leftrightarrow f'(x)\geqslant0(\leqslant0)$；

（2）若 $f(x)$ 在区间 I 上可导且 $f'(x)>0(<0)$，则 $f(x)$ 在区间 I 上严格单调增加（减少）；

（3）若 $f(x)$ 在区间 I 上连续可导且 $f'(x_0)>0(<0)(x_0 \in I)$，则存在 x_0 在区间 I 中的邻域 $U(x_0)$，使得 $f(x)$ 在 $U(x_0)$ 上严格单调增加（减少）；

（4）若 $f(x)$ 在区间 I 上可导且 $f'(x_0)>0(<0)(x_0 \in I)$，不能得出 $f(x)$ 在 x_0 的某邻域 $U(x_0)$ 上单调增加（减少）（例如：$f(x) = \begin{cases} x + 2x^2 \sin \dfrac{1}{x}, & x \neq 0, \\ 0, & x = 0 \end{cases}$ 满足 $f'(0) = 1 > 0$，但是 $f'(x)$ 的符号不确定）；

（5）导函数的零点与不可导点（不连续点）是可能的单调区间的分界点.

◆ **函数的极值**

1. 函数的极值为局部的最大值或最小值，即在某邻域内取值最大或最小.

2. 费马定理：$x_0 \in (a,b)$，若 $f(x_0)$ 为 $f(x)$ 的极大值或极小值且 $f(x)$ 在 x_0 点可导，则 $f'(x_0) = 0$.

注：费马定理说明

（1）导数为零是可导函数在该点取得极值的必要条件（导数为零的点称为驻点或稳定点）；

（2）函数的极值点必为驻点或不可导点.

3. 函数取得极值的第一充分条件：

（1）若 $x \in (x_0 - \delta, x_0)$，有 $f'(x) \geq 0$，而 $x \in (x_0, x_0 + \delta)$，有 $f'(x) \leq 0$，则 $f(x)$ 在 x_0 处取得极大值；

（2）若 $x \in (x_0 - \delta, x_0)$，有 $f'(x) \leq 0$，而 $x \in (x_0, x_0 + \delta)$，有 $f'(x) \geq 0$，则 $f(x)$ 在 x_0 处取得极小值；

（3）若 $x \in (x_0 - \delta, x_0)$ 及 $x \in (x_0, x_0 + \delta)$ 时，$f'(x)$ 符号相同，则 $f(x)$ 在 x_0 处无极值.

4. 函数取得极值的第二充分条件：设 $f(x)$ 在 x_0 处二阶可导，且 $f'(x_0) = 0$，$f''(x_0) \neq 0$，则

（1）当 $f''(x_0) < 0$ 时，函数 $f(x)$ 在 x_0 处取得极大值；

（2）当 $f''(x_0) > 0$ 时，函数 $f(x)$ 在 x_0 处取得极小值.

注：若 $f''(x_0) = 0$，则函数 $f(x)$ 在 x_0 处是否取得极值无法确定.

5. 第二充分条件的推广：设 $f(x)$ 在 x_0 处 $2n$ 阶可导，且 $f'(x_0) = \cdots = f^{(2n-1)}(x_0) = 0, f^{(2n)}(x_0) \neq 0$，则

（1）当 $f^{(2n)}(x_0) < 0$ 时，函数 $f(x)$ 在 x_0 处取得极大值；

（2）当 $f^{(2n)}(x_0) > 0$ 时，函数 $f(x)$ 在 x_0 处取得极小值.

注：当 $f^{(2n)}(x_0) = 0$ 时，函数 $f(x)$ 在 x_0 处是否取得极值无法确定.

◆ **函数的最值**

1. 函数的最值为给定区间上的最大值或最小值，连续函数在有界闭区间上一定存在最大值和最小值.

2. 求函数在给定区间上最值的基本步骤：

（1）求函数在给定区间的驻点和不可导点；

（2）求区间端点及驻点和不可导点的函数值，并比较大小（最大者即为最大值，最小者即为最小值）；

（3）如果给定区间内只有一个极值，则此极值即为最值.（最大值或最小值）

3. 实际问题求最值的基本步骤：

（1）建立目标函数；

（2）求目标函数在定义域（使得实际问题具有意义的区间）上的最值；

（3）若目标函数只有唯一驻点，且实际问题的确在定义域内有最值，则该点的函数值即为所求的最大（或最小）值.

◆ **函数的凸性**

设函数 $f(x)$ 为定义在区间 I 上的函数，若对 $\forall x_1$，$x_2 \in I$，$\forall \lambda \in (0,1)$，有

$$f(\lambda x_1 + (1-\lambda)x_2) \leqslant \lambda f(x_1) + (1-\lambda)f(x_2),$$

则称 $f(x)$ 为区间 I 上的下凸函数；反之，若对 $\forall x_1$，$x_2 \in I$，$\forall \lambda \in (0,1)$，有

$$f(\lambda x_1 + (1-\lambda)x_2) \geqslant \lambda f(x_1) + (1-\lambda)f(x_2),$$

则称 $f(x)$ 为区间 I 上的上凸函数.

注：1. 在一般的高数学教材中，称下凸为凹，上凸为凸，而在一般的数学分析教材中，则称下凸为凸，上凸为凹，为避免混淆，本书中只使用上凸与下凸；

2. 若上述定义中的不等式为严格不等式，则分别称 $f(x)$ 为区间 I 上的严格下凸函数或严格上凸函数；

3. 若 $f(x)$ 为区间 I 上的下凸函数，则 $-f(x)$ 为区间 I 上的上凸函数，反之亦然；

4. 若 $f(x)$，$g(x)$ 为区间 I 上的下凸（上凸）函数，则 $af(x)(a>0)$，$f(x) + g(x)$ 亦为区间 I 上的下凸（上凸）函数；

5. 若 $f(x)$，$g(x)$ 为区间 I 上的下凸函数，则 $\max\limits_{x \in I}\{f(x)$，$g(x)\}$ 为区间 I 上的下凸函数，若 $f(x)$，$g(x)$ 为区间 I 上的上凸函数，则 $\min\limits_{x \in I}\{f(x)$，$g(x)\}$ 为区间 I 上的上凸函数；

6. 若 $f(x)$ 在区间 I 上连续，则其为下（上）凸函数的充要条件是：对 $\forall x_1$，$x_2 \in I$，有

$$f\left(\frac{x_1 + x_2}{2}\right) \leqslant (\geqslant) \frac{f(x_1) + f(x_2)}{2};$$

7. （詹森不等式）$f(x)$ 为区间 I 上的下（上）凸函数，则对 $\forall x_i \in I$，$\lambda_i > 0$

$(i=1, 2, \cdots, n)$，$\sum_{i=1}^{n} \lambda_i = 1$ 有

$$f\left(\sum_{i=1}^{n} \lambda_i x_i\right) \leqslant (\geqslant) \sum_{i=1}^{n} \lambda_i f(x_i).$$

◆ **凸性的判定与拐点**

1. （用一阶导数判定）若 $f(x)$ 在区间 I 上可导，则下述等价：

（1）$f(x)$ 为区间 I 上的下凸函数；

（2）$f'(x)$ 为区间 I 上的增函数；

（3）对 $\forall x_1, x_2 \in I$，有 $f(x_2) \geqslant f(x_1) + f'(x_1)(x_2 - x_1)$；（即当切线存在时，下凸函数的图像总位于任一点切线的上方）

（4）对 $\forall x_1, x_2, x_3 \in I$，$x_1 < x_2 < x_3$，有 $\dfrac{f(x_3) - f(x_2)}{x_3 - x_2} \geqslant \dfrac{f(x_3) - f(x_1)}{x_3 - x_1} \geqslant \dfrac{f(x_2) - f(x_1)}{x_2 - x_1}$．

注：（4）可得到凸性与连续性的关系，事实上，若 $f(x)$ 为开区间 I 上的下（上）凸函数，则 $f(x)$ 在 $\forall x_0 \in I$ 处都存在左右导数，因此，$f(x)$ 在 $\forall x_0 \in I$ 处一定同时左、右连续（即连续）；也就是说，开区间上的下（上）凸函数一定是连续函数（闭区间不成立）．

2. （用二阶导数判定）若 $f(x)$ 在区间 I 上二阶可导，

（1）$f(x)$ 为区间 I 上下凸函数的充分必要条件是 $f''(x) \geqslant 0$，$x \in I$；

（2）$f(x)$ 为区间 I 上严格下凸函数的充分必要条件是 $f''(x) \geqslant 0$，$x \in I$ 且在 I 的任意子区间上 $f''(x)$ 不恒为零．

3. 拐点：函数曲线上凸性的分界点（即下凸与上凸的分界点）称为拐点．

（1）若 $f(x)$ 在 x_0 点二阶可导，则 $(x_0, f(x_0))$ 为曲线 $y = f(x)$ 的拐点的必要条件为 $f''(x_0) = 0$；

（2）若 $f''(x)$ 在 x_0 的左右两侧邻域内符号相反，则 $(x_0, f(x_0))$ 为曲线 $y = f(x)$ 的拐点；

注：函数可能的拐点一定为二阶导数为零的点或二阶导数不存在的点．

（3）设 $f(x)$ 在 x_0 处三阶可导，且 $f''(x_0) = 0$，$f'''(x_0) \neq 0$，则 $(x_0, f(x_0))$ 为曲线 $y = f(x)$ 的拐点；

（4）设 $f(x)$ 在 x_0 处 $2n + 1$ 阶可导，且 $f''(x_0) = \cdots = f^{(2n)}(x_0) = 0$，$f^{(2n+1)}(x_0) \neq 0$，则 $(x_0, f(x_0))$ 为曲线 $y = f(x)$ 的拐点；

注：当 $f^{(2n+1)}(x_0) = 0$ 时，$(x_0, f(x_0))$ 是否为曲线 $y = f(x)$ 的拐点无法确定．

◆ **切线与法线**

若 $y = f(x)$ 在 $x = x_0$ 处可导，$y_0 = f(x_0)$，则 $f(x)$ 在点 (x_0, y_0) 处存在切线，其斜率为 $f'(x_0)$，即 $\tan\alpha = f'(x_0)$（α 为切线的倾斜角）

$f(x)$ 在点 $(x_0, f(x_0))$ 处的切线方程为 $y - y_0 = f'(x_0)(x - x_0)$;

$f(x)$ 在点 $(x_0, f(x_0))$ 处的法线方程为 $y - y_0 = -\dfrac{1}{f'(x_0)}(x - x_0)$.

注：1. 若 $y = f(x)$ 在 $x = x_0$ 处不可导，但 $\lim\limits_{x \to x_0} \dfrac{f(x) - f(x_0)}{x - x_0} = \infty$，则直线 $x = x_0$

为 $f(x)$ 在点 (x_0, y_0) 处的切线;

2. 平面参数曲线 $\begin{cases} x = x(t), \\ y = y(t) \end{cases}$ 在 $t = t_0$ 处对应的切线方程为 $\dfrac{x - x(t_0)}{x'(t_0)} = \dfrac{y - y(t_0)}{y'(t_0)}$,

空间参数曲线 $\begin{cases} x = x(t), \\ y = y(t), \\ z = z(t) \end{cases}$ 在 $t = t_0$ 处对应的切线方程为：

$$\frac{x - x(t_0)}{x'(t_0)} = \frac{y - y(t_0)}{y'(t_0)} = \frac{z - z(t_0)}{z'(t_0)};$$

3. 若计算极坐标曲线 $\rho = \rho(\theta)$ 对应的直角坐标的切线方程，首先将其化为参

数方程形式 $\begin{cases} x = \rho(\theta)\cos\theta, \\ y = \rho(\theta)\sin\theta \end{cases}$ 然后再计算其切线方程.

◆ 曲率、曲率半径、曲率圆

1. 曲率刻画曲线的弯曲程度，其定义为曲线弯曲的角度随弧长的变化率：

$$\kappa = \lim_{\Delta s \to 0} \left| \frac{\Delta \theta}{\Delta s} \right|$$

（1）对于平面曲线 $y = y(x)$，$\kappa = \dfrac{|y''|}{[1 + (y')^2]^{3/2}}$;

（2）对于平面参数曲线 $\begin{cases} x = x(t), \\ y = y(t) \end{cases} \kappa = \dfrac{|x'(t)y''(t) - y'(t)x''(t)|}{[(x'(t))^2 + (y'(t))^2]^{3/2}}$;

（3）对于空间参数曲线 $\begin{cases} x = x(t), \\ y = y(t), \\ z = z(t) \end{cases}$（记作 $r = r(t)$），$\kappa = \dfrac{\| \dot{r}(t) \times \ddot{r}(t) \|}{\| \dot{r}(t) \|^3}$

（其中 $\dot{r}(t) = (x'(t), y'(t), z'(t))$，$\ddot{r}(t) = (x''(t), y''(t), z''(t))$）.

2. 曲率半径定义为曲率的倒数，$R = \dfrac{1}{\kappa}$.

3. 曲率圆：平面曲线的曲率圆为该平面上以 R（曲率半径）为半径，与曲线
凹向相切的圆，亦称为密切圆；空间曲线则为该曲线的密切平面上以 R 为半径，
与曲线凹向相切的圆.

4. 曲率中心：曲率圆的圆心称为曲线的曲率中心.

2 典型例题与方法进阶

例 1. 就 k 的取值讨论曲线 $y = 4\ln x + k$ 与 $y = 4x + \ln^4 x$ 有几个交点.

解 令 $f(x) = 4x + \ln^4 x - 4\ln x - k$，则所求的交点即为函数 $f(x)$ 在定义域 $(0, +\infty)$ 的零点，首先讨论 $f(x)$ 的单调性. 由于

$$f'(x) = \frac{4}{x}(\ln^3 x + x - 1) \begin{cases} < 0, & 0 < x < 1, \\ = 0, & x = 1, \\ > 0, & x > 1, \end{cases}$$

可知 $f(x)$ 在 $(0,1)$ 单调递减，在 $(1, +\infty)$ 递增，其最小值 $f(1) = 4 - k$，且 $f(0+) = f(+\infty) = +\infty$.

于是可得：当 $k < 4$ 时无交点，$k = 4$ 时一个交点，$k > 4$ 时两个交点.

评注： 当讨论函数的零点、曲线的交点、方程的根等的个数时，首先将上述问题转化为函数的零点问题，并研究该函数的单调性，确定最大最小值，最后通过单调性与最值讨论函数零点的个数.

例 2. 设函数 $f(x) = \ln x + \frac{1}{x}$，

（1）求 $f(x)$ 的最小值；（2）设数列 $\{x_n\}$ 满足 $\ln x_n + \frac{1}{x_{n+1}} < 1$，证明：极限 $\lim_{n \to \infty} x_n$ 存在，并求此极限.

解 （1）$f'(x) = \frac{1}{x} - \frac{1}{x^2} = \frac{x-1}{x^2}$，令 $f'(x) = 0$，得唯一驻点 $x = 1$，当 $x \in (0,1)$ 时，$f'(x) < 0$，函数单调递减；当 $x \in (1, \infty)$ 时，$f'(x) > 0$，函数单调递增. 所以函数在 $x = 1$ 处取得最小值 $f(1) = 1$.

（2）证明：由于 $\ln x_n + \frac{1}{x_{n+1}} < 1$，但 $\ln x_n + \frac{1}{x_n} \geq 1$，所以 $\frac{1}{x_{n+1}} < \frac{1}{x_n}$，故数列 $\{x_n\}$ 单调递增. 又由于 $\ln x_n \leq \ln x_n + \frac{1}{x_{n+1}} < 1$，得到 $0 < x_n < e$，数列 $\{x_n\}$ 有界. 由单调有界收敛定理可知极限 $\lim_{n \to \infty} x_n$ 存在.

令 $\lim_{n \to \infty} x_n = a$，则 $\lim_{n \to \infty}\left(\ln x_n + \frac{1}{x_{n+1}}\right) = \ln a + \frac{1}{a} \leq 1$，由（1）的结论可知 $\lim_{n \to \infty} x_n = a = 1$.

例 3. 设 $f(x) = \frac{ax^2 + bx + a + 1}{1 + x^2}$ 在 $x = -\sqrt{3}$ 处有极小值为零，求 a，b 的值以及 $f(x)$ 的极大值点.

解 依题意应有 $f(-\sqrt{3}) = 0$，$f'(-\sqrt{3}) = 0$，由于

$$f'(x) = \frac{(2ax + b)(1 + x^2) - 2x(ax^2 + bx + a + 1)}{(1 + x^2)^2} = -\frac{bx^2 + 2x - b}{(1 + x^2)^2},$$

因此有 $3a - \sqrt{3}b + a + 1 = 0$，$3b - 2\sqrt{3} - b = 0$，故 $a = \frac{1}{2}$，$b = \sqrt{3}$.

令 $f'(x) = 0$ 得 $\sqrt{3}x^2 + 2x - \sqrt{3} = 0$，解之得 $x = -\sqrt{3}$ 或 $\dfrac{1}{\sqrt{3}}$，又由于

$$f''(x) = -\left[\frac{(2\sqrt{3}x+2)(1+x^2)-2\cdot 2x(\sqrt{3}x^2+2x-\sqrt{3})}{(1+x^2)^3}\right] = \frac{2\sqrt{3}x^3+6x^2-6\sqrt{3}x-2}{(1+x^2)^3},$$

故 $f''\left(\dfrac{1}{\sqrt{3}}\right) < 0$，因此使 $f(x)$ 的极大值点为 $x = \dfrac{1}{\sqrt{3}}$.

例 4. 设 $f(x) = \displaystyle\int_x^{x+\frac{\pi}{2}} |\sin t| \mathrm{d}t$，证明：$f(x)$ 是以 π 为周期的周期函数并求 $f(x)$ 的值域.

解　$f(x+\pi) = \displaystyle\int_{x+\pi}^{x+\frac{3\pi}{2}} |\sin t| \mathrm{d}t$，设 $t = u + \pi$，则有

$$f(x+\pi) = \int_x^{x+\frac{\pi}{2}} |\sin(u+\pi)| \mathrm{d}u = \int_x^{x+\frac{\pi}{2}} |\sin u| \mathrm{d}u = f(x),$$

故 $f(x)$ 是以 π 为周期的周期函数.

$|\sin x|$ 在 $(-\infty, +\infty)$ 上连续且周期为 π，故只需在 $[0,\pi]$ 上讨论其值域. 因为

$$f'(x) = \left|\sin\left(x+\frac{\pi}{2}\right)\right| - |\sin x| = |\cos x| - |\sin x|,$$

令 $f'(x) = 0$，得 $x_1 = \dfrac{\pi}{4}$，$x_2 = \dfrac{3\pi}{4}$，且

$$f\left(\frac{\pi}{4}\right) = \int_{\frac{\pi}{4}}^{\frac{3\pi}{4}} \sin t \mathrm{d}t = \sqrt{2},\ f\left(\frac{3\pi}{4}\right) = \int_{\frac{3\pi}{4}}^{\frac{5\pi}{4}} |\sin t| \mathrm{d}t = \int_{\frac{3\pi}{4}}^{\pi} \sin t \mathrm{d}t - \int_{\pi}^{\frac{5\pi}{4}} \sin t \mathrm{d}t = 2 - \sqrt{2},$$

又 $f(0) = \displaystyle\int_0^{\frac{\pi}{2}} \sin t \mathrm{d}t = 1$，$f(\pi) = -\displaystyle\int_{\pi}^{\frac{3\pi}{2}} \sin t \mathrm{d}t = 1$，则 $f(x)$ 的最小值是 $2 - \sqrt{2}$，最大值是 $\sqrt{2}$，故 $f(x)$ 的值域是 $[2-\sqrt{2}, \sqrt{2}]$.

例 5. 参数方程 $\begin{cases} x = t - k\sin t, \\ y = 1 - k\cos t \end{cases}$ 确定了 y 为 x 的函数，求 $0 < k < 1$ 时该函数的极值与极值点.

解　对任意的 $t \in \mathbf{R}$，$\dfrac{\mathrm{d}y}{\mathrm{d}x} = \dfrac{y_t}{x_t} = \dfrac{k\sin t}{1-k\cos t}$，当 $\dfrac{\mathrm{d}y}{\mathrm{d}x} = 0$ 时 $t = n\pi\ (n \in \mathbf{Z})$，于是 $y = y(x)$ 的驻点为 $(n\pi, 1 - k\cos n\pi)$. 进一步，$\dfrac{\mathrm{d}^2 y}{\mathrm{d}x^2} = \dfrac{k\cos t - k^2}{(1-k\cos t)^3}$，判断驻点处 $\dfrac{\mathrm{d}^2 y}{\mathrm{d}x^2}$ 的符号可得：

(1) $\left.\dfrac{\mathrm{d}^2 y}{\mathrm{d}x^2}\right|_{t=2n\pi} = \dfrac{k}{(1-k)^2} > 0$，(2) $\left.\dfrac{\mathrm{d}^2 y}{\mathrm{d}x^2}\right|_{t=(2n+1)\pi} = \dfrac{-k}{(1+k)^2} < 0$.

由第二充分条件，当 $x = 2n\pi$ 时，函数有极小值 $y = 1 - k$，当 $x = (2n+1)\pi$ 时，函数有极大值 $y = 1 + k$.

评注：求参数方程所确定函数的极值与普通函数求极值的方法类似，但是要注意极值点坐标不是参变量的取值，而是参变量对应的 x 的取值．

例6. 根据经验，一架水平飞行的飞机，其降落曲线为一条三次抛物线，已知飞机的飞行高度为 h，飞机的着陆点为原点，且在整个降落过程中，飞机的水平速度始终保持着常数 u．出于安全考虑，飞机垂直加速度的最大绝对值不得超过 $\dfrac{g}{10}$，此处 g 为重力加速度．（1）若飞机从 $x = x_0$ 处开始下降，试确定其降落曲线；（2）求开始下降点 x_0 所能允许的最小值．（$x_0 > 0$，即假设飞机从右往左降落）

解 （1）设飞机降落曲线方程为 $y = ax^3 + bx^2 + cx + d$，根据题意有：
$$y(0) = 0, y'(0) = 0, y(x_0) = h, y'(x_0) = 0,$$
故 $y = -\dfrac{2h}{x_0^3}x^3 + \dfrac{3h}{x_0^2}x^2$；

（2）由于 $\dfrac{\mathrm{d}x}{\mathrm{d}t} = u$，知

$$\frac{\mathrm{d}y}{\mathrm{d}t} = -\frac{6hu}{x_0^2}\left(\frac{x^2}{x_0} - x\right), \frac{\mathrm{d}^2y}{\mathrm{d}t^2} = -\frac{6hu^2}{x_0^2}\left(\frac{2x}{x_0} - 1\right).$$

由于 $x \in [0, x_0]$，可得 $\max\left|\dfrac{\mathrm{d}^2y}{\mathrm{d}t^2}\right| = \dfrac{6hu^2}{x_0^2}$，根据

$$\max\left|\frac{\mathrm{d}^2y}{\mathrm{d}t^2}\right| = \frac{6hu^2}{x_0^2} \leqslant \frac{g}{10} \Rightarrow x_0 \geqslant u\sqrt{\frac{60h}{g}},$$

故开始下降点 x_0 所能允许的最小值为 $u\sqrt{\dfrac{60h}{g}}$．

评注：对于与最值有关的实际应用问题，首先建立目标函数，然后求目标函数在给定区间的最值；注意充分利用实际问题所蕴含的条件．

例7. 设函数 $y = y(x)$ 由参数方程 $\begin{cases} x = \dfrac{1}{3}t^3 + t + \dfrac{1}{3}, \\ y = \dfrac{1}{3}t^3 - t + \dfrac{1}{3} \end{cases}$ 确定，求 $y = y(x)$ 的极值和曲线 $y = y(x)$ 的凹凸区间及拐点．

解 $x'(t) = t^2 + 1$，$x''(t) = 2t$，$y'(t) = t^2 - 1$，$y''(t) = 2t$，则
$$\frac{\mathrm{d}y}{\mathrm{d}x} = \frac{t^2 - 1}{t^2 + 1}, \frac{\mathrm{d}^2y}{\mathrm{d}x^2} = \frac{y''x' - x''y'}{(x')^3} = \frac{4t}{(t^2 + 1)^3}.$$

令 $\dfrac{\mathrm{d}y}{\mathrm{d}x} = 0$，则 $t = \pm 1$．当 $t = 1$ 时，$x = \dfrac{5}{3}$，$y = -\dfrac{1}{3}$，$\dfrac{\mathrm{d}^2y}{\mathrm{d}x^2} > 0$，所以，$y = -\dfrac{1}{3}$ 为极小值；当 $t = -1$ 时，$x = -1$，$y = 1$，$\dfrac{\mathrm{d}^2y}{\mathrm{d}x^2} < 0$，所以 $y = 1$ 为极大值．

令 $\dfrac{\mathrm{d}^2y}{\mathrm{d}x^2} = 0$，则 $t = 0$，$x = y = \dfrac{1}{3}$，当 $t < 0$ 时，$x < \dfrac{1}{3}$，$\dfrac{\mathrm{d}^2y}{\mathrm{d}x^2} < 0$，则曲线在

$\left(-\infty,\dfrac{1}{3}\right)$ 上是凸的；当 $t>0$ 时，$x>\dfrac{1}{3}$，$\dfrac{d^2 y}{dx^2}>0$，则曲线在 $\left(\dfrac{1}{3},+\infty\right)$ 上是凹的，$\left(\dfrac{1}{3},\dfrac{1}{3}\right)$ 为曲线的拐点.

例 8. 设 $f(x)$ 为区间 I 上的严格下凸函数，试证若 $x_0\in I$ 为 $f(x)$ 的极小值点，则 x_0 为 $f(x)$ 在 I 上唯一极小值点.

证明 设 x_1 为 $f(x)$ 在 I 上的另一极小值点，则 $\exists\delta>0$ 使得 $\forall x\in(x_1-\delta,x_1+\delta)$ 有

$$f(x)\geqslant f(x_1).$$

不妨设 $x_0<x_1$，对 $\forall x_2\in(x_0,x_1)$，令 $\lambda=\dfrac{x_1-x_2}{x_1-x_0}>0$，则 $x_2=\lambda x_0+(1-\lambda)x_1$. 由于 $f(x)$ 为区间 I 上的严格下凸函数，故

$$f(x_2)=f(\lambda x_0+(1-\lambda)x_1)<\lambda f(x_0)+(1-\lambda)f(x_1)\leqslant\max\{f(x_0),f(x_1)\},$$

不妨设 $f(x_1)\geqslant f(x_0)$，则由上式 $\forall x_2\in(x_0,x_1)$ 都有 $f(x_2)<f(x_1)$，这与 x_1 为 $f(x)$ 的极小值点矛盾. 故除 x_0 外，$f(x)$ 在 I 上不存在其他的极小值点.

评注： 对于严格下凸函数，在区间内最多只有一个极小值点，对于严格上凸函数，在区间内最多只有一个极大值点，因此，严格下（上）凸函数的极值点唯一.

例 9. 证明：不等式 $(abc)^{\frac{a+b+c}{3}}\leqslant a^a b^b c^c$，其中 a，b，c 均为正数.

证明 令 $f(x)=x\ln x(x>0)$，则 $f'(x)=1+\ln x$，$f''(x)=\dfrac{1}{x}>0$，故 $f(x)=x\ln x$ 是 $(0,+\infty)$ 上的严格下凸函数. 由詹森不等式得

$$f\left(\frac{a+b+c}{3}\right)\leqslant\frac{1}{3}(f(a)+f(b)+f(c)),$$

故 $\dfrac{a+b+c}{3}\ln\dfrac{a+b+c}{3}\leqslant\dfrac{1}{3}(a\ln a+b\ln b+c\ln c)$，即

$$\left(\frac{a+b+c}{3}\right)^{a+b+c}\leqslant a^a b^b c^c,$$

由于 $\sqrt[3]{abc}\leqslant\dfrac{a+b+c}{3}$，可得 $(abc)^{\frac{a+b+c}{3}}\leqslant a^a b^b c^c$.

评注： 詹森不等式是利用凸性证明不等式的重要工具.

例 10. 设 $f(x)$ 在区间 $[a,b]$ 上连续，对 $\forall x_1$，$x_2\in[a,b]$，$\lambda\in[0,1]$ 恒有 $f(\lambda x_1+(1-\lambda)x_2)\leqslant\lambda f(x_1)+(1-\lambda)f(x_2)$，证明：

$$f\left(\frac{a+b}{2}\right)\leqslant\frac{1}{b-a}\int_a^b f(x)\,dx\leqslant\frac{f(a)+f(b)}{2}.$$

证明 $\forall x\in[a,b]$，$\exists t\in[0,1]$ 使得 $x=a+t(b-a)$，于是

$$\frac{1}{b-a}\int_a^b f(x)\,\mathrm{d}x = \int_0^1 f(a+t(b-a))\,\mathrm{d}t.$$

由已知可得

$$\frac{1}{b-a}\int_a^b f(x)\,dx = \int_0^1 f((1-t)a+tb)\,\mathrm{d}t \leqslant \int_0^1 [(1-t)f(a)+tf(b)]\,\mathrm{d}t$$

$$= f(a)\int_0^1(1-t)\,\mathrm{d}t + f(b)\int_0^1 t\,\mathrm{d}t = \frac{f(a)+f(b)}{2}.$$

同理，$\forall x \in [a,b]$，$\exists s \in [0,1]$ 使得 $x = b - s(b-a)$，于是

$$\frac{1}{b-a}\int_a^b f(x)\,\mathrm{d}x = \int_0^1 f(b-s(b-a))\,\mathrm{d}s.$$

与前式联立可得

$$\frac{1}{b-a}\int_a^b f(x)\,\mathrm{d}x = \frac{1}{2}\left[\int_0^1 f(a+t(b-a))\,\mathrm{d}t + \int_0^1 f(b-s(b-a))\,\mathrm{d}s\right]$$

$$= \int_0^1 \frac{f(a+t(b-a))+f(b-t(b-a))}{2}\,\mathrm{d}t;$$

由于

$$\frac{f(a+t(b-a))+f(b-t(b-a))}{2} \geqslant f\left(\frac{a+t(b-a)+b-t(b-a)}{2}\right) = f\left(\frac{a+b}{2}\right),$$

故 $\dfrac{1}{b-a}\displaystyle\int_a^b f(x)\,\mathrm{d}x = \int_0^1 f\left(\dfrac{a+b}{2}\right)\mathrm{d}t \geqslant f\left(\dfrac{a+b}{2}\right).$

评注：本题只给出 $f(x)$ 连续的条件，因此无法利用凸性的几何意义，即下凸函数位于切线的上方来证明左边的不等式；在本题证明中将 $x \in [a,b]$ 转换为 $t \in [0,1]$，并借助定积分的换元法将 $[a,b]$ 区间的积分转换为 $[0,1]$ 区间的积分，这是使用凸不等式常用的技巧.

例 11. 已知 $f(x)$ 与 $g(x)$ 在 x_0 处可导，证明：当 $x \to x_0$ 时 $f(x) - g(x)$ 是 $x - x_0$ 的高阶无穷小量的充分必要条件是两曲线 $y_1 = f(x)$ 与 $y_2 = g(x)$ 在 x_0 处相交且相切.

证明 先证充分性，即已知两曲线相交且相切，要证明 $\lim\limits_{x \to x_0} \dfrac{f(x)-g(x)}{x-x_0} = 0$.

相交，即 $g(x_0) = f(x_0)$；相切，即 $g'(x_0) = f'(x_0)$. 从而

$$\lim_{x \to x_0}\frac{f(x)-g(x)}{x-x_0} = \lim_{x \to x_0}\frac{[f(x)-f(x_0)]-[g(x)-g(x_0)]}{x-x_0} = f'(x_0) - g'(x_0) = 0.$$

再证必要性. 由 $\lim\limits_{x \to x_0}\dfrac{f(x)-g(x)}{x-x_0} = 0$，必然有 $\lim\limits_{x \to x_0}[f(x)-g(x)] = 0$，根据 $f(x)$ 与 $g(x)$ 在 x_0 处的连续性，知 $f(x_0) - g(x_0) = 0$，即 $f(x_0) = g(x_0)$；又

$$\lim_{x \to x_0}\frac{f(x)-g(x)}{x-x_0} = \lim_{x \to x_0}\frac{[f(x)-f(x_0)]-[g(x)-g(x_0)]}{x-x_0} = f'(x_0) - g'(x_0) = 0,$$

得 $f'(x_0) = g'(x_0)$，从而证明了两条曲线 $y_1 = f(x)$ 与 $y_2 = g(x)$ 在 x_0 处相交且相切．

例 12. 已知 $f(x)$ 是周期为 5 的连续函数，其在 $x = 0$ 的某个邻域内满足关系式

$$f(1 + \sin x) - 3f(1 - \sin x) = 8x + o(x),$$

且 $f(x)$ 在 $x = 1$ 处可导，求曲线 $y = f(x)$ 在点 $(6, f(6))$ 处的切线方程．（$o(x)$ 表示当 $x \to 0$ 时比 x 高阶的无穷小）

解　由 $f(1 + \sin x) - 3f(1 - \sin x) = 8x + o(x)$ 可知 $f(1) = 0$ 以及

$$\lim_{x \to 0} \frac{f(1 + \sin x) - 3f(1 - \sin x)}{x} = 8,$$

又由于 $f(x)$ 在 $x = 1$ 处可导，可得

$$f'(1) = \lim_{x \to 0} \frac{f(1 + x)}{x} = \lim_{x \to 0} \frac{f(1 + \sin x)}{\sin x} = \lim_{x \to 0} \frac{f(1 + \sin x)}{x}.$$

同理，$\lim\limits_{x \to 0} \dfrac{f(1 - \sin x)}{x} = -f'(1)$．于是，

$$\lim_{x \to 0} \frac{f(1 + \sin x) - 3f(1 - \sin x)}{x} = 4f'(1),$$

故 $f'(1) = 2$．由于 $f(x)$ 以 5 为周期，故

$$f(6) = f(1) = 0 \text{ 以及 } f'(6) = f'(1) = 2,$$

因此曲线 $y = f(x)$ 在点 $(6, f(6))$ 处的切线方程为 $y = 2(x - 6)$．

评注：求切线方程的两要素为切线斜率与切点坐标；在本题中，只知道 $f(x)$ 在 $x = 1$ 处可导，因此不能对极限式 $\lim\limits_{x \to 0} \dfrac{f(1 + \sin x) - 3f(1 - \sin x)}{x} = 8$ 使用洛必达法则．

例 13. 求一条抛物线，使之与曲线 $y = e^x$ 在 $x = 0$ 处相切且在切点有相同的曲率和凹向．

解　设所求抛物线方程为 $y = ax^2 + bx + c$，由题意知

$$(ax^2 + bx + c)|_{x=0} = e^x|_{x=0}, \quad (ax^2 + bx + c)'|_{x=0} = (e^x)'|_{x=0}.$$

立即可得 $c = 1$，$b = 1$．

又在 $x = 0$ 处有相同曲率和凹向，知 $(ax^2 + bx + c)''|_{x=0} = (e^x)''|_{x=0}$，

得 $a = \dfrac{1}{2}$．

故所求抛物线方程为 $y = \dfrac{x^2}{2} + x + 1$．

例 14. 求曲线 $y = \ln x$ 上哪一点处曲率半径最小，并求该点处的曲率半径．

解　由于 $y' = \dfrac{1}{x}$，$y'' = -\dfrac{1}{x^2}$，可得曲率 $K = \dfrac{|y''|}{(1 + y'^2)^{3/2}} = \dfrac{x}{(1 + x^2)^{3/2}}$，$(x > 0)$，

于是曲率半径

$$R = \frac{(1+x^2)^{3/2}}{x},$$

由于 $R' = \sqrt{1+x^2}\left(2 - \frac{1}{x^2}\right)$，求解 $R' = 0$ 得唯一驻点 $x = \frac{\sqrt{2}}{2}$. 又

$$0 < x < \frac{\sqrt{2}}{2} \text{时}, \ R' < 0, \ \frac{\sqrt{2}}{2} < x < +\infty \text{时}, \ R' > 0,$$

故 $x = \frac{\sqrt{2}}{2}$ 是曲率半径唯一的极小值点，在点 $\left(\frac{\sqrt{2}}{2}, -\frac{1}{2}\ln 2\right)$ 处曲率半径最小，最小值为 $\frac{3\sqrt{3}}{2}$.

例 15. 设 $f''(x)$ 连续，且 $f''(x) > 0, f(0) = f'(0) = 0$，求极限 $\lim\limits_{x \to 0^+} \dfrac{\displaystyle\int_0^{u(x)} f(t)\,\mathrm{d}t}{\displaystyle\int_0^x f(t)\,\mathrm{d}t}$，

其中 $u(x)$ 是曲线 $y = f(x)$ 在点 $(x, f(x))$ 处的切线在 x 轴上的截距.

解 $y = f(x)$ 在点 $(x, f(x))$ 处的切线方程为

$$Y - f(x) = f'(x)(X - x),$$

其在 x 轴上的截距 $u(x) = x - \dfrac{f(x)}{f'(x)}$，可得

$$u'(x) = \frac{f(x)f''(x)}{[f'(x)]^2};$$

根据 $f(0) = f'(0) = 0$ 以及泰勒公式知：

$$f(x) = \frac{f''(0)}{2}x^2 + o(x^2),$$

故 $f'(x) = f''(0)x + o(x)$，这样

$$u(x) = x - \frac{\dfrac{f''(0)}{2}x^2 + o(x^2)}{f''(0)x + o(x)} = \frac{x}{2} + o(x);$$

于是，

$$\lim_{x \to 0^+} \frac{\displaystyle\int_0^{u(x)} f(t)\,\mathrm{d}t}{\displaystyle\int_0^x f(t)\,\mathrm{d}t} = \lim_{x \to 0^+} \frac{f(u(x)) \cdot u'(x)}{f(x)} = \lim_{x \to 0^+} \frac{\left[\dfrac{f''(0)}{2}u^2(x) + o(x^2)\right]}{f(x)} \cdot \frac{f(x)f''(x)}{[f'(x)]^2}$$

$$= \lim_{x \to 0^+} \frac{\left[\dfrac{f''(0)}{2}u^2(x) + o(x^2)\right] \cdot f''(x)}{[f''(0)x + o(x)]^2}$$

$$= \lim_{x \to 0^+} \frac{\left[\dfrac{f''(0)}{2}\left(\dfrac{x}{2}\right)^2 + o(x^2)\right] \cdot f''(x)}{[f''(0)]^2 x^2 + o(x^2)} = \frac{1}{8}.$$

评注：本题中第一步使用洛必达法则后不能继续使用该法则，利用已知条件建立基于泰勒公式的近似表达式是处理此类问题方便而有效的手段．

3 本节练习

（A 组）

1. 求函数 $f(x) = \int_1^{x^2}(x^2 - t)e^{-t^2}dt$ 的单调区间与极值．

2. 在椭圆 $\dfrac{x^2}{a^2} + \dfrac{y^2}{b^2} = 1$ 的第一象限上求一点 P，使得该处的切线、椭圆、两坐标轴所围图形的面积为最小．（其中 $a > 0$，$b > 0$）

3. 某公园中有一高为 a m 的美人鱼雕塑，其基座高出人的水平视线为 h m，为了观赏时把塑像看得最清楚（即对塑像张成的夹角最大），观赏者应该站在离其基座底部多远的地方？

4. 设函数 $f(x) > 0$ 且在 $[1, +\infty)$ 上连续，求函数 $F(x) = \int_1^x\left[\left(\dfrac{2}{x} + \ln x\right) - \left(\dfrac{2}{t} + \ln t\right)\right]f(t)dt$ 的最小值点．

5. 已知抛物线 $y^2 = 2mx$，试从其所有与法线重合的弦中，求最短的弦长．

6. 将一长为 a 的铁丝切成两段，分别围成正方形和圆形，问两段铁丝各为多长时正方形和圆形面积之和最小？并求最小面积．

7. 设 $0 < \alpha < 1$，x，$y \geq 0$，证明：$x^\alpha y^{1-\alpha} \leq \alpha x + (1 - \alpha)y$．（本不等式为杨 – 不等式的特例）

8. 求曲线 $\begin{cases} x - e^x\sin t + 1 = 0, \\ y = t^3 + 2t \end{cases}$ 于 $t = 0$ 处的切线方程．

9. 曲线 $y = x^n (n \in \mathbf{N})$ 上点 $(1, 1)$ 处的切线交 x 轴于点 $(\xi_n, 0)$，求 $\lim\limits_{n \to \infty} y(\xi_n)$．

10. 已知两曲线 $y = f(x)$ 与 $y = \int_0^{\arctan x} e^{-t^2}dt$ 在点 $(0, 0)$ 处的切线相同，求此切线方程并计算 $\lim\limits_{n \to \infty} nf\left(\dfrac{2}{n}\right)$．

11. 如右图所示，设曲线 L 的方程为 $y = f(x)$ 且 $y'' > 0$，又 MT，MP 分别为该曲线在点 $M(x_0, y_0)$ 处的切线和法线，已知线段 MP 的长度为 $\dfrac{(1 + y_0'^2)^{3/2}}{y_0''}$（其中 $y_0' = f'(x_0)$，$y_0'' = f''(x_0)$），求点 $P(\xi, \eta)$ 的坐标表达式．

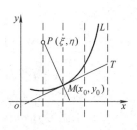

（B 组）

1. 某种飞机在机场降落时，为了减小滑行距离，在触地的瞬间飞机尾部张开减速伞，以增大阻力，使飞机迅速减速并停下来．现有一质量为 9000kg 的飞机，着陆时的水平速度为 $700km/h$. 经测试，减速伞打开后，飞机所受的总阻力与飞机的速度成正比（比例系数为 $k = 6.0 \times 10^6$）. 问从着陆点算起，飞机滑行的最长距离是多少？

2. 若 $f(x)$ 为区间 I 上的下凸函数，$g(x)$ 为区间 $J \supset f(I)$ 上单调递增的下凸函数，证明：$g \circ f(x)$ 为区间 I 上的下凸函数.

3. 若 $f(x)$ 在 (a, b) 内二次可导，且 $f''(x) > 0$，证明詹森不等式：对 $\forall x_i \in (a, b)$，$\lambda_i > 0 (i = 1, 2, \cdots, n)$，$\sum_{i=1}^{n} \lambda_i = 1$ 有 $f\left(\sum_{i=1}^{n} \lambda_i x_i\right) < \sum_{i=1}^{n} \lambda_i f(x_i)$.

4. 证明本节<u>凸性的判定</u>的 1（4）：若 $f(x)$ 在区间 I 上可导，则 $f(x)$ 为区间 I 上的下凸函数 $\Leftrightarrow$ 对 $\forall x_1, x_2, x_3 \in I$，$x_1 < x_2 < x_3$，有

$$\frac{f(x_3) - f(x_2)}{x_3 - x_2} \geq \frac{f(x_3) - f(x_1)}{x_3 - x_1} \geq \frac{f(x_2) - f(x_1)}{x_2 - x_1}.$$

5. 证明：$f(x)$ 为区间 I 上的下凸函数 $\Leftrightarrow$ 对 $\forall x_1, x_2 \in I$，$\varphi(\lambda) = f(\lambda x_1 + (1 - \lambda) x_2)$ 为 $(0, 1)$ 上的下凸函数.

6. 设函数 $\varphi(x)$ 可导且满足 $\varphi(0) = 0$，又 $\varphi'(x)$ 严格单调递减，

（1）证明：对 $\forall x \in (0, 1)$，有 $\varphi'(1) x < \varphi(x) < \varphi'(0) x$；

（2）若 $\varphi(1) \geq 0$，$\varphi''(0) \leq 1$，对 $\forall x_0 \in (0, 1)$，令 $x_n = \varphi(x_{n-1})$，$n = 1, 2, \cdots$，证明：$\lim_{n \to \infty} x_n$ 存在，并求出该极限.

7. 若 x_0 为函数 $f(x)$ 的极小值点，问（1）$(x_0, f(x_0))$ 是否可能为 $f(x)$ 的拐点？（2）当 $f(x)$ 在 x_0 点可导时上述结论如何？

4 竞赛实战

（A 组）

1. （第三届江苏省赛）设 $f(x) = x^2 (x-1)^2 (x-3)^2$，试问：曲线 $y = f(x)$ 有几个拐点，证明你的结论.

2. （第三届江苏省赛）设

$$f(x) = \begin{cases} \lim\limits_{n \to \infty} \dfrac{1}{n}\left(1 + \cos\dfrac{x}{n} + \cos\dfrac{2x}{n} + \cdots + \cos\dfrac{n-1}{n}x\right), & x > 0, \\ \lim\limits_{n \to \infty}\left[1 + \dfrac{1}{n!}\left(\int_0^1 \sqrt{x^5 + x^3 + 1}\,dx\right)^n\right], & x = 0, \\ f(-x), & x < 0. \end{cases}$$

（1）讨论 $f(x)$ 在 $x = 0$ 的可导性；

（2）求函数 $f(x)$ 在 $[-\pi, \pi]$ 上的最大值.

3. （第八届江苏省赛）某人由甲地开汽车出发，沿直线行驶，经过 $2h$ 到达乙地停止，一路畅通. 若开车的最大速度为 $100km/h$，求证：该汽车在行驶途中加速

度的变化率的最小值不大于 $-200\mathrm{km/h}^3$.

4.（第二届国家预赛）设函数 $y=f(x)$ 由参数方程 $\begin{cases} x=2t+t^2, \\ y=\psi(t) \end{cases}$ $(t>-1)$ 所确

定. 且 $\dfrac{\mathrm{d}^2 y}{\mathrm{d}x^2}=\dfrac{3}{4(1+t)}$，其中 $\psi(t)$ 具有二阶导数，曲线 $y=\psi(t)$ 与 $y=\displaystyle\int_1^{t^2} \mathrm{e}^{-u^2}\mathrm{d}u+\dfrac{3}{2\mathrm{e}}$

在 $t=1$ 处相切. 求函数 $\psi(t)$.

5.（第四届国家预赛）设函数 $y=f(x)$ 二阶可导，且 $f''(x)>0$，$f(0)=0$，$f'(0)=0$. 求 $\displaystyle\lim_{x\to 0}\dfrac{x^3 f(u)}{f(x)\sin^3 u}$，其中 u 是曲线 $y=f(x)$ 上点 $P(x,f(x))$ 处的切线在 x 轴上的截距.

6.（第五届国家预赛）设函数 $y=y(x)$ 由 $x^3+3x^2y-2y^3=2$ 确定，求 $y(x)$ 的极值.

（B 组）

1.（第十一届江苏省赛）是否存在满足下列条件的函数？若存在，试举一例，并证明满足条件；若不存在，请给出证明.

函数 $f(x)$ 在 $(-\delta,\delta)$ 上一阶可导$(\delta>0)$，$f(0)$ 为极值，且 $(0,f(0))$ 为曲线 $y=f(x)$ 的拐点.

2.（第十四届江苏省赛）判断下一命题是否成立？若判断成立，给出证明；若判断不成立，举一反例，并做出说明.

命题：若函数 $f(x)$ 在 $[a,b]$ 上可导，$f'_+(a)>0$，则存在 $c\in(a,b)$，使得 $f(x)$ 在 (a,c) 上单调增加.

3.（第一届国家决赛）现要设计一个容积为 V 的圆柱体容器. 已知上下两底的材料费为单位面积 a 元，而侧面的材料费为单位面积 b 元. 试给出最节省的设计方案：即高与上下底的直径之比为何值时所需费用最少？

第四节　微分中值定理及其应用

1　内容总结与精讲

◆ 微分中值定理

1. <u>罗尔（Rolle）定理</u>：若函数 $f(x)$ 在 $[a,b]$ 上连续，在 (a,b) 内可导，且 $f(a)=f(b)$，则 $\exists\xi\in(a,b)$ 使得

$$f'(\xi)=0.$$

注：罗尔定理的几何意义是端点函数值相等的光滑函数至少存在一点处的切线为水平；物理意义是变速直线运动在折返点处的瞬时速度等于零.

2. 拉格朗日（Lagrange）中值定理：若函数 $f(x)$ 在 $[a,b]$ 上连续，在 (a,b) 内可导，则 $\exists \xi \in (a,b)$ 使得

$$f(b) - f(a) = f'(\xi)(b-a).$$

注：拉格朗日中值定理的几何意义是光滑曲线弧上至少存在一点处的切线与曲线弧端点连线所构成的弦平行；其精确地表达了函数在一个区间上的增量与函数在此区间内某点处的导数之间的关系，给出了函数增量的精确表达式。

3. 柯西（Cauchy）中值定理：若函数 $f(x)$ 及 $F(x)$ 在 $[a,b]$ 上连续，在 (a,b) 内可导，且 $F'(x) \neq 0$，则 $\exists \xi \in (a,b)$ 使得

$$\frac{f(a) - f(b)}{F(a) - F(b)} = \frac{f'(\xi)}{F'(\xi)}.$$

注：柯西中值定理的几何意义是参数形式的光滑曲线弧 $\begin{cases} X = F(x), \\ Y = f(x) \end{cases}$ 上至少存在一点处的切线与曲线弧端点连线所构成的弦平行。

4. 泰勒中值定理：如果函数 $f(x)$ 在含有 x_0 的某个开区间 (a,b) 内具有直到 $(n+1)$ 阶的导数，则当 x 在 (a,b) 内时，$f(x)$ 可以表示为 $(x-x_0)$ 的一个 n 次多项式与一个余项 $R_n(x)$ 之和：

$$f(x) = f(x_0) + f'(x_0)(x-x_0) + \frac{f''(x_0)}{2!}(x-x_0)^2 + \cdots + \frac{f^{(n)}(x_0)}{n!}(x-x_0)^n + R_n(x),$$

其中 $R_n(x) = \dfrac{f^{(n+1)}(\xi)}{(n+1)!}(x-x_0)^{n+1}$（$\xi$ 介于 x_0 与 x 之间）。

注：称 $P_n(x) = \displaystyle\sum_{k=0}^{n} \frac{f^{(k)}(x_0)}{k!}(x-x_0)^k$ 为 $f(x)$ 按 $(x-x_0)$ 的幂展开的 n 阶近似多项式，上述展开式称为 $f(x)$ 按 $(x-x_0)$ 的幂展开的 n 阶泰勒公式；$R_n(x) = \dfrac{f^{(n+1)}(\xi)}{(n+1)!}(x-x_0)^{n+1}$ 称为拉格朗日型余项，若记 $R_n(x) = o[(x-x_0)^n]$，则称为皮亚诺型余项；若 $x_0 = 0$，则相应的展开式称为麦克劳林公式。

◆ **等式证明的重要方法**

1. 归结为函数零点的存在性

通过构造辅助函数，可以把要证明的等式归结为辅助函数的零点，证明零点存在性的方法主要包括以下两种：

（1）直接对辅助函数使用介值定理；

（2）对辅助函数的原函数使用罗尔定理。

注：大部分函数等式问题可以通过归结为函数零点的存在性来解决，其中第二个方法尤为重要，关键是要构造合适的原函数，使其导数的零点对应要证明的等式；比较常用的手段包括凑微分（等价于求解微分方程）、引入变限积分等。一般地，欲证明某函数有 k 个零点，只需证其原函数有 $k+1$ 个零点。

2. 使用拉格朗日或柯西中值定理证明微分等式

若等式中涉及某函数在不同点的差值与导数的关系,往往使用拉格朗日中值定理或柯西中值定理,以下几种类型值得注意:

(1) 两个不同函数对应同一个 ξ,可以考虑使用柯西中值定理;

(2) 同一个函数对于两个不同的 ξ,η,可以考虑分段使用拉格朗日中值定理,其中分段点的选择至关重要.

3. 使用泰勒中值定理证明包含高阶导数的等式

若等式中涉及高阶导数,可以多次使用罗尔定理或拉格朗日中值定理,亦可使用泰勒中值定理(拉格朗日型余项),泰勒定理中的展开点一般取区间端点、区间中点以及极值点等.

4. 关于恒等式问题(证明函数恒为零或恒为常数)

此类问题不是证明存在某特定点使得等式成立,而是证明等式在某区间上恒成立,一般都可以看作证明函数恒为零的问题,主要方法包括:

(1) 证明函数导数恒为零以及函数在一点处为零,这样,函数一定恒为零;

(2) 证明非负连续函数的积分为零或连续函数在任意区间积分为零(即其变限积分,也就是其原函数恒为常数);

(3) 证明函数的最大值与最小值为零,或证明函数绝对值的最大值为零,此时往往可以利用最值点的性质(导数为零),借助微分中值定理加以证明.

◆ **微分不等式与不等式证明的重要方法**

1. 微分不等式

(1) 一阶微分不等式(**单调性**):$f(x)$ 在区间 I 上可导,若 $f'(x)\geqslant 0(\leqslant 0)$,则 $\forall x_1 < x_2$,x_1,$x_2 \in I$ 有

$$f(x_1)\leqslant f(x_2) \text{ 或 } f(x_1)\geqslant f(x_2).$$

(2) 二阶微分不等式(**凸性**):$f(x)$ 在区间 I 上二阶可导,若 $f''(x)\geqslant 0(\leqslant 0)$,则 $\forall x_1$,$x_2 \in I$,$\forall \lambda \in (0,1)$ 有

$$f(\lambda x_1 + (1-\lambda)x_2)\leqslant \lambda f(x_1) + (1-\lambda)f(x_2) \text{ 或}$$
$$f(\lambda x_1 + (1-\lambda)x_2)\geqslant \lambda f(x_1) + (1-\lambda)f(x_2).$$

2. 利用单调性与极值证明不等式:包括以下情形(设 $f(x)$ 在 $[a,b]$ 上连续)

(a) 若 $\forall x \in (a,b)$,$f'(x)\geqslant(>)0$,则 $f(a)\leqslant(<)f(x)\leqslant(<)f(b)$;

(b) 若 $\forall x \in (a,b)$,$f'(x)\leqslant(<)0$,则 $f(b)\leqslant(<)f(x)\leqslant(<)f(a)$;

(c) 若 $\exists c \in (a,b)$,当 $x \in (a,c)$ 时 $f'(x)\geqslant(>)0$,当 $x \in (c,b)$ 时 $f'(x)\leqslant(<)0$,则 $f(x)\leqslant(<)f(c)$;

(d) 若 $\exists c \in (a,b)$,当 $x \in (a,c)$ 时 $f'(x)\leqslant(<)0$,当 $x \in (c,b)$ 时 $f'(x)\geqslant(>)0$,则 $f(x)\geqslant(>)f(c)$.

注:(i) 首先定义辅助函数,将不等式化为辅助函数与端点或极值点的函数值的比较问题;

（ii）若证明常值不等式，可以通过常数变易法，归结为函数不等式；

（iii）若证明积分不等式，可以引入变限积分，归结为函数不等式.

3. 利用凸性证明不等式：当不等式中的函数满足凸性时（一般二阶导数不变号），可以考虑使用凸不等式或积分形式的凸不等式.

4. 利用拉格朗日中值定理证明不等式：若不等式中包含函数的增量与自变量增量的关系，可以通过拉格朗日中值定理将函数增量与自变量增量的比值化为导函数在某点的值，从而利用导函数的性质（如单调性）得到相应的不等式.

5. 利用泰勒中值定理证明不等式：当不等式涉及二阶或二阶以上的导数时，考虑使用拉格朗日型余项的泰勒中值定理. 选择合适的展开点（端点、中点、极值点等）以及对展开式进行适当的变形或放缩，是使用泰勒中值定理的关键技巧.

6. 利用幂级数展开式，对展开式进行放缩，亦可证明某些函数不等式.

7. 利用多元函数条件极值，亦可证明某些常值不等式，此方法将在第四章详述.

2 典型例题与方法进阶

例 1. 设 $f(x)$，$g(x)$ 在 $[a,b]$ 上存在二阶导数，且 $g''(x) \neq 0$，$f(a) = f(b) = g(a) = g(b) = 0$，证明：

（1）在 (a,b) 内 $g(x) \neq 0$；

（2）存在 $\xi \in (a,b)$，使 $\dfrac{f(\xi)}{g(\xi)} = \dfrac{f''(\xi)}{g''(\xi)}$.

证明 （1）反证法 若不然，存在 $c \in (a,b)$，使 $g(c) = 0$，又 $g(a) = 0$，$g(b) = 0$，故在 $[a,b]$ 和 $[b,c]$ 上利用罗尔定理可得存在 ξ_1 和 ξ_2，使 $g'(\xi_1) = 0$，$g'(\xi_2) = 0$，继续在 $[\xi_1, \xi_2]$ 上利用罗尔定理可得存在 $\xi \in (\xi_1, \xi_2) \subset (a,b)$ 使 $g''(\xi) = 0$，与题设矛盾.

（2）令 $F(x) = f(x)g'(x) - f'(x)g(x)$，显然 $F(a) = F(b)$，且 $F(x)$ 在 $[a,b]$ 上连续，在 (a,b) 内可导，利用罗尔定理可得存在 $\xi \in (a,b)$ 使 $F'(\xi) = 0$ 即

$$[f'(x)g'(x) + f(x)g''(x) - f''(x)g(x) - f'(x)g'(x)]|_{x=\xi} = 0,$$

亦即 $f(\xi)g''(\xi) - f''(\xi)g(\xi) = 0$，从而 $\dfrac{f(\xi)}{g(\xi)} = \dfrac{f''(\xi)}{g''(\xi)}$.

例 2. 设函数 $f(x)$ 在 $[a, +\infty]$ 可导，且 $\lim\limits_{x \to +\infty} [f(x) + f'(x)] = l \neq 0$，证明：

$\lim\limits_{x \to +\infty} f(x) = l$，$\lim\limits_{x \to +\infty} f'(x) = 0$.

证明 不妨设 $l > 0$，由 $\lim\limits_{x \to +\infty} [f(x) + f'(x)] = l > 0$ 知

$$\lim_{x \to +\infty} [e^x f(x)]' = \lim_{x \to +\infty} e^x [f(x) + f'(x)] = +\infty.$$

对于任意的函数 $g(x)$，当 $\lim\limits_{x \to +\infty} g'(x) = +\infty$ 时，必有 $\lim\limits_{x \to +\infty} g(x) = +\infty$.（根据

$g(x+1) - g(x) = g'(\xi) \to +\infty$）

因此

$$\lim_{x \to +\infty} e^x f(x) = +\infty.$$

由洛必达法则

$$\lim_{x \to +\infty} f(x) = \lim_{x \to +\infty} \frac{e^x f(x)}{e^x} = \lim_{x \to +\infty} \frac{e^x [f'(x) + f(x)]}{e^x} = \lim_{x \to +\infty} [f'(x) + f(x)] = l,$$

进而可得 $\lim\limits_{x \to +\infty} f'(x) = 0$.

例 3. 设 $f(x)$ 在区间 $[0,1]$ 上连续，在区间 $(0,1)$ 内可导，且 $f(0) = 0$，$f(1) = 1$，证明：对任意三个和为 1 的正数 a，b，c，存在三个不同的点 ξ_1，ξ_2，$\xi_3 \in (0,1)$，使得

$$\frac{a}{f'(\xi_1)} + \frac{b}{f'(\xi_2)} + \frac{c}{f'(\xi_3)} = 1.$$

证明 由于 $f(0) = 0$，$f(1) = 1$，根据介值定理，$\exists x_1, x_2 \in (0,1)$ 使得

$$f(x_1) = a, f(x_2) = a + b.$$

分别在区间 $(0, x_1)$，(x_1, x_2)，$(x_2, 1)$ 上使用拉格朗日中值定理，则分别存在 $\xi_1 \in (0, x_1)$，$\xi_2 \in (x_1, x_2)$，$\xi_3 \in (x_2, 1)$，使得

$$\frac{f(x_1) - f(0)}{x_1 - 0} = f'(\xi_1), \frac{f(x_2) - f(x_1)}{x_2 - x_1} = f'(\xi_2), \frac{f(1) - f(x_2)}{1 - x_2} = f'(\xi_3).$$

代入 $f(x_1) = a, f(x_2) = a + b$ 以及 $a + b + c = 1$ 可得

$$\frac{a}{f'(\xi_1)} = x_1, \frac{b}{f'(\xi_2)} = x_2 - x_1, \frac{c}{f'(\xi_3)} = 1 - x_2.$$

相加即得证.

评注：证明存在不同的点使得等式成立，一般需要在不同的区间上使用拉格朗日中值定理，关键是找到合适的分割点；一般可以采取倒推的方法，得到分割点的性质之后再证明其存在性.

例 4. 设 $f(x)$ 在区间 $[-2,2]$ 上二阶可导，且 $|f(x)| \leqslant 1$，又 $f^2(0) + [f'(0)]^2 = 4$，证明：存在 $\xi \in (-2,2)$，使得 $f(\xi) + f''(\xi) = 0$.

证明 在 $[-2, 0]$ 和 $[0, 2]$ 上分别使用拉格朗日中值定理，分别存在 $\xi_1 \in (-2, 0)$，$\xi_2 \in (0, 2)$ 使得

$$f(0) - f(-2) = 2f'(\xi_1), f(2) - f(0) = 2f'(\xi_2).$$

令 $g(x) = f^2(x) + [f'(x)]^2$，考虑 $g(x)$ 在闭区间 $[\xi_1, \xi_2]$ 上的最大值，记 $g(\xi) = M = \max\limits_{x \in [\xi_1, \xi_2]} g(x)$. 由于 $|f(x)| \leqslant 1$，知 $|f'(\xi_1)| = \left| \frac{f(0) - f(-2)}{2} \right| \leqslant 1$，$|f'(\xi_2)| = \left| \frac{f(2) - f(0)}{2} \right| \leqslant 1$，故

$$g(\xi_1) = f^2(\xi_1) + [f'(\xi_1)]^2 \leqslant 2, g(\xi_2) = f^2(\xi_2) + [f'(\xi_2)]^2 \leqslant 2,$$

而 $g(0) = f^2(0) + [f'(0)]^2 = 4$ 且 $0 \in [\xi_1, \xi_2]$，知 $g(\xi) = \max\limits_{x \in [\xi_1, \xi_2]} g(x) \geqslant 4$，由此

可得 $\xi \in (\xi_1, \xi_2)$，根据费马定理，$g'(\xi) = 0$，即

$$g'(\xi) = 2f(\xi)f'(\xi) + 2f'(\xi)f''(\xi) = 0.$$

又由 $g(\xi) = f^2(\xi) + [f'(\xi)]^2 \geq 4$ 以及 $f^2(\xi) \leq 1$，知 $f'(\xi) \neq 0$，于是有

$$f(\xi) + f''(\xi) = 0, \xi \in (-2, 2).$$

评注： 当证明导函数存在零点时，除了使用罗尔定理，也可以考虑函数的最值，只是要注意最值点必须在区间内部才能保证导数为零；在本题中，拉格朗日中值定理的使用只是为了确保辅助函数的最值点在区间内部.

例5. 设 $f''(\xi) \leq 0$，证明：对任意 $x_1 > 0$，$x_2 > 0$，有 $f(x_1 + x_2) + f(0) < f(x_1) + f(x_2)$.

证明 不失一般性，设 $x_1 < x_2$，从而 $0 < x_1 < x_2 < x_1 + x_2$，在区间 $[0, x_1]$ 和 $[x_2, x_1 + x_2]$ 上分别用拉格朗日定理，存在 $\xi_1 \in (0, x_1)$，$\xi_2 \in (x_2, x_1 + x_2)$，使

$$\frac{f(x_1) - f(0)}{x_1} = f'(\xi_1), \frac{f(x_1 + x_2) - f(x_1)}{x_1} = f'(\xi_2).$$

因为 $f''(x) < 0$，故 $f'(x)$ 单调减少，而 $\xi_1 < \xi_2$，故 $f'(\xi_2) < f'(\xi_1)$.

从而，有 $f(x_1 + x_2) - f(x_2) < f(x_1) - f(0)$，即 $f(x_1 + x_2) + f(0) < f(x_1) + f(x_2)$.

例6. 证明有不等式 $1 + x\ln(x + \sqrt{1 + x^2}) \geq \sqrt{1 + x^2}$ $(-\infty < x < +\infty)$.

证明 令 $f(x) = 1 + x\ln(x + \sqrt{1 + x^2}) - \sqrt{1 + x^2}$，则 $f(0) = 0$，并且

$$f'(x) = \ln(x + \sqrt{1 + x^2}) + \frac{x}{\sqrt{1 + x^2}} - \frac{x}{\sqrt{1 + x^2}} = \ln(x + \sqrt{1 + x^2}).$$

由于 $f''(x) = \frac{1}{\sqrt{1 + x^2}} > 0 (-\infty < x < +\infty)$，可知 $f'(x)$ 在 $(-\infty, +\infty)$ 上单调增加，由 $f'(0) = 0$ 得：

当 $x < 0$ 时，$f'(x) < 0$；当 $x > 0$ 时，$f'(x) > 0$.

这就说明 $f(0) = 0$ 为函数 $f(x)$ 的最小值，故对任意 $x \in (-\infty, +\infty)$，$f(x) \geq 0$，即原不等式成立.

例7. 设函数 $f(x)$ 在 $[a, b]$ 上二阶可导，并且 $f'(a) = f'(b) = 0$，求证：存在 $\xi \in (a, b)$，使得

$$|f''(\xi)| \geq \frac{4}{(b-a)^2}|f(b) - f(a)|.$$

证明 应用泰勒公式将 $f\left(\frac{a+b}{2}\right)$ 分别在 a, b 处展开注意到 $f'(a) = f'(b) = 0$，则有

$$f\left(\frac{a+b}{2}\right) = f(a) + \frac{1}{2}f''(\xi_1)\left(\frac{b-a}{2}\right)^2, \quad \xi_1 \in \left(a, \frac{a+b}{2}\right),$$

$$f\left(\frac{a+b}{2}\right)=f(b)+\frac{1}{2}f''(\xi_2)\left(\frac{b-a}{2}\right)^2,\quad \xi_2\in\left(\frac{a+b}{2},b\right),$$

于是

$$|f(b)-f(a)|=\frac{(b-a)^2}{8}|f''(\xi_1)-f''(\xi_2)|\leqslant\frac{(b-a)^2}{4}\max\{|f''(\xi_1)|,|f''(\xi_2)|\},$$

即得 $f''(\xi)\geqslant\dfrac{(b-a)^2}{4}|f(b)-f(a)|$，其中 $\xi=\begin{cases}\xi_1,\text{当}\ |f'(\xi_1)|\geqslant|f'(\xi_2)|,\\ \xi_2,\text{当}\ |f'(\xi_2)|>|f'(\xi_1)|.\end{cases}$

例 8. 设函数 $f(x)$ 在 $[0,1]$ 上连续，在 $(0,1)$ 内二阶可导，且在 $(0,1)$ 内存在 x_m，x_M 使得

$$f(x_m)=\min_{x\in[0,1]}\{f(x)\}=0,f(x_M)=\max_{x\in[0,1]}\{f(x)\}=1.$$

证明：存在 $\xi\in(0,1)$ 使得 $|f'(\xi)|>1$，且存在 $\eta\in(0,1)$ 使得 $|f''(\eta)|>2$.

证明　由拉格朗日定理，存在 ξ 于 x_m 与 x_M 之间使得

$$|f'(\xi)|=\left|\frac{f(x_M)-f(x_m)}{x_M-x_m}\right|=\frac{1}{|x_M-x_m|}>1.$$

注意到 $f(x_m)=0$，$f'(x_m)=0$. 由泰勒定理，存在 ξ 于 x_m 与 x_M 之间使得

$$1=f(x_M)=f(x_m)+f'(x_m)(x_M-x_m)+\frac{f''(\eta)}{2}(x_M-x_m)^2=\frac{f''(\eta)}{2}(x_M-x_m)^2,$$

从而 $f''(\eta)=\dfrac{2}{(x_M-x_m)^2}>2$.

例 9. 设 $f(x)$ 在 $[0,1]$ 上有二阶导数且 $|f(x)|\leqslant a$，$|f''(x)|\leqslant b$，其中，a,b 为非负数，c 是 $(0,1)$ 上任一点，证明：$|f'(c)|\leqslant 2a+\dfrac{b}{2}$.

证明　函数 $f(x)$ 在 c 点的泰勒公式为

$$f(x)=f(c)+f'(c)(x-c)+\frac{f''(\xi)}{2}(x-c)^2,\ \text{其中}，\theta\ \text{在}\ x,c\ \text{之间}.$$

分别令 $x=0$ 和 $x=1$ 有

$$f(0)=f(c)+f'(c)(0-c)+\frac{f''(\xi_1)}{2}(0-c)^2,\xi_1\in(0,c),$$

$$f(1)=f(c)+f'(c)(1-c)+\frac{f''(\xi_2)}{2}(1-c)^2,\xi_2\in(c,1),$$

从而

$$f(1)-f(0)=f'(c)+\frac{1}{2}[f''(\xi_2)(1-c)^2-f''(\xi_1)c^2].$$

所以

$$|f'(c)|=\left|f(1)-f(0)-\frac{1}{2}\{f''(\xi_2)(1-c)^2-f''(\xi_1)c^2\}\right|\leqslant a+a+\frac{b}{2}[(1-c)^2+c^2].$$

因为 $c\in(0,1)(1-c)^2+c^2\leqslant1$，故 $|f'(c)|\leqslant 2a+\dfrac{b}{2}$.

例 10. 对任意自然数 n，证明：

不等式 $\left(1+\dfrac{1}{2n+1}\right)\left(1+\dfrac{1}{n}\right)^{n}<\mathrm{e}<\left(1+\dfrac{1}{2n}\right)\left(1+\dfrac{1}{n}\right)^{n}$ 成立.

证明 （1）对于右边不等式，等价于

$$1=\ln\mathrm{e}<\ln\left(1+\frac{1}{2n}\right)+n\ln\left(1+\frac{1}{n}\right).$$

采取常数变易法，设辅助函数

$$f(x)=\ln\left(1+\frac{1}{2x}\right)+x\ln\left(1+\frac{1}{x}\right)-1,$$

则所证不等式等价于当 $x>0$ 时，$f(x)>0$，由于 $\lim\limits_{x\to+\infty}f(x)=0$，故只需证当 $x>0$ 时，$f'(x)<0$. 根据

$$f'(x)=-\frac{1}{(2x+1)x}+\ln\left(1+\frac{1}{x}\right)-\frac{1}{x+1},$$

可知 $\lim\limits_{x\to+\infty}f'(x)=0$，当 $x>0$ 时，

$$f''(x)=\frac{4x+1}{(2x^{2}+x)^{2}}-\frac{1}{x(x+1)}+\frac{1}{(x+1)^{2}}=\frac{5x^{2}+5x+1}{(2x^{2}+x)^{2}(x+1)^{2}}>0,$$

因此当 $x>0$ 时，$f'(x)<0$，于是当 $x>0$ 时，$f(x)>0$，得证.

（2）对于左边不等式，等价于

$$1=\ln\mathrm{e}>\ln\left(1+\frac{1}{2n+1}\right)+n\ln\left(1+\frac{1}{n}\right).$$

采取常数变易法，设辅助函数

$$g(x)=\ln\left(1+\frac{1}{2x+1}\right)+x\ln\left(1+\frac{1}{x}\right)-1,$$

则所证不等式等价于当 $x>0$ 时，$g(x)<0$，由于 $\lim\limits_{x\to+\infty}g(x)=0$，故只需证当 $x>0$ 时，$g'(x)>0$. 根据

$$g'(x)=\ln\left(1+\frac{1}{x}\right)-\frac{2x}{(x+1)(2x+1)}>\ln\left(1+\frac{1}{x}\right)-\frac{2x+1}{(x+1)(2x+1)}$$

$$=\ln\left(1+\frac{1}{x}\right)-\frac{1}{x+1},$$

而由拉格朗日中值定理，

$$\ln\left(1+\frac{1}{x}\right)=\ln(1+x)-\ln x=\frac{1}{\xi}>\frac{1}{1+x}\quad(x<\xi<1+x),$$

故当 $x>0$ 时，$g'(x)>0$，于是当 $x>0$ 时，$g(x)<0$，得证.

评注：常数变易法可以将常值不等式化为函数不等式，在利用单调性证明相应函数不等式的过程中，本题分别使用了二阶导数的符号以及拉格朗日中值定理来得到一阶导数的符号.

例 11. 设函数 $f(x)$ 在 $(-\infty,+\infty)$ 内三阶可导，且 $f(x)$ 和 $f'''(x)$ 在 $(-\infty,+\infty)$

内有界，证明：$f'(x)$ 和 $f''(x)$ 在 $(-\infty, +\infty)$ 内有界.

证明 由已知，存在正常数 M_0, M_3，使得对 $\forall x \in (-\infty, +\infty)$ 有 $|f(x)| \leqslant M_0$，$|f'''(x)| \leqslant M_3$. 由泰勒公式，可得

$$f(x+1) = f(x) + f'(x) + \frac{1}{2}f''(x) + \frac{1}{6}f'''(\xi), \xi \in (x, x+1),$$

$$f(x-1) = f(x) - f'(x) + \frac{1}{2}f''(x) - \frac{1}{6}f'''(\eta), \eta \in (x-1, x),$$

两式相加可得

$$f''(x) = f(x+1) - 2f(x) + f(x-1) - \frac{1}{6}[f'''(\xi) - f'''(\eta)].$$

因此

$$|f''(x)| \leqslant |f(x+1)| + 2|f(x)| + |f(x-1)| + \frac{1}{6}[|f'''(\xi)| + |f'''(\eta)|] \leqslant 4M_0 + \frac{1}{3}M_3.$$

再由两式相减可得

$$f'(x) = \frac{1}{2}[f(x+1) - f(x-1)] - \frac{1}{6}[f'''(\xi) + f'''(\eta)].$$

因此

$$|f'(x)| \leqslant \frac{1}{2}[|f(x+1)| + |f(x-1)|] + \frac{1}{6}[|f'''(\xi)| + |f'''(\eta)|] \leqslant M_0 + \frac{1}{3}M_3.$$

综上所述，可得 $f'(x)$ 和 $f''(x)$ 在 $(-\infty, +\infty)$ 内有界.

评注：泰勒公式给出了 $f(x)$ 各阶导数之间的关系，因此涉及高阶导数的微分不等式问题，一般使用泰勒公式；选取对称区间的展开式，可以通过两式相加减，消去奇数或偶数阶导数.

例 12. （1）证明：当 $|x|$ 充分小时，不等式 $0 \leqslant \tan^2 x - x^2 \leqslant x^4$ 成立；

（2）设 $x_n = \sum\limits_{k=1}^{n} \tan^2 \dfrac{1}{\sqrt{n+k}}$，求 $\lim\limits_{n \to \infty} x_n$.

证明 （1）由于 $|\tan x| \geqslant |x|$，故不等式的左边显然成立，又由于

$$\lim_{x \to 0} \frac{\tan^2 x - x^2}{x^4} = \lim_{x \to 0} \frac{\tan x - x}{x^3} \cdot \lim_{x \to 0} \frac{\tan x + x}{x} = \frac{1}{3} \cdot 2 = \frac{2}{3} < 1,$$

由函数极限的局部保序性，当 $|x|$ 充分小时，$\dfrac{\tan^2 x - x^2}{x^4} \leqslant 1$，即不等式右边成立.

（2）当 n 充分大时，根据（1）的结论（取 $x = \dfrac{1}{\sqrt{n+k}}$），有

$$\frac{1}{n+k} \leqslant \tan^2 \frac{1}{\sqrt{n+k}} \leqslant \frac{1}{n+k} + \frac{1}{(n+k)^2}.$$

根据 $\sum\limits_{k=1}^{n} \dfrac{1}{(n+k)^2} = \dfrac{1}{(n+1)^2} + \dfrac{1}{(n+2)^2} + \cdots + \dfrac{1}{(n+n)^2} < \dfrac{n}{(n+1)^2} < \dfrac{1}{n}$,

85

知

$$\lim_{n\to\infty}\sum_{k=1}^{n}\frac{1}{(n+k)^2}=0;$$

又由于

$$\lim_{n\to\infty}\sum_{k=1}^{n}\frac{1}{n+k}=\lim_{n\to\infty}\frac{1}{n}\sum_{k=1}^{n}\frac{1}{1+\frac{k}{n}}=\int_0^1\frac{1}{1+x}\mathrm{d}x=\ln 2.$$

由迫敛性，知 $\lim\limits_{n\to\infty}x_n=\ln 2.$

评注：本题是利用极限性质证明不等式，一般来说，函数极限只有局部性，因此证明的不等式也是局部不等式.

例 13. 当 $x\in\left(0,\dfrac{\pi}{2}\right)$ 时，比较 $\tan(\sin x)$ 和 $\sin(\tan x)$ 的大小.

解 做辅助函数 $f(x)=\tan(\sin x)-\sin(\tan x)$，则

$$f'(x)=\sec^2(\sin x)\cos x-\cos(\tan x)\sec^2 x=\frac{\cos^3 x-\cos(\tan x)\cos^2(\sin x)}{\cos^2(\sin x)\cos^2 x}.$$

当 $x\in\left(0,\arctan\dfrac{\pi}{2}\right)$ 时，$\tan x,\ \sin x\in\left(0,\dfrac{\pi}{2}\right)$，由均值不等式及余弦函数 $\cos x$ 在 $\left(0,\dfrac{\pi}{2}\right)$ 上的上凸性，可得

$$\sqrt[3]{\cos(\tan x)\cos^2(\sin x)}\leqslant\frac{1}{3}\left[\cos(\tan x)+2\cos(\sin x)\right]\leqslant\cos\frac{\tan x+2\sin x}{3}.$$

下证 $x\in\left(0,\arctan\dfrac{\pi}{2}\right)$ 时，$\tan x+2\sin x>3x$，令 $g(x)=\tan x+2\sin x-3x$，则 $g(0)=0$，且

$$g'(x)=\sec^2 x+2\cos x-3=\tan^2 x-4\sin^2\frac{x}{2}>x^2-4\left(\frac{x}{2}\right)^2=0.$$

因此有 $g(x)>0$，即 $\tan x+2\sin x>3x$，可知

$$\cos(\tan x)\cos^2(\sin x)\leqslant\cos^3\frac{\tan x+2\sin x}{3}<\cos^3 x.$$

于是，当 $x\in\left(0,\arctan\dfrac{\pi}{2}\right)$ 时，$f'(x)>0$，又 $f(0)=0$，故 $f(x)>0$.

另一方面，若 $x\in\left[\arctan\dfrac{\pi}{2},\dfrac{\pi}{2}\right)$，有 $\sin(\tan x)\leqslant 1$，而

$$\tan(\sin x)\geqslant\tan\left(\sin\left(\arctan\frac{\pi}{2}\right)\right)=\tan\left(\frac{\pi}{\sqrt{4+\pi^2}}\right)>\tan\left(\frac{\pi}{4}\right)=1,$$

故 $x\in\left[\arctan\dfrac{\pi}{2},\dfrac{\pi}{2}\right)$ 时，亦有 $f(x)>0$，综上可得当 $x\in\left(0,\dfrac{\pi}{2}\right)$ 时，

$$\tan(\sin x)>\sin(\tan x).$$

评注：本题依然使用单调性证明不等式，但是在确定导函数的符号时，用到均值不等式与凸不等式，综合利用多种不等式方法是证明较复杂问题的关键.

例 14. 设函数 $f(x)$ 在 $[a,b]$ 上连续，在 (a,b) 内二阶可导，且 $|f''(x)| \geq m > 0$，又 $f(a) = f(b) = 0$，证明：

$$\max_{a \leq x \leq b} |f(x)| \geq \frac{m}{8}(b-a)^2.$$

证明 不妨设 $f(x)$ 在 $[a,b]$ 上不恒为零，则存在 $x_0 \in (a,b)$，使得 $|f(x_0)| = \max_{a \leq x \leq b} |f(x)|$，显然 $f'(x_0) = 0$. 由泰勒中值定理，对任意的 $x \in [a,b]$，存在 ξ 介于 x 和 x_0 之间，使得

$$f(x) = f(x_0) + f'(x_0)(x-x_0) + \frac{(x-x_0)^2}{2}f''(\xi) = f(x_0) + \frac{(x-x_0)^2}{2}f''(\xi).$$

由 $|f''(x)| \geq m > 0$，知 $|f(x_0) - f(x)| \geq \frac{m}{2}(x-x_0)^2$. 分别令 $x = a$，$x = b$，由 $f(a) = f(b) = 0$ 可得

$$|f(x)| \geq \frac{m}{2}(x_0-a)^2, \quad |f(x)| \geq \frac{m}{2}(b-x_0)^2.$$

从而 $|f(x)| \geq \frac{m}{2}\max\{(x_0-a)^2, (b-x_0)^2\} \geq \frac{m}{8}(b-a)^2.$

评注：本题利用在最值点处的泰勒展开式，注意到条件 $f(a) = f(b) = 0$ 说明了最值点必为驻点.

3 本节练习

(A 组)

1. 设 $f(x)$ 在区间 $[0,a]$ 上连续，在区间 $(0,a)$ 内可导，且 $f(a) = 0$，证明：存在 $\xi \in (0,a)$，使得

$$2f(\xi) + \xi f'(\xi) = 0.$$

2. 设 $f(x)$ 在区间 $[a,b]$ 上连续，在区间 (a,b) 内可导，且 $f(a) = f(b) = 0$，k 为任意给定的实数，证明：存在 $\xi \in (a,b)$，使得 $f'(\xi) = kf(\xi)$.

3. 设 $f(x)$ 在区间 $[a,b]$ 上连续，在区间 (a,b) 内可导，其中 $a > 0$ 且 $f(a) = 0$，证明：存在 $\xi \in (a,b)$，使得 $f(\xi) = \frac{b-\xi}{a}f'(\xi)$.

4. 试就 a 的不同取值，讨论方程 $(x-a)^{\frac{2}{3}} = 2 + a$ 的实根的个数.

5. 证明不等式 $e^{-x} + \sin x < 1 + \frac{x^2}{2}$，$x \in (0, \frac{\pi}{2})$.

6. 设 $e < a < b$，证明：$a^b > b^a$.

7. 证明：$\frac{1-x}{1+x} < e^{-2x}$，$x \in (0,1)$.

8. 求曲线 $y = \ln x$ 上曲率最大的点.

9. 利用凸不等式证明：

（1）当 $0 < a < 1$，x，$y \geq 0$ 时，$x^a y^{1-a} \leq ax + (1-a)y$. （2）$(abc)^{\frac{a+b+c}{3}} \leq a^a b^b c^c$，其中 a，b，c 均为正数.

10. 证明：当 $0 < x < 1$ 时，$\sqrt{\dfrac{1-x}{1+x}} < \dfrac{\ln(1+x)}{\arcsin x}$.

（B 组）

1. 设函数 $f(x)$ 在 $[0,1]$ 上连续，在 $(0,1)$ 内可导且 $f(0) = 0$，当 $x \in (0,1)$ 时，$f(x) \neq 0$，证明：对一切自然数 n，存在 $\xi \in (0,1)$，使 $\dfrac{nf'(\xi)}{f(\xi)} = \dfrac{f'(1-\xi)}{f(1-\xi)}$.

2. 设 $f(x)$ 在 $[0,1]$ 上二次可微，且 $f(0) = f(1) = 0$，证明：存在 $\xi \in (0,1)$ 使
$$\xi^2 f''(\xi) + 4\xi f'(\xi) + 2f(\xi) = 0.$$

3. 设 $f(x)$ 在区间 $[0,1]$ 上连续，在区间 $(0,1)$ 内可导，且 $f(0) = 0$，$f(1) = 1$，证明：对任意正数 a, b，存在两个不同的点 $\xi_1, \xi_2 \in (0,1)$，使得 $\dfrac{a}{f'(\xi_1)} + \dfrac{b}{f'(\xi_2)} = a + b$.

4. 设 $f(x)$ 在区间 $[0,1]$ 上三阶可导，且 $f(0) = -1$，$f(1) = 0$，$f'(0) = 0$，证明：$\forall x \in (0,1)$，$\exists \xi \in (0,1)$ 使得
$$f(x) = -1 + x^2 + \frac{x^2(x-1)}{3!}f'''(\xi).$$

5. 设函数 $f(x)$ 在 $(-\infty, +\infty)$ 内二阶可导，并且对 $\forall x \in (-\infty, +\infty)$ 有 $|f(x)| \leq M_0$，$|f''(x)| \leq M_2$，证明：
$$|f'(x)| \leq \sqrt{2M_0 M_2}, \quad -\infty < x < +\infty.$$

6. 设 $0 < a < b$，证明不等式 $\dfrac{2a}{a^2+b^2} < \dfrac{\ln b - \ln a}{b-a} < \dfrac{1}{\sqrt{ab}}$ 成立.

7. 求对于任意正数 x, y，使得不等式 $x \leq \dfrac{a-1}{a}y + \dfrac{1}{a} \cdot \dfrac{x^a}{y^{a-1}}$ 成立的所有实数 a.

8. 设函数 $f(x)$ 在 $(0, +\infty)$ 内二阶可导，并且 $f''(x)$ 在 $(0, +\infty)$ 内有界，$\lim\limits_{x \to +\infty} f(x) = 0$，证明：$\lim\limits_{x \to +\infty} f'(x) = 0$.

9. 设函数 $f(x)$ 在 $[0,1]$ 上二阶可导，$f(0) = f(1) = 0$，$\min\limits_{0 \leq x \leq 1} f(x) = -1$，证明：$\max\limits_{0 \leq x \leq 1} f''(x) \geq 8$.

10. 设函数 $f(x)$ 在 $[a,b]$ 上连续，在 (a,b) 内二阶可导，且 $|f''(x)| \geq 1$，则在曲线段 $y = f(x)$ $(a \leq x \leq b)$ 上，存在 3 个点 A，B，C，使得三角形 ABC 的面积
$$S_{\triangle ABC} \geq \frac{(b-a)^3}{16}.$$

4　竞赛实战

（A 组）

1. （第二届江苏省赛）试比较 π^e 与 e^π 的大小.

2. （第四届江苏省赛）α 为正常数，使得不等式 $\ln x \le x^\alpha$ 对任意正数 x 成立，求 α 的最小值.

3. （第四届江苏省赛）函数 $f(x)$ 在 $[0,1]$ 上二阶可导，$f(0) = f(1)$，求证：$\exists \xi \in (0,1)$，使得
$$2f'(\xi) + (\xi - 1)f''(\xi) = 0.$$

4. （第五届江苏省赛）设 $f(x)$，$g(x)$ 在 $[a,b]$ 上可微，$g'(x) \ne 0$，证明：存在一点 $c(a < c < b)$，使得
$$\frac{f(a) - f(c)}{g(c) - g(b)} = \frac{f'(c)}{g'(c)}.$$

5. （第十三届江苏省赛）设函数 $f(x)$ 在 $[0,1]$ 上二阶可导，$f(0) = 0$，$f(1) = 1$，求证：存在 $\xi \in (0,1)$，使得 $\xi f''(\xi) + (1 + \xi)f'(\xi) = 1 + \xi$.

6. （第一届国家决赛）设函数 $f(x)$ 在 $[0,1]$ 上连续，在 $(0,1)$ 内可微，且 $f(0) = f(1) = 0$，$f\left(\dfrac{1}{2}\right) = 1$. 证明：

（1）存在 $\xi \in \left(\dfrac{1}{2}, 1\right)$ 使得 $f(\xi) = \xi$；（2）存在 $\eta \in (0, \xi)$ 使得 $f'(\eta) = f(\eta) - \eta + 1$.

7. （第六届国家预赛）设函数 $f(x)$ 在 $[0,1]$ 上有二阶导数，且有正常数 A, B 使得 $|f(x)| \le A$，$|f''(x)| \le B$. 证明：对任意 $x \in [0,1]$，有 $|f'(x)| \le 2A + \dfrac{B}{2}$.

（B 组）

1. （第二届国家预赛）设函数 $f(x)$ 在 $(-\infty, +\infty)$ 上具有二阶导数，并且 $f''(x) > 0$，$\lim\limits_{x \to +\infty} f'(x) = \alpha > 0$，$\lim\limits_{x \to -\infty} f'(x) = \beta < 0$，且存在一点 x_0，使得 $f(x_0) < 0$. 证明：方程 $f(x) = 0$ 在 $(-\infty, +\infty)$ 恰有两个实根.

2. （第三届国家预赛）设函数 $f(x)$ 在闭区间 $[-1,1]$ 上具有连续的三阶导数，且
$$f(-1) = 0, f(1) = 1, f'(0) = 0.$$
求证：在开区间 $(-1,1)$ 内至少存在一点 x_0，使得 $f'''(x_0) = 3$.

3. （第三届国家决赛）设 $f(x)$ 在 $(-\infty, +\infty)$ 上无穷次可微，并且满足：存在 $M > 0$，使得
$$|f^{(k)}(x)| \le M, \forall x \in (-\infty, +\infty), (k = 1, 2, \cdots),$$
且 $f\left(\dfrac{1}{2^n}\right) = 0$，$(n = 1, 2, \cdots)$，求证：在 $(-\infty, +\infty)$ 上，$f(x) \equiv 0$.

4.（第四届国家预赛）求方程 $x^2 \sin \dfrac{1}{x} = 2x - 501$ 的近似解，精确到 0.001.

5.（第四届国家决赛）$f(x)$ 在 $[-2, 2]$ 二阶可导，$|f(x)| \leqslant 1$，$f^2(0) + (f'(0))^2 = 4$. 证明：$\exists \xi \in (-2, 2)$，使得 $f(\xi) + f''(\xi) = 0$.

6.（第五届国家决赛）设 $f \in C^4(-\infty, +\infty)$，$f(x+h) = f(x) + f'(x)h + \dfrac{1}{2} f''(x + \theta h)h^2$，其中，$\theta$ 是与 x，h 无关的常数，证明：f 是不超过三次的多项式.

7.（第七届国家预赛）设 $f(x)$ 在 (a,b) 内二次可导，且存在常数 α, β，使得对于 $\forall x \in (a,b)$，有 $f'(x) = \alpha f(x) + \beta f(x)$，则 $f(x)$ 在 (a,b) 内无穷次可导.

8.（第八届国家决赛）设 $0 < x < \dfrac{\pi}{2}$，证明：$\dfrac{4}{\pi^2} < \dfrac{1}{x^2} - \dfrac{1}{\tan^2 x} < \dfrac{2}{3}$.

第三章 积分及其应用与微分方程

第一节 积分的概念与性质

1 内容总结与精讲

◆ 原函数与不定积分

1. 在区间 I 内，若 $F'(x) = f(x)$，则称 $F(x)$ 为 $f(x)$ 在区间 I 内的原函数.

2. 原函数存在定理：区间 I 上的连续函数一定存在原函数.

注：（1）具有第一类间断点的函数没有原函数；

（2）$f(x)$ 的任意两个原函数最多相差一个常数.

3. 在区间 I 内，函数 $f(x)$ 的带有任意常数项的原函数 $F(x) + C$ 称为 $f(x)$ 在区间 I 内的不定积分，记作 $\int f(x)\mathrm{d}x = F(x) + C.$

4. 不定积分的性质：

（1）线性性：$\int [af(x) + bg(x)]\mathrm{d}x = a\int f(x)\mathrm{d}x + b\int g(x)\mathrm{d}x$，（$a, b$ 为常数）；

（2）分段函数的不定积分：要求在不同的区间上选择适当的常数，使得不定积分在区间的连接点处可导.

◆ 定积分

1. 定义：设函数 $f(x)$ 定义在区间 $[a, b]$ 上，在 $[a, b]$ 任意插入若干分点 $a = x_0 < x_1 < x_2 < \cdots < x_{n-1} < x_n = b$ 把区间 $[a, b]$ 分成 n 个小区间，各小区间的长度依次为 $\Delta x_i = x_i - x_{i-1}$，（$i = 1, 2, \cdots$），在各小区间上任取一点 $\xi_i \in \Delta x_i$，作乘积 $f(\xi_i)\Delta x_i$（$i = 1, 2, \cdots$），并作和 $S = \sum_{i=1}^{n} f(\xi_i)\Delta x_i$，记 $\lambda = \max\{\Delta x_1, \Delta x_2, \cdots, \Delta x_n\}$，如果不论对 $[a, b]$ 怎样的分法，也不论在小区间 $[x_{i-1}, x_i]$ 上点 ξ_i 怎样的取法，只要当 $\lambda \to 0$ 时，和 S 总趋于确定的极限 I，我们称 $f(x)$ 在区间 $[a, b]$ 可积，极限 I 为函数 $f(x)$ 在区间 $[a, b]$ 上的定积分，记为 $\int_a^b f(x)\mathrm{d}x = I = \lim_{\lambda \to 0} \sum_{i=1}^{n} f(\xi_i)\Delta x_i.$

注：（1）积分值仅与被积函数及积分区间有关，与积分变量的字母无关，例如

$$\int_a^b f(x)\,\mathrm{d}x = \int_a^b f(t)\,\mathrm{d}t = \int_a^b f(u)\,\mathrm{d}u;$$

（2）定义中和式极限 I 的值与区间的分法及 $\xi_i \in \Delta x_i$ 的取法无关，即对任意一种区间的划分以及 $\xi_i \in \Delta x_i$ 的取法，只要 $\lambda \to 0$ 和式 $\sum_{i=1}^n f(\xi_i)\Delta x_i$ 都有相同的极限；

（3）上述可积性定义最早是由黎曼给出的，一般将满足上述定义的函数 $f(x)$ 称为在区间 $[a,b]$ 上黎曼可积，记作 $f(x) \in R[a,b]$.

2. 定积分的几何意义：设函数 $f(x)$ 为区间 $[a,b]$ 上的连续函数，定积分 $\int_a^b f(x)\,\mathrm{d}x$ 的值是 $y = f(x)$ 在 x 轴上方所有曲边梯形的正面积与 x 轴下方所有曲边梯形的负面积的代数和.

◆ **定积分与不定积分的关系——牛顿莱布尼茨公式**

1. 微积分基本定理：若 $f(x) \in C[a,b]$，令 $F(x) = \int_a^x f(t)\,\mathrm{d}t$，则 $F(x)$ 在 $[a,b]$ 上可导，且 $F'(x) = f(x)$，即 $F(x)$ 为 $f(x)$ 在 $[a,b]$ 上的一个原函数.

注：该定理肯定了连续函数的原函数一定存在，揭示了积分学中的定积分与原函数之间的联系，事实上，$F(x) = \int_a^x f(t)\,\mathrm{d}t$ 为 $f(x)$ 满足 $F(a) = 0$ 的原函数，其任意原函数可以表示为 $\int_a^x f(t)\,\mathrm{d}t + C$.

2. 微积分基本公式（牛顿莱布尼茨公式）：如果 $F(x)$ 是连续函数 $f(x)$ 在区间 $[a,b]$ 上的一个原函数，则 $\int_a^b f(x)\,\mathrm{d}x = F(b) - F(a)$.

注：牛顿莱布尼茨公式说明一个连续函数在区间 $[a,b]$ 上的定积分等于它的任意一个原函数在区间 $[a,b]$ 上的增量，将求定积分的问题转化为求原函数的问题，即求不定积分的问题.

3. 可积与有原函数的关系：（即定积分存在与不定积分存在的关系）

（1）可积未必具有原函数，例如 $f(x) = \operatorname{sgn}(x)$ 在 $[-1,1]$ 上可积，由于 $f(x)$ 具有第一类间断点 $x = 0$，故其在 $[-1,1]$ 上没有原函数；

（2）具有原函数未必可积，例如 $f(x) = \begin{cases} 2x\sin\dfrac{1}{x^2} - \dfrac{2}{x}\cos\dfrac{1}{x^2}, & x \neq 0 \\ 0, & x = 0 \end{cases}$ 在 $[-1, 1]$

上具有原函数 $F(x) = \begin{cases} x^2\sin\dfrac{1}{x^2}, & x \neq 0, \\ 0, & x = 0 \end{cases}$ 但是由于 $f(x)$ 在 $[-1,1]$ 上无界，故不可积；

（3）只有同时满足可积以及具有原函数时，牛顿莱布尼茨公式才成立.

◆ **可积性判定**

1. 函数可积的必要条件：若函数 $f(x)$ 在区间 $[a,b]$ 上可积，则 $f(x)$ 在区间 $[a,b]$ 上一定有界；

注：区间 $[a,b]$ 上的有界函数未必可积，例如狄利克雷函数.

2. 函数可积的充分条件：

(1) 区间 $[a,b]$ 上的连续函数一定可积；

(2) 区间 $[a;b]$ 上的单调函数一定可积（即使包含无穷多个间断点）；

(3) 区间 $[a,b]$ 上只有有限个间断点的有界函数一定可积.

注：上述三个条件都只是充分条件，例如黎曼函数不满足上述三个条件但仍然可积.

3. 函数可积的充要条件：$f(x)$ 定义在 $[a,b]$ 上，对于 $[a,b]$ 的任意分割 Δ：$a = x_0 < x_1 < \cdots < x_{n-1} < x_n = b$，分别记 $\Delta x_k = x_k - x_{k-1}$，$\lambda = |\Delta| = \max\{\Delta x_1, \Delta x_2, \cdots, \Delta x_n\}$，$M_k = \sup\limits_{x_{k-1} \leqslant x \leqslant x_k}\{f(x)\}$，$m_k = \inf\limits_{x_{k-1} \leqslant x \leqslant x_k}\{f(x)\}$，$\omega_k = M_k - m_k$，则 $f(x)$ 在 $[a,b]$ 上可积的充分必要条件是

(1) 对于 $[a,b]$ 的任意分割 Δ，$\lim\limits_{d \to 0} \sum\limits_{k=1}^{n} \omega_k \Delta x_k = 0$；

(2) $\forall \varepsilon > 0$，存在 $[a,b]$ 的分割 Δ，使得相应振幅 $\sum\limits_{k=1}^{n} \omega_k \Delta x_k < \varepsilon$.

4. $f(x)$、$f^2(x)$、$|f(x)|$ 可积性的关系：$f(x) \in R[a,b] \Rightarrow |f(x)| \in R[a,b] \Leftrightarrow f^2(x) \in R[a,b]$.

注：(1) $f^2(x)$ 或 $|f(x)|$ 可积得不出 $f(x)$ 可积，例如 $f(x) = \begin{cases} 1, & x \in \mathbf{Q} \\ -1, & x \in \mathbf{Q}^c \end{cases}$；

(2) 此结果仅对可积性成立，对广义积分不成立.

◆ **定积分性质**

1. 定积分的等式性质（对积分上下限的大小无要求）

(1) 线性性：若 $f(x)$，$g(x) \in R[a,b]$（α，β 为常数），则
$$\int_a^b [\alpha f(x) + \beta g(x)] dx = \alpha \int_a^b f(x) dx + \beta \int_a^b g(x) dx.$$

(2) 区间可加性：设 $f(x)$ 在区间 I 上可积，则对任意的 a，b，$c \in I$，有
$$\int_a^b f(x) dx = \int_a^c f(x) dx + \int_c^b f(x) dx.$$

2. 定积分的不等式性质：（所有的不等式性质，都要求积分下限小于积分上限）

(1) 非负性：$f(x) \in R[a,b]$ 且 $f(x) \geqslant 0$，则 $\int_a^b f(x) dx \geqslant 0$.

注：a) 若 $f(x) \in R[a,b]$ 且除 $[a,b]$ 中的有限个点之外 $f(x) > 0$，则 $\int_a^b f(x)\mathrm{d}x > 0$；

b) 若 $f(x) \in C[a,b]$，$f(x) \geqslant 0$ 且 $f(x)$ 不恒等于 0，则 $\int_a^b f(x)\mathrm{d}x > 0$；

c) 若 $f(x) \in R[a,b]$，$f(x) \geqslant 0$ 且 $f(x)$ 不恒等于 0，不能得出 $\int_a^b f(x)\mathrm{d}x > 0$.

(2) 单调性：若 $f(x)$，$g(x) \in R[a,b]$ 且 $f(x) \geqslant g(x)$，则 $\int_a^b f(x)\mathrm{d}x \geqslant \int_a^b g(x)\mathrm{d}x$.

(3) 估值定理：若 $f(x) \in R[a,b]$ 且 $m \leqslant f(x) \leqslant M$，则 $m(b-a) \leqslant \int_a^b f(x)\mathrm{d}x \leqslant M(b-a)$.

(4) 绝对值不等式：若 $f(x) \in R[a,b]$，则 $|f(x)| \in R[a,b]$，且 $\left| \int_a^b f(x)\mathrm{d}x \right| \leqslant \int_a^b |f(x)|\mathrm{d}x$.

(5) 若 $f(x)$，$g(x) \in R[a,b]$，则 $f(x) \cdot g(x) \in R[a,b]$，且成立如下的<u>柯西不等式</u>

$$\left(\int_a^b f(x)g(x)\mathrm{d}x \right)^2 \leqslant \left(\int_a^b f^2(x)\mathrm{d}x \right) \cdot \left(\int_a^b g^2(x)\mathrm{d}x \right).$$

其为下述更一般的<u>赫尔德（Hölder）不等式</u>的特例，

$$\int_a^b f(x)g(x)\mathrm{d}x \leqslant \left(\int_a^b f^p(x)\mathrm{d}x \right)^{\frac{1}{p}} \cdot \left(\int_a^b g^q(x)\mathrm{d}x \right)^{\frac{1}{q}} \left(\text{其中 } p,q > 1, \frac{1}{p} + \frac{1}{q} = 1 \right).$$

(6) <u>凸不等式的积分形式</u>：$f(x)$ 在区间 $[a,b]$ 上为下凸函数，即对 $\forall x_1$，$x_2 \in [a,b]$，$\lambda \in [0,1]$ 恒有 $f(\lambda x_1 + (1-\lambda)x_2) \leqslant \lambda f(x_1) + (1-\lambda)f(x_2)$，

则 $f\left(\dfrac{a+b}{2} \right) \leqslant \dfrac{1}{b-a} \int_a^b f(x)\mathrm{d}x \leqslant \dfrac{f(a)+f(b)}{2}$.

3. 积分中值定理：

(1) <u>第一积分中值定理</u>：若 $f(x) \in C[a,b]$，$g(x) \in R[a,b]$ 且 $g(x)$ 在 $[a,b]$ 上不变号，则 $\exists \xi \in [a,b]$，使得 $\int_a^b f(x)g(x)\mathrm{d}x = f(\xi) \int_a^b g(x)\mathrm{d}x$.

注：(a) 若 $g(x) \equiv 1$，上述中值定理变为 $\int_a^b f(x)\mathrm{d}x = f(\xi)(b-a)$，称为积分中值公式；

(b) 若 $g(x) \in C[a,b]$ 且 $g(x)$ 在 $[a,b]$ 上不变号，则 $\exists \xi \in (a,b)$ 使等式成立.

（2）**第二积分中值定理**：设 $f(x) \in R[a,b]$，若 $g(x)$ 在 $[a,b]$ 上单调，则存在 $\xi \in [a,b]$，使得 $\int_a^b f(x)g(x)\mathrm{d}x = g(a)\int_a^\xi f(x)\mathrm{d}x + g(b)\int_\xi^b f(x)\mathrm{d}x.$

注：第二积分中值定理有如下两种特殊形式：

a）若 $g(x)$ 在 $[a,b]$ 上单调递减且 $g(x) \geq 0$，则 $\exists \xi \in [a,b]$，使得 $\int_a^b f(x)g(x)\mathrm{d}x = g(a)\int_a^\xi f(x)\mathrm{d}x$；

b）若 $g(x)$ 在 $[a,b]$ 上单调递增且 $g(x) \geq 0$，则 $\exists \xi \in [a,b]$，使得 $\int_a^b f(x)g(x)\mathrm{d}x = g(b)\int_\xi^b f(x)\mathrm{d}x.$

◆ **关于积分等式与不等式的证明**

1. 对于积分等式的证明，主要方法包括以下几种：

（1）通过积分性质建立不等式，利用介值定理证明零点的存在性；

（2）利用积分中值定理；

（3）使用微分方法，一般借助牛顿–莱布尼茨公式、分部积分公式等.

2. 对于积分不等式的证明，主要方法包括以下几种：

（1）利用定积分单调性或估值定理，首先得到被积函数的相关不等式，然后对不等式各项同时积分，得到积分不等式；

（2）使用积分中值定理，可以将积分不等式问题直接化为被积函数的不等式问题；

（3）若被积函数在这个积分区间上不满足相关不等式，可以将积分区间分割后，利用定积分换元法将分割后的积分区间统一，然后使用（a）或（b）的方法证明；

（4）使用分部积分，可以利用导函数的性质证明积分不等式；

（5）将定积分的上限（或下限）变易后，化为函数不等式；

（6）借助牛顿–莱布尼茨公式，处理关于导函数的积分不等式问题；

（7）使用柯西不等式，证明涉及函数乘积的积分不等式问题.

◆ **反常积分的概念**

1. 无穷积分：

设函数 $f(x)$ 定义在区间 $[a, +\infty)$ 上，取 $b > a$，如果极限 $\lim\limits_{b \to +\infty}\int_a^b f(x)\mathrm{d}x$ 存在，则称此极限为函数 $f(x)$ 在无穷区间 $[a, +\infty)$ 上的积分，简称为无穷积分，记作 $\int_a^{+\infty} f(x)\mathrm{d}x$，即 $\int_a^{+\infty} f(x)\mathrm{d}x = \lim\limits_{b \to +\infty}\int_a^b f(x)\mathrm{d}x.$ 当极限存在时，称无穷积分收敛；当极限不存在时，称无穷积分发散. 同理，可以定义 $f(x)$ 在无穷区间 $(-\infty, b]$ 上的积分

95

$$\int_{-\infty}^{b} f(x)\,\mathrm{d}x = \lim_{a \to -\infty} \int_{a}^{b} f(x)\,\mathrm{d}x.$$

注 (1) 设函数 $f(x)$ 在定义在 $(-\infty, +\infty)$ 上，若无穷积分 $\int_{-\infty}^{0} f(x)\,\mathrm{d}x$ 和 $\int_{0}^{+\infty} f(x)\,\mathrm{d}x$ 都收敛，则

$$\int_{-\infty}^{+\infty} f(x)\,\mathrm{d}x \text{ 收敛，且 } \int_{-\infty}^{+\infty} f(x)\,\mathrm{d}x = \lim_{a \to -\infty} \int_{a}^{0} f(x)\,\mathrm{d}x + \lim_{b \to +\infty} \int_{0}^{b} f(x)\,\mathrm{d}x.$$

(2) 当讨论 $f(x)$ 在 $[a, +\infty)$（或 $(-\infty, b]$、$(-\infty, +\infty)$）上的无穷积分时，首先要求 $f(x)$ 在 $[a, +\infty)$（或 $(-\infty, b]$、$(-\infty, +\infty)$）的任意有限子区间上可积（存在定积分）.

2. 瑕积分：

函数 $f(x)$ 定义在区间 $(a, b]$ 上，在点 a 的右邻域内无界，取 $\varepsilon > 0$，如果极限 $\lim\limits_{\varepsilon \to 0+} \int_{a+\varepsilon}^{b} f(x)\,\mathrm{d}x$ 存在，则称此极限为函数 $f(x)$ 在区间 $(a, b]$ 上的瑕积分，记作 $\int_{a}^{b} f(x)\,\mathrm{d}x$，即 $\int_{a}^{b} f(x)\,\mathrm{d}x = \lim\limits_{\varepsilon \to 0+} \int_{a+\varepsilon}^{b} f(x)\,\mathrm{d}x$. 当极限存在时，称瑕积分收敛；当极限不存在时，称瑕积分发散.（称 a 为 $f(x)$ 的瑕点）同理，可以定义 $f(x)$ 在无穷区间 $[a, b)$（b 为 $f(x)$ 的瑕点）上的瑕积分 $\int_{a}^{b} f(x)\,\mathrm{d}x = \lim\limits_{\varepsilon \to 0+} \int_{a}^{b-\varepsilon} f(x)\,\mathrm{d}x$.

注 (1) 设函数 $f(x)$ 定义在区间 $[a, c) \cup (c, b]$ 上，在点 c 的邻域内无界，如果两个瑕积分 $\int_{a}^{c} f(x)\,\mathrm{d}x$ 和 $\int_{c}^{b} f(x)\,\mathrm{d}x$ 都收敛，则 $\int_{a}^{b} f(x)\,\mathrm{d}x$ 收敛，且

$$\int_{a}^{b} f(x)\,\mathrm{d}x = \lim_{\varepsilon \to +0} \int_{a}^{c-\varepsilon} f(x)\,\mathrm{d}x + \lim_{\varepsilon' \to +0} \int_{c+\varepsilon'}^{b} f(x)\,\mathrm{d}x.$$

(2) 瑕积分与无穷积分可以互相转换. 如对于瑕积分 $\int_{a}^{b} f(x)\,\mathrm{d}x$（$b$ 为 $f(x)$ 的瑕点），令 $t = \dfrac{1}{b-x}$，则 $\int_{a}^{b} f(x)\,\mathrm{d}x = \int_{\frac{1}{b-a}}^{+\infty} f\left(b - \dfrac{1}{t}\right) \dfrac{1}{t^2}\,\mathrm{d}t = \int_{\frac{1}{b-a}}^{+\infty} g(t)\,\mathrm{d}t$ $\left(g(t) = f\left(b - \dfrac{1}{t}\right) \dfrac{1}{t^2}\right)$. 因此，关于无穷积分的性质同样适用于瑕积分，在一般情况下，只讨论无穷积分.

◆ **反常积分的性质**

1. 反常积分和定积分相同的性质包括：线性性，区间可加性，非负性，单调性等.

2. 绝对收敛性：若 $\int_{a}^{+\infty} |f(x)|\,\mathrm{d}x$ 收敛，则 $\int_{a}^{+\infty} f(x)\,\mathrm{d}x$ 收敛.

且 $\left|\int_a^{+\infty} f(x)\,\mathrm{d}x\right| \leqslant \int_a^{+\infty} |f(x)|\,\mathrm{d}x.$

注：这是普通定积分绝对值不等式的推广，其证明需用到柯西收敛准则．

3. 乘法不封闭：若 $\int_a^{+\infty} f(x)\,\mathrm{d}x$ 与 $\int_a^{+\infty} g(x)\,\mathrm{d}x$ 都收敛，不能得出

$\int_a^{+\infty} [f(x) \cdot g(x)]\,\mathrm{d}x$ 收敛．

注：反例可取 $f(x) = g(x) = \dfrac{\sin x}{\sqrt{x}}$ 或 $f(x) = g(x) = \begin{cases} n^2, & n \leqslant x < n + \dfrac{1}{n^4}, \\ 0, & n + \dfrac{1}{n^4} \leqslant x < n+1 \end{cases}$ （均取 $a = 1$）．

4. $f(x)$、$f^2(x)$、$|f(x)|$ 广义可积性的关系：

（a）若 $\int_a^{+\infty} |f(x)|\,\mathrm{d}x$ 收敛，则 $\int_a^{+\infty} f(x)\,\mathrm{d}x$ 一定收敛，反之不成立；

（如 $f(x) = \dfrac{\sin x}{x}$）

（b）$\int_a^{+\infty} f(x)\,\mathrm{d}x$ 收敛（或 $\int_a^{+\infty} |f(x)|\,\mathrm{d}x$ 收敛）与 $\int_a^{+\infty} f^2(x)\,\mathrm{d}x$ 收敛之间无蕴含关系．（若取 $f(x) = \dfrac{1}{x}$，显然 $\int_1^{+\infty} f^2(x)\,\mathrm{d}x$ 收敛而 $\int_1^{+\infty} f(x)\,\mathrm{d}x$ 与 $\int_1^{+\infty} |f(x)|\,\mathrm{d}x$ 均不收敛，上面 3 的注中给出了另一反例．）

（c）若 b 为 $f(x)$ 的唯一瑕点，则 $\int_a^b f^2(x)\,\mathrm{d}x$ 收敛 $\Rightarrow \int_a^b |f(x)|\,\mathrm{d}x$ 收敛 $\Rightarrow$ $\int_a^b f(x)\,\mathrm{d}x$ 收敛．

注：这是由于 $|f(x)| \leqslant \dfrac{1 + f^2(x)}{2}$，这是瑕积分与无穷积分不同的性质．

5. 非负无穷积分收敛未必有界：例如函数 $f(x)$ 为区间 $[a, +\infty)$ 上的非负函数，$\int_a^{+\infty} f(x)\,\mathrm{d}x$ 收敛，但是 $f(x)$ 未必在 $[a, +\infty)$ 上有界．

例如 $f(x) = \begin{cases} n^2, & n \leqslant x < n + \dfrac{1}{n^4}, \\ 0, & n + \dfrac{1}{n^4} \leqslant x < n+1. \end{cases}$

6. 无穷积分 $\int_a^{+\infty} f(x)\,\mathrm{d}x$ 收敛与 $\lim\limits_{x \to +\infty} f(x) = 0$ 的关系：

（a）无穷积分 $\int_a^{+\infty} f(x)\,\mathrm{d}x$ 收敛无法得出 $\lim\limits_{x \to +\infty} f(x) = 0$；

（b） $\lim\limits_{x \to +\infty} f(x) = 0$ 收敛亦无法得出 $\int_a^{+\infty} f(x)\,dx$；（如 $f(x) = \dfrac{1}{\sqrt{x}}$）

（c） 在以下附加条件下，$\int_a^{+\infty} f(x)\,dx$ 收敛可以得出 $\lim\limits_{x \to +\infty} f(x) = 0$，

（i） $\lim\limits_{x \to +\infty} f(x)$ 存在， 　　　　（ii） $f(x)$ 在 $[a, +\infty)$ 上一致连续，

（iii） $f'(x)$ 在 $[a, +\infty)$ 上有界，　（iv） $\int_a^{+\infty} f'(x)\,dx$ 收敛，

（v） $f(x)$ 在 $[a, +\infty)$ 上单调 （此时可以得出 $\lim\limits_{x \to +\infty} xf(x) = 0$）.

◆ **反常积分的收敛性判定**

1. 无穷级数 $\sum\limits_{n=1}^{\infty} a_n$、无穷积分 $\int_a^{+\infty} f(x)\,dx$ 和瑕积分 $\int_a^b f(x)\,dx$ 之间的类比：

无穷级数	无穷积分	瑕积分
级数通项 a_n	被积函数 $f(x)$	被积函数 $f(x)$
级数的部分和 $\sum\limits_{n=1}^{N} a_n$	普通定积分 $\int_a^A f(x)\,dx$	普通定积分 $\int_a^{b-\eta} f(x)\,dx$
级数的和 $\sum\limits_{n=1}^{\infty} a_n$	无穷积分 $\int_a^{+\infty} f(x)\,dx$	瑕积分 $\int_a^b f(x)\,dx$
（$N \to \infty$ 时部分和的极限）	（$A \to +\infty$ 时定积分的极限）	（$\eta \to 0+$ 时定积分的极限）
级数的余项 $\sum\limits_{n=N+1}^{\infty} a_n$	无穷积分的余式 $\int_A^{+\infty} f(x)\,dx$	瑕积分的余式 $\int_{b-\eta}^b f(x)\,dx$

这样，可以得到无穷级数收敛性与反常积分收敛性的关系

设函数 $f(x) \geq 0$，$\{a_n\}$ 为严格单调增加到正无穷（或单调递增到 b）的数列，$a_1 = a$，记 $u_n = \int_{a_n}^{a_{n+1}} f(x)\,dx$. 则反常积分 $\int_a^{+\infty} f(x)\,dx$（或 $\int_a^b f(x)\,dx$）与无穷级数 $\sum\limits_{n=1}^{\infty} u_n$ 同时收敛或发散，且收敛时 $\int_a^{+\infty} f(x)\,dx = \sum\limits_{n=1}^{\infty} u_n$（或 $\int_a^b f(x)\,dx = \sum\limits_{n=1}^{\infty} u_n$）. 特别地，若函数 $f(x)$ 单调减少，取 $N = [a] + 1$，则无穷积分 $\int_a^{+\infty} f(x)\,dx$ 与无穷级数 $\sum\limits_{n=N}^{\infty} f(n)$ 同时收敛或发散.（级数收敛的积分判别法）

2. 柯西收敛准则：

（1） 无穷积分 $\int_a^{+\infty} f(x)\,dx$ 收敛 $\Leftrightarrow \forall \varepsilon > 0$，$\exists B \geq a$，使任意 $b_1, b_2 \geq B$，都有 $\left| \int_{b_1}^{b_2} f(x)\,dx \right| < \varepsilon$；

（2）瑕积分 $\int_a^b f(x)\mathrm{d}x$（b 为奇点）收敛 $\Leftrightarrow \forall \varepsilon > 0$，$\exists \delta > 0$，使任意 $\eta_1,\eta_2 \in (0,\delta)$，都有 $\left| \int_{b-\eta_1}^{b-\eta_2} f(x)\mathrm{d}x \right| < \varepsilon$.

3. 比较判别法：

（1）若 $\exists A \geqslant a$，在 $[A,+\infty)$ 上有 $0 \leqslant f(x) \leqslant Kg(x)$（$K > 0$），则当 $\int_a^{+\infty} g(x)\mathrm{d}x$ 收敛时，$\int_a^{+\infty} f(x)\mathrm{d}x$ 也收敛，当 $\int_a^{+\infty} f(x)\mathrm{d}x$ 发散时，$\int_a^{+\infty} g(x)\mathrm{d}x$ 也发散；

（2）b 为瑕积分 $\int_a^b g(x)\mathrm{d}x$ 的奇点，若存在 $c \in [a,b)$，在 (c,b) 上有 $0 \leqslant f(x) \leqslant Kg(x)$（$K > 0$），则当 $\int_a^b g(x)\mathrm{d}x$ 收敛时，$\int_a^b f(x)\mathrm{d}x$ 也收敛，当 $\int_a^b f(x)\mathrm{d}x$ 发散时，$\int_a^b g(x)\mathrm{d}x$ 也发散.

注（1）实际应用中，经常使用上述比较判别法的"极限形式"：设 $f(x) \geqslant 0$，$g(x) \geqslant 0$，$\lim\limits_{x \to +\infty} \dfrac{f(x)}{g(x)} = l$（或 $\lim\limits_{x \to b^-} \dfrac{f(x)}{g(x)} = l$）.

（a）若 $0 \leqslant l < +\infty$，则 $\int_a^{+\infty} g(x)\mathrm{d}x$（或 $\int_a^b g(x)\mathrm{d}x$）收敛时，$\int_a^{+\infty} f(x)\mathrm{d}x$（或 $\int_a^b f(x)\mathrm{d}x$）也收敛；

（b）若 $0 < l \leqslant +\infty$，则 $\int_a^{+\infty} g(x)\mathrm{d}x$（或 $\int_a^b g(x)\mathrm{d}x$）发散时，$\int_a^{+\infty} f(x)\mathrm{d}x$（或 $\int_a^b f(x)\mathrm{d}x$）也发散.

（2）若取 $g(x) = \dfrac{1}{x^p}$，可以得到"柯西判别法"：设 $\lim\limits_{x \to +\infty} x^p f(x) = l$（或 $\lim\limits_{x \to b^-} (b-x)^p f(x) = l$）.

（a）若 $0 \leqslant l < +\infty$，$p > 1$（或 $p < 1$）时，$\int_a^{+\infty} f(x)\mathrm{d}x$（或 $\int_a^b f(x)\mathrm{d}x$）收敛；

（b）若 $0 < l \leqslant +\infty$，$p \leqslant 1$（或 $p \geqslant 1$）时，$\int_a^{+\infty} f(x)\mathrm{d}x$（或 $\int_a^b f(x)\mathrm{d}x$）发散.

4. 阿贝尔-狄利克雷（Abel-Dirichlet）判别法：当满足以下两个条件之一时，无穷积分 $\int_a^{+\infty} f(x)g(x)\mathrm{d}x$（或瑕积分 $\int_a^b f(x)g(x)\mathrm{d}x$，$b$ 为瑕点）收敛：

（1. 阿贝尔判别法）无穷积分 $\int_a^{+\infty} f(x)\mathrm{d}x$（或瑕积分 $\int_a^b f(x)\mathrm{d}x$）收敛，$g(x)$ 在 $[a,+\infty)$（或 $[a,b)$）上单调且有界；

（2. 狄利克雷判别法）$F(A) = \int_a^A f(x)\mathrm{d}x$ 在 $[a,+\infty)$（或 $[a,b)$）上有界，$g(x)$

在 $[a, +\infty)$（或 $[a,b)$）上单调且 $\lim\limits_{x \to +\infty} g(x) = 0$（或 $\lim\limits_{x \to b-} g(x) = 0$）.

2 典型例题与方法进阶

例1. 若 $f(x)$，$g(x)$ 在 $[a,b]$ 上连续，证明下述柯西不等式，并说明何时等号成立

$$\left(\int_a^b f(x)g(x)\,\mathrm{d}x \right)^2 \leqslant \int_a^b f^2(x)\,\mathrm{d}x \cdot \int_a^b g^2(x)\,\mathrm{d}x.$$

证明 记 $L(\lambda) = \int_a^b [f(x) + \lambda g(x)]^2 \mathrm{d}x$，由于 $[f(x) + \lambda g(x)]^2 \geqslant 0$，则对任意 λ 均有 $L(\lambda) \geqslant 0$. 又

$$L(\lambda) = \int_a^b (f^2(x) + 2\lambda f(x)g(x) + \lambda^2 g^2(x))\,\mathrm{d}x$$

$$= \lambda^2 \int_a^b g^2(x)\,\mathrm{d}x + 2\lambda \int_a^b f(x)g(x)\,\mathrm{d}x + \int_a^b f^2(x)\,\mathrm{d}x.$$

若 $g(x)$ 不恒为零，由 $g(x)$ 连续，知 $\int_a^b g^2(x)\,\mathrm{d}x > 0$，则 $L(\lambda)$ 为 λ 的二次函数，且恒大于零，故

$$\Delta = \left(2\int_a^b f(x)g(x)\,\mathrm{d}x \right)^2 - 4\int_a^b f^2(x)\,\mathrm{d}x \cdot \int_a^b g^2(x)\,\mathrm{d}x \leqslant 0.$$

整理后即得 $\left(\int_a^b f(x)g(x)\,\mathrm{d}x \right)^2 \leqslant \int_a^b f^2(x)\,\mathrm{d}x \cdot \int_a^b g^2(x)\,\mathrm{d}x.$

若等号成立，要么 $g(x) \equiv 0$，要么上述 $\Delta = 0$. 故存在 λ 使得 $L(\lambda) = \int_a^b [f(x) + \lambda g(x)]^2 \mathrm{d}x = 0$. 由于 $f(x)$，$g(x)$ 在 $[a,b]$ 上连续，故 $[f(x) + \lambda g(x)]^2$ 在 $[a,b]$ 上连续且非负，可知 $f(x) + \lambda g(x) \equiv 0$. 因此等号成立时，要么 $g(x) \equiv 0$，要么存在 λ 使得 $f(x) + \lambda g(x) \equiv 0$.

例2. 设函数 $f(x)$ 在 $[0, \pi]$ 上连续，证明 $\lim\limits_{n \to \infty} \int_0^\pi |\sin nx| f(x)\,\mathrm{d}x = \dfrac{2}{\pi} \int_0^\pi f(x)\,\mathrm{d}x.$

证明 把区间 $[0, \pi]$ n 等分，由 $f(x)$ 的连续性及积分中值定理可得存在 $\xi_i \in \left[\dfrac{i\pi}{n}, \dfrac{(i+1)\pi}{n} \right]$，使得

$$\int_{\frac{i\pi}{n}}^{\frac{(i+1)\pi}{n}} |\sin nx| f(x)\,dx = f(\xi_i) \int_{\frac{i\pi}{n}}^{\frac{(i+1)\pi}{n}} |\sin nx|\,dx,\ \text{其中}, \ i = 0,1,2,\cdots,n-1,$$

又因 $\displaystyle\int_{\frac{i\pi}{n}}^{\frac{(i+1)\pi}{n}} |\sin nx|\,dx = \frac{1}{n} \int_{i\pi}^{(i+1)\pi} |\sin t|\,dt = \frac{1}{n} \int_0^\pi |\sin t|\,dt = \frac{2}{n},$

于是 $\displaystyle\int_0^\pi |\sin nx| f(x)\,dx = \frac{2}{n} \sum_{i=0}^{n-1} f(\xi_i) = \frac{2}{\pi} \sum_{i=0}^{n-1} f(\xi_i) \frac{\pi}{n}.$

由 $f(x)$ 在 $[0,\pi]$ 上连续及定积分的定义，在上式两边取极限，即得

$$\lim_{n\to\infty}\int_0^\pi |\sin nx| f(x)\mathrm{d}x = \frac{2}{\pi}\int_0^\pi f(x)\mathrm{d}x.$$

评注：本题首先将积分表示为和式，再将和式的极限表示为积分，关键在于将积分区间等分为 n 个小区间，从而借助定积分的定义求极限.

例 3. 求极限 $\displaystyle\lim_{x\to+\infty}\frac{1}{x}\int_0^x (t-[t])\mathrm{d}t$，其中 $[t]$ 表示不超过 t 的最大整数.

解 对任意的 $x\geqslant 0$，存在非负整数 n，使得 $n\leqslant x < n+1$，令 $f(t)=t-[t]$，则 f 是以 1 为周期的非负函数，可得

$$\frac{1}{n+1}\int_0^n (t-[t])\mathrm{d}t \leqslant \frac{1}{x}\int_0^x (t-[t])\mathrm{d}t \leqslant \frac{1}{n}\int_0^{n+1}(t-[t])\mathrm{d}t,$$

进一步

$$\int_0^n (t-[t])\mathrm{d}t = n\int_0^1 (t-[t])\mathrm{d}t = n\int_0^1 t\mathrm{d}t = \frac{n}{2},$$

于是有

$$\lim_{n\to\infty}\frac{1}{n+1}\int_0^n (t-[t])\mathrm{d}t = \lim_{n\to\infty}\frac{1}{n+1}\frac{n}{2} = \frac{1}{2},\ \lim_{n\to\infty}\frac{1}{n}\int_0^{n+1}(t-[t])\mathrm{d}t$$

$$= \lim_{n\to\infty}\frac{1}{n}\frac{n+1}{2} = \frac{1}{2},$$

根据迫敛性，

$$\lim_{x\to+\infty}\frac{1}{x}\int_0^x (t-[t])\mathrm{d}t = \frac{1}{2}.$$

评注：被积函数是非连续的周期函数，本题不能使用洛必达法则；周期函数在任意周期长度的区间上积分相同，因此周期函数的积分一般都化为在单个周期上积分的倍数.

例 4. 设 $f(x)$ 在区间 $[a,b]$ 上非负连续且严格单调增加，由第一积分中值定理可知，对任意的正整数 n 存在唯一的 $x_n\in(a,b)$，使

$$[f(x_n)]^n = \frac{1}{b-a}\int_a^b [f(x)]^n\mathrm{d}x,$$

求极限 $\displaystyle\lim_{n\to\infty}x_n$.

解 由 $[f(x_n)]^n = \dfrac{1}{b-a}\displaystyle\int_a^b [f(x)]^n\mathrm{d}x$ 可得

$$1 = \frac{1}{b-a}\int_a^b \left[\frac{f(t)}{f(x_n)}\right]^n\mathrm{d}t \geqslant \frac{1}{b-a}\int_{\frac{x_n+b}{2}}^b \left[\frac{f(t)}{f(x_n)}\right]^n\mathrm{d}t,$$

由于 $f(x)$ 单调增加，所以

$$1 \geqslant \frac{1}{b-a}\int_{\frac{x_n+b}{2}}^b \left[\frac{f(t)}{f(x_n)}\right]^n\mathrm{d}t \geqslant \frac{b-x_n}{2(b-a)}\left[\frac{f\left(\dfrac{x_n+b}{2}\right)}{f(x_n)}\right]^n,$$

故 $b - x_n \leqslant 2(b-a) \left[\dfrac{f(x_n)}{f(\frac{x_n + b}{2})} \right]^n$.

下证 $\lim\limits_{n \to \infty} x_n = b$, 若不然, 存在 $\{x_n\}$ 的子列 $\{x_{n_k}\}$ 以及正数 $p > 0$ 使得 $x_{n_k} < b - p$, 于是有

$$1 = \frac{1}{b-a} \int_a^b \left[\frac{f(t)}{f(x_{n_k})} \right]^{n_k} \mathrm{d}t \geqslant \frac{1}{b-a} \int_{b-\frac{p}{2}}^b \left[\frac{f(t)}{f(x_{n_k})} \right]^{n_k} \mathrm{d}t \geqslant \frac{p}{2(b-a)} \left[\frac{f(b-\frac{p}{2})}{f(x_{n_k})} \right]^{n_k}$$

$$\geqslant \frac{p}{2(b-a)} \left[\frac{f(b-\frac{p}{2})}{f(b-p)} \right]^{n_k},$$

由于 $f(x)$ 在区间 $[a, b]$ 上严格单调增加, 故 $f(b - \frac{p}{2}) > f(b-p)$, 当 $n_k \to \infty$ 时, 上述不等式的右边为无穷大量, 矛盾, 故 $\lim\limits_{n \to \infty} x_n = b$.

评注: 本题的关键在于正确猜测到数列 $\{x_n\}$ 的极限, 可以通过两个方法, 一是取 $f(x)$ 为某特定函数, 例如 $f(x) = x - a$, 二是在 $[f(x_n)]^n = \dfrac{1}{b-a} \int_a^b [f(x)]^n \mathrm{d}x$ 两边同时开 n 次方根, 通过本节练习 (B) 组第9题的结论 ($\lim\limits_{n \to \infty} \sqrt[n]{\int_a^b f^n(x) \mathrm{d}x} = \max\limits_{a \leqslant x \leqslant b} f(x)$) 以及 $f(x)$ 严格单调增加, 可以说明 $f(x_n) \to f(b)$.

例5. 设 $f(x)$ 在 $[0,1]$ 上可导且满足条件 $f(1) = 2 \int_0^{\frac{1}{2}} x f(x) \mathrm{d}x$, 试证: 存在 $\xi \in (0,1)$ 使 $f(\xi) + \xi f'(\xi) = 0$.

证明 设 $F(x) = x f(x)$, 由积分中值定理, 存在 η, $0 \leqslant \eta \leqslant \frac{1}{2}$, 使

$$\int_0^{\frac{1}{2}} x f(x) \mathrm{d}x = \int_0^{\frac{1}{2}} F(x) \mathrm{d}x = \frac{1}{2} F(\eta).$$

由已知条件, 有 $f(1) = 2 \int_0^{\frac{1}{2}} x f(x) \mathrm{d}x = 2 \int_0^{\frac{1}{2}} F(x) \mathrm{d}x = F(\eta)$, 由于 $F(1) = f(1) = F(\eta)$, 并且 $F(x)$ 在 $[\eta, 1]$ 上连续, 在 $(\eta, 1)$ 上可导, 故由罗尔定理知, 存在 $\xi \in (\eta, 1) \subset (0, 1)$ 使得 $F'(\xi) = 0$, 即 $f(\xi) + \xi f'(\xi) = 0$.

例6. 设 $f(x)$ 在 $[0,1]$ 上有二阶连续导数, 证明:

$$\int_0^1 f(x) \mathrm{d}x = \frac{f(0) + f(1)}{2} - \frac{1}{2} \int_0^1 x(1-x) f''(x) \mathrm{d}x.$$

证明

$$\int_0^1 x(1-x) f''(x) \mathrm{d}x = \int_0^1 x(1-x) \mathrm{d}f'(x) = x(1-x) f'(x) \Big|_0^1 - \int_0^1 f'(x)(1-2x) \mathrm{d}x$$

$$= -\int_0^1 (1 - 2x)\,\mathrm{d}f(x) = -(1 - 2x)f(x)\Big|_0^1 + \int_0^1 f(x)(-2)\,\mathrm{d}x$$

$$= f(1) + f(0) - 2\int_0^1 f(x)\,\mathrm{d}x.$$

故原式成立.

例 7. 设 $y = f(x)$ 是区间 $[0,1]$ 上的非负连续函数,证明:存在 $x_0 \in (0,1)$,使得在区间 $[0,x_0]$ 上以 $f(x_0)$ 为高的矩形面积等于在区间 $[x_0,1]$ 上以 $y = f(x)$ 为曲边的曲边梯形面积.

证明　根据定积分的几何意义,所证明的结论等价于 $\exists x_0 \in (0,1)$ 使得 $f(x_0) = \int_{x_0}^1 f(x)\,\mathrm{d}x$,令

$$g(x) = xf(x) - \int_x^1 f(t)\,\mathrm{d}t,$$

则所证明的结论等价于 $\exists x_0 \in (0,1)$ 使得 $g(x_0) = 0$.

令 $G(x) = \int_0^x g(t)\,\mathrm{d}t$,则 $G'(x) = g(x)$. 显然 $G(0) = 0$,又

$$G(1) = \int_0^1 g(x)\,\mathrm{d}x = \int_0^1 2\left(xf(x) - \int_x^1 f(t)\,\mathrm{d}t\right)\mathrm{d}x = \int_0^1 xf(x)\,\mathrm{d}x - \int_0^1 \left(\int_x^1 f(t)\,\mathrm{d}t\right)\mathrm{d}x$$

$$= \int_0^1 xf(x)\,\mathrm{d}x - \left(x\int_x^1 f(t)\,\mathrm{d}t\right)\Big|_0^1 + \int_0^1 x\,\mathrm{d}\left(\int_x^1 f(t)\,\mathrm{d}t\right) = 0,$$

即 $G(0) = G(1) = 0$,由罗尔定理,$\exists x_0 \in (0,1)$ 使得 $G'(x_0) = g(x_0) = 0$.

例 8. 设 $f(x)$ 在 $[0,c]$ 上二阶可导,证明:$\exists \xi \in (0,c)$ 使得

$$\int_0^c f(x)\,\mathrm{d}x = \frac{c}{2}(f(0) + f(c)) - \frac{c^3}{12}f''(\xi).$$

证明　记 $A = \frac{6}{c^2}(f(0) + f(c)) - \frac{12}{c^3}\int_0^c f(x)\,\mathrm{d}x$,令

$$F(x) = \int_0^x f(x)\,\mathrm{d}x - \frac{x}{2}(f(0) + f(x)) + \frac{A}{12}x^3,$$

显然 $F(0) = 0$,由 A 的定义可知 $F(c) = 0$,根据罗尔定理,$\exists \eta \in (0,c)$,使得 $F'(\eta) = 0$. 由于

$$F'(x) = f(x) - \frac{1}{2}f'(x)x - \frac{1}{2}(f(0) + f(x)) + \frac{A}{4}x^2,$$

则 $F'(0) = 0$,注意到 $F'(\eta) = 0$,在 $(0,\eta)$ 上对 $F'(x)$ 使用罗尔定理,存在 $\xi \in (0,\eta)$,使得 $F''(\xi) = 0$. 由于

$$F''(x) = f'(x) - \frac{1}{2}f''(x)x - f'(x) + \frac{k}{2}x = -\frac{1}{2}f''(x)x + \frac{A}{2}x,$$

由 $F''(\xi) = 0$ 可得 $A = f''(\xi)$,由 A 的定义得证.

评注:本题虽是涉及高阶导数的等式问题,但并不适合使用泰勒中值定理,构造合适的辅助函数,连续使用罗尔定理可以较容易法得出结论;使用罗尔定理的关

键是要满足函数值在两端点相等的条件，因此，在构造辅助函数时要充分考虑这一点．

例 9. 设在区间 $(-\infty, +\infty)$ 内，函数 $f(x)$ 连续，$g(x) = f(x)\int_0^x f(t)\,dt$ 单调减少，证明：$f(x) \equiv 0$．

证明 做辅助函数，令

$$F(x) = \left(\int_0^x f(t)\,dt\right)^2,$$

则 $F'(x) = 2g(x)$，且 $F'(0) = 2g(0) = 0$．由于 $g(x)$ 单调减少，故 $F'(x)$ 单调减少，则当 $x \leqslant 0$ 时，$F'(x) \geqslant F'(0) = 0$，即 $F(x)$ 在 $(-\infty, 0]$ 单调增加；当 $x \geqslant 0$ 时，$F'(x) \leqslant F'(0) = 0$，即 $F(x)$ 在 $[0, +\infty)$ 单调减少．故 $F(0) = 0$ 为 $F(x)$ 在 $(-\infty, +\infty)$ 的最大值，但是 $F(x) \geqslant 0$，于是 $F(x) \equiv 0$．即 $\forall x \in (-\infty, +\infty)$，

$$\int_0^x f(t)\,dt \equiv 0.$$

这样，对任意 $a, b \in (-\infty, +\infty)$，都有

$$\int_a^b f(t)\,dt = \int_0^b f(t)\,dt - \int_0^a f(t)\,dt = 0,$$

即 $f(x)$ 在任意区间积分为零，由函数 $f(x)$ 连续，故 $f(x) \equiv 0$．

评注：证明一个函数恒为零，既可以证明其导函数恒为零同时其在一点处为零，也可以证明其原函数恒为零，事实上，对 $\int_0^x f(t)\,dt \equiv 0$ 两边求导可以直接得出结论；在本题中，为证明原函数 $F(x)$ 恒为零，考虑了其最大值．

例 10. 设 $f(x)$ 在区间 $[a,b]$ 上二阶连续可导，证明：存在 $\xi \in (a,b)$，使得

$$\int_a^b f(x)\,dx = (b-a)f\left(\frac{a+b}{2}\right) + \frac{(b-a)^3}{24}f''(\xi).$$

证明 设 $F(x) = \int_a^x f(t)\,dt$，将其在 $x = \frac{a+b}{2}$ 处展开为三阶泰勒公式，得

$$F(x) = F\left(\frac{a+b}{2}\right) + F'\left(\frac{a+b}{2}\right)\left(x - \frac{a+b}{2}\right) + \frac{1}{2}F''\left(\frac{a+b}{2}\right)\left(x - \frac{a+b}{2}\right)^2 + \frac{1}{6}F'''(\eta)\left(x - \frac{a+b}{2}\right)^3.$$

分别令 $x = a$，$x = b$ 可得

$$0 = F(a) = F\left(\frac{a+b}{2}\right) - F'\left(\frac{a+b}{2}\right)\frac{b-a}{2} + \frac{1}{2}F''\left(\frac{a+b}{2}\right)\left(\frac{b-a}{2}\right)^2 - \frac{1}{6}F'''(\eta_1)\left(\frac{b-a}{2}\right)^3;$$

$$\int_a^b f(t)\,dt = F(b) = F\left(\frac{a+b}{2}\right) + F'\left(\frac{a+b}{2}\right)\frac{b-a}{2} +$$

$$\frac{1}{2}F''\left(\frac{a+b}{2}\right)\left(\frac{b-a}{2}\right)^2 + \frac{1}{6}F'''(\eta_2)\left(\frac{b-a}{2}\right)^3;$$

其中，$a < \eta_1 < \frac{a+b}{2} < \eta_2 < b$．两式相减可得：

$$\int_a^b f(x)\,\mathrm{d}x = (b-a)F'\Big(\frac{a+b}{2}\Big) + \frac{(b-a)^3}{24}\cdot\frac{1}{2}\big[F'''(\eta_1)+F'''(\eta_2)\big]$$

$$= (b-a)f\Big(\frac{a+b}{2}\Big) + \frac{(b-a)^3}{24}\cdot\frac{1}{2}\big[f''(\eta_1)+f''(\eta_2)\big].$$

由于 $\frac{1}{2}[f''(\eta_1)+f''(\eta_2)]$ 介于 $f''(\eta_1)$，$f''(\eta_2)$ 之间，由 $f''(x)$ 在 $[a,b]$ 上连续（或根据导函数的介值定理），可得存在 $\xi\in(\eta_1,\eta_2)\subset(a,b)$，使得 $f''(\xi)=\frac{1}{2}[f''(\eta_1)+f''(\eta_2)]$，即

$$\int_a^b f(x)\,\mathrm{d}x = (b-a)f\Big(\frac{a+b}{2}\Big) + \frac{(b-a)^3}{24}f''(\xi).$$

评注：本题使用泰勒中值定理证明与高阶导数有关的积分等式；使用泰勒展式的关键是确定在何点展开，中点和端点，以及某些特殊点，是经常使用的展开点.

例 11. 设 $f(x)$ 在区间 $[-a,a]$ 上连续，在 $x=0$ 处可导，且 $f'(0)\neq 0$，

（1）证明：对 $\forall x\in[-a,a]$，$\exists\theta\in(0,1)$ 使得

$$\int_0^x f(t)\,\mathrm{d}t + \int_0^{-x} f(t)\,\mathrm{d}t = x[f(\theta x)-f(-\theta x)];$$

（2）求极限 $\lim\limits_{x\to 0}\theta.$

证明 （1）由于 $\int_0^{-x} f(t)\,\mathrm{d}t = \int_0^x f(-s)\,\mathrm{d}s = -\int_0^x f(t)\,\mathrm{d}t$，根据积分中值定理存在 $\theta\in(0,1)$ 使得

$$\int_0^x f(t)\,\mathrm{d}t + \int_0^{-x} f(t)\,\mathrm{d}t = \int_0^x [f(t)-f(-t)]\,\mathrm{d}t = x[f(\theta x)-f(-\theta x)].$$

（2）由于 $f(x)$ 在 $x=0$ 处可导，知

$$f'(0) = \lim_{x\to 0}\frac{f(x)-f(0)}{x} = -\lim_{x\to 0}\frac{f(-x)-f(0)}{x} = \frac{1}{2}\lim_{x\to 0}\frac{f(x)-f(-x)}{x}.$$

于是，$\lim\limits_{x\to 0}\dfrac{f(\theta x)-f(-\theta x)}{\theta x}=2f'(0)$，同时根据（1）

$$\lim_{x\to 0}\frac{f(\theta x)-f(-\theta x)}{\theta x} = \lim_{x\to 0}\frac{\int_0^x f(t)\,\mathrm{d}t + \int_0^{-x} f(t)\,\mathrm{d}t}{\theta x^2} = \lim_{x\to 0}\frac{1}{\theta}\cdot\lim_{x\to 0}\frac{\int_0^x f(t)\,\mathrm{d}t + \int_0^{-x} f(t)\,\mathrm{d}t}{x^2},$$

而 $\lim\limits_{x\to 0}\dfrac{\int_0^x f(t)\,\mathrm{d}t + \int_0^{-x} f(t)\,\mathrm{d}t}{x^2} = \lim\limits_{x\to 0}\dfrac{f(x)-f(-x)}{2x} = f'(0)$，由于 $f'(0)\neq 0$，得

$$\lim_{x\to 0}\theta = \frac{\lim\limits_{x\to 0}\dfrac{\int_0^x f(t)\,\mathrm{d}t + \int_0^{-x} f(t)\,\mathrm{d}t}{x^2}}{\lim\limits_{x\to 0}\dfrac{f(\theta x)-f(-\theta x)}{\theta x}} = \frac{1}{2}.$$

评注：所有中值定理中出现的特定点(如ξ等)都是与区间端点有关的变量，那么如何求涉及其与区间端点有关的极限呢？关键是要借助特定点所满足的等式，由于等式中一般包含函数的增量，所以导数定义就成为求此类极限的重要工具.

例12. 设有函数$f(x)$在$[a,b]$上连续，在(a,b)内可导，且$f(a)=f(b)=0$，求证：存在$\xi\in(a,b)$，使得

$$|f'(\xi)|\geq\frac{2}{b-a}\max_{x\in[a,b]}\{|f(x)|\}.$$

证明 若$f(x)\equiv0$，则结论显然成立. 以下设$\max\limits_{x\in[a,b]}\{|f(x)|\}>0$，由于$f(a)=f(b)=0$，所以存在$x_M\in(a,b)$使得$|f(x_M)|=\max\limits_{x\in[a,b]}\{|f(x)|\}$. 分别在$[a,x_M]$上和在$[x_M,b]$上应用拉格朗日中值定理得到

$$f(x_M)=f(x_M)-f(a)=f'(\xi_1)(x_M-a),\quad\xi_1\in(a,x_M),$$
$$f(x_M)=f(x_M)-f(b)=f'(\xi_2)(x_M-b),\quad\xi_2\in(x_M,b),$$

两式相加可得

$$2|f(x_M)|=|f'(\xi_1)|(x_M-a)+|f'(\xi_2)|(b-x_M)$$
$$\leq2\max\{|f'(\xi_1)|,$$
$$|f'(\xi_2)|\}(b-a)=|f'(\xi)|(b-a),$$

当$|f'(\xi_1)|\geq|f'(\xi_2)|$时，$\xi=\xi_1$，否则$\xi=\xi_2$，结论得证.

例13. 设函数$f(x)$在$[0,1]$上连续可导且单调增加，$f(0)=0$，证明：

$$\left(\int_0^1f(x)\,\mathrm{d}x\right)^2\leq\frac{4}{9}\int_0^1[f'(x)]^2\mathrm{d}x.$$

证明 由柯西不等式，注意到$f'(x)\geq0$，

$$f(x)=\int_0^xf'(t)\,\mathrm{d}t\leq\sqrt{\int_0^x1^2\mathrm{d}t\cdot\int_0^x[f'(t)]^2\mathrm{d}t}$$
$$=\sqrt{x}\cdot\sqrt{\int_0^x[f'(t)]^2\mathrm{d}t}\leq\sqrt{x}\cdot\sqrt{\int_0^1[f'(x)]^2\mathrm{d}x}.$$

由于$f(x)\geq0$，不等式两边同时在$[0,1]$上求定积分并平方，可得

$$\left(\int_0^1f(x)\,\mathrm{d}x\right)^2\leq\left(\int_0^1\sqrt{x}\,\mathrm{d}x\right)^2\cdot\int_0^1[f'(x)]^2\mathrm{d}x=\frac{4}{9}\int_0^1[f'(x)]^2\mathrm{d}x.$$

评注：遇到乘积的积分或被积函数平方的积分时，可以考虑使用柯西不等式，其关键是将被积函数分为两个函数的乘积；本题中利用牛顿－莱布尼茨公式及条件$f(0)=0$将$f(x)$的积分与$f'(x)$的积分联系在一起.

例14. 设$f(x)$在闭区间$[a,b]$有连续的二阶导数，且$f(a)=f(b)=0$，当$x\in(a,b)$时，$f(x)\neq0$，证明

$$\int_a^b\left|\frac{f''(x)}{f(x)}\right|\mathrm{d}x\geq\frac{4}{b-a}.$$

证明 由于$f(x)$在闭区间$[a,b]$连续，则存在$x_0\in(a,b)$使得$|f(x_0)|=M=$

$\displaystyle\max_{a \le x \le b}|f(x)|$，显然 $f'(x_0) = 0.$ 在 (a, x_0) 和 (x_0, b) 上分别使用拉格朗日中值定理，存在 $\xi_1 \in (a, x_0)$ 及 $\xi_2 \in (x_0, b)$ 使得：

$$f'(\xi_1) = \frac{f(x_0) - f(a)}{x_0 - a} = \frac{f(x_0)}{x_0 - a}, f'(\xi_2) = \frac{f(b) - f(x_0)}{b - x_0} = \frac{-f(x_0)}{b - x_0}.$$

于是

$$\int_a^b \left| \frac{f''(x)}{f(x)} \right| \mathrm{d}x \ge \frac{1}{M} \int_a^b |f''(x)| \mathrm{d}x \ge \frac{1}{M} \int_{\xi_1}^{\xi_2} |f''(x)| \mathrm{d}x \ge \frac{1}{M} \left| \int_{\xi_1}^{\xi_2} f''(x) \mathrm{d}x \right|$$

$$= \frac{1}{M} |f'(\xi_2) - f'(\xi_1)|$$

$$= \frac{1}{M} \left| \frac{-f(x_0)}{b - x_0} - \frac{f(x_0)}{x_0 - a} \right| = \frac{b - a}{(b - x_0)(x_0 - a)}.$$

由于 $(b - x_0)(x_0 - a) \le \dfrac{[(b - x_0) + (x_0 - a)]^2}{4} = \dfrac{(b - a)^2}{4}$，

故 $\displaystyle\int_a^b \left| \frac{f''(x)}{f(x)} \right| \mathrm{d}x \ge \frac{4}{b - a}$，得证.

评注：由于 $f(x)$ 在分母上无法直接积分，故将 $f(x)$ 在分母上放大为最大值后，利用在最值点导数为零的性质，是解决本题的关键；注意到 $f''(x)$ 的积分，可以表示为 $f'(x)$ 在积分区间端点值的差，而拉格朗日中值定理正好可以把一阶导数和函数最值联系起来.

例 15. 证明：(1) $\displaystyle\int_0^{\frac{\pi}{2}} \frac{\sin x}{1 + x^2} \mathrm{d}x \le \int_0^{\frac{\pi}{2}} \frac{\cos x}{1 + x^2} \mathrm{d}x.$ (2) $\dfrac{5\pi}{2} < \displaystyle\int_0^{2\pi} \mathrm{e}^{\sin x} \mathrm{d}x < 2\pi \mathrm{e}^{\frac{1}{4}}.$

证明 (1) $\displaystyle\int_0^{\frac{\pi}{2}} \frac{\cos x}{1 + x^2} \mathrm{d}x - \int_0^{\frac{\pi}{2}} \frac{\sin x}{1 + x^2} \mathrm{d}x = \int_0^{\frac{\pi}{2}} \frac{\cos x - \sin x}{1 + x^2} \mathrm{d}x = \int_0^{\frac{\pi}{4}} \frac{\cos x - \sin x}{1 + x^2} \mathrm{d}x +$

$\displaystyle\int_{\frac{\pi}{4}}^{\frac{\pi}{2}} \frac{\cos x - \sin x}{1 + x^2} \mathrm{d}x$，注意到

$$\int_{\frac{\pi}{4}}^{\frac{\pi}{2}} \frac{\cos x - \sin x}{1 + x^2} \mathrm{d}x = \int_0^{\frac{\pi}{4}} \frac{\sin t - \cos t}{1 + \left(\frac{\pi}{2} - t\right)^2} \mathrm{d}t \ \left(t = \frac{\pi}{2} - x\right),$$

因此有

$$\int_0^{\frac{\pi}{2}} \frac{\cos x}{1 + x^2} \mathrm{d}x - \int_0^{\frac{\pi}{2}} \frac{\sin x}{1 + x^2} \mathrm{d}x = \int_0^{\frac{\pi}{4}} \frac{\cos x - \sin x}{1 + x^2} \mathrm{d}x + \int_0^{\frac{\pi}{4}} \frac{\sin x - \cos x}{1 + \left(\frac{\pi}{2} - x\right)^2} \mathrm{d}x$$

$$= \int_0^{\frac{\pi}{4}} (\cos x - \sin x) \left(\frac{1}{1 + x^2} - \frac{1}{1 + \left(\frac{\pi}{2} - x\right)^2} \right) \mathrm{d}x.$$

当 $0 < x < \dfrac{\pi}{4}$ 时，$x < \dfrac{\pi}{2} - x$，故 $\dfrac{1}{1+x^2} - \dfrac{1}{1+(\frac{\pi}{2}-x)^2} > 0$，因此有 $\displaystyle\int_0^{\frac{\pi}{2}} \dfrac{\cos x}{1+x^2}\mathrm{d}x -$

$\displaystyle\int_0^{\frac{\pi}{2}} \dfrac{\sin x}{1+x^2}\mathrm{d}x > 0$，得证.

（2）首先 $\displaystyle\int_0^{2\pi} \mathrm{e}^{\sin x}\mathrm{d}x = \int_0^{\pi} \mathrm{e}^{\sin x}\mathrm{d}x + \int_{\pi}^{2\pi} \mathrm{e}^{\sin x}\mathrm{d}x = 2\int_0^{\pi} \dfrac{\mathrm{e}^{\sin x}+\mathrm{e}^{-\sin x}}{2}\mathrm{d}x$，由幂级数展开式，可得

$$\frac{\mathrm{e}^{\sin x}+\mathrm{e}^{-\sin x}}{2} = 1 + \frac{\sin^2 x}{2!} + \frac{\sin^4 x}{4!} + \cdots + \frac{\sin^{2n} x}{(2n)!} + \cdots.$$

因此 $\dfrac{\mathrm{e}^{\sin x}+\mathrm{e}^{-\sin x}}{2} > 1 + \dfrac{\sin^2 x}{2!}$，故

$$\int_0^{2\pi} \mathrm{e}^{\sin x}\mathrm{d}x = 2\int_0^{\pi} \frac{\mathrm{e}^{\sin x}+\mathrm{e}^{-\sin x}}{2}\mathrm{d}x > 2\int_0^{\pi}\left(1 + \frac{\sin^2 x}{2!}\right)\mathrm{d}x = 2\pi + \int_0^{\pi}\sin^2 x\mathrm{d}x = \frac{5\pi}{2}.$$

另一方面，由于 $\displaystyle\int_0^{\pi} \sin^{2n} x\mathrm{d}x = \dfrac{(2n-1)!!}{(2n)!!}\pi$，可得

$$\int_0^{2\pi} \mathrm{e}^{\sin x}\mathrm{d}x = 2\int_0^{\pi} \frac{\mathrm{e}^{\sin x}+\mathrm{e}^{-\sin x}}{2}\mathrm{d}x = \int_0^{\pi}\left(1 + \frac{\sin^2 x}{2!} + \frac{\sin^4 x}{4!} + \cdots + \frac{\sin^{2n} x}{(2n)!} + \cdots\right)\mathrm{d}x$$

$$= \sum_{n=0}^{\infty} \frac{1}{(2n)!}\int_0^{\pi} \sin^{2n} x\,\mathrm{d}x = \pi\sum_{n=0}^{\infty} \frac{1}{(2n)!}\frac{(2n-1)!!}{(2n)!!} = \pi\sum_{n=0}^{\infty}\frac{1}{[(2n)!!]^2}$$

$$= \pi\sum_{n=0}^{\infty} \frac{1}{4^n(n!)^2} < \pi\sum_{n=0}^{\infty} \frac{1}{4^n n!} = \pi\mathrm{e}^{\frac{1}{4}}.$$

评注：本题的两个积分不等式问题，都不可以直接利用估值定理来证明；第一小题将积分区间分割后，通过定积分换元法得到了非负的积分函数；第二小题则对被积函数的幂级数展开式进行了放缩，从而得到更精确的积分不等式.

例 16. 设函数 $f(x)$ 在 $[a,b]$ 上连续可导，且 $f(a)=f(b)=0$，记 $M = \max\limits_{a\leqslant x\leqslant b}|f'(x)|$，证明：

$$\left|\int_a^b f(x)\,\mathrm{d}x\right| \leqslant \frac{(b-a)^2}{4}M.$$

证明 （方法一：利用导数方法获得关于被积函数的不等式）

定义辅助函数 $g_1(x) = f(x) - M(x-a)$，则 $g_1(a)=0$ 且 $g_1{'}(x) = f'(x) - M \leqslant 0$，故当 $x\in[a,b]$ 时

$$g_1(x) = f(x) - M(x-a) \leqslant 0 \Rightarrow f(x) \leqslant M(x-a),$$

同理，若定义辅助函数 $g_2(x) = f(x) + M(x-a)$，由 $g_2(a)=0$ 且 $g_2{'}(x)\geqslant 0$，可知 $f(x) \geqslant -M(x-a)$，故

$$|f(x)| \leqslant M(x-a).$$

使用同样的方法，可以证明 $|f(x)| \leqslant M(b-x)$，因此

$$\left| \int_a^b f(x)\,\mathrm{d}x \right| \leqslant \int_a^b |f(x)|\,\mathrm{d}x = \int_a^{\frac{a+b}{2}} |f(x)|\,\mathrm{d}x + \int_{\frac{a+b}{2}}^b |f(x)|\,\mathrm{d}x$$

$$\leqslant \int_a^{\frac{a+b}{2}} M(x-a)\,\mathrm{d}x + \int_{\frac{a+b}{2}}^b M(b-x)\,\mathrm{d}x = \frac{(b-a)^2}{4}M.$$

（方法二：利用积分方法获得被积函数不等式）

对不等式 $-M \leqslant f'(x) \leqslant M$ 同时在 $[a,x]$ 上积分

$$\int_a^x (-M)\,\mathrm{d}t \leqslant \int_a^x f'(x)\,\mathrm{d}t \leqslant \int_a^x M\,\mathrm{d}t,$$

可得 $-M(x-a) \leqslant f(x) \leqslant M(x-a)$，即 $|f(x)| \leqslant M(x-a)$；

对不等式 $-M \leqslant f'(x) \leqslant M$ 同时在 $[x,b]$ 上积分

$$\int_x^b (-M)\,\mathrm{d}t \leqslant \int_x^b f'(x)\,\mathrm{d}t \leqslant \int_x^b M\,\mathrm{d}t,$$

可得 $-M(b-x) \leqslant f(x) \leqslant M(b-x)$，即 $|f(x)| \leqslant M(b-x)$. 因此

$$\left| \int_a^b f(x)\,\mathrm{d}x \right| \leqslant \int_a^b |f(x)|\,\mathrm{d}x = \int_a^{\frac{a+b}{2}} |f(x)|\,\mathrm{d}x + \int_{\frac{a+b}{2}}^b |f(x)|\,\mathrm{d}x$$

$$\leqslant \int_a^{\frac{a+b}{2}} M(x-a)\,\mathrm{d}x + \int_{\frac{a+b}{2}}^b M(b-x)\,\mathrm{d}x = \frac{(b-a)^2}{4}M.$$

（方法三：利用拉格朗日中值定理，对 ξ 放缩后积分）

对于 $x \in (a,b)$，分别在 (a,x) 和 (x,b) 上使用拉格朗日中值定理，存在 $\xi_1 \in (a,x)$ 和 $\xi_2 \in (x,b)$ 使得

$$f(x) = f(a) + f'(\xi_1)(x-a) = f'(\xi_1)(x-a),$$

$$f(x) = f(b) + f'(\xi_2)(x-b) = f'(\xi_2)(x-b),$$

根据 $|f'(x)| \leqslant M$ 可得，$|f(x)| \leqslant M(x-a)$ 且 $|f(x)| \leqslant M(b-x)$. 因此

$$\left| \int_a^b f(x)\,\mathrm{d}x \right| \leqslant \int_a^b |f(x)|\,\mathrm{d}x = \int_a^{\frac{a+b}{2}} |f(x)|\,\mathrm{d}x + \int_{\frac{a+b}{2}}^b |f(x)|\,\mathrm{d}x$$

$$\leqslant \int_a^{\frac{a+b}{2}} M(x-a)\,\mathrm{d}x + \int_{\frac{a+b}{2}}^b M(b-x)\,\mathrm{d}x = \frac{(b-a)^2}{4}M.$$

（方法四：引入原函数，利用泰勒中值定理）

令 $F(x) = \int_a^x f(x)\,\mathrm{d}t$，则 $F'(x) = f(x)$ 且 $\left| \int_a^b f(x)\,\mathrm{d}x \right| = |F(b) - F(a)|$，上述结论等价于

$$|F(b) - F(a)| \leqslant \frac{(b-a)^2}{4} \max_{a \leqslant x \leqslant b} |F''(x)|.$$

由泰勒中值定理以及 $F'(a) = F'(b) = 0$，存在 $\xi_1 \in \left(a, \dfrac{a+b}{2}\right)$ 和 $\xi_2 \in \left(\dfrac{a+b}{2}, b\right)$ 使得

109

$$F\left(\frac{a+b}{2}\right) = F(a) + \frac{F''(\xi_1)}{2}\left(\frac{b-a}{2}\right)^2,$$

$$F\left(\frac{a+b}{2}\right) = F(b) + \frac{F''(\xi_2)}{2}\left(\frac{b-a}{2}\right)^2.$$

两式相减，可得

$$|F(b) - F(a)| = \frac{(b-a)^2}{8}|F''(\xi_1) - F''(\xi_2)|$$

$$\leq \frac{(b-a)^2}{8}\left(|F''(\xi_1)| + |F''(\xi_2)|\right)$$

$$\leq \frac{(b-a)^2}{4}\max_{a\leq x\leq b}|F''(x)|.$$

评注：本题的四种方法显示了证明积分不等式的主要方法；事实上，本题的结论可以推广为：若 $f(x)$ 在 $[a,b]$ 上存在直到 n 阶导数，且 $f^{(k)}(a) = f^{(k)}(b) = 0$，$k = 1, 2, \cdots, n-1$，则存在 $x \in (a, b)$ 使得

$$|f(b) - f(a)| \leq \frac{(b-a)^n}{2^{n-1} \cdot n!}\max_{a\leq x\leq b}|f^{(n)}(x)|.$$

例 17. 讨论下述反常积分的敛散性：

(1) $I = \displaystyle\int_0^{+\infty} \frac{x^{\alpha-1}}{1+x}\mathrm{d}x$；　　　(2) $I = \displaystyle\int_0^{+\infty} \frac{1}{x^p + x^q}\mathrm{d}x$.

解 (1) 该积分既是以 $x = 0$ 为奇点的瑕积分，也是无穷积分，

记 $I = \displaystyle\int_0^1 \frac{x^{\alpha-1}}{1+x}\mathrm{d}x + \int_1^{+\infty} \frac{x^{\alpha-1}}{1+x}\mathrm{d}x$.

对于瑕积分 $\displaystyle\int_0^1 \frac{x^{\alpha-1}}{1+x}\mathrm{d}x$，由于 $\lim\limits_{x\to 0+} x^{1-\alpha} \cdot \frac{x^{\alpha-1}}{1+x} = 1$，根据柯西判别法，当 $\alpha > 0$ 时，

瑕积分 $\displaystyle\int_0^1 \frac{x^{\alpha-1}}{1+x}\mathrm{d}x$ 收敛，当 $\alpha \leq 0$ 时发散；

对于无穷积分 $\displaystyle\int_1^{+\infty} \frac{x^{\alpha-1}}{1+x}\mathrm{d}x$，由于 $\lim\limits_{x\to+\infty} x^{2-\alpha} \cdot \frac{x^{\alpha-1}}{1+x} = 1$，根据柯西判别法，当 $\alpha < 1$

时，无穷积分 $\displaystyle\int_1^{+\infty} \frac{x^{\alpha-1}}{1+x}\mathrm{d}x$ 收敛，当 $\alpha \geq 1$ 时发散；

综上可知，当 $0 < \alpha < 1$ 时反常积分 $\displaystyle\int_0^{+\infty} \frac{x^{\alpha-1}}{1+x}\mathrm{d}x$ 收敛，当 $\alpha \leq 0$ 或 $\alpha \geq 1$ 时发散.

(2) 该积分既是以 $x = 0$ 为奇点的瑕积分，也是无穷积分，记 $I = \displaystyle\int_0^1 \frac{1}{x^p + x^q}\mathrm{d}x + \int_1^{+\infty} \frac{1}{x^p + x^q}\mathrm{d}x$.

对于瑕积分 $\displaystyle\int_0^1 \frac{1}{x^p + x^q}\mathrm{d}x$，记 $a = \min\{p, q\}$，则 $\lim\limits_{x\to 0+} x^a \cdot \frac{1}{x^p + x^q} = \begin{cases} 1, & p \neq q, \\ 2, & p = q, \end{cases}$

根据柯西判别法，当 $a < 1$ 时瑕积分 $\int_0^1 \dfrac{1}{x^p + x^q}\mathrm{d}x$ 收敛，当 $a \geq 1$ 时发散；

对于无穷积分 $\int_1^{+\infty} \dfrac{1}{x^p + x^q}\mathrm{d}x$，记 $b = \max\{p, q\}$，则 $\lim\limits_{x \to +\infty} x^b \cdot \dfrac{1}{x^p + x^q} = \begin{cases} 1, & p \neq q, \\ 2, & p = q, \end{cases}$ 根据柯西判别法，当 $b > 1$ 时无穷积分 $\int_1^{+\infty} \dfrac{1}{x^p + x^q}\mathrm{d}x$ 收敛，当 $b \leq 1$ 时，发散；

综上可知，当 $\min\{p, q\} < 1 < \max\{p, q\}$ 时反常积分 $\int_0^{+\infty} \dfrac{1}{x^p + x^q}\mathrm{d}x$ 收敛，否则发散.

例 18. 设函数 $f(x)$ 在 $[1, +\infty)$ 连续可导，广义积分 $\int_1^{+\infty} f(x)\mathrm{d}x$，$\int_1^{+\infty} f'(x)\mathrm{d}x$ 收敛，证明：$\lim\limits_{x \to +\infty} f(x) = 0$.

证明　$\forall a > 1$，有 $f(A) = f(1) + \int_1^A f'(x)\mathrm{d}x$，由题设知

$$\lim_{A \to +\infty} f(A) = f(1) + \lim_{A \to +\infty} \int_1^A f'(x)\mathrm{d}x = f(1) + \int_1^{+\infty} f'(x)\mathrm{d}x = a,\text{其中 } a \text{ 为常数}.$$

又因为 $\int_1^{+\infty} f(x)\mathrm{d}x$ 收敛，且存在极限 $\lim\limits_{A \to +\infty} f(A) = a$，必有极限值 $a = 0$，即 $\lim\limits_{x \to +\infty} f(x) = 0$.

例 19. 研究无穷积分 $\int_0^{+\infty} \dfrac{1}{1 + x^4 \cos^2 x}\mathrm{d}x$ 的敛散性.

解　令 $f(x) = \dfrac{1}{1 + x^4 \cos^2 x}$，当 $n\pi \leq x \leq (n+1)\pi$ 时，有 $0 \leq f(x) \leq \dfrac{1}{1 + (n\pi)^4 \cos^2 x}$，于是

$$\int_{n\pi}^{(n+1)\pi} f(x)\mathrm{d}x \leq \int_{n\pi}^{(n+1)\pi} \dfrac{1}{1 + (n\pi)^4 \cos^2 x}\mathrm{d}x.$$

由于 $\int \dfrac{1}{1 + a^2 \cos^2 x}\mathrm{d}x = \int \dfrac{1}{\tan^2 x + 1 + a^2}\mathrm{d}\tan x = \dfrac{1}{\sqrt{1 + a^2}}\arctan\left(\dfrac{\tan x}{\sqrt{1 + a^2}}\right) + C$，

可知

$$\int_{n\pi}^{(n+1)\pi} \dfrac{1}{1 + (n\pi)^4 \cos^2 x}\mathrm{d}x = \int_{n\pi}^{(n+\frac{1}{2})\pi} \dfrac{1}{1 + (n\pi)^4 \cos^2 x}\mathrm{d}x + \int_{(n+\frac{1}{2})\pi}^{(n+1)\pi} \dfrac{1}{1 + (n\pi)^4 \cos^2 x}\mathrm{d}x$$

$$= \dfrac{1}{\sqrt{1 + \pi^4 n^4}}\left(\dfrac{\pi}{2} + \dfrac{\pi}{2}\right) = \dfrac{\pi}{\sqrt{1 + \pi^4 n^4}},$$

对 n 求和得

$$\int_0^{+\infty} f(x)\mathrm{d}x \leq \sum_{n=0}^{\infty} \int_{n\pi}^{(n+1)\pi} \dfrac{1}{1 + (n\pi)^4 \cos^2 x}\mathrm{d}x$$

$$= \sum_{n=0}^{\infty} \frac{\pi}{\sqrt{1 + \pi^4 n^4}} < +\infty \quad (\sum_{n=0}^{\infty} \frac{\pi}{\sqrt{1 + \pi^4 n^4}} \text{收敛}),$$

由此可见无穷积分 $\int_0^{+\infty} \frac{1}{1 + x^4 \cos^2 x} dx$ 收敛.

评注：对于非负函数的无穷积分，一般使用比较判别法，但是本题的被积函数无法与标准积分（p 积分）比较，考虑到三角函数的特殊性，故将无穷区间分为无穷多个周期区间的和，从而将无穷积分问题转化为数项级数问题.

例 20. 设 $f(x)$ 在任意有限区间 $[a,b]$ 可积，$\lim\limits_{x \to +\infty} f(x) = A$，$\lim\limits_{x \to -\infty} f(x) = B$，证明：对任意 a，$\int_{-\infty}^{+\infty} [f(x+a) - f(x)] dx$ 收敛，并求其值.

证明 不妨设 $a > 0$，对 $\forall \alpha, \beta \in (-\infty, +\infty)$，$\alpha < \beta$ 有

$$\int_\alpha^\beta [f(x+a) - f(x)] dx = \int_\alpha^\beta f(x+a) dx - \int_\alpha^\beta f(x) dx$$

$$= \int_{\alpha+a}^{\beta+a} f(x) dx - \int_\alpha^\beta f(x) dx = \int_\beta^{\beta+a} f(x) dx - \int_\alpha^{\alpha+a} f(x) dx,$$

于是 $\int_\alpha^\beta [f(x+a) - f(x)] dx = (A-B)a + \int_\beta^{\beta+a} [f(x) - A] dx - \int_\alpha^{\alpha+a} [f(x) - B] dx.$

因为 $\lim\limits_{x \to +\infty} f(x) = A$，$\lim\limits_{x \to -\infty} f(x) = B$，所以 $\forall \varepsilon > 0$，$\exists M > 0$，当 $x > M$ 时，$|f(x) - A| < \frac{\varepsilon}{a}$，当 $x < -M$ 时，$|f(x) - B| < \frac{\varepsilon}{a}$. 故当 $\alpha + a < -M$，$\beta > M$ 时，有

$$\left| \int_\beta^{\beta+a} [f(x) - A] dx \right| \leqslant \int_\beta^{\beta+a} |f(x) - A| dx < \varepsilon, \left| \int_\alpha^{\alpha+a} [f(x) - B] dx \right|$$

$$\leqslant \int_\alpha^{\alpha+a} |f(x) - A| dx < \varepsilon,$$

即 $\lim\limits_{\beta \to +\infty} \int_\beta^{\beta+a} [f(x) - A] dx = 0$，$\lim\limits_{\alpha \to -\infty} \int_\alpha^{\alpha+a} [f(x) - B] dx = 0$. 因此根据无穷积分收敛定义可得

$$\int_{-\infty}^{+\infty} [f(x+a) - f(x)] dx = \lim_{\substack{\alpha \to -\infty \\ \beta \to +\infty}} \int_\alpha^\beta [f(x+a) - f(x)] dx$$

$$= (A-B)a + \lim_{\beta \to +\infty} \int_\beta^{\beta+a} [f(x) - A] dx -$$

$$\lim_{\alpha \to -\infty} \int_\alpha^{\alpha+a} [f(x) - B] dx$$

$$= (A-B)a.$$

例 21. 设 $f(x)$ 为 $[a, +\infty)$ 上的连续可微函数，且当 $x \to +\infty$ 时，$f(x)$ 递减地趋于 0，则 $\int_a^{+\infty} f(x) dx$ 收敛的充要条件为 $\int_a^{+\infty} x f'(x) dx$ 收敛.

证明 （必要性）若 $\int_a^{+\infty} f(x)\,\mathrm{d}x$ 收敛, 由柯西收敛准则, $\forall \varepsilon > 0$, $\exists A > a$, 对 $\forall A_1$, $A_2 > A$, 有 $\left| \int_{A_1}^{A_2} f(x)\,\mathrm{d}x \right| < \varepsilon$. 已知当 $x \to +\infty$ 时, $f(x)$ 递减地趋于 0, 故 $f(x) \geqslant 0$, 故对 $\forall x > 2A$ 时, $\dfrac{x}{2} f(x) \leqslant \int_{\frac{x}{2}}^x f(t)\,\mathrm{d}t < \varepsilon$, 即 $\forall \varepsilon > 0$, 当 $x > 2A$ 时, $xf(x) < 2\varepsilon$, 可得 $\lim\limits_{x \to +\infty} xf(x) = 0$. 于是

$$\int_a^{+\infty} xf'(x)\,\mathrm{d}x = \lim_{A \to +\infty} \int_a^A xf'(x)\,\mathrm{d}x = \lim_{A \to +\infty} \left(xf(x)\,\big|_a^A \right) - \lim_{A \to +\infty} \int_a^A f(x)\,\mathrm{d}x$$

$$= -af(a) - \int_a^{+\infty} f(x)\,\mathrm{d}x,$$

即知 $\int_a^{+\infty} xf'(x)\,\mathrm{d}x$ 收敛.

（充分性）若 $\int_a^{+\infty} xf'(x)\,\mathrm{d}x$ 收敛, 由柯西收敛准则, $\forall \varepsilon > 0$, $\exists A > |a|$, 当 $A_2 > x > A$ 时, 有 $\left| \int_x^{A_2} tf'(t)\,\mathrm{d}t \right| < \varepsilon$. 由于 $f(x)$ 递减, 故 $f'(x) \leqslant 0$, 根据积分中值定理, $\exists \xi \in [x, A_2]$ 使得

$$\left| \int_x^{A_2} tf'(t)\,\mathrm{d}t \right| = \left| \xi \int_x^{A_2} f'(t)\,\mathrm{d}t \right| = \left| \xi(f(A_2) - f(x)) \right| < \varepsilon.$$

于是 $|x(f(A_2) - f(x))| \leqslant |\xi(f(A_2) - f(x))| < \varepsilon$, 不等式两边令 $A_2 \to +\infty$, 可得 $|xf(x)| \leqslant \varepsilon$, 即 $\lim\limits_{x \to +\infty} xf(x) = 0$. 于是 $\int_a^{+\infty} f(x)\,\mathrm{d}x = \lim\limits_{A \to +\infty} \int_a^A f(x)\,\mathrm{d}x = \lim\limits_{A \to +\infty} \left(xf(x)\,\big|_a^A \right) - \lim\limits_{A \to +\infty} \int_a^A xf'(x)\,\mathrm{d}x = -af(a) - \int_a^{+\infty} xf'(x)\,\mathrm{d}x$, 即知 $\int_a^{+\infty} f(x)\,\mathrm{d}x$ 收敛.

评注: 本题充分利用了无穷积分收敛的柯西收敛准则, 同时结合了定积分的分部积分法; 从本题的证明过程可以发现若 $\int_a^{+\infty} f(x)\,\mathrm{d}x$ 收敛且 $f(x)$ 单调, 则必有 $\lim\limits_{x \to +\infty} xf(x) = 0$.

3 本节练习

（A 组）

1. 设函数 $f(x)$ 在 $(-1,1)$ 内连续且有 $f(x) = o(x)\,(x \to 0)$, 证明: $\int_0^{2x} f(t)\,\mathrm{d}t = o(x^2)\,(x \to 0)$.

2. 设 $f(x)$ 在 $(-\infty, +\infty)$ 上一阶连续可导, 求 $\lim\limits_{a \to 0^+} \dfrac{1}{4a^2} \int_{-a}^a [f(t+a) - f(t-a)]\,\mathrm{d}t$.

3. 求连续函数 $f(x)$ 使得满足 $\int_0^1 f(tx)\mathrm{d}t = f(x) + x\sin x$.

4. 试证方程 $\int_0^x \sqrt{1+t^4}\mathrm{d}t + \int_{\cos x}^0 \mathrm{e}^{-t^2}\mathrm{d}t = 0$ 有且仅有一个实根.

5. 设 $|a| \leqslant 1$，求 $I(a) = \int_{-1}^1 |x-a|\mathrm{e}^x\mathrm{d}x$ 的最大值.

6. 设 $f(x)$ 在区间 $[a,b]$ 上连续，M, m 分别为 $f(x)$ 在区间 $[a,b]$ 上的最大和最小值，证明：存在 $\xi \in (a,b)$，使得 $\int_a^b f(x)\mathrm{d}x = m(\xi - a) + M(b - \xi)$.

7. 设 $f(x)$ 在区间 $[a,b]$ 上有连续的二阶导数，且 $f(a)=f(b)=0$，证明：

$$\int_a^b f(x)\mathrm{d}x = \frac{1}{2}\int_a^b (x-a)(x-b)f''(x)\mathrm{d}x.$$

8. 设 $f(x)$ 在区间 $[a,b]$ 上连续，且 $\int_a^b f(x)\mathrm{d}x = 0$，$\int_a^b xf(x)\mathrm{d}x = 0$，$f''(x) \neq 0$，证明：$f(x)$ 在区间 $[a,b]$ 内恰好有两个零点.

9. 设函数 $f(x)$ 在 $[0,1]$ 上有连续导数，且 $f(1) - f(0) = 1$，试证：$\int_0^1 [f'(x)]^2\mathrm{d}x \geqslant 1$.

10. 设函数 $f(x)$ 在 $[a,b]$ 上有连续导数，且 $f(a)=f(b)=0$，试证：

$$\max_{x\in[a,b]} \{ |f(x)| \} \leqslant \frac{1}{2}\int_a^b |f'(x)|\mathrm{d}x.$$

11. 设 $f(x)$ 在区间 $[0,1]$ 上连续，且 $\int_0^1 f(x)\mathrm{d}x = 0$，证明：存在 $\xi \in (0,1)$，使得

$$f(\xi) + \int_0^\xi f(x)\mathrm{d}x = 0.$$

12. 设在 $[a,b]$ 上，$f''(x) > 0$，证明：

$$f(\frac{a+b}{2}) \leqslant \frac{1}{b-a}\int_a^b f(x)\mathrm{d}x \leqslant \frac{f(a)+f(b)}{2}.$$

13. 设 $f(x)$ 在 $[0,1]$ 上连续且递减，证明：当 $0 < \lambda < 1$ 时，

$$\int_0^\lambda f(x)\mathrm{d}x \geqslant \lambda \int_0^1 f(x)\mathrm{d}x.$$

14. 设 $f(x)$ 在 $[a,b]$ 上可导，且 $f'(x) \leqslant M$，$f(a)=0$，证明：

$$\int_a^b f(x)\mathrm{d}x \leqslant \frac{M}{2}(b-a)^2.$$

15. 设函数 $f(x)$ 在 $[0,1]$ 上连续，利用柯西不等式证明：

(1) $\left(\int_0^1 \frac{f(x)}{t^2+x^2}\mathrm{d}x\right)^2 \leqslant \frac{\pi}{2t}\int_0^1 \frac{f^2(x)}{t^2+x^2}\mathrm{d}x.$ $(t>0)$；(2) $\int_0^1 \mathrm{e}^{f(x)}\mathrm{d}x \int_0^1 \mathrm{e}^{-f(y)}\mathrm{d}y \geqslant 1.$

16. 设 $f(x)$ 是区间 $[0,1]$ 上的连续可微函数，当 $x \in (0,1)$ 时，$0 < f'(x) < 1$，$f(0) = 0$，证明

$$\int_0^1 f^2(x)\,\mathrm{d}x > \left[\int_0^1 f(x)\,\mathrm{d}x\right]^2 > \int_0^1 f^3(x)\,\mathrm{d}x.$$

17. 设函数 $f(x)$ 为区间 $[0,1]$ 上的正值连续单调递减函数，

证明：$\dfrac{\displaystyle\int_0^1 xf^2(x)\,\mathrm{d}x}{\displaystyle\int_0^1 xf(x)\,\mathrm{d}x} \leqslant \dfrac{\displaystyle\int_0^1 f^2(x)\,\mathrm{d}x}{\displaystyle\int_0^1 f(x)\,\mathrm{d}x}.$

18. 利用比较判别法或柯西判别法讨论下述广义积分的敛散性：

(1) $\displaystyle\int_0^{+\infty} \frac{x}{1+x^2\cos^2 x}\mathrm{d}x$；　　(2) $\displaystyle\int_0^{+\infty} \frac{\ln(1+x)}{x^p}\mathrm{d}x$；　　(3) $\displaystyle\int_0^{+\infty} \frac{1}{x^p+x^q}\mathrm{d}x$.

（B 组）

1. 设 $f(x) = \mathrm{e}^{\frac{x^2}{2}}\displaystyle\int_x^{+\infty} \mathrm{e}^{-\frac{t^2}{2}}\mathrm{d}t$，$0 \leqslant x < +\infty$，证明：（1）$\displaystyle\lim_{x\to+\infty} f(x) = 0$，（2）$f(x)$ 在 $[0,+\infty)$ 上单调递减.

2. 设 $f(x)$ 为 $(0,+\infty)$ 上单调递减连续函数且有下界，令 $a_n = \displaystyle\sum_{k=1}^n f(k) - \int_1^n f(x)\,\mathrm{d}x$，证明：数列 $\{a_n\}$ 收敛.

3. 设 $f(x)$ 在区间 $[a,b]$ 上有连续导数，在区间 (a,b) 内二阶可导，且 $f(a) = f(b) = 0$，$\displaystyle\int_a^b f(x)\,\mathrm{d}x = 0$，证明：（1）存在 $\xi \in (a,b)$，使得 $f(\xi) = f'(\xi)$；

（2）存在 $\eta \in (a,b)$，$\eta \neq \xi$，使得 $f(\eta) = f''(\eta)$.

4. 设 $f(x)$ 在区间 $(-\infty,+\infty)$ 上可微，且 $f(0) = 0$，$|f'(x)| \leqslant p|f(x)|$，证明：$f(x) \equiv 0$.

5. 设 $f(x)$ 在 $[0,+\infty)$ 上连续，对 $\forall A > 0$，无穷积分 $\displaystyle\int_A^{+\infty} \frac{f(x)}{x}\mathrm{d}x$ 收敛，证明：对 $\forall a$，$b > 0$，

$$\int_0^{+\infty} \frac{f(ax) - f(bx)}{x}\mathrm{d}x = f(0)\ln\frac{b}{a}.$$

6. 设函数 $f(x)$ 在 $(-\infty,+\infty)$ 内有界且连续可导，并且对 $\forall x \in (-\infty,+\infty)$ 有 $|f(x) + f'(x)| \leqslant 1$，证明：$|f(x)| \leqslant 1$.

7. 利用阿贝尔-狄利克雷判别法讨论下述广义积分的敛散性：

(1) $\displaystyle\int_0^{+\infty} \frac{\sqrt{x}\cos x}{x+100}\mathrm{d}x$；　　(2) $\displaystyle\int_0^{+\infty} \frac{\sin x^2}{1+x^p}\mathrm{d}x$；　　(3) $\displaystyle\int_0^{+\infty} \frac{|\sin x|}{x}\mathrm{d}x$.

8. 设 $f(x)$ 是以 T 为周期的周期函数，证明：$\displaystyle\lim_{x\to+\infty} \frac{1}{x}\int_0^x f(t)\,\mathrm{d}t = \frac{1}{T}\int_0^T f(t)\,\mathrm{d}t$.

9. 设 $f(x)$ 在区间 $[a,b]$ 上非负连续，证明：$\displaystyle\lim_{n\to\infty} \sqrt[n]{\int_a^b f^n(x)\,\mathrm{d}x} = \max_{a\leqslant x\leqslant b} f(x)$.

10. 证明：$2997 < \sum_{n=1}^{10^9} n^{-\frac{2}{3}} < 2998$.

11. 证明：康托罗维奇（Kantorovich）不等式：

$$\int_a^b f(x)\,\mathrm{d}x \cdot \int_a^b \frac{1}{f(x)}\mathrm{d}x \leqslant \frac{(M+m)^2}{4Mm}(b-a)^2,$$

其中 $f(x)$ 为区间 $[a,b]$ 上正值连续函数，$M = \max\limits_{a \leqslant x \leqslant b} f(x)$，$m = \min\limits_{a \leqslant x \leqslant b} f(x)$.

12. 设函数 $f(x)$ 在 $[a,b]$ 上二次连续可微，$M = \max\limits_{a \leqslant x \leqslant b} |f''(x)|$ 且 $f\left(\frac{a+b}{2}\right) = 0$，证明：

$$\left| \int_a^b f(x)\,\mathrm{d}x \right| \leqslant \frac{M(b-a)^3}{24}.$$

4　竞赛实战

（A 组）

1. （第六届江苏省赛）设 $I_n = \int_0^{\frac{\pi}{4}} \tan^n x\,\mathrm{d}x$，求证：$\dfrac{1}{2(n+1)} < I_n < \dfrac{1}{2(n-1)}$ $(n \geqslant 2)$.

2. （第六届江苏省赛）设 $f(x)$ 在 $[a,b]$ 上连续，$\int_a^b f(x)\,\mathrm{d}x = \int_a^b f(x)\mathrm{e}^x\,\mathrm{d}x = 0$，求证：$f(x)$ 在 (a,b) 内至少有两个零点.

3. （第八届江苏省赛）设 $f(x)$ 在 $(-\infty, +\infty)$ 上是导数连续的有界函数，$|f(x) - f'(x)| \leqslant 1$，求证：

$$|f(x)| \leqslant 1, x \in (-\infty, +\infty).$$

4. （第九届江苏省赛）设 $f(x)$ 在 $[a,b]$ 上具有连续导数，求证：

$$\max_{a \leqslant x \leqslant b} |f(x)| \leqslant \frac{1}{b-a}\left| \int_a^b f(x)\,\mathrm{d}x \right| + \int_a^b |f'(x)|\,\mathrm{d}x.$$

5. （第一届国家预赛）设 $f(x)$ 是连续函数，且满足 $f(x) = 3x^2 - \int_0^2 f(x)\,\mathrm{d}x - 2$，则 $f(x) = $ _____.

6. （第五届国家预赛）证明：广义积分 $\int_0^{+\infty} \dfrac{\sin x}{x}\mathrm{d}x$ 不是绝对收敛的.

7. （第八届国家预赛）设 $f(x)$ 在 $[0,1]$ 上可导，$f(0) = 0$，且当 $x \in (0,1)$，$0 < f'(x) < 1$，试证当 $a \in (0,1)$，

$$\left(\int_0^a f(x)\,\mathrm{d}x \right)^2 > \int_0^a f^3(x)\,\mathrm{d}x.$$

8. （第八届国家预赛）设函数 $f(x)$ 在闭区间 $[0,1]$ 上连续，且 $I = \int_0^1 f(x)\,\mathrm{d}x \neq 0$，证明：在 $(0,1)$ 内存在不同的两点 x_1, x_2，使得 $\dfrac{1}{f(x_1)} + \dfrac{1}{f(x_2)} = \dfrac{2}{I}$.

（B 组）

1. （第一届江苏省赛）已知 $f(x)$ 在 $[0,2]$ 上二次连续可微，$f(1)=0$，证明：$\left|\int_0^2 f(x)\,\mathrm{d}x\right| \leqslant \dfrac{1}{3}M$，其中 $M = \max\limits_{x \in [0,2]} |f''(x)|$.

2. （第二届江苏省赛）设 $f(x)$ 在 $[0,1]$ 上具有二阶连续导数，且 $f(0) = f(1) = 0$，$f(x)$ 不恒等于零，证明 $\int_0^1 |f''(x)|\,\mathrm{d}x \geqslant 4\max\limits_{0 \leqslant x \leqslant 1} |f(x)|$.

3. （第四届江苏省赛）设函数 $f(x)$ 在 $[0,2\pi]$ 上导数连续，$f'(x) \geqslant 0$，求证：对任意正整数 n，有
$$\left|\int_0^{2\pi} f(x)\sin nx\,\mathrm{d}x\right| \leqslant \frac{2}{n}(f(2\pi) - f(0)).$$

4. （第七届江苏省赛）设 $f'(x)$ 在 $[a,b]$ 上连续，$f(x)$ 在 (a,b) 内二阶可导，$f(a) = f(b) = 0$，$\int_a^b f(x)\,\mathrm{d}x = 0$，求证：

（1）在 (a,b) 内至少有一点 ξ，使得 $f'(\xi) = f(\xi)$；

（2）在 (a,b) 内至少有一点 η，$\eta \neq \xi$ 使得 $f''(\eta) = f(\eta)$.

5. （第十届江苏省赛）设 $f(x)$ 在 $[0,c]$ 上二阶可导，证明：$\exists \xi \in (0,c)$，使得
$$\int_0^c f(x)\,\mathrm{d}x = \frac{c}{2}(f(0) + f(c)) - \frac{c^3}{12} f''(\xi).$$

6. （第十四届江苏省赛）设函数 $f(x)$ 在区间 $[a,b]$ 上连续，单调增加，$n \in \mathbf{N}$，证明：
$$\int_a^b \left(\frac{b-x}{b-a}\right)^n f(x)\,\mathrm{d}x \leqslant \frac{1}{n+1}\int_a^b f(x)\,\mathrm{d}x.$$

7. （第一届国家决赛）设 $f(x)$ 在 $[0, +\infty)$ 上连续，无穷积分 $\int_0^\infty f(x)\,\mathrm{d}x$ 收敛. 求 $\lim\limits_{y \to +\infty} \dfrac{1}{y}\int_0^y x f(x)\,\mathrm{d}x$.

8. （第二届国家决赛）是否存在区间 $[0,2]$ 上的连续可微函数 $f(x)$，满足 $f(0) = f(2) = 1$，$|f'(x)| \leqslant 1$，$\left|\int_0^2 f(x)\,\mathrm{d}x\right| \leqslant 1$？请说明理由.

9. （第三届国家决赛）讨论 $\int_0^{+\infty} \dfrac{x}{\cos^2 x + x^\alpha \sin^2 x}\,\mathrm{d}x$ 的敛散性，其中 α 是一个常实数.

10. （第四届国家预赛）求最小实数 C，使得对满足 $\int_0^1 |f(x)|\,\mathrm{d}x = 1$ 的连续的函数 $f(x)$，都有 $\int_0^1 f(\sqrt{x})\,\mathrm{d}x \leqslant C$.

11. （第四届国家决赛）$f(x)$ 在 $[1, +\infty]$ 连续可导，$f'(x) = \dfrac{1}{1 + f^2(x)}$

$\left[\sqrt{\dfrac{1}{x}} - \sqrt{\ln\left(1 + \dfrac{1}{x}\right)} \right]$，证明：$\lim\limits_{x \to +\infty} f(x)$ 存在.

12.（第五届国家预赛）设 $|f(x)| \leq \pi$，$f'(x) \geq \pi > 0\,(a \leq x \leq b)$，证明：
$$\left| \int_a^b \sin f(x)\,\mathrm{d}x \right| \leq \frac{2}{m}.$$

13.（第五届国家决赛）设 $f(x)$ 是 $[0,1]$ 上的连续函数，且满足 $\int_0^1 f(x)\,\mathrm{d}x = 1$，求一个这样的函数 $f(x)$ 使得积分 $I = \int_0^1 (1 + x^2) f^2(x)\,\mathrm{d}x$ 取得最小值.

14.（第五届国家决赛）设当 $x > -1$ 时，可微函数 $f(x)$ 满足条件 $f'(x) + f(x) - \dfrac{1}{x+1} \cdot \int_0^x f(t)\,\mathrm{d}t = 0$，且 $f(0) = 1$，试证：当 $x \geq 0$ 时，有 $\mathrm{e}^{-x} \leq f(x) \leq 1$ 成立.

15.（第六届国家预赛）设 f 在 $[a,b]$ 上非负连续，严格单增，且存在 $x_n \in [a,b]$ 使得 $[f(x_n)]^n = \dfrac{1}{b-a}\int_a^b [f(x)]^n\,\mathrm{d}x$，求 $\lim\limits_{n\to\infty} x_n$.

16.（第七届国家预赛）设函数 $f(x)$ 在 $[0,1]$ 上连续，且 $\int_0^1 f(x)\,\mathrm{d}x = 0$，$\int_0^1 x f(x)\,\mathrm{d}x = 1$. 试证：

（1）$\exists x_0 \in [0,1]$，使 $|f(x_0)| > 4$；　　（2）$\exists x_1 \in [0,1]$，使 $|f(x_0)| = 4$.

17.（第八届国家决赛）设 $f(x)$ 在 $(-\infty, +\infty)$ 上连续，以 1 为周期，且满足 $0 \leq f(x) \leq 1$，$\int_0^1 f(x)\,\mathrm{d}x = 1$，证明：当 $0 \leq x \leq 13$ 时，有 $\int_0^{\sqrt{x}} f(t)\,\mathrm{d}t + \int_0^{\sqrt{x+27}} f(t)\,\mathrm{d}t + \int_0^{\sqrt{13-x}} f(t)\,\mathrm{d}t \leq 11$，并给出取等号的条件.

18.（第九届国家预赛）设 $f(x) > 0$ 且在 $(-\infty, +\infty)$ 上连续，若对任意实数 t，有 $\int_{-\infty}^{+\infty} \mathrm{e}^{-|t-x|} f(x)\,\mathrm{d}x \leq 1$，证明：任意 $a < b$，有 $\int_a^b f(x)\,\mathrm{d}x \leq \dfrac{b-a+2}{2}$.

19.（第九届国家决赛）设函数 $f(x)$ 在区间 $[0,1]$ 上连续，且 $\int_0^1 f(x)\,\mathrm{d}x \neq 0$，证明：在区间 $[0,1]$ 上存在三个不同的点 x_1，x_2，x_3，使得
$$\frac{\pi}{8} \int_0^1 f(x)\,\mathrm{d}x = \left[\frac{1}{1+x_1^2} \int_0^{x_1} f(t)\,\mathrm{d}t + f(x_1)\arctan x_1 \right] x_3$$
$$= \left[\frac{1}{1+x_2^2} \int_0^{x_2} f(t)\,\mathrm{d}t + f(x_2)\arctan x_2 \right](1 - x_3).$$

第二节　积分的计算

1　内容总结与精讲

◆ 基本积分公式：

(1) $\int k\mathrm{d}x = kx + C$；

(2) $\int x^{\mu}\mathrm{d}x = \dfrac{x^{\mu+1}}{\mu+1} + C\ (\mu \neq -1)$；

(3) $\int \dfrac{\mathrm{d}x}{x} = \ln x + C$；

(4) $\int \dfrac{1}{1+x^2}\mathrm{d}x = \arctan x + C$；

(5) $\int \dfrac{1}{\sqrt{1-x^2}}\mathrm{d}x = \arcsin x + C$；

(6) $\int \cos x\mathrm{d}x = \sin x + C$；

(7) $\int \sin x\mathrm{d}x = -\cos x + C$；

(8) $\int \dfrac{\mathrm{d}x}{\cos^2 x} = \int \sec^2 x\mathrm{d}x = \tan x + C$；

(9) $\int \dfrac{\mathrm{d}x}{\sin^2 x} = \int \csc^2 x\mathrm{d}x = -\cot x + C$；

(10) $\int \sec x\tan x\mathrm{d}x = \sec x + C$；

(11) $\int \csc x\cot x\mathrm{d}x = -\csc x + C$；

(12) $\int \mathrm{e}^x\mathrm{d}x = \mathrm{e}^x + C$；

(13) $\int a^x\mathrm{d}x = \dfrac{a^x}{\ln a} + C$；

(14) $\int \sinh x\mathrm{d}x = \cosh x + C$；

(15) $\int \cosh x\mathrm{d}x = \sinh x + C$；

(16) $\int \tan x\mathrm{d}x = -\ln\cos x + C$；

(17) $\int \cot x\mathrm{d}x = \ln\sin x + C$；

(18) $\int \sec x\mathrm{d}x = \ln(\sec x + \tan x) + C$；

(19) $\int \csc x\mathrm{d}x = \ln(\csc x - \cot x) + C$；

(20) $\int \dfrac{1}{a^2+x^2}\mathrm{d}x = \dfrac{1}{a}\arctan \dfrac{x}{a} + C$；

(21) $\int \dfrac{1}{x^2-a^2}\mathrm{d}x = \dfrac{1}{2a}\ln \dfrac{x-a}{x+a} + C$；

(22) $\int \dfrac{1}{a^2-x^2}\mathrm{d}x = \dfrac{1}{2a}\ln \dfrac{a+x}{a-x} + C$；

(23) $\int \dfrac{1}{\sqrt{a^2-x^2}}\mathrm{d}x = \arcsin \dfrac{x}{a} + C$；

(24) $\int \dfrac{1}{\sqrt{x^2 \pm a^2}}\mathrm{d}x = \ln(x + \sqrt{x^2 \pm a^2}) + C$.

◆ 第一换元法——凑微分

凑微分的实质是凑出被积函数（复合函数）的内层函数的微分形式，即已知 $f(x)$ 的原函数为 $F(x)$，为了求 $f(g(x))$ 的原函数，需要凑出 $g(x)$ 的微分形式

$\mathrm{d}g(x)$，从而有

$$\int f(g(x))\mathrm{d}g(x) = F(g(x)) + C. \text{（凑微分公式）}$$

针对具体的 $g(x)$ 的微分形式，常用的凑微分公式有：

(1) $x^n\mathrm{d}x = \dfrac{1}{n+1}\mathrm{d}x^{n+1}$；　　　(2) $\dfrac{1}{\sqrt{x}}\mathrm{d}x = 2\mathrm{d}\sqrt{x}$；

(3) $\dfrac{1}{x}\mathrm{d}x = \mathrm{d}\ln x$；　　　(4) $a^x\mathrm{d}x = \dfrac{1}{\ln a}\mathrm{d}a^x$；

(5) $\cos x\mathrm{d}x = \mathrm{d}\sin x$；　　　(6) $\sin x\mathrm{d}x = -\mathrm{d}\cos x$；

(7) $\cos^2 x\mathrm{d}x = \mathrm{d}\sec x$；　　　(8) $\dfrac{1}{1+x^2}\mathrm{d}x = \mathrm{d}\arctan x$；

(9) $\dfrac{1}{\sqrt{1-x^2}}\mathrm{d}x = \mathrm{d}\arcsin x$；　　　(10) $\left(1-\dfrac{1}{x^2}\right)\mathrm{d}x = \mathrm{d}\left(x+\dfrac{1}{x}\right)$；

(11) $\left(1+\dfrac{1}{x^2}\right)\mathrm{d}x = \mathrm{d}\left(x-\dfrac{1}{x}\right)$.

在实际问题中，经常遇到如下的积分形式：

$$\int \frac{f'(x)}{f(x)}\mathrm{d}x = \ln f(x) + C; \qquad \int \frac{f'(x)}{1+f^2(x)}\mathrm{d}x = \arctan f(x) + C;$$

$$\int \frac{f'(x)}{\sqrt{1-f^2(x)}}\mathrm{d}x = \arcsin f(x) + C; \qquad \int \mathrm{e}^{f(x)}f'(x)\mathrm{d}x = \mathrm{e}^{f(x)} + C;$$

$$\int \mathrm{e}^x(f(x)+f'(x))\mathrm{d}x = f(x)\mathrm{e}^x + C.$$

使用凑微分法关键在于观察到需要凑的微分形式，这需要熟悉常用的微分形式.

◆ 第二换元法

第二换元法的实质是通过引入新变量，简化被积函数的形式，要求引入新变量所导致微分形式的变化能够简化被积函数或不会引起被积函数的复杂化；通过引入新变量，简化被积函数的方法主要包括以下几种：

1. 三角变换，包括三种形式 $\begin{cases} x = a\sin t, \\ x = a\tan t, \\ x = a\sec t, \end{cases}$ 分别处理被积函数中包含 $\begin{cases} \sqrt{a^2-x^2}, \\ \sqrt{a^2+x^2}, \\ \sqrt{x^2-a^2}. \end{cases}$

2. 双曲变换，包括两种形式 $\begin{cases} x = a\sinh t, \\ x = a\cosh t, \end{cases}$ 分别处理被积函数中包含 $\begin{cases} \sqrt{x^2+a^2}, \\ \sqrt{x^2-a^2}. \end{cases}$

注：并不是所有的根号下包含二次式都使用三角变换或双曲变换，一般地，若

根号外有 x 的奇数次幂，则只需将整个根式换为新变量．（例如 $\int \dfrac{x^5}{\sqrt{1+x^2}}dx$ 中可令 $t=\sqrt{1+x^2}$ ）

3. 倒代换，若分母的阶数较高，可采用倒代换 $x=\dfrac{1}{t}$ ；

4. 指数（对数）代换，若被积函数为指数函数 e^x 的有理式或无理式，可采用指数（对数）代换 $t=e^x$ 即 $x=\ln t$ ，将指数函数 e^x 的有理式或无理式化为 t 的有理式或无理式．

◆ **分部积分法**

分部积分法是针对两个函数乘积形式的被积函数，将其中一个函数换为其原函数，另一个换为其导函数，从而改变被积函数的形式，达到简化被积函数的目的．其实质是借助乘积的求导法则 $((fg)'=f'g+fg')$ ，将乘积求导后出现的两项 $(f'g$ 与 $fg')$ 进行互相转换．

分部积分法的关键在于选择哪一个函数换为其原函数，哪一个换为其导函数，包括以下几种类型：

1. 若被积函数是幂函数和正（余）弦函数或指数函数的乘积，就考虑选择幂函数换为其导函数，选择正（余）弦函数或指数函数换为其原函数，使幂函数降幂一次（假定幂指数是正整数）；

2. 若被积函数是幂函数和对数函数或反三角函数的乘积，就考虑选择将幂函数换为其原函数，选择对数函数或反三角函数换为其导函数，由于对数函数或反三角函数求导后成为有理式或无理式，从而消除了被积函数中的对数函数或反三角函数；

注：上述方法一般称为 LIATE 选择法，即选择将那个函数换为其导函数的顺序为：L（对数函数）$\rightarrow I$（反三角函数）$\rightarrow A$（代数函数）$\rightarrow T$（三角函数）$\rightarrow E$（指数函数）．

3. 若被积函数是正（余）弦函数和指数函数的乘积，考虑使用两次分部积分公式得到循环形式，每次须选择将同一种函数换为其导函数；

4. 若被积函数中包含导函数 $(f'(x))$ 或包含变限积分 $(\int_0^x f(t)\,dt)$ ，可考虑将导函数换为其原函数，将变限积分换为其导函数；

5. 分部积分法可以获得与 n 有关的积分式的递推式，常用的递推式包括：

（1） $I_n=\int \ln^n x dx\,(n\in \mathbf{N}_+),I_n=x\ln^n x-nI_{n-1}$ ；

（2） $I_n=\int x^n e^{ax}dx\,(n\in \mathbf{N}_+),I_n=\dfrac{1}{a}x^n e^{ax}-\dfrac{n}{a}I_{n-1}$ ；

（3） $I_n=\int \sin^n x dx\,(n\in \mathbf{N}_+),I_{n+1}=-\dfrac{1}{n+1}\sin^n x\cos x+\dfrac{n}{n+1}I_{n-1}$ ；

（4）$I_n = \int \cos^n x dx (n \in \mathbf{N}_+)$，$I_{n+1} = \dfrac{1}{n+1} \cos^n x \sin x + \dfrac{n}{n+1} I_{n-1}$；

（5）$I_n = \int \tan^n x dx (n \in \mathbf{N}_+)$，$I_{n+1} = \dfrac{1}{n} \tan^n x - I_{n-1}$；

（6）$I_n = \int \dfrac{dx}{\sin^n x} (n \in \mathbf{N}_+)$，$I_{n+1} = -\dfrac{1}{n} \cdot \dfrac{\cos x}{\sin^n x} + \dfrac{n-1}{n} I_{n-1}$；

（7）$I_n = \int \dfrac{dx}{\cos^n x} (n \in \mathbf{N}_+)$，$I_{n+1} = \dfrac{1}{n} \cdot \dfrac{\sin x}{\cos^n x} + \dfrac{n-1}{n} I_{n-1}$；

（8）$I_n = \int \dfrac{dx}{(x^2+a^2)^n} (n \in \mathbf{N}_+)$，$I_{n+1} = \dfrac{1}{2na^2} \Big[\dfrac{x}{(x^2+a^2)^n} + (2n-1) I_n \Big]$；

（9）$I_n = \int e^{ax} \sin^n bx dx (n \geqslant 2)$，$I_n = \dfrac{1}{a^2+b^2 n^2} e^{ax} \sin^{n-1} bx (a\sin bx - nb\cos bx) + \dfrac{n(n-1)b^2}{a^2+b^2 n^2} I_{n-2}$；

（10）$I_n = \int e^{ax} \cdot \cos^n bx dx (n \geqslant 2)$，$I_n = \dfrac{1}{a^2+b^2 n^2} e^{ax} \cdot \cos^{n-1} bx (a\cos bx + nb\sin bx) + \dfrac{n(n-1)b^2}{a^2+b^2 n^2} I_{n-2}$；

（11）$I_{m,n} = \int x^m \ln^n x dx (m,n \geqslant 2)$，$I_{m,n} = \dfrac{1}{m+1} x^{n+1} \ln^n x - \dfrac{n}{m+1} I_{m,n-1}$；

（12）$I_{m,n} = \int \cos^m x \sin^n x dx (m,n \geqslant 2)$，

$I_{m,n} = \dfrac{1}{m+n} \cos^{m-1} x \sin^{n+1} x + \dfrac{m-1}{m+n} I_{m-2,n} = -\dfrac{1}{m+n} \cos^{m+1} x \sin^{n-1} x + \dfrac{n-1}{m+n} I_{m,n-2}$；

还包括如下的定积分公式：

（1）$I_n = \displaystyle\int_0^1 \ln^n x dx (n \in \mathbf{N}_+)$，$I_n = (-1)^n \cdot n!$；

（2）（沃利斯（Wallis）公式）$I_n = \displaystyle\int_0^{\frac{\pi}{2}} \sin^n x dx = \int_0^{\frac{\pi}{2}} \cos^n x dx (n \in \mathbf{N}_+)$，

$$I_n = \begin{cases} \dfrac{(2k)!!}{(2k+1)!!}, & n = 2k+1, \\ \dfrac{(2k-1)!!}{(2k)!!} \cdot \dfrac{\pi}{2}, & n = 2k; \end{cases}$$

（3）$\displaystyle\int_{-\pi}^{\pi} \sin mx \cos nx dx = 0$，$\displaystyle\int_0^{\pi} \sin mx \sin nx dx = \int_0^{\pi} \cos mx \cos nx dx = \begin{cases} 0, & m \neq n, \\ \dfrac{\pi}{2}, & m = n. \end{cases}$

◆ 几种特殊类型的函数的积分

1. 有理式的积分 $\displaystyle\int \dfrac{P(x)}{Q(x)} dx$，可以通过多项式除法和待定系数法，化为三种函

数的和：多项式、$\dfrac{A}{(x-a)^n}$ 以及 $\dfrac{Mx+N}{(x^2+px+q)^n}$($p^2<4q$)，其中第三种的积分可以通过换元法化为 $\displaystyle\int \dfrac{1}{(t^2+a^2)^n}\mathrm{d}t$，可利用分部积分得到递推公式.

注：（1）一般情况下，可以通过分子的分解、加减项等方法将有理式化为最简分式；

（2）形如 $\displaystyle\int \dfrac{1\pm x^2}{x^4+ax^2+1}\mathrm{d}x$ 等积分形式，可令分子分母同时除以 x^2，并将分子凑出 $x\pm\dfrac{1}{x}$ 的微分.

2. 三角函数有理式的积分 $\displaystyle\int R(\sin x,\cos x)\mathrm{d}x$：

（1）一般地，可以通过万能替换公式（即半角正切变换 $u=\tan\dfrac{x}{2}$）

$$\sin x=\frac{2u}{1+u^2};\ \cos x=\frac{1-u^2}{1+u^2};\ \mathrm{d}x=\frac{2}{1+u^2}\mathrm{d}u;$$

将三角函数有理式变为普通有理式 $\displaystyle\int R(\sin x,\cos x)\mathrm{d}x=\int R\left(\frac{2u}{1+u^2},\frac{1-u^2}{1+u^2}\right)\frac{2}{1+u^2}\mathrm{d}u$；

（2）使用积化和差或和差化积公式，一般对分子出现不同角的三角函数的乘积或分母出现不同角的三角函数的和差时，使用乘积与和差的互相转换，简化被积函数；（例如 $\displaystyle\int \dfrac{1+\sin x}{\sin 3x+\sin x}\mathrm{d}x$）

（3）万能替换公式一般比较麻烦，可根据三角有理式的特点选择更简单便捷的方法，以下几种类型值得注意：

（a）若 $R(-\sin x,\cos x)=-R(\sin x,\cos x)$，令 $t=\cos x$；

（b）若 $R(\sin x,-\cos x)=-R(\sin x,\cos x)$，令 $t=\sin x$；

（c）若 $R(-\sin x,-\cos x)=R(\sin x,\cos x)$，令 $t=\tan x$.

注：（i）若 $R(\sin x,\cos x)=\sin^m x\cdot\cos^n x$，（a）代表 m 为奇数，（b）代表 n 为奇数，（c）代表 m 和 n 都为偶数；

（ii）对于 $\dfrac{1}{a\sin^2 x+b\cos^2 x}$、$\dfrac{\sin^2 x}{a\sin^2 x+b\cos^2 x}$ 或 $\dfrac{\cos^2 x}{a\sin^2 x+b\cos^2 x}$ 类型的被积函数，使用（c）.

（4）形如 $\displaystyle\int \dfrac{A\sin x+B\cos x}{C\sin x+D\cos x}\mathrm{d}x$ 类型的不定积分，一般地，可令

$$A\sin x+B\cos x=a(C\sin x+D\cos x)+b(C\sin x+D\cos x)'\Rightarrow\begin{cases}aC-bD=A,\\aD+bC=B\end{cases}\Rightarrow\begin{cases}a=\dfrac{AC+BD}{C^2+D^2},\\[2mm]b=\dfrac{BC-AD}{C^2+D^2};\end{cases}$$

（5）形如 $\int \dfrac{1}{\sin^m x \cos^n x}\mathrm{d}x$ 类型的不定积分，一般可通过分子 $1 = \sin^2 x + \cos^2 x$ 逐步降低分母阶数.

3. 几种无理式的积分：

（1）$\int R(\sqrt[m]{x}, \cdots, \sqrt[k]{x})\mathrm{d}x$，令 $x = t^n$，其中 n 为各根指数的最小公倍数.

（2）$\int R(x, \sqrt[m]{ax+b})\mathrm{d}x$ 或 $\int R\left(x, \sqrt[m]{\dfrac{ax+b}{cx+d}}\right)\mathrm{d}x\,((ad-bc)\neq 0)$，令 $t = \sqrt[m]{ax+b}$ 或 $t = \sqrt[m]{\dfrac{ax+b}{cx+d}}$.

（3）$\int R(x, \sqrt{ax^2+bx+c})\mathrm{d}x$ $(\Delta = b^2 - 4ac \neq 0)$，有以下几种方法：

（a）配方，$\sqrt{ax^2+bx+c} = \sqrt{a\left(x+\dfrac{b}{2a}\right)^2 + \dfrac{4ac-b^2}{4a}}$，然后使用三角变换或双曲变换；

（b）若 $\Delta = b^2 - 4ac > 0$，则 $\sqrt{ax^2+bx+c} = \sqrt{(a_1 x + b_1)\,(a_2 x + b_2)} = |a_2 x + b_2|\sqrt{\dfrac{a_1 x + b_1}{a_2 x + b_2}}$，可令 $t = \dfrac{a_1 x + b_1}{a_2 x + b_2}$；

（c）若 $a > 0$，可令 $\sqrt{ax^2+bx+c} = \sqrt{a}x + t$，若 $c > 0$，可令 $\sqrt{ax^2+bx+c} = tx + \sqrt{c}$.

（4）$\int (1+x)^p x^q \mathrm{d}x$，其中 p，q 为有理数. 对于此类型的积分，有如下结论：

（a）若 p 为整数，$q = \dfrac{n}{m}$，则令 $x = t^m$，可化为关于 t 的有理式的积分；

（b）若 q 为整数，$p = \dfrac{n}{m}$，则令 $1 + x = t^m$，可化为关于 t 的有理式的积分；

（c）若 $p + q$ 为整数，$p = \dfrac{n}{m}$，则令 $\dfrac{1+x}{x} = t^m$，可化为关于 t 的有理式的积分；

（d）若 p，q，$p+q$ 都不是整数，则 $\int (1+x)^p x^q \mathrm{d}x$ 是积不出的（找不到初等函数形式的表达式）.

（5）$\int x^r (a+bx^s)^p \mathrm{d}x$，其中 r，s，p 为有理数，a，b 为非零实数.

令 $w = \dfrac{b}{a}x^s$，则 $\int x^r (a+bx^s)^p \mathrm{d}x = c\int w^{\frac{r+1}{s}-1}(1+w)^p \mathrm{d}w$，其中常数 $c = \left(\dfrac{a}{b}\right)^{\frac{r+1}{s}}\dfrac{a^p}{s}$. 根据（4）可知当且仅当 p，$\dfrac{r+1}{s}$，$\dfrac{r+1}{s}+p$ 中一个为整数时，$\int x^r (a+bx^s)^p \mathrm{d}x$ 可以化为有理式的积分：

（a）若 p 为整数，$\dfrac{r+1}{s}$ 的分母为 m，则令 $x = t^{\frac{m}{s}}$；

（b）若 $\dfrac{r+1}{s}$ 为整数，p 的分母为 m，则令 $a + bx^s = t^m$，即 $x = \left(\dfrac{t^m - a}{h}\right)^{\frac{1}{s}}$；

（c）若 $\dfrac{r+1}{s} + p$ 为整数，p 的分母为 m，则令 $\dfrac{a + bx^s}{bx^s} = t^m$，即

$$x = \left(\frac{b(t^m - 1)}{a}\right)^{-\frac{1}{s}}.$$

注：若 $r = -1$，$\dfrac{r+1}{s} = 0$ 为整数，此时 $\displaystyle\int \frac{(a + bx^s)^p}{x}\mathrm{d}x$ 对任意的有理数 s，p 都可积得出.

4. 指数有理式或指数无理式 $\dfrac{P(\mathrm{e}^x)}{Q(\mathrm{e}^x)}$，$R(\mathrm{e}^x, \sqrt[n]{a\mathrm{e}^x + b})$，$R\left(\mathrm{e}^x, \sqrt[n]{\dfrac{a\mathrm{e}^x + b}{c\mathrm{e}^x + d}}\right)$ 的积分：可使用指数代换 $t = \mathrm{e}^x$ 或根指数代换 $t = \sqrt[n]{a\mathrm{e}^x + b}$，$t = \sqrt[n]{\dfrac{a\mathrm{e}^x + b}{c\mathrm{e}^x + d}}$ 直接将指数有理式或指数无理式化为普通有理式.

◆ 定积分换元法

不同于不定积分换元法，定积分换元法的关键在于换元必换限，而无需还原；通过换元过程往往可以变换定积分的形式，在不求出原函数的情况下，计算出定积分.

1. 奇函数与偶函数在对称区间的积分：$f(x) \in R[-a, a]$，若 $f(x)$ 为偶函数，则 $\displaystyle\int_{-a}^{a} f(x)\mathrm{d}x = 2\int_{0}^{a} f(x)\mathrm{d}x$，若 $f(x)$ 为奇函数，则 $\displaystyle\int_{-a}^{a} f(x)\mathrm{d}x = 0$；

注：（1）任意函数都可以化为一个奇函数加一个偶函数，例如 $f(x) = \dfrac{f(x) - f(-x)}{2} + \dfrac{f(x) + f(-x)}{2}$，因此任意函数在对称区间的积分都可以考虑奇偶性；

（2）对于非对称区间的定积分，可以首先使用换元法将非对称区间化为对称区间，然后使用奇偶性.

2. 有关三角函数的定积分公式：利用定积分换元法，可以得到如下公式

$$\int_{0}^{\frac{\pi}{2}} f(\sin x)\mathrm{d}x = \int_{0}^{\frac{\pi}{2}} f(\cos x)\mathrm{d}x, \quad \int_{0}^{\pi} xf(\sin x)\mathrm{d}x = \frac{\pi}{2}\int_{0}^{\pi} f(\sin x)\mathrm{d}x$$

对于某些三角函数的定积分，即使求不出原函数，也可以通过换元法得到积分值.

◆ 引入参变量求定积分

在无法直接求出原函数的情况下，可以考虑通过引入参变量，将定积分看作含

参量积分，从而求出定积分，主要有以下两种方式：

1. 利用含参量积分求导公式：设 $\varphi(t) = \int_a^b f(x,t)\,\mathrm{d}x$，则 $\varphi'(t) = \int_a^b \dfrac{\partial f(x,t)}{\partial t}\mathrm{d}x$. 步骤如下：

（1）在定积分 $\int_a^b f(x)\,\mathrm{d}x$ 的被积函数中，引入参变量 t，得到含参量积分 $\varphi(t) = \int_a^b f(x,t)\,\mathrm{d}x$；

（2）对含参量积分两边同时求导，得 $\varphi'(t) = \int_a^b \dfrac{\partial f(x,t)}{\partial t}\mathrm{d}x$，目的是通过被积函数对 t 求导简化被积函数，可以较易得到 $\dfrac{\partial f(x,t)}{\partial t}$ 关于 x 的原函数，从而求出 $\varphi'(t)$；

（3）对 $\varphi'(t)$ 关于 t 求原函数，得到 $\varphi(t) = \int_a^b f(x,t)\,\mathrm{d}x$，只需确定 t 的值即可求出 $\int_a^b f(x)\,\mathrm{d}x$.

注：引入参量的目的是对参量求导后简化被积函数.

2. 利用矩形区域上二次积分换序公式：设 $f(x) = \int_c^d \varphi(x,t)\,\mathrm{d}t$，则

$$\int_a^b f(x)\,\mathrm{d}x = \int_a^b \left[\int_c^d \varphi(x,t)\,\mathrm{d}t\right]\mathrm{d}x = \int_c^d \left[\int_a^b \varphi(x,t)\,\mathrm{d}x\right]\mathrm{d}t.$$

具体步骤如下：

（1）将被积函数 $f(x)$ 表示为二元函数 $\varphi(x,t)$ 关于参量 t 的定积分，要求 $\varphi(x,t)$ 易于求出关于 x 的原函数；

（2）利用上述二次积分换序公式，先对 x 求积分，再对 t 求积分，从而求出 $\int_a^b f(x)\,\mathrm{d}x$.

注：引入参量的目的是得到 $\varphi(x,t)$，其易于求出关于 x 的原函数.

2 典型例题与方法进阶

例1. 计算积分 （1）$\int \ln\left(1 + \sqrt{\dfrac{1+x}{x}}\right)\mathrm{d}x\ (x>0)$；（2）$\int_3^{+\infty} \dfrac{\mathrm{d}x}{(x-1)^4\sqrt{x^2-2x}}.$

解 （1）令 $\sqrt{\dfrac{1+x}{x}} = t$ 得 $x = \dfrac{1}{t^2-1}$，$\mathrm{d}x = \dfrac{-2t\mathrm{d}t}{(t^2-1)^2}$，则

$$\int \ln\left(1 + \sqrt{\dfrac{1+x}{x}}\right)\mathrm{d}x = \int \ln(1+t)\,\mathrm{d}\frac{1}{t^2-1} = \frac{\ln(1+t)}{t^2-1} - \int \frac{1}{t^2-1}\frac{1}{t+1}\mathrm{d}t.$$

而

$$\int \frac{1}{t^2-1}\frac{1}{t+1}\mathrm{d}t = \frac{1}{4}\int\left(\frac{1}{t-1}-\frac{1}{t+1}-\frac{2}{(t+1)^2}\right)\mathrm{d}t$$

$$= \frac{1}{4}\ln(t-1)-\frac{1}{4}\ln(t+1)+2\frac{1}{t+1}+C,$$

所以

$$\int\ln\left(1+\sqrt{\frac{1+x}{x}}\right)\mathrm{d}x = \frac{\ln(1+t)}{t^2-1}+\frac{1}{4}\ln\frac{t+1}{t-1}-\frac{1}{2(t+1)}+C$$

$$= x\ln\left(1+\sqrt{\frac{1+x}{x}}\right)+\frac{1}{2}\ln(\sqrt{1+x}+\sqrt{x})+\frac{1}{2}x-\frac{1}{2}\sqrt{x+x^2}+C.$$

（2）$\displaystyle\int_3^{+\infty}\frac{\mathrm{d}x}{(x-1)^4\sqrt{x^2-2x}} = \int_3^{+\infty}\frac{\mathrm{d}x}{(x-1)^4\sqrt{(x-1)^2-1}}$，令 $x=1+\sec\theta$，则

$$\int_3^{+\infty}\frac{\mathrm{d}x}{(x-1)^4\sqrt{x^2-2x}} = \int_{\frac{\pi}{3}}^{\frac{\pi}{2}}\frac{\sec\theta\tan\theta}{\sec^4\theta\tan\theta}\mathrm{d}\theta = \int_{\frac{\pi}{3}}^{\frac{\pi}{2}}(1-\sin^2\theta)\cos\theta\mathrm{d}\theta = \frac{2}{3}-\frac{3\sqrt{3}}{8}.$$

例 2. 当常数 a,b 满足什么条件时，在不定积分 $\displaystyle\int\frac{x^2+ax+b}{(x+1)^2(x^2+1)}\mathrm{d}x$ 中

（1）没有反正切函数；（2）没有对数函数.

解　因为 $\dfrac{x^2+ax+b}{(x+1)^2(x^2+1)} = \dfrac{A}{x+1}+\dfrac{B}{(x+1)^2}+\dfrac{Mx+N}{x^2+1}.$

（1）要使不定积分没有反正切函数，则需 $N=0$，而由

$$x^2+ax+b = A(x+1)(x^2+1)+B(x^2+1)+Mx(x+1)^2,$$

比较系数知：$b=A+B$，$a=A+M$，$1=A+B+2M$，$0=A+M$，可见 $a=0$，$A=\dfrac{b-1}{2}$，$B=\dfrac{b+1}{2}$，$M=\dfrac{1-b}{2}$. 因此当 $a=0$ 时，不定积分就没有反正切函数.

（2）要使不定积分没有对数函数，则需 $A=0$，$M=0$，而由

$$x^2+ax+b = B(x^2+1)+N(x+1)^2,$$

比较系数知：$b=1$ 时，不定积分就没有对数函数.

例 3. 求不定积分 $I=\displaystyle\int\frac{\mathrm{e}^{-\sin x}\sin 2x}{\sin^4\left(\dfrac{\pi}{4}-\dfrac{x}{2}\right)}\mathrm{d}x.$

解　$I=\displaystyle\int\mathrm{e}^{-\sin x}\frac{2\sin x\cos x}{\left[\sin^2\left(\dfrac{\pi}{4}-\dfrac{x}{2}\right)\right]^2}\mathrm{d}x = 8\int\mathrm{e}^{-\sin x}\frac{\sin x\cos x}{\left[1-\cos\left(\dfrac{\pi}{2}-x\right)\right]^2}\mathrm{d}x =$

$8\displaystyle\int\mathrm{e}^{-\sin x}\frac{\sin x}{(1-\sin x)^2}\mathrm{d}\sin x$，令 $t=\sin x$，则 $I=8\displaystyle\int\mathrm{e}^{-t}\frac{t}{(1-t)^2}\mathrm{d}t$，注意到

$$\frac{t}{(1-t)^2} = -\frac{1}{1-t}+\frac{1}{(1-t)^2} = -\frac{1}{1-t}+\left(\frac{1}{1-t}\right)'.$$

由于 $(e^{-t}f(t))' = e^{-t}(-f(t) + f'(t))$，若令 $f(t) = \dfrac{1}{1-t}$，则

$$I = 8\int e^{-t}(-f(t) + f'(t))\,dt = 8\int (e^{-t}f(t))'\,dt$$

$$= 8e^{-t}f(t) + C = \frac{8e^{-t}}{1-t} + C = \frac{8e^{-\sin x}}{1 - \sin x} + C.$$

评注：使用三角公式简化被积函数以及凑出形如 $e^{-t}f(t)$ 函数的微分是解决本题的关键；当遇到被积函数包含 e^x 或 e^{-x} 与其他函数的乘积时，可以考虑直接凑出微分形式的方法，事实上，该方法与分部积分法等价.

例 4. 求不定积分 $I = \int \max\{x^3, x^2, 1\}\,dx$.

解　由于被积函数 $f(x) = \max\{x^3, x^2, 1\} = \begin{cases} x^3, & x \geq 1, \\ x^2, & x \leq -1, \\ 1, & |x| < 1, \end{cases}$ 因此当 $x \geq 1$ 时，

$I = \int f(x)\,dx = \dfrac{1}{4}x^4 + C_1$，当 $x \leq -1$ 时，$I = \int f(x)\,dx = \dfrac{1}{3}x^3 + C_2$，当 $|x| < 1$ 时，

$I = \int f(x)\,dx = x + C_3$. 由原函数的连续性：

$$\lim_{x \to 1^+}\left(\frac{1}{4}x^4 + C_1\right) = \frac{1}{4} + C_1 = \lim_{x \to 1^-}(x + C_3) = 1 + C_3 \Rightarrow \frac{1}{4} + C_1 = 1 + C_3;$$

$$\lim_{x \to -1^-}\left(\frac{1}{3}x^3 + C_2\right) = -\frac{1}{3} + C_2 = \lim_{x \to -1^+}(x + C_3) = -1 + C_3 \Rightarrow -\frac{1}{3} + C_2 = -1 + C_3.$$

若令 $C = C_3$，则 $C_1 = \dfrac{3}{4} + C$，$C_2 = -\dfrac{2}{3} + C$，

$$\text{故 } I = \int \max\{x^3, x^2, 1\}\,dx = \begin{cases} \dfrac{1}{4}x^4 + \dfrac{3}{4} + C, & x \geq 1, \\[2mm] x + C, & |x| < 1, \\[2mm] \dfrac{1}{3}x^3 - \dfrac{2}{3} + C, & x \leq -1. \end{cases}$$

评注：对于分段连续函数求不定积分时，首先将各段分别积分，然后利用原函数的连续性来寻找各段积分常数之间的关系.

例 5. 已知 $\dfrac{\sin x}{x}$ 是函数 $f(x)$ 的一个原函数，求 $\int x^3 f'(x)\,dx$.

解　由于 $\dfrac{\sin x}{x}$ 是 $f(x)$ 的一个原函数，有 $f(x) = \left(\dfrac{\sin x}{x}\right)' = \dfrac{x\cos x - \sin x}{x^2}$，因此

128

$$\int x^3 f'(x)\,dx = x^3 f(x) - 3\int x^2 f(x)\,dx = x^3 f(x) - 3\int x^2 \mathrm{d}\left(\frac{\sin x}{x}\right)$$

$$= x^3 f(x) - 3\left[x^2 \cdot \frac{\sin x}{x} - 2\int \sin x\,dx\right] = x^3 \frac{x\cos x - \sin x}{x^2} - 3x\sin x - 6\cos x + C$$

$$= x^2 \cos x - 4x\sin x - 6\cos x + C.$$

评注：对于有关原函数的积分问题，考虑使用分部积分法．

例 6. 设 $F(x)$ 是 $f(x)$ 的一个原函数，$F(1) = \dfrac{\sqrt{2}}{4}\pi$，如果当 $x > 0$ 时，有

$$f(x)F(x) = \frac{\arctan \sqrt{x}}{\sqrt{x}(1+x)}, \quad \text{试求 } f(x).$$

解 由于 $F(x)$ 是 $f(x)$ 的原函数，故 $F'(x) = f(x)$，因此 $F(x)F'(x) = \dfrac{\arctan \sqrt{x}}{\sqrt{x}(1+x)}$. 两边求不定积分有

$$\int F(x)F'(x)\,dx = \int \frac{\arctan \sqrt{x}}{\sqrt{x}(1+x)}\mathrm{d}x = 2\int \arctan \sqrt{x}\,\mathrm{d}\arctan \sqrt{x} = (\arctan \sqrt{x})^2 + C.$$

所以 $$\frac{1}{2}F^2(x) = (\arctan \sqrt{x})^2 + C.$$

由 $F(1) = \dfrac{\sqrt{2}}{4}\pi$ 可得 $C = 0$，故 $F(x) = \sqrt{2}\arctan \sqrt{x}$，从而

$$f(x) = F'(x) = \sqrt{2} \cdot \frac{\dfrac{1}{2\sqrt{x}}}{1+x} = \frac{\sqrt{2}}{2\sqrt{x}(1+x)}.$$

例 7. 设 $f(x) = x \ (x \geqslant 0)$，$g(x) = \begin{cases} \sin x, & 0 \leqslant x \leqslant \dfrac{\pi}{2}, \\ 0, & x > \dfrac{\pi}{2} \end{cases}$

求 $\displaystyle\int_0^x f(t)g(x-t)\,\mathrm{d}t\,(x \geqslant 0)$.

解 令 $x - t = u$，则：原式 $= \displaystyle\int_x^0 f(x-u)g(u)\mathrm{d}(-u) = \int_0^x (x-u)g(u)\mathrm{d}u$，当

$0 \leqslant x \leqslant \dfrac{\pi}{2}$ 时，因为 $0 \leqslant u \leqslant x \leqslant \dfrac{\pi}{2}$，故

$$原式 = \int_0^x (x-u)\sin u\,\mathrm{d}u = -x\cos u \Big|_0^x + \int_0^x u\,\mathrm{d}\cos u$$

$$= x - x\cos x + u\cos u \Big|_0^x - \sin u \Big|_0^x = x - \sin x.$$

当 $x > \dfrac{\pi}{2}$ 时，故

$$\text{原式} = \int_0^{\frac{\pi}{2}} (x-u)g(u)\,\mathrm{d}u + \int_{\frac{\pi}{2}}^{\pi} (x-u)g(u)\,\mathrm{d}u = \int_0^{\frac{\pi}{2}} (x-u)\sin u\,\mathrm{d}u = x-1,$$

于是 $\displaystyle\int_0^x f(t)g(x-t)\,\mathrm{d}t = \begin{cases} x - \sin x, & 0 \leqslant x \leqslant \dfrac{\pi}{2}, \\[2mm] x - 1, & x > \dfrac{\pi}{2}. \end{cases}$

例 8. 设 $f(x)$，$g(x)$ 在 $[-a,a]\,(a>0)$ 上连续，$g(x)$ 为偶函数，且 $f(x)$ 满足条件 $f(x) + f(-x) = A$（A 为常数）.

(1) 证明：$\displaystyle\int_{-a}^a f(x)g(x)\,\mathrm{d}x = A\int_0^a g(x)\,\mathrm{d}x$；(2) 计算 $\displaystyle\int_{-\frac{\pi}{2}}^{\frac{\pi}{2}} |\sin x|\arctan \mathrm{e}^x\,\mathrm{d}x$.

解 (1) $\displaystyle\int_{-a}^a f(x)g(x)\,\mathrm{d}x = \int_{-a}^0 f(x)g(x)\,\mathrm{d}x + \int_0^a f(x)g(x)\,\mathrm{d}x$，

而 $\displaystyle\int_{-a}^0 f(x)g(x)\,\mathrm{d}x \xlongequal{x=-t} \int_a^0 f(-t)g(-t)\,\mathrm{d}(-t) = \int_0^a f(-x)g(x)\,\mathrm{d}x$，于是

$$\int_{-a}^a f(x)g(x)\,\mathrm{d}x = \int_{-a}^0 f(x)g(x)\,\mathrm{d}x + \int_0^a f(x)g(x)\,\mathrm{d}x$$

$$= \int_0^a [f(-x)+f(x)]g(x)\,\mathrm{d}x = A\int_0^a g(x)\,\mathrm{d}x.$$

(2) 取 $f(x) = \arctan \mathrm{e}^x$，$g(x) = |\sin x|$，则 $f(x)$，$g(x)$ 在 $[-\dfrac{\pi}{2}, \dfrac{\pi}{2}]$ 上连续，$g(x)$ 为偶函数，由于

$$(\arctan \mathrm{e}^x + \arctan \mathrm{e}^{-x})' = 0,$$

可见 $\arctan \mathrm{e}^x + \arctan \mathrm{e}^{-x} = A$，令 $x=0$，得 $A = \dfrac{\pi}{2}$，故有

$$\int_{-\frac{\pi}{2}}^{\frac{\pi}{2}} |\sin x|\arctan \mathrm{e}^x\,\mathrm{d}x = \frac{\pi}{2}\int_0^{\frac{\pi}{2}} |\sin x|\,\mathrm{d}x = \frac{\pi}{2}\int_0^{\frac{\pi}{2}} \sin x\,\mathrm{d}x = \frac{\pi}{2}.$$

例 9. 计算积分 $I = \displaystyle\int_0^{\frac{\pi}{2}} \dfrac{f(x)}{\sqrt{x}}\,\mathrm{d}x$，其中 $f(x) = \displaystyle\int_{\sqrt{\frac{\pi}{2}}}^{\sqrt{x}} \dfrac{\mathrm{d}t}{1 + \tan t^2}$.

解 （方法一：分部积分法）$I = \displaystyle\int_0^{\frac{\pi}{2}} \dfrac{f(x)}{\sqrt{x}}\,\mathrm{d}x = 2\int_0^{\frac{\pi}{2}} f(x)\,\mathrm{d}\sqrt{x} = 2f(x)\sqrt{x}\Big|_0^{\frac{\pi}{2}} -$

$2\displaystyle\int_0^{\frac{\pi}{2}} \sqrt{x} f'(x)\,\mathrm{d}x = -2\int_0^{\frac{\pi}{2}} \sqrt{x} f'(x)\,\mathrm{d}x$，由于 $f'(x) = \dfrac{1}{1+\tan x} \cdot \dfrac{1}{2\sqrt{x}}$，故

$$I = -\int_0^{\frac{\pi}{2}} \frac{1}{1+\tan x}\,\mathrm{d}x = -\int_0^{\frac{\pi}{2}} \frac{1}{1+\cot t}\,\mathrm{d}t = -\int_0^{\frac{\pi}{2}} \frac{\tan t}{1+\tan t}\,\mathrm{d}t = -\int_0^{\frac{\pi}{2}} \frac{\tan x}{1+\tan x}\,\mathrm{d}x,$$

则 $2I = -\displaystyle\int_0^{\frac{\pi}{2}} \dfrac{1}{1+\tan x}\,\mathrm{d}x - \int_0^{\frac{\pi}{2}} \dfrac{\tan x}{1+\tan x}\,\mathrm{d}x = -\dfrac{\pi}{2}$，即 $I = -\dfrac{\pi}{4}$.

（方法二：二次积分交换顺序）

$$I = \int_0^{\frac{\pi}{2}} \frac{f(x)}{\sqrt{x}}\mathrm{d}x = \int_0^{\frac{\pi}{2}} \frac{\mathrm{d}x}{\sqrt{x}} \int_{\sqrt{\frac{\pi}{2}}}^{\sqrt{x}} \frac{\mathrm{d}t}{1+\tan t^2} = -\int_0^{\frac{\pi}{2}} \frac{\mathrm{d}x}{\sqrt{x}} \int_{\sqrt{x}}^{\sqrt{\frac{\pi}{2}}} \frac{\mathrm{d}t}{1+\tan t^2}$$

$$= -\int_0^{\sqrt{\frac{\pi}{2}}} \frac{\mathrm{d}t}{1+\tan t^2} \int_0^{t^2} \frac{\mathrm{d}x}{\sqrt{x}} = -\int_0^{\sqrt{\frac{\pi}{2}}} \frac{2t\mathrm{d}t}{1+\tan t^2} = -\int_0^{\frac{\pi}{2}} \frac{1}{1+\tan x}\mathrm{d}x,$$

同上可得 $I = -\dfrac{\pi}{4}$.

评注：对于变限积分的定积分问题，首先考虑使用分部积分法；方法二提供了另一种计算变限积分的定积分的方法.

例 10. 设 $f(x)$ 是区间 $\left[0, \dfrac{\pi}{4}\right]$ 上单调、可导的函数，且满足 $\displaystyle\int_0^{f(x)} f^{-1}(t)\mathrm{d}t = \int_0^x t\dfrac{\cos t - \sin t}{\sin t + \cos t}\mathrm{d}t$，其中 f^{-1} 是 f 的反函数，求 $f(x)$.

解　$\displaystyle\int_0^{f(x)} f^{-1}(t)\mathrm{d}t = \int_0^x t\dfrac{\cos t - \sin t}{\sin t + \cos t}\mathrm{d}t$，两边对 x 求导得

$$f^{-1}(f(x))f'(x) = \frac{x(\cos x - \sin x)}{\sin x + \cos x},$$

即：$xf'(x) = \dfrac{x(\cos x - \sin x)}{\sin x + \cos x}$，知 $f'(x) = \dfrac{\cos x - \sin x}{\sin x + \cos x}$，两边积分得 $f(x) = \ln|\sin x + \cos x| + C$. 将 $x = 0$ 代入题中方程可得 $\displaystyle\int_0^{f(0)} f^{-1}(t)\mathrm{d}t = \int_0^0 t\dfrac{\cos t - \sin t}{\sin t + \cos t}\mathrm{d}t = 0$.

因为 $f(x)$ 是区间 $\left[0, \dfrac{\pi}{4}\right]$ 上单调、可导的函数，则 $f^{-1}(x)$ 的值域为 $\left[0, \dfrac{\pi}{4}\right]$，单调非负，所以 $f(0) = 0$. 于是 $C = 0$，故 $f(x) = \ln|\sin x + \cos x|$.

例 11. 求定积分 $I = \displaystyle\int_0^1 \frac{\ln(1+x)}{1+x^2}\mathrm{d}x$.

解　（方法一：定积分换元法）令 $x = \tan t$，则

$$I = \int_0^1 \frac{\ln(1+x)}{1+x^2}\mathrm{d}x = \int_0^{\frac{\pi}{4}} \frac{\ln(1+\tan t)}{\sec^2 t}\mathrm{d}\tan t = \int_0^{\frac{\pi}{4}} \ln(1+\tan t)\mathrm{d}t,$$

记 $I_1 = \displaystyle\int_0^{\frac{\pi}{4}} \ln(\sin t + \cos t)\mathrm{d}t, I_2 = \int_0^{\frac{\pi}{4}} \ln(\cos t)\mathrm{d}t$，则 $I = I_1 - I_2$；由于

$$I_1 = \int_0^{\frac{\pi}{4}} \ln(\sin t + \cos t)\mathrm{d}t = \int_0^{\frac{\pi}{4}} \ln\left(\sqrt{2}\cos\left(\frac{\pi}{4} - t\right)\right)\mathrm{d}t$$

$$= \int_0^{\frac{\pi}{4}} \ln\sqrt{2}\mathrm{d}t + \int_0^{\frac{\pi}{4}} \ln\cos\left(\frac{\pi}{4} - t\right)\mathrm{d}t = \frac{\pi\ln 2}{8} + \int_0^{\frac{\pi}{4}} \ln\cos s\,\mathrm{d}s \ \left(s = \frac{\pi}{4} - t\right),$$

即 $I_1 = \dfrac{\pi \ln 2}{8} + I_2$，故 $I = I_1 - I_2 = \dfrac{\pi \ln 2}{8}$。

（方法二：含参量积分求导）考虑含参量积分

$$\varphi(t) = \int_0^1 \frac{\ln(1 + xt)}{1 + x^2} \mathrm{d}x,$$

则 $\varphi(0) = 0$，$I = \varphi(1) = \int_0^1 \varphi'(t) \mathrm{d}t$；由于

$$\varphi'(t) = \int_0^1 \frac{x}{(1 + xt)(1 + x^2)} \mathrm{d}x,$$

同时 $\dfrac{x}{(1 + xt)(1 + x^2)} = \dfrac{1}{1 + t^2}\left(\dfrac{-t}{1 + tx} + \dfrac{x}{1 + x^2} + \dfrac{t}{1 + x^2}\right)$，故

$$\varphi'(t) = \frac{1}{1 + t^2}\left(\int_0^1 \frac{-t\,\mathrm{d}x}{1 + tx} + \int_0^1 \frac{x\,\mathrm{d}x}{1 + x^2} + \int_0^1 \frac{t\,\mathrm{d}x}{1 + x^2}\right)$$

$$= \frac{1}{1 + t^2}\left(-\ln(1 + t) + \frac{1}{2}\ln 2 + t \cdot \frac{\pi}{4}\right),$$

于是

$$\int_0^1 \varphi'(t) \mathrm{d}t = -\int_0^1 \frac{\ln(1 + t)}{1 + t^2} \mathrm{d}t + \frac{1}{2}\ln 2 \int_0^1 \frac{\mathrm{d}t}{1 + t^2} + \frac{\pi}{4} \int_0^1 \frac{t\,\mathrm{d}t}{1 + t^2}$$

$$= -I + \frac{\ln 2}{2} \cdot \frac{\pi}{4} + \frac{\pi}{4} \cdot \frac{\ln 2}{2} = -I + \frac{\pi \ln 2}{4},$$

即 $I = \dfrac{\pi \ln 2}{8}$。

评注：本题无法直接求出被积函数的原函数，因此就要考虑使用定积分的换元法或引入参变量求定积分；方法一比较容易想到，但是在计算 I_1 与 I_2 时，需要注意利用三角变换得到二者之间的关系；方法二的关键在于引入参量 t，使得对参量求导后易于积分.

例 12. 求定积分 $\displaystyle\int_0^1 \sin\left(\ln\frac{1}{x}\right)\frac{x^b - x^a}{\ln x}\mathrm{d}x$ $(a > 0, b > 0)$。

解 由于 $\dfrac{x^b - x^a}{\ln x} = \displaystyle\int_a^b x^t \mathrm{d}t$，故

$$\int_0^1 \sin\left(\ln\frac{1}{x}\right)\frac{x^b - x^a}{\ln x}\mathrm{d}x = \int_0^1 \sin\left(\ln\frac{1}{x}\right)\left(\int_a^b x^t \mathrm{d}t\right)\mathrm{d}x = \int_a^b \left(\int_0^1 \sin\left(\ln\frac{1}{x}\right)x^t \mathrm{d}x\right)\mathrm{d}t.$$

令 $I(t) = \displaystyle\int_0^1 \sin\left(\ln\frac{1}{x}\right)x^t \mathrm{d}x$，则所求积分

$$\int_0^1 \sin\left(\ln\frac{1}{x}\right)\frac{x^b - x^a}{\ln x}\mathrm{d}x = \int_a^b I(t)\mathrm{d}t,$$

故只需计算 $I(t) = \displaystyle\int_0^1 \sin\left(\ln\frac{1}{x}\right)x^t \mathrm{d}x$。设 $u = \ln\dfrac{1}{x}$，可得

$$I(t) = \int_0^1 \sin\left(\ln\frac{1}{x}\right)x^t dx = \int_{+\infty}^0 \sin u \cdot e^{-tu} \cdot (-e^{-u})du = \int_0^{+\infty} \sin u \cdot e^{-(t+1)u}du,$$

使用两次分部积分并注意到循环形式,

$$I(t) = \int_0^{+\infty} e^{-(t+1)u}d(-\cos u) = -\left(\cos u \cdot e^{-(t+1)u}\bigg|_0^{+\infty}\right) - (t+1)\int_0^{+\infty} e^{-(t+1)u}d(\sin u)$$

$$= 1 - (t+1)^2 I(t),$$

于是有 $I(t) = \dfrac{1}{1+(t+1)^2}$,可知

$$\int_0^1 \sin\left(\ln\frac{1}{x}\right)\frac{x^b - x^a}{\ln x}dx = \int_a^b \frac{1}{1+(t+1)^2}dt = \arctan(1+t)\bigg|_a^b$$

$$= \arctan(1+b) - \arctan(1+a).$$

评注:本题的关键是引入参变量,将被积函数表示为关于参变量的积分,并使用积分换序;在计算时,注意到使用分部积分出现的循环形式.

例 13. 已知 $\lim\limits_{x\to\infty}\left(\dfrac{x-a}{x+a}\right)^x = \int_a^{+\infty} 4x^2 e^{-2x}dx$,求常数 a 的值.

解 首先,$\lim\limits_{x\to\infty}\left(\dfrac{x-a}{x+a}\right)^x = \lim\limits_{x\to\infty}\left(1 - \dfrac{2a}{x+a}\right)^x = e^{-2a}$,其次

$$\int_a^{+\infty} 4x^2 e^{-2x}dx = -2\int_a^{+\infty} x^2 de^{-2x} = -2x^2 e^{-2x}\bigg|_a^{+\infty} + 4\int_a^{+\infty} xe^{-2x}dx$$

$$= 2a^2 e^{-2a} - 2\int_a^{+\infty} xde^{-2x}$$

$$= 2a^2 e^{-2a} - 2xe^{-2x}\bigg|_a^{+\infty} + 2\int_a^{+\infty} e^{-2x}dx$$

$$= 2a^2 e^{-2a} + 2ae^{-2a} - e^{-2x}\bigg|_a^{+\infty} = (2a^2 + 2a + 1)e^{-2a},$$

于是 $e^{-2a} = (2a^2 + 2a + 1)e^{-2a}$,得 $a=0$ 或者 $a=-1$.

例 14. 计算积分 $\int_0^{+\infty} \dfrac{1}{(1+x^2)(1+x^\alpha)}dx$.

解 由于 $0 \leq \dfrac{1}{(1+x^2)(1+x^\alpha)} \leq \dfrac{1}{(1+x^2)}(x\geq 0)$,而 $\int_0^{+\infty}\dfrac{1}{1+x^2}dx$ 收敛,故无穷积分 $\int_0^{+\infty}\dfrac{1}{(1+x^2)(1+x^\alpha)}dx$ 收敛.

为了计算 $\int_0^{+\infty}\dfrac{1}{(1+x^2)(1+x^\alpha)}dx$,考虑积分区间 $[0,+\infty) = [0,1]\cup[1,+\infty)$:

$$\int_0^{+\infty}\frac{1}{(1+x^2)(1+x^\alpha)}dx = \int_0^1\frac{1}{(1+x^2)(1+x^\alpha)}dx + \int_1^{+\infty}\frac{1}{(1+x^2)(1+x^\alpha)}dx = I_1 + I_2.$$

对 I_1 作变量替换 $t = \dfrac{1}{x}$,$I_1 = \int_0^1\dfrac{1}{(1+x^2)(1+x^\alpha)}dx = \int_1^{+\infty}\dfrac{t^\alpha}{(1+t^2)(1+t^\alpha)}dx$,于是

133

$$I_1 + I_2 = \int_1^{+\infty} \frac{t^\alpha}{(1+t^2)(1+t^\alpha)}dx + \int_1^{+\infty} \frac{1}{(1+x^2)(1+x^\alpha)}dx = \int_1^{+\infty} \frac{1}{1+x^2}dx = \frac{\pi}{4}.$$

评注：本题首先使用比较判别法说明无穷积分收敛；为计算积分值，通过倒代换对有限区间和无穷区间进行转换，这是求无穷积分常用的方法.

例 15. 求瑕积分 $\int_0^{\frac{\pi}{2}} \ln\sin x \, dx$.

解 由于 $\ln\sin x \leqslant 0$ 且 $\lim\limits_{x \to 0^+} \dfrac{\ln\sin x}{\ln x} = 1$，而 $\int_0^{\frac{\pi}{2}} \ln x \, dx$ 收敛，故瑕积分 $\int_0^{\frac{\pi}{2}} \ln\sin x \, dx$ 收敛.

由于 $\int_0^{\frac{\pi}{2}} \ln\sin x \, dx = \int_0^{\frac{\pi}{2}} \ln\cos x \, dx$，故

$$I = \int_0^{\frac{\pi}{2}} \ln\sin x \, dx = \frac{1}{2} \int_0^{\frac{\pi}{2}} \ln(\sin x \cos x) \, dx = \frac{1}{2} \int_0^{\frac{\pi}{2}} \ln\sin 2x \, dx - \frac{1}{2} \int_0^{\frac{\pi}{2}} \ln 2 \, dx;$$

进一步，令 $t = 2x$，

$$\int_0^{\frac{\pi}{2}} \ln\sin 2x \, dx = \frac{1}{2} \int_0^{\pi} \ln\sin t \, dt = \frac{1}{2} \left(\int_0^{\frac{\pi}{2}} \ln\sin t \, dt + \int_{\frac{\pi}{2}}^{\pi} \ln\sin t \, dt \right),$$

而 $\int_{\frac{\pi}{2}}^{\pi} \ln\sin t \, dt = \int_0^{\frac{\pi}{2}} \ln\sin t \, dt$，故

$$\int_0^{\frac{\pi}{2}} \ln\sin 2x \, dx = \frac{1}{2} \int_0^{\pi} \ln\sin t \, dt = \frac{1}{2} \left(\int_0^{\frac{\pi}{2}} \ln\sin t \, dt + \int_0^{\frac{\pi}{2}} \ln\sin t \, dt \right) = \int_0^{\frac{\pi}{2}} \ln\sin t \, dt = I,$$

于是 $I = \dfrac{1}{2} \int_0^{\frac{\pi}{2}} \ln\sin 2x \, dx - \dfrac{1}{2} \int_0^{\frac{\pi}{2}} \ln 2 \, dx = \dfrac{1}{2}I - \dfrac{\pi\ln 2}{4}$，可得 $I = -\dfrac{\pi\ln 2}{2}$.

例 16. 求积分 （1） $I = \int \dfrac{1}{\sqrt[4]{1+x^4}}dx$；（2） $I = \int \dfrac{1}{x \cdot \sqrt[3]{1+x^5}}dx$.

解 （1） 由于 $\dfrac{1}{\sqrt[4]{1+x^4}} = x^0(1+x^4)^{-\frac{1}{4}}$，相当于 $r=0$，$s=4$，$p=-\dfrac{1}{4}$，符合 $\dfrac{r+1}{s}+p=0$ 为整数的情形. p 的分母为 4，则令 $x = (t^4-1)^{-\frac{1}{4}}$，即 $t = \dfrac{\sqrt[4]{x^4+1}}{x}$，于是有

$$I = \int \frac{1}{\sqrt[4]{1+(t^4-1)^{-1}}} \cdot (-t^3)(t^4-1)^{-\frac{5}{4}}dt = \int \frac{t^2}{1-t^4}dt$$

$$= \frac{1}{4} \int \left(\frac{1}{t+1} - \frac{1}{t-1} \right)dt - \frac{1}{2} \int \frac{1}{t^2+1}dt$$

$$= \frac{1}{4}\ln\left| \frac{t+1}{t-1} \right| - \frac{1}{2}\arctan t + C = \frac{1}{4}\ln\left| \frac{\sqrt[4]{x^4+1}+x}{\sqrt[4]{x^4+1}-x} \right| - \frac{1}{2}\arctan\frac{\sqrt[4]{x^4+1}}{x} + C.$$

134

(2) 由于 $\dfrac{1}{x\sqrt[3]{1+x^5}} = x^{-1}(1+x^5)^{-\frac{1}{3}}$，相当于 $r=-1$，$s=5$，$p=-\dfrac{1}{3}$，符合

$\dfrac{r+1}{s}=0$ 为整数的情形．p 的分母为 3，则令 $x=(t^3-1)^{\frac{1}{5}}$，即 $t=\sqrt[3]{1+x^5}$，于是有

$$I = \frac{3}{5}\int \frac{t}{t^3-1}\mathrm{d}t = \frac{1}{5}\int \left(\frac{1}{t-1} - \frac{t+1}{t^2+t+1}\right)\mathrm{d}t$$

$$= \frac{1}{5}\int \frac{1}{t-1}\mathrm{d}t - \frac{1}{10}\int \frac{2t+1}{t^2+t+1}\mathrm{d}t - \frac{1}{10}\int \frac{1}{t^2+t+1}\mathrm{d}t$$

$$= \frac{1}{10}\ln \frac{(t-1)^2}{t^2+t+1} - \frac{1}{10}\cdot\frac{2}{\sqrt{3}}\arctan \frac{2t+1}{\sqrt{3}} + C$$

$$= \frac{1}{10}\ln \left|\frac{(\sqrt[3]{1+x^5}-1)^3}{x^5}\right| - \frac{1}{5\sqrt{3}}\arctan \frac{2\sqrt[3]{1+x^5}+1}{\sqrt{3}} + C.$$

注：对于无理式 $\int x^r(a+bx^s)^p\mathrm{d}x$，若 p，$\dfrac{r+1}{s}$，$\dfrac{r+1}{s}+p$ 都不是整数，则是积

不出的，例如 $\int \dfrac{1}{\sqrt{1+x^4}}\mathrm{d}x$，$\int \sqrt[3]{1+x^4}\mathrm{d}x$，$\int \sqrt{1+x^3}\mathrm{d}x$ 等，均无法计算积分．

3　本节练习

（A 组）

1. 计算

（1）$\displaystyle\int \frac{\tan x}{\sqrt{\cos x}}\mathrm{d}x$；　　（2）$\displaystyle\int \frac{x^3}{\sqrt{1+x^2}}\mathrm{d}x$；　　（3）$\displaystyle\int \frac{x\mathrm{e}^x}{\sqrt{\mathrm{e}^x-1}}\mathrm{d}x$；

（4）$\displaystyle\int \frac{\arctan \mathrm{e}^x}{\mathrm{e}^x}\mathrm{d}x$；　　（5）$\displaystyle\int \frac{x\cos^4 \frac{x}{2}}{\sin^3 x}\mathrm{d}x$；　　（6）$\displaystyle\int \frac{1}{\sin 2x+2\sin x}\mathrm{d}x$．

2. 计算

（1）$\displaystyle\int_0^{\frac{\pi}{4}} \frac{\sin x}{1+\sin x}\mathrm{d}x$；　（2）$\displaystyle\int_0^{2a} x\sqrt{2ax-x^2}\mathrm{d}x$；　（3）$\displaystyle\int_0^a \frac{\mathrm{d}x}{x+\sqrt{a^2-x^2}}$；

（4）$\displaystyle\int_0^1 \frac{\ln(1+x)}{(2-x)^2}\mathrm{d}x$；　（5）$\displaystyle\int_0^3 \arcsin \sqrt{\frac{x}{1+x}}\mathrm{d}x$；　（6）$\displaystyle\int_{\frac{1}{2}}^2 \left(1+x-\frac{1}{x}\right)\mathrm{e}^{x+\frac{1}{x}}\mathrm{d}x$；

（7）$\displaystyle\int_0^\pi \sqrt{1-\sin x}\mathrm{d}x$；　（8）$\displaystyle\int_0^\pi x\sin^n x\mathrm{d}x$．

3. 求不定积分 $\displaystyle\int \frac{3\sin x+4\cos x}{2\sin x+\cos x}\mathrm{d}x$．

4. 求不定积分 $\displaystyle\int \frac{1}{\sin x\cos^4 x}\mathrm{d}x$．

5. 求不定积分 $\int \dfrac{\cos^2 x - \sin x}{\cos x (1 + \cos x \cdot e^{\sin x})} dx$.

6. 求不定积分 $\int \dfrac{1}{\cos^4 x + \sin^4 x} dx$.

7. 求定积分 $\int_0^{\ln 2} \sqrt{1 - e^{-2x}} \, dx$.

8. 设 $f(2) = \dfrac{1}{2}$, $f'(2) = 0$, $\int_0^2 f(x) dx = 1$, 求 $\int_0^1 x^2 f''(2x) dx$.

9. 设 $F(x)$ 是 $f(x)$ 的一个原函数，且 $F(0) = 1$, $F(x)f(x) = \cos 2x$, 求 $\int_0^\pi |f(x)| dx$.

10. 设 $f(x) = f(x - \pi) + \sin x$, 且 $f(x) = x, x \in [0, \pi]$, 计算 $\int_\pi^{3\pi} f(x) dx$.

11. 设 $f(x) = \dfrac{1}{1 + x^2} + \sqrt{1 - x^2} \int_0^1 f(x) dx$, 求 $\int_0^1 f(x) dx$.

（B 组）

1. 求定积分 $I(a) = \int_0^{\frac{\pi}{2}} \ln \dfrac{1 + a\cos x}{1 - a\cos x} \cdot \dfrac{dx}{\cos x}$ （$|a| < 1$）.

2. 求定积分 $\int_0^{\frac{\pi}{2}} \ln(a^2 - \sin^2 x) dx$ （$a > 1$）.

3. 证明：狄利克雷积分 $\int_0^{+\infty} \dfrac{\sin x}{x} dx = \dfrac{\pi}{2}$.

4. 设 $s > 0$, 求 $I_n = \int_0^{+\infty} e^{-sx} x^n dx$ （$n = 1, 2, \cdots$）.

5. 求广义积分 $\int_0^{+\infty} \dfrac{x \ln x}{(1 + x^2)^2} dx$.

6. 求无穷积分 $I_n = \int_0^{+\infty} \dfrac{1}{(1 + x^2)^n} dx$.

4　竞赛实战

（A 组）

1. （第一届江苏省赛） $\int_{-\frac{\pi}{2}}^{\frac{\pi}{2}} (x + \cos(x^2)) \sin x \, dx = $ _____ .

2. （第二届江苏省赛） $\int_0^{\frac{\pi}{2}} \dfrac{dx}{1 + (\cot x)^3} = $ _____ .

3. （第三届江苏省赛） 若 $f(u)$ 连续，证明： $\int_0^\pi x f(\sin x) dx = \dfrac{\pi}{2} \int_0^\pi f(\sin x) dx$,

并求 $\int_0^\pi \dfrac{x \sin x}{3 \sin^2 x + 4 \cos^2 x} dx$.

4. （第三届江苏省赛）设 $f(t) = \int_1^t e^{-x^2} dx$ ，求 $\int_0^1 t^2 f(t) dt$.

5. （第四届江苏省赛）设 $f(x) = \begin{cases} \sqrt{1-x^2}, & x \leq 0, \\ \dfrac{1}{\sqrt{1-x^2}}, & x > 0, \end{cases}$ 则

$\int_1^3 f(x-2) dx = \underline{\qquad}$.

6. （第五届江苏省赛）设 $f(x) = x$ ，$g(x) = \begin{cases} \sin x, & 0 \leq x \leq \dfrac{\pi}{2}, \\ 0, & x > \dfrac{\pi}{2} \end{cases}$

求 $F(x) = \int_0^x f(t) g(x-t) dt$.

7. （第六届江苏省赛）$\int \arcsin x \cdot \arccos x \, dx = \underline{\qquad}$.

8. （第七届江苏省赛）$\int \dfrac{x + \sin x \cos x}{(\cos x - x \sin x)^2} dx = \underline{\qquad}$.

9. （第八届江苏省赛）$\int_0^1 \dfrac{\arctan x}{(1+x^2)^2} dx = \underline{\qquad}$.

10. （第九届江苏省赛）$\int_0^{\frac{\pi}{2}} \sin^2 x \cdot \cos^4 x \, dx = \underline{\qquad}$.

11. （第十届江苏省赛）（1）$\int \dfrac{1+x}{x^2 e^x} dx = \underline{\qquad}$ ；（2）$\int_2^{+\infty} \dfrac{1}{1-x^4} dx = \underline{\qquad}$.

12. （第十一届江苏省赛）（1）$\int_0^{\frac{\pi}{2}} \sin^8 x \, dx = \underline{\qquad}$ ；（2）$\int_1^{+\infty} \dfrac{1}{x^3} \arccos \dfrac{1}{x} dx = \underline{\qquad}$.

13. （第十二届江苏省赛）计算 $\int_{-1}^1 (x^2 + \tan x)^2 dx$.

14. （第十三届江苏省赛）求积分 $\int_0^\pi \dfrac{x \sin^2 x}{1 + \cos^2 x} dx$.

15. （第三届国家决赛）求不定积分 $I = \int \left(1 + x - \dfrac{1}{x}\right) e^{x + \frac{1}{x}} dx$.

16. （第九届国家预赛）不定积分 $I = \int \dfrac{e^{-\sin x} \sin 2x}{(1 - \sin x)^2} dx = \underline{\qquad}$.

17. （第七届国家决赛）设 $I_n = \int_0^{\frac{\pi}{4}} \tan^n x \, dx$ ，n 为正整数.

（1）若 $n \geq 2$ ，计算 $I_n + I_{n-2}$ ；

（2）设 p 为实数，讨论级数 $\sum_{n=1}^\infty (-1)^n I_n^p$ 的绝对收敛性和条件收敛性.

137

（B 组）

1. （第十四届江苏省赛）设 $[x]$ 表示实数 x 的整数部分，

求定积分 $\int_{1/6}^{6} \frac{1}{x} \cdot \left[\frac{1}{\sqrt{x}}\right] \mathrm{d}x$.

2. （第一届国家决赛）已知 $f(x)$ 在 $\left(\frac{1}{4}, \frac{1}{2}\right)$ 内满足 $f'(x) = \dfrac{1}{\sin^3 x + \cos^3 x}$ ，

求 $f(x)$.

3. （第二届国家预赛）设 $s > 0$ ，求 $I_n = \int_0^{+\infty} \mathrm{e}^{-sx} x^n \mathrm{d}x\ (n = 1, 2, \cdots)$.

4. （第四届国家预赛）计算 $\int_0^{+\infty} \mathrm{e}^{-2x} |\sin x| \mathrm{d}x$.

5. （第四届国家决赛）计算不定积分 $\int x \arctan x \cdot \ln(1 + x^2) \mathrm{d}x$ ；

6. （第五届国家预赛）计算定积分 $I = \int_{-\pi}^{\pi} \dfrac{x \sin x \cdot \arctan \mathrm{e}^x}{1 + \cos^2 x} \mathrm{d}x$.

7. （第六届国家预赛）设 n 为正整数，计算 $I = \int_{\mathrm{e}^{-2n\pi}}^{1} \left| \dfrac{\mathrm{d}}{\mathrm{d}x} \cos\left(\ln \dfrac{1}{x}\right) \right| \mathrm{d}x$.

8. （第七届国家预赛）设 $(0, +\infty)$ 上的函数 $u(x)$ 定义为

$u(x) = \int_0^{+\infty} \mathrm{e}^{-xt^2} \mathrm{d}t$ ，求 $u(x)$ 的初等函数表达式.

第三节　积分的应用与傅里叶级数

1　内容总结与精讲

◆ 曲线的弧长

1. 参数方程形式平面曲线，曲线弧方程为 $\begin{cases} x = x(t), \\ y = y(t) \end{cases}$ ， $(T_1 \leqslant t \leqslant T_2)$ ，则其弧长

$$l = \int_{T_1}^{T_2} \sqrt{x'^2(t) + y'^2(t)} \, \mathrm{d}t.$$

2. 直角坐标方程形式曲线，曲线弧方程为 $y = f(x)$ ， $(a \leqslant x \leqslant b)$ ，则其弧长

$$l = \int_a^b \sqrt{1 + [f'(x)]^2} \, \mathrm{d}x.$$

3. 极坐标方程形式曲线，曲线弧方程为 $r = r(\theta)$ ， $(\alpha \leqslant \theta \leqslant \beta)$ ，则其弧长

$$l = \int_\alpha^\beta \sqrt{r^2(\theta) + r'^2(\theta)} \, \mathrm{d}\theta.$$

4. 空间曲线弧长公式，曲线弧方程为 $\begin{cases} x = x(t), \\ y = y(t), \\ z = z(t), \end{cases}$ $(T_1 \leqslant t \leqslant T_2)$ ，则其弧长

$$l = \int_{T_1}^{T_2} \sqrt{x'^2(t) + y'^2(t) + z'^2(t)} \, \mathrm{d}t.$$

注：若曲线 $\begin{cases} x = x(t), \\ y = y(t) \end{cases}$ $(T_1 \leqslant t \leqslant T_2)$ 为光滑曲线，即 $x^2(t) + y^2(t) \neq 0$，则在曲

线上任一点存在切向量 $\boldsymbol{\tau}(t) = (x'(t), y'(t))$，则弧长公式可写为 $l = \int_{T_1}^{T_2} |\boldsymbol{\tau}(t)| \, \mathrm{d}t$，即

弧长为曲线切向量模的积分.

◆ **平面图形的面积**

1. 由连续曲线 $y = f(x)$ 以及直线 $x = a$，$x = b$ 与 x 轴围成的曲边梯形面积为

$$S = \int_a^b |f(x)| \, \mathrm{d}x.$$

2. 由两条连续曲线 $y = f_1(x)$，$y = f_2(x)$ 以及直线 $x = a$，$x = b$ 围成的图形面

积为

$$S = \int_a^b |f_1(x) - f_2(x)| \, \mathrm{d}x.$$

注：若平面图形边界曲线表示为 $x = \varphi(y)$，则 1、2 中的面积公式可表示为 y

的积分.

3. 若曲线方程为参数方程形式 $\begin{cases} x = x(t), \\ y = y(t) \end{cases}$ $x(t_1) = a$，$x(t_2) = b$，则该曲线以

及直线 $x = a$，$x = b$ 与 x 轴围成的曲边梯形面积为

$$S = \int_{t_1}^{t_2} y(t) x'(t) \, \mathrm{d}t.$$

4. 极坐标曲线 $r = r(\theta)$ 及射线 $\theta = \alpha$、$\theta = \beta$ 围成曲边扇形的面积为

$$S = \frac{1}{2} \int_\alpha^\beta [r(\theta)]^2 \, \mathrm{d}\theta.$$

◆ **利用定积分求体积**

1. 已知平行截面面积的几何体的体积：几何体夹在两平面 $x = a$，$x = b$ 之间，

垂直于 x 轴的截面面积函数为 $A(x)$，则几何体体积

$$V = \int_a^b A(x) \, \mathrm{d}x.$$

2. 由连续曲线 $y = f(x)$、直线 $x = a$，$x = b$ 及 x 轴所围成的曲边梯形绕 x 轴旋

转一周而成的立体，其体积为

$$V = \pi \int_a^b [f(x)]^2 \, \mathrm{d}x.$$

同样的曲边梯形绕 y 轴旋转一周而成的立体，其体积为：（要求 $0 \leqslant a < b$ 或

$a < b \leqslant 0$）

$$V = 2\pi \int_a^b |xf(x)| \, \mathrm{d}x.$$

注：（1）若考虑由连续曲线 $x = \varphi(y)$、直线 $y = c$，$y = d$ 及 y 轴所围成的曲边

梯形绕 y 轴或 x 轴旋转一周而成的立体的体积，则相应地将上述两个体积公式表示

为 y 的积分.

（2）若曲边梯形的曲边表示为参数方程形式 $\begin{cases} x = x(t), \\ y = y(t), \end{cases}$ $x(t_1) = a, x(t_2) = b$，则其绕 x 轴旋转一周而成的立体体积为

$$V = \pi \int_{t_1}^{t_2} [y(t)]^2 x'(t) \mathrm{d}t,$$

绕 y 轴旋转一周而成的立体体积为

$$V = 2\pi \int_{t_1}^{t_2} |x(t)y(t)| |x'(t)| \mathrm{d}t.$$

3. 在极坐标下，由 $0 \leq r \leq r(\theta)$，$\theta \in [\alpha, \beta] \subset [0, \pi]$ 所表示的区域，绕极轴旋转一周而成的立体的体积为

$$V = \frac{2}{3}\pi \int_{\alpha}^{\beta} r^3(\theta) \sin\theta \mathrm{d}\theta.$$

◆ **旋转曲面的面积（旋转体的侧面积）**

1. 平面曲线弧方程为 $y = f(x)$，$(a \leq x \leq b)$，则其绕 x 轴旋转一周而成的旋转曲面的面积为

$$S = 2\pi \int_a^b f(x) \sqrt{1 + [f'(x)]^2} \mathrm{d}x.$$

2. 平面曲线弧的参数方程为 $\begin{cases} x = x(t), \\ y = y(t) \end{cases}$ $(T_1 \leq t \leq T_2)$，则其绕 x 轴旋转一周而成的旋转曲面的面积为

$$S = 2\pi \int_{T_1}^{T_2} y(t) \sqrt{[x'(t)]^2 + [y'(t)]^2} \mathrm{d}t.$$

3. 在极坐标下，曲线 $r = r(\theta)$，$\theta \in [\alpha, \beta]$ 绕极轴旋转一周而成的旋转曲面的面积为：

$$S = 2\pi \int_{\alpha}^{\beta} r(\theta) \sin\theta \sqrt{r^2(\theta) + r'^2(\theta)} \mathrm{d}\theta.$$

◆ **古鲁金定理**

若旋转轴非坐标轴，计算旋转体的体积或侧面积时，可以使用古鲁金定理

1. 古鲁金第一定理：平面曲线绕此平面上不与其相交的轴（可以是它的边界）旋转一周，所得旋转曲面面积等于此曲线的质心绕同一轴旋转所产生的圆周长乘以该曲线的弧长. 若曲线的质心与旋转轴的距离为 r，曲线的弧长为 l，则旋转曲面面积为

$$S = 2\pi rl.$$

2. 古鲁金第二定理：一平面图形绕与其不相交的轴（可以是它的边界）旋转一周，所得旋转体的体积等于该平面图形面积与其重心绕轴旋转的周长的乘积. 若曲线的质心与旋转轴的距离为 r，平面图形面积为 S，则旋转体的体积为

$$V = 2\pi rS.$$

◆ **积分的物理应用——微元法**

利用定积分求物理量 Φ 的关键在于建立其微元的一阶近似：$\mathrm{d}\Phi = f(x)\mathrm{d}x$，从

而得到计算公式

$$\Phi = \int_a^b f(x)\,\mathrm{d}x.$$

经常求的物理量包括质量、转动惯量、路程（速度）、静压力、引力、功和功率等，为建立物理量微元一阶近似使用的物理定律包括牛顿第二定律、万有引力定律、库仑定律、液体静压力计算公式、质量与转动惯量计算公式、功和功率的计算公式等.

◆ **傅里叶级数的展开**

1. 三角函数系的正交性：

一般地，若定义在 $[a,b]$ 上的函数列 $\{f_n(x)\}$ 满足 $\int_a^b f_n(x)f_m(x)\mathrm{d}x = 0$ $(m \neq n)$，则称 $\{f_n(x)\}$ 为 $[a,b]$ 上的正交函数系.

特别地，三角函数系 $1,\cos x,\sin x,\cos 2x,\sin 2x,\cdots,\cos nx,\sin nx,\cdots$ 为 $[-\pi,\pi]$ 上的正交函数系，

$$\int_{-\pi}^{\pi}\cos nx\mathrm{d}x = 0, \int_{-\pi}^{\pi}\sin nx\mathrm{d}x = 0, \int_{-\pi}^{\pi}\sin mx\cos nx\mathrm{d}x = 0,$$

$$\int_{-\pi}^{\pi}\sin mx\sin nx\mathrm{d}x = \begin{cases} 0, & m \neq n, \\ \pi, & m = n, \end{cases} \int_{-\pi}^{\pi}\cos mx\cos nx\mathrm{d}x = \begin{cases} 0, & m \neq n, \\ \pi, & m = n. \end{cases}$$

2. 傅里叶级数：函数 $f(x)$ 为区间 $\langle a,a+T \rangle$ 上的可积（若有界）以及绝对可积（若无界）函数，令

$$a_n = \frac{2}{T}\int_a^{a+T}f(x)\cos n\frac{2\pi x}{T}\mathrm{d}x \ (n = 0,1,2,\cdots),$$

$$b_n = \frac{2}{T}\int_a^{a+T}f(x)\sin n\frac{2\pi x}{T}\mathrm{d}x \ (n = 1,2,\cdots),$$

则称三角级数

$$\frac{a_0}{2} + \sum_{n=1}^{\infty}\left(a_n\cos n\frac{2\pi x}{T} + b_n\sin n\frac{2\pi x}{T}\right)$$

为 $f(x)$ 的傅里叶级数，记作

$$f(x) \sim \frac{a_0}{2} + \sum_{n=1}^{\infty}\left(a_n\cos n\frac{2\pi x}{T} + b_n\sin n\frac{2\pi x}{T}\right).$$

3. 周期函数展开为傅里叶级数：

（1）周期为 2π 的函数 $f(x)$ 展开为傅里叶级数，此时 $T = 2\pi$，系数公式为

$$a_n = \frac{1}{\pi}\int_{-\pi}^{\pi}f(x)\cos nx\mathrm{d}x \ (n = 0,1,2,\cdots), b_n = \frac{1}{\pi}\int_{-\pi}^{\pi}f(x)\sin nx\mathrm{d}x(n = 1,2,\cdots).$$

$f(x)$ 的傅里叶级数为

$$f(x) \sim \frac{a_0}{2} + \sum_{n=1}^{\infty}(a_n\cos nx + b_n\sin nx);$$

（2）周期为 $2L$ 的函数展开为傅里叶级数，此时 $T = 2L$，系数公式为

$$a_n = \frac{1}{L} \int_{-L}^{L} f(x)\cos n \frac{\pi x}{L}\mathrm{d}x \ (n = 0,1,2,\cdots) , \ b_n = \frac{1}{L} \int_{-L}^{L} f(x)\sin n \frac{\pi x}{L}\mathrm{d}x (n = 1,2,\cdots).$$

$f(x)$ 的傅里叶级数为

$$f(x) \sim \frac{a_0}{2} + \sum_{n=1}^{\infty} \left(a_n\cos n \frac{\pi x}{L} + b_n\sin n \frac{\pi x}{L} \right).$$

4. 非周期函数展开为傅里叶级数：

（1）周期延拓，此时函数 $f(x)$ 的定义区间 $[a, a+T]$ 为某周期区间，经周期延拓后成为周期函数，系数公式与上面相同；

（2）奇延拓，此时函数 $f(x)$ 的定义区间 $[0, L]$ 为半个周期区间，首先通过奇延拓成为 $[-L, L]$ 上的奇函数，然后通过周期延拓后成为周期函数，系数公式为

$$a_n = 0 \ (n = 0,1,2,\cdots) , \ b_n = \frac{2}{L} \int_{0}^{L} f(x)\sin n \frac{\pi x}{L}\mathrm{d}x \ (n = 1,2,\cdots).$$

$f(x)$ 的傅里叶级数为（称为正弦级数）

$$f(x) \sim \sum_{n=1}^{\infty} b_n\sin n \frac{\pi x}{L};$$

（3）偶延拓，此时函数 $f(x)$ 的定义区间 $[0, L]$ 仍为半个周期区间，首先通过偶延拓成为 $[-L, L]$ 上的偶函数，然后通过周期延拓后成为周期函数，系数公式为

$$a_n = \frac{2}{L} \int_{0}^{L} f(x)\cos n \frac{\pi x}{L}\mathrm{d}x \ (n = 0,1,2,\cdots) , \ b_n = 0 \ (n = 1,2,\cdots).$$

$f(x)$ 的傅里叶级数为（称为余弦级数）

$$f(x) \sim \frac{a_0}{2} + \sum_{n=1}^{\infty} a_n\cos n \frac{\pi x}{L}.$$

◆ 傅里叶级数的收敛性与性质

1. 傅里叶级数的收敛定理（狄利克雷充分条件）：设 $f(x)$ 是以 2π 为周期的周期函数，若满足

（1）在一个周期 $[-\pi, \pi]$ 内连续或只有有限个第一类间断点；

（2）在 $[-\pi, \pi]$ 内至多只有有限个极值点；则 $f(x)$ 的傅里叶级数收敛，并且：

（a）当 x 是 $f(x)$ 的连续点时，$f(x)$ 的傅里叶级数收敛于 $f(x)$；

（b）当 x 是 $f(x)$ 的间断点时，$f(x)$ 的傅里叶级数收敛于 $\dfrac{f(x-0) + f(x+0)}{2}$；

（c）当 x 为端点 $x = \pm\pi$ 时，$f(x)$ 的傅里叶级数收敛于 $\dfrac{f(-\pi+0) + f(\pi-0)}{2}$.

2. 傅里叶级数系数的性质：

（1）若 $f(x)$ 在 $[-\pi, \pi]$ 上可积，则 $f(x)$ 的傅里叶级数的系数满足

$$\lim_{n\to\infty} a_n = \lim_{n\to\infty} b_n = 0 ;$$

（2）若 $\dfrac{a_0}{2} + \sum\limits_{n=1}^{\infty} (a_n\cos nx + b_n\sin nx)$ 为某个可积且绝对可积函数的傅里叶级

数，则必有 $\displaystyle\sum_{n=1}^{\infty} \frac{b_n}{n}$ 收敛.

注：（1）可由黎曼引理或贝塞尔不等式得出；（2）可由傅里叶级数的逐项积分性质得出，二者均为某三角级数成为傅里叶级数的必要条件.

3. 傅里叶级数的逐项积分性质：若 $f(x)$ 在 $[-\pi, \pi]$ 上可积且绝对可积，

$$f(x) \sim \frac{a_0}{2} + \sum_{n=1}^{\infty}(a_n \cos nx + b_n \sin nx),$$

则 $f(x)$ 的傅里叶级数可以逐项积分，即 $\forall a, x \in [-\pi, \pi]$，有

$$\int_a^x f(t)\mathrm{d}t = \frac{a_0}{2}(x-a) + \sum_{n=1}^{\infty} \int_a^x (a_n \cos nt + b_n \sin nt)\mathrm{d}t.$$

4. 傅里叶级数的逐项微分性质：若 $f(x)$ 在 $[-\pi, \pi]$ 上连续，

$$f(x) \sim \frac{a_0}{2} + \sum_{n=1}^{\infty}(a_n \cos nx + b_n \sin nx),$$

$f(-\pi) = f(\pi) = 0$，且除了有限个点外 $f(x)$ 可微，$f'(x)$ 在 $[-\pi, \pi]$ 上可积且绝对可积，则 $f(x)$ 的傅里叶级数可以逐项积分，即

$$f'(x) = \sum_{n=1}^{\infty}(-na_n \sin nx + nb_n \cos nx).$$

2 典型例题与方法进阶

例1. 曲线 $y = \dfrac{\mathrm{e}^x + \mathrm{e}^{-x}}{2}$ 与直线 $x = 0, x = t(t > 0)$ 及 $y = 0$ 围成一曲边梯形. 该曲边梯形绕 x 轴旋转一周得一旋转体，其体积为 $V(t)$，侧面积为 $S(t)$，在 $x = t$ 处的底面积为 $F(t)$.

（1）求 $\dfrac{S(t)}{V(t)}$ 的值；　（2）计算极限 $\displaystyle\lim_{t \to +\infty} \frac{S(t)}{F(t)}$.

解　（1）$S(t) = \displaystyle\int_0^t 2\pi xy \sqrt{1 + y'^2}\mathrm{d}x = 2\pi \int_0^t \left(\frac{\mathrm{e}^x + \mathrm{e}^{-x}}{2}\right)\sqrt{1 + \frac{\mathrm{e}^{2x} - 2 + \mathrm{e}^{-2x}}{4}}\mathrm{d}x$

$\qquad = 2\pi \displaystyle\int_0^t \left(\frac{\mathrm{e}^x + \mathrm{e}^{-x}}{2}\right)^2 \mathrm{d}x$；

$$V(t) = \pi \int_0^t y^2 \mathrm{d}x = \pi \int_0^t \left(\frac{\mathrm{e}^x + \mathrm{e}^{-x}}{2}\right)^2 \mathrm{d}x，\text{因此} \frac{S(t)}{V(t)} = 2.$$

（2）$F(t) = \pi y^2\big|_{x=t} = \pi\left(\dfrac{\mathrm{e}^t + \mathrm{e}^{-t}}{2}\right)^2$，于是 $\displaystyle\lim_{t \to +\infty} \frac{S(t)}{F(t)} = \lim_{t \to +\infty} \frac{2\pi \displaystyle\int_0^t \left(\frac{\mathrm{e}^x + \mathrm{e}^{-x}}{2}\right)^2 \mathrm{d}x}{\pi\left(\frac{\mathrm{e}^t + \mathrm{e}^{-t}}{2}\right)^2}$

$$= \lim_{t \to +\infty} \frac{2\left(\frac{\mathrm{e}^t + \mathrm{e}^{-t}}{2}\right)^2}{2\left(\frac{\mathrm{e}^t + \mathrm{e}^{-t}}{2}\right)\left(\frac{\mathrm{e}^t - \mathrm{e}^{-t}}{2}\right)} = 1.$$

例2. 设 D 是位于曲线 $y = \sqrt{x}a^{-\frac{x}{2a}}(a > 1, 0 \leqslant x < +\infty)$ 下方、x 轴上方的无界区域.

（1）求区域 D 绕 x 轴旋转一周所成旋转体的体积 $V(a)$；

（2）当 a 为何值时，$V(a)$ 最小？并求此最小值.

解 （1）$V(a) = \pi \int_0^{+\infty} x a^{-\frac{x}{a}} \mathrm{d}x = -\frac{a\pi}{\ln a} \int_0^{+\infty} x \mathrm{d}a^{-\frac{x}{a}}$

$$= -\frac{a\pi x}{\ln a} a^{-\frac{x}{a}} \Big|_0^{+\infty} + \frac{a\pi}{\ln a} \int_0^{+\infty} a^{-\frac{x}{a}} \mathrm{d}x = \frac{a^2\pi}{\ln^2 a}.$$

（2）令 $V'(a) = \dfrac{\pi 2a \ln^2 a - \pi a^2 2\ln a \frac{1}{a}}{\ln^4 a} = \dfrac{2\pi a(\ln a - 1)}{\ln^3 a} = 0$，得 $a = \mathrm{e}$. 于是

当 $a > \mathrm{e}$ 时，$V'(a) > 0$，$V(a)$ 单调增加；

当 $1 < a < \mathrm{e}$ 时，$V'(a) < 0$，$V(a)$ 单调减少.

所以 $V(a)$ 在 $a = \mathrm{e}$ 取得极大值，即为最大值，且最大值为 $V(\mathrm{e}) = \pi\mathrm{e}^2$.

例3. 一容器的内侧是由图中曲线绕 y 轴旋转一周而成的曲面，该曲线由 $x^2 + y^2 = 2y\left(y \geqslant \frac{1}{2}\right)$ 与 $x^2 + y^2 = 1\left(y \leqslant \frac{1}{2}\right)$ 连接而成.

（1）求容器的容积；

（2）若将容器内盛满的水从容器顶部全部抽出，至少需要做多少功？

（长度单位：m，重力加速度为 $g\mathrm{m/s}^2$，水的密度为 $\rho\mathrm{kg/m}^3$）

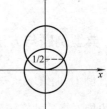

解 （1）$V = 2\int_{-1}^{\frac{1}{2}} \pi f^2(y) \mathrm{d}y = 2\pi \int_{-1}^{\frac{1}{2}} (1 - y^2) \mathrm{d}y = \dfrac{9\pi}{4}.$

（2）$W = \pi\rho g \int_{-1}^{\frac{1}{2}} (1 - y^2)(2 - y) \mathrm{d}y +$

$$\pi\rho g \int_{\frac{1}{2}}^{2} (2y - y^2)(2 - y) \mathrm{d}y = \dfrac{27\pi\rho g}{8}.$$

例4. 设 D 是由曲线 $y = \sqrt[3]{x}$，直线 $x = a(a > 0)$ 及 x 轴所围成的平面图形，V_x，V_y 分别是 D 绕 x 轴和 y 轴旋转一周所形成的立体的体积，若 $10V_x = V_y$，求 a 的值.

解 由微元法可知

$$V_x = \pi \int_0^a y^2 \mathrm{d}x = \pi \int_0^a x^{\frac{2}{3}} \mathrm{d}x = \frac{3}{5} a^{\frac{5}{3}} \pi;$$

$$V_y = 2\pi \int_0^a x f(x) \mathrm{d}x = 2\pi \int_0^a x^{\frac{4}{3}} \mathrm{d}x = \frac{6}{7} a^{\frac{7}{3}} \pi;$$

由条件 $10V_x = V_y$，知 $a = 7\sqrt{7}.$

例5. 设曲线 L 的方程为 $y = \dfrac{1}{4}x^2 - \dfrac{1}{2}\ln x$ （$1 \leqslant x \leqslant \mathrm{e}$）.

（1）求 L 的弧长；

（2）设 D 是由曲线 L，直线 $x=1$，$x=\mathrm{e}$ 及 x 轴所围成的平面图形，求 D 的形心的横坐标.

解　（1）曲线的弧微分为 $\mathrm{d}x=\sqrt{1+y'^2}\,\mathrm{d}x=\sqrt{1+\dfrac{1}{4}\left(x-\dfrac{1}{x}\right)}\,\mathrm{d}x=\dfrac{1}{2}\left(x+\dfrac{1}{x}\right)\mathrm{d}x$，所以弧长为

$$s=\int \mathrm{d}s=\frac{1}{2}\int_1^{\mathrm{e}}\left(x+\frac{1}{x}\right)\mathrm{d}x=\frac{\mathrm{e}^2+1}{4}.$$

（2）设形心坐标为 $(\bar{x},\bar{y})$，则

$$\bar{x}=\frac{\displaystyle\iint_D x\,\mathrm{d}x\mathrm{d}y}{\displaystyle\iint_D \mathrm{d}x\mathrm{d}y}=\frac{\displaystyle\int_1^{\mathrm{e}}x\,\mathrm{d}x\int_0^{\frac{1}{4}x^2-\frac{1}{2}\ln x}\mathrm{d}y}{\displaystyle\int_1^{\mathrm{e}}\mathrm{d}x\int_0^{\frac{1}{4}x^2-\frac{1}{2}\ln x}\mathrm{d}y}=\frac{\dfrac{\mathrm{e}^4-2\mathrm{e}^2-3}{16}}{\dfrac{\mathrm{e}^3-7}{12}}=\frac{3(\mathrm{e}^4-2\mathrm{e}^2-3)}{4(\mathrm{e}^3-7)}.$$

例 6　已知两条均匀的杆子，每条的质量为 m，长度为 $2a$，相互平行，相距为 b，且二者中心连线与它们垂直，计算它们之间的相互引力.

解　建立坐标系，两条杆子分别位于 $(-a,0)$ 到 $(a,0)$ 之间以及 $(-a,b)$ 到 (a,b) 之间，根据对称性，只需要考虑二者引力在 y 轴方向的分量.

首先求一条杆子上的某质点 P 与另一条杆子之间的引力在 y 轴方向的分量，设质点 P 质量为 μ，位于点 (x,b). 考察杆子上某一小段 L，其中心为 $Q(t,0)$，长度为 Δt，故 L 的质量为 $\dfrac{m}{2a}\Delta t$. 视 L 为质点，由万有引力定律，质点 P 与 L 的引力为

$$\frac{G\mu}{(x-t)^2+b^2}\cdot\frac{m}{2a}\Delta t,$$

其在 y 轴方向的分量为

$$\frac{G\mu}{(x-t)^2+b^2}\cdot\frac{m}{2a}\Delta t\cdot\frac{b}{\sqrt{(x-t)^2+b^2}}=\frac{G\mu mb}{2a}\cdot\frac{\Delta t}{\left[\sqrt{(x-t)^2+b^2}\right]^3}.$$

于是质点 P 与另一条杆子之间的引力在 y 轴方向的分量为

$$f_y=\frac{G\mu mb}{2a}\cdot\int_{-a}^a\frac{\mathrm{d}t}{\left[\sqrt{(x-t)^2+b^2}\right]^3}=\frac{G\mu mb}{2a}\cdot\frac{t-x}{b^2\sqrt{(t-x)^2+b^2}}\Bigg|_{-a}^a$$

$$=\frac{G\mu m}{2ab}\left(\frac{a-x}{\sqrt{(a-x)^2+b^2}}+\frac{a+x}{\sqrt{(a+x)^2+b^2}}\right).$$

同样的方法，将质点 P 所在的杆子上长度为 Δx 的一小段视为质点 P，则 $\mu=\dfrac{m}{2a}\Delta x$，则两杆之间引力在 y 轴方向的分量为

$$F_y = \frac{Gm^2}{4a^2 b} \int_{-a}^{a} \Big[\frac{a-x}{\sqrt{(a-x)^2+b^2}} + \frac{a+x}{\sqrt{(a+x)^2+b^2}} \Big] \mathrm{d}x$$

$$= \frac{Gm^2}{4a^2 b} \Big[\sqrt{(a+x)^2+b^2} - \sqrt{(a-x)^2+b^2} \Big] \Big|_{-a}^{a} = \frac{Gm^2}{2a^2 b} \big(\sqrt{4a^2+b^2} - b \big).$$

评注：万有引力定律只是给出了两个质点之间的引力，为计算两个刚体之间的引力，使用了两次定积分；任何情形下引力的计算，都是首先归结为质点之间的引力．

例7．计算由抛物线 $y = x^2$ 与直线 $y = mx$（$m > 0$）在第一象限内围成的图形绕该直线旋转所成立体的体积．

解（方法一：微元法）在抛物线上取一点 $P(x, x^2)$，其到直线 $y = mx$ 的距离为

$$r = \frac{|mx - x^2|}{\sqrt{m^2+1}}.$$

考虑体积微元，为一近似圆柱体，底面积为 πr^2，高 $\mathrm{d}h = \sqrt{m^2+1}\,\mathrm{d}x$，故

$$V = \pi \int_0^m r^2 \mathrm{d}h = \pi \int_0^m \frac{(mx-x^2)^2}{m^2+1} \sqrt{m^2+1}\,\mathrm{d}x$$

$$= \frac{\pi}{\sqrt{m^2+1}} \int_0^m (mx-x^2)^2 \mathrm{d}x = \frac{\pi m^5}{30\sqrt{m^2+1}}.$$

评注：本方法的巧妙之处是在抛物线上取动点，可以利用点到直线的距离很快得到体积微元的底圆半径；若改为在直线 $y = mx$ 上取动点，当计算过该点与直线垂直的直线与抛物线交点时将会非常复杂；若使用坐标变换将直线 $y = mx$ 旋转到坐标轴，计算仍然非常复杂．

（方法二：古鲁金第二定理）首先计算平面图形的质心（即形心）$Q(\bar{x}, \bar{y})$：

$$\bar{x} = \frac{\int_0^m x(mx-x^2)\mathrm{d}x}{\int_0^m (mx-x^2)\mathrm{d}x} = \frac{m}{2}, \quad \bar{y} = \frac{\int_0^{m^2} y\big(\sqrt{y} - \frac{y}{m}\big)\mathrm{d}y}{\int_0^{m^2} \big(\sqrt{y} - \frac{y}{m}\big)\mathrm{d}y} = \frac{2m^2}{5}.$$

于是质心 $Q(\bar{x}, \bar{y})$ 到直线 $y = mx$ 的距离为

$$r = \frac{|m\bar{x} - \bar{y}|}{\sqrt{m^2+1}} = \frac{m^2}{10\sqrt{m^2+1}}.$$

平面图形面积为 $S = \int_0^m (mx-x^2)\mathrm{d}x = \frac{m^3}{6}$，故旋转体体积为

$$V = 2\pi r S = 2\pi \frac{m^3}{6} \cdot \frac{m^2}{10\sqrt{m^2+1}} = \frac{\pi m^5}{30\sqrt{m^2+1}}.$$

评注：古鲁金定理是计算绕非坐标轴旋转问题常用的手段（关键要求出质心坐标）．

例8．设 $f(x) = x^2$，$x \in [0, \pi]$．

（1）将 $f(x)$ 展成以 π 为周期的傅里叶级数；

（2）将 $f(x)$ 展成以 2π 为周期的傅里叶级数；

解　（1）$a_0 = \dfrac{2}{\pi}\displaystyle\int_0^\pi x^2 \mathrm{d}x = \dfrac{2}{3}\pi^2, a_n = \dfrac{2}{\pi}\displaystyle\int_0^\pi x^2\cos nx\mathrm{d}x = \dfrac{1}{n^2}, b_n = \dfrac{2}{\pi}$

$\displaystyle\int_0^\pi x^2\sin nx\mathrm{d}x = -\dfrac{\pi}{n}$，则

$$f(x) = \frac{\pi^2}{3} + \sum_{n=1}^\infty \left(\frac{1}{n^2}\cos 2nx - \frac{\pi}{n}\sin 2nx\right), x\in(0,\pi).$$

（2）将 $f(x)$ 偶延拓得 $f(x) = \dfrac{\pi^2}{3} + \displaystyle\sum_{n=1}^\infty \dfrac{4}{n^2}(-1)^n\cos nx, x\in[0,\pi]$；

将 $f(x)$ 奇延拓得 $f(x) = \displaystyle\sum_{n=1}^\infty \left\{\dfrac{2\pi}{n}(-1)^{n+1} + \dfrac{4}{\pi n^3}[(-1)^n - 1]\right\}\sin x, x\in[0,\pi]$.

例 9. 将函数 $f(x) = 1 - x^2(0\leqslant x\leqslant\pi)$ 展开成余弦级数，并求级数 $\displaystyle\sum_{n=1}^\infty \dfrac{(-1)^{n-1}}{n^2}$ 的和

解　将 $f(x)$ 作偶周期延拓，则有 $b_n = 0$，$n = 1$，2，$\cdots$.

$$a_0 = \frac{2}{\pi}\int_0^\pi(1-x^2)\mathrm{d}x = 2\left(1 - \frac{\pi^2}{3}\right).$$

$$\begin{aligned}a_n &= \frac{2}{\pi}\int_0^\pi f(x)\cos nx\mathrm{d}x = \frac{2}{\pi}\left[\int_0^\pi\cos nx\mathrm{d}x - \int_0^\pi x^2\cos nx\mathrm{d}x\right]\Big|_0^\pi\\ &= \frac{2}{\pi}\left[0 - \int_0^\pi x^2\cos nx\mathrm{d}x\right]\Big|_0^\pi = \frac{-2}{\pi}\left[\frac{x^2\sin nx}{n}\Big|_0^\pi - \int_0^\pi\frac{2x\sin nx}{n}\mathrm{d}x\right]\\ &= \frac{2}{\pi}\frac{2\pi(-1)^{n-1}}{n^2} = \frac{4(-1)^{n-1}}{n^2}.\end{aligned}$$

所以 $f(x) = 1 - x^2 = \dfrac{a_0}{2} + \displaystyle\sum_{n=1}^\infty a_n\cos nx = 1 - \dfrac{\pi^2}{3} + 4\sum_{n=1}^\infty \dfrac{(-1)^{n-1}}{n^2}\cos nx$，其中，

$0\leqslant x\leqslant\pi$.

令 $x = 0$，有 $f(0) = 1 - \dfrac{\pi^2}{3} + 4\displaystyle\sum_{n=1}^\infty\dfrac{(-1)^{n-1}}{n^2}$，又 $f(0) = 1$，所以 $\displaystyle\sum_{n=1}^\infty\dfrac{(-1)^{n-1}}{n^2} = \dfrac{\pi^2}{12}$.

例 10.　（1）将 $f(x) = x$，$x\in[0,\pi]$ 分别展开为余弦级数和正弦级数；

（2）写出上述傅里叶级数的和函数；

（3）求数项级数 $\displaystyle\sum_{n=1}^\infty\dfrac{1}{(2n-1)^2}$ 的和；

（4）求 $\cos x$ 全部零点的倒数的平方和.

解　（1）$f(x)$ 展开为余弦级数的系数为：

$a_0 = \dfrac{2}{\pi}\displaystyle\int_0^\pi x\mathrm{d}x = \pi, a_n = \dfrac{2}{\pi}\displaystyle\int_0^\pi x\cos nx\mathrm{d}x = 2\dfrac{(-1)^n - 1}{n^2\pi}, b_n = 0\ (n = 1, 2, \cdots)$.

故 $f(x)$ 的余弦级数为

$$f(x) \sim \frac{\pi}{2} - \frac{4}{\pi}\left(\cos x + \frac{\cos 3x}{3^2} + \cdots + \frac{\cos(2k+1)x}{(2k+1)^2} + \cdots\right).$$

同理，$f(x)$ 展开为正弦级数的系数为：

$$a_n = 0 \ (n = 1, 2, \cdots), b_n = \frac{2}{\pi}\int_0^\pi x\sin nx\,dx = 2\frac{(-1)^{n+1}}{n} \ (n = 1, 2, \cdots).$$

故 $f(x)$ 的正弦级数为

$$f(x) \sim 2\left(\sin x - \frac{\sin 2x}{2} + \cdots + (-1)^{n+1}\frac{\sin nx}{n} + \cdots\right).$$

（2）根据 $f(x)$ 的奇偶延拓以及傅里叶级数的收敛性定理，可得 $f(x)$ 的余弦级数的和函数为

$$\frac{\pi}{2} - \frac{4}{\pi}\left(\cos x + \frac{\cos 3x}{3^2} + \cdots + \frac{\cos(2k+1)x}{(2k+1)^2} + \cdots\right) = \begin{cases} x, & x \in [0, \pi], \\ -x, & x \in [-\pi, 0]. \end{cases}$$

同理，$f(x)$ 的正弦级数的和函数为

$$2\left(\sin x - \frac{\sin 2x}{2} + \cdots + (-1)^{n+1}\frac{\sin nx}{n} + \cdots\right) = \begin{cases} x, & x \in (-\pi, \pi), \\ 0, & x = \pm\pi. \end{cases}$$

（3）在 $f(x)$ 展开的余弦级数中令 $x = 0$，可得

$$\frac{\pi}{2} - \frac{4}{\pi}\left(1 + \frac{1}{3^2} + \cdots + \frac{1}{(2k+1)^2} + \cdots\right) = 0 \Rightarrow \sum_{n=1}^{\infty}\frac{1}{(2n-1)^2} = \frac{\pi^2}{8}.$$

（4）$\cos x$ 的零点为 $\pm\frac{(2k-1)\pi}{2}$，于是 $\cos x$ 全部零点的倒数的平方和为

$$\sum_{k=1}^{\infty}\frac{1}{\left[\frac{(2k-1)\pi}{2}\right]^2} + \sum_{k=1}^{\infty}\frac{1}{\left[-\frac{(2k-1)\pi}{2}\right]^2} = \frac{4}{\pi^2}\left[\sum_{k=1}^{\infty}\frac{1}{(2k-1)^2} + \sum_{k=1}^{\infty}\frac{1}{(2k-1)^2}\right] = 1.$$

3 本节练习

（A 组）

1. 求心形线 $\rho = a(1 + \cos\theta)$ 的全长，其中 $a > 0$ 是常数.

2. 求曲线 $y = x^2 - 2x$，$y = 0$，$x = 1$，$x = 3$ 所围成的平面图形的面积 S，并求该平面图形绕 y 轴旋转一周所得旋转体的体积 V.

3. 设函数 $f(x)$ 在 $[0, 1]$ 上连续，在 $(0, 1)$ 内大于零，并满足 $xf'(x) = f(x) + \frac{3a}{2}x^2$（$a$ 为常数），又曲线 $y = f(x)$ 与 $x = 1$，$y = 0$ 所围成的图形 S 的面积值为 2，求函数 $y = f(x)$，并问 a 为何值时，图形绕 x 轴旋转一周所得的旋转体的体积最小.

4. 求曲线 $y = 3 - |x^2 - 1|$ 与 x 轴围成的封闭图形绕直线 $y = 3$ 旋转所得旋转体体积.

5. 设 $f(x)$ 是区间 $[0, +\infty)$ 上具有连续导数的单调增加函数，且 $f(0) = 1$. 对任意的 $t \in [0, +\infty)$，直线 $x = 0$，$x = t$，曲线 $y = f(x)$ 以及 x 轴所围成的曲边梯形绕 x 轴旋转一周生成一旋转体. 若该旋转体的侧面积在数值上等于其体积的 2 倍，求函

数 $f(x)$ 的表达式.

6. 过 $(0,1)$ 点作曲线 L：$y = \ln x$ 的切线，切点为 A，又 L 与 x 轴交于 B 点，区域 D 由 L 与直线 AB 以及 x 轴围成，求区域 D 的面积及 D 绕 x 轴旋转一周所得旋转体的体积.

7. 求由圆面 $x^2 + (y-d)^2 \leqslant r^2 (d > r)$ 绕 x 轴旋转一周而成的环体的体积与表面积.

8. 求原点到曲线 $y^2 = x^3$ 上一点的弧长，已知这一点处的切线与 x 轴成 $45°$ 角.

9. 星形线方程为 $\begin{cases} x = a\cos^3 t, \\ y = a\sin^3 t \end{cases} (a > 0)$，求 (1) 它所围成的面积；(2) 它的周长；(3) 它所围成的图形绕 x 轴旋转一周而成的立体的体积.

10. 有一中心在原点密度为 1 的均匀球，其半径为 1，求此球关于直径的转动惯量.

11. 将 $f(x) = \begin{cases} 2 - x, 0 \leqslant x \leqslant 4 \\ x - 6, 4 < x \leqslant 8 \end{cases}$ 展成以 8 为周期的傅里叶级数，并求和函数.

12. 设 $f(x)$ 是以 2π 为周期的周期函数，且 $f(x) = e^{\alpha x} (0 \leqslant x < 2\pi)$，其中 $\alpha \neq 0$，将 $f(x)$ 展开为傅里叶级数，并求数项级数 $\sum\limits_{n=1}^{\infty} \dfrac{1}{1 + n^2}$ 的和.

13. 将 $f(x) = \begin{cases} 0, & x \in [-1, 0), \\ x^2, & x \in [0, 1) \end{cases}$ 展开为傅里叶级数，并求级数 $\sum\limits_{n=1}^{\infty} \dfrac{1}{n^2}$ 的和.

（B 组）

1. 计算由曲线 $\sqrt{x} + \sqrt{y} = 1$ 与直线 $x + y = 1$ 在第一象限内围成图形绕该直线旋转所成立体的体积.

2. 有两根长度为 2，密度为 1 的匀质细杆，位于同一条直线上，相距为 1，求两杆之间的引力.

3. 设抛物线 $y = ax^2 + bx + 2\ln c$ 过原点，当 $0 \leqslant x \leqslant 1$ 时，$y \geqslant 0$，又已知该抛物线与 x 轴及直线 $x = 1$ 所围图形的面积为 $\dfrac{1}{3}$，确定 a, b, c 使得此图形绕 x 轴旋转一周而成的旋转体的体积最小.

4. 证明：$\sum\limits_{n=1}^{\infty} \dfrac{1}{n^4} = \dfrac{\pi^4}{90}$.

4　竞赛实战

（A 组）

1. （第一届江苏省赛）一向上凸的光滑曲线连接了 $O(0,0), A(1,4)$ 两点，而 $P(x, y)$ 为曲线上的任一点，已知曲线与线段 OP 所围的区域面积为 $x^{\frac{4}{3}}$，求该曲线的方程.

2. （第二届江苏省赛）已知 a, b 满足 $\int_a^b |x| \, dx = \dfrac{1}{2} (a \leqslant 0 \leqslant b)$，求曲线 $y = x^2 + ax$ 与直线 $y = bx$ 所围区域面积的最大值与最小值.

3. （第五届江苏省赛）过抛物线 $y = x^2$ 上一点 (a, a^2) 作切线，问：a 为何值时所作切线与抛物线 $y = -x^2 + 4x - 1$ 所围成的图形面积最小？

4. （第八届江苏省赛）曲线 Γ 的极坐标方程 $\rho = 1 + \cos\theta \left(0 \leqslant \theta \leqslant \dfrac{\pi}{2}\right)$，求该曲线在 $\theta = \dfrac{\pi}{4}$ 所对应的点处的切线 L 的直角坐标方程，并求曲线 Γ，切线 L 与 x 轴所围成图形的面积.

5. （第一届国家预赛）设抛物线 $y = ax^2 + bx + 2\ln c$ 过原点，当 $0 \leqslant x \leqslant 1$ 时，$y \geqslant 0$，又已知抛物线与 x 轴及直线 $x = 1$ 所围图形的面积为 $\dfrac{1}{3}$，试确定 a，b，c，使此图形绕 x 轴旋转所成的体积 V 最小.

6. （第三届国家预赛）在平面上，有一条从一点 $(a, 0)$ 向右的射线，线密度为 ρ. 在点 $(0, h)$ 处（其中 $h > 0$）有一质量为 m 的质点. 求射线对该质点的引力.

（B 组）

1. （第六届国家决赛）

（1）将 $[-\pi, \pi)$ 上的函数 $f(x) = |x|$ 展开成傅里叶级数，并证明：$\displaystyle\sum_{n=1}^{\infty} \dfrac{1}{n^2} = \dfrac{\pi^2}{6}$；

（2）求积分 $\displaystyle\int_0^{+\infty} \dfrac{u}{1 + e^u} du$ 的值.

2. （第八届国家预赛）设 $f(x)$ 在 $(-\infty, +\infty)$ 可导，且 $f(x) = f(x+2) = f(x+\sqrt{3})$. 用傅里叶级数理论证明 $f(x)$ 为常数.

第四节　简单微分方程及应用

1　内容总结与精讲

◆ 可分离变量的微分方程

1. 若一阶常微分方程可化为 $g(y)\mathrm{d}y = f(x)\mathrm{d}x$，即变量 x，y 分别置于等号两侧，则称为<u>可分离变量</u>的微分方程. 只需两边同时积分，即可得到微分方程的解：

$$\int g(y)\mathrm{d}y = \int f(x)\mathrm{d}x.$$

2. 可通过换元法化为可分离变量微分方程的方程.

（1）<u>齐次方程</u>——形如 $\dfrac{\mathrm{d}y}{\mathrm{d}x} = f\left(\dfrac{y}{x}\right)$ 的一阶微分方程，可通过变量代换 $u = \dfrac{y}{x}$ 化为可分离变量方程，此时 $\dfrac{\mathrm{d}y}{\mathrm{d}x} = x\dfrac{\mathrm{d}u}{\mathrm{d}x} + u$，方程化为 $\dfrac{\mathrm{d}u}{\mathrm{d}x} = \dfrac{f(u) - u}{x}$.

（2）形如 $\dfrac{\mathrm{d}y}{\mathrm{d}x} = \dfrac{a_1 x + b_1 y + c_1}{a_2 x + b_2 y + c_2}$ 的一阶微分方程（其中，a_1，b_1，c_1，a_2，b_2，c_2

为常数），分为三种情形：

（a） $c_1 = c_2 = 0$，此时 $\dfrac{\mathrm{d}y}{\mathrm{d}x} = \dfrac{a_1 x + b_1 y}{a_2 x + b_2 y} = \dfrac{a_1 + b_1 \dfrac{y}{x}}{a_2 + b_2 \dfrac{y}{x}} = g\left(\dfrac{y}{x}\right)$ 为齐次方程；

（b） $\begin{vmatrix} a_1 & a_2 \\ b_1 & b_2 \end{vmatrix} = 0$，此时设 $\dfrac{a_1}{a_2} = \dfrac{b_1}{b_2} = k$，则方程变为

$$\frac{\mathrm{d}y}{\mathrm{d}x} = \frac{a_1 x + b_1 y + c_1}{a_2 x + b_2 y + c_2} = \frac{k(a_2 x + b_2 y) + c_1}{a_2 x + b_2 y + c_2} = f(a_2 x + b_2 y) \xrightarrow{u = a_2 x + b_2 y} \frac{\mathrm{d}u}{\mathrm{d}x}$$

$$= a_2 + b_2 \frac{\mathrm{d}y}{\mathrm{d}x} = a_2 + b_2 f(u),$$

为可分离变量的微分方程；

（c） $\begin{vmatrix} a_1 & a_2 \\ b_1 & b_2 \end{vmatrix} \neq 0$ 且 c_1, c_2 不同时为 0，此时设方程组 $\begin{cases} a_1 x + b_1 y + c_1 = 0, \\ a_2 x + b_2 y + c_2 = 0 \end{cases}$ 的解

为 $\begin{cases} x = \alpha, \\ y = \beta. \end{cases}$ 引入变量代换 $\begin{cases} X = x - \alpha, \\ Y = y - \beta \end{cases}$，则方程变为 $\dfrac{\mathrm{d}Y}{\mathrm{d}X} = \dfrac{a_1 X + b_1 Y}{a_2 X + b_2 Y}$，化为情形（a）的齐次方程．

注：若一阶微分方程具有形式 $\dfrac{\mathrm{d}y}{\mathrm{d}x} = f\left(\dfrac{a_1 x + b_1 y + c_1}{a_2 x + b_2 y + c_2}\right)$，则由上述同样可解．

（3） 利用其他形式的换元法，例如以下情形：

$$\boxed{\begin{array}{ll} \dfrac{\mathrm{d}y}{\mathrm{d}x} = f(ax + by + c) & \Rightarrow u = ax + by + c; \\[2mm] yf(xy)\,\mathrm{d}x + xg(xy)\,\mathrm{d}y = 0 & \Rightarrow u = xy; \\[2mm] x^2 \dfrac{\mathrm{d}y}{\mathrm{d}x} = f(xy) & \Rightarrow u = xy; \\[2mm] \dfrac{\mathrm{d}y}{\mathrm{d}x} = xf\left(\dfrac{y}{x^2}\right) & \Rightarrow u = \dfrac{y}{x^2}. \end{array}}$$

在具体问题中，需要使用合适的变量代换．

◆ 一阶线性微分方程

1. <u>一阶线性微分方程</u>的标准形式为 $\dfrac{\mathrm{d}y}{\mathrm{d}x} + P(x)y = Q(x)$，其中 $P(x), Q(x)$ 为给定区间上的连续函数．若 $Q(x) \equiv 0$，称为一阶齐次线性微分方程，否则称为一阶非齐次线性微分方程．

（1） 一阶齐次线性微分方程 $\dfrac{\mathrm{d}y}{\mathrm{d}x} + P(x)y = 0$ 为可分离变量微分方程，其通解为

$$y = C\mathrm{e}^{-\int P(x)\,\mathrm{d}x}.$$

（2） 使用常数变易法求解一阶非齐次线性微分方程，即将齐次方程通解中的

常数 C 变易为函数 $C(x)$：令 $y = c(x)\mathrm{e}^{-\int P(x)\mathrm{d}x}$ 为 $\dfrac{\mathrm{d}y}{\mathrm{d}x} + P(x)y = Q(x)$ 的解，代入可得

$$\frac{\mathrm{d}y}{\mathrm{d}x} + P(x)y = c'(x)\mathrm{e}^{-\int P(x)\mathrm{d}x} - c(x)P(x)\mathrm{e}^{-\int P(x)\mathrm{d}x} + c(x)P(x)\mathrm{e}^{-\int P(x)\mathrm{d}x}$$

$$= c'(x)\mathrm{e}^{-\int P(x)\mathrm{d}x} = Q(x),$$

故一阶非齐次线性微分方程 $\dfrac{\mathrm{d}y}{\mathrm{d}x} + P(x)y = Q(x)$ 的通解为 $y = \left[\int Q(x)\mathrm{e}^{\int P(x)\mathrm{d}x}\mathrm{d}x + C \right] \mathrm{e}^{-\int P(x)\mathrm{d}x}$.

注：上述通解可写为 $y = C\mathrm{e}^{-\int P(x)\mathrm{d}x} + \mathrm{e}^{-\int P(x)\mathrm{d}x} \cdot \int Q(x)\mathrm{e}^{\int P(x)\mathrm{d}x}\mathrm{d}x$，恰好为对应齐次方程的通解和非齐次方程的某个特解的和.

2. 伯努利方程——$\dfrac{\mathrm{d}y}{\mathrm{d}x} + P(x)y = Q(x)y^n$ （$n \neq 0, 1$），通过引入变量代换 $z = y^{1-n}$，方程变为

$$\frac{\mathrm{d}z}{\mathrm{d}x} = (1-n)P(x)z + (1-n)Q(x),$$

其为一阶线性微分方程.

◆ 降阶法

1. $y^{(n)} = f(x, y^{(k)}, \cdots, y^{(n-1)})$ 型：方程中不显含 $y, \cdots, y^{(k-1)}$.

方法：令 $y^{(k)} = P(x)$，则原方程化为 $P^{(n-k)}(x) = f(x, P(x), \cdots, P^{(n-k-1)}(x))$. （降低了 k 阶）

2. $y^{(n)} = f(y, y', \cdots, y^{(n-1)})$ 型：方程中不显含 x.

方法：令 $y' = p(x)$，则 $y'' = \dfrac{\mathrm{d}p}{\mathrm{d}y} \cdot \dfrac{\mathrm{d}y}{\mathrm{d}x} = p\dfrac{\mathrm{d}p}{\mathrm{d}y}$，$y''' = p^2\dfrac{\mathrm{d}^2 p}{\mathrm{d}y^2} + p\left(\dfrac{\mathrm{d}p}{\mathrm{d}y}\right)^2$，$\cdots$ 代入原方程得到新函数 $p(x)$ 的 $n-1$ 阶方程. （降低了 1 阶）

3. 已知齐次线性方程的非零特解，进行降阶：

（a）设 $y_1(x)$ 为二阶齐次线性方程 $\dfrac{\mathrm{d}^2 y}{\mathrm{d}x^2} + p(x)\dfrac{\mathrm{d}y}{\mathrm{d}x} + q(x)y = 0$ 的非零解，令 $y = y_1(x)z$，则上述二阶齐次线性方程变为 $y_1 z'' + [2y_1' + p(x)y_1]z' = 0$，此时令 $u = z'$，即可化为关于未知函数 u 的一阶微分方程；

（b）一般地，已知 n 阶齐次线性微分方程 $\dfrac{\mathrm{d}^n y}{\mathrm{d}x^n} + a_1(x)\dfrac{\mathrm{d}^{n-1}y}{\mathrm{d}x^{n-1}} + \cdots + a_{n-1}(x)\dfrac{\mathrm{d}y}{\mathrm{d}x} + a_n(x)y = 0$ 的 k 个线性无关的解 $y_1(x), y_2(x), \cdots, y_k(x)$. 首先令 $y = y_k(x)z$ 以及 $u = z'$，化为关于未知函数 u 的 $n-1$ 阶方程；同时注意到 $u_i(x) = \left(\dfrac{y_i(x)}{y_k(x)}\right)'$（$i = 1, \cdots, k-1$）为上述关于未知函数 u 的 $n-1$ 阶方程的 $k-1$ 个线性无关解，反复使用以上方法，即可将 n 阶齐次线性微分方程化为 $n-k$ 阶齐次线性微分方程.

◆ **高阶线性常微分方程**

1. n 阶线性常微分方程的一般形式为

$$\frac{\mathrm{d}^n y}{\mathrm{d}x^n} + a_1(x)\frac{\mathrm{d}^{n-1} y}{\mathrm{d}x^{n-1}} + \cdots + a_{n-1}(x)\frac{\mathrm{d}y}{\mathrm{d}x} + a_n(x)y = f(x),$$

其中, 系数 $a_i(x)$ ($i=1,\cdots,n$) 和自由项 $f(x)$ 均为连续函数. 若 $f(x) \equiv 0$, 即

$$\frac{\mathrm{d}^n y}{\mathrm{d}x^n} + a_1(x)\frac{\mathrm{d}^{n-1} y}{\mathrm{d}x^{n-1}} + \cdots + a_{n-1}(x)\frac{\mathrm{d}y}{\mathrm{d}x} + a_n(x)y = 0,$$

称为 n 阶齐次线性常微分方程, 否则称为 n 阶非齐次线性常微分方程.

2. 齐次线性常微分方程解的结构

(1) 解的叠加原理: 若 $y_1(x)$, $y_2(x)$, $\cdots$, $y_k(x)$ 为齐次线性常微分方程的 k 个解, 则它们的线性组合 $C_1 y_1(x) + C_2 y_2(x) + \cdots + C_k y_k(x)$ 也是该齐次线性常微分方程的解, 这里 C_1, C_2, $\cdots$, C_k 为任意常数.

(2) 齐次线性常微分方程的通解结构: n 阶齐次线性常微分方程一定存在 n 个线性无关的解

$$y_1(x), y_2(x), \cdots, y_n(x),$$

并且其通解可以表示为 $y = C_1 y_1(x) + C_2 y_2(x) + \cdots + C_n y_n(x)$ (其中, C_1, C_2, $\cdots$, C_n 为任意常数).

3. 非齐次线性常微分方程解的结构

(1) 解的叠加原理: 若 $y_0(x)$ 为非齐次线性常微分方程的解, $y_1(x)$ 为相应齐次线性常微分方程的解, 则 $y = y_0(x) + y_1(x)$ 为非齐次线性常微分方程的解.

(2) 非齐次线性常微分方程的两个解之差必为相应齐次线性常微分方程的解.

(3) 非齐次线性常微分方程的通解结构: 设 $y_1(x)$, $y_2(x)$, $\cdots$, $y_n(x)$ 为相应的齐次线性常微分方程的 n 个线性无关的解, $y_0(x)$ 为非齐次方程的某一解, 则非齐次线性常微分方程的通解可以表示为

$y = y_0(x) + C_1 y_1(x) + C_2 y_2(x) + \cdots + C_n y_n(x)$ (其中, C_1, C_2, $\cdots$, C_n 为任意常数).

◆ **常系数齐次高阶线性常微分方程**

1. 形如 $\dfrac{\mathrm{d}^n y}{\mathrm{d}x^n} + a_1 \dfrac{\mathrm{d}^{n-1} y}{\mathrm{d}x^{n-1}} + \cdots + a_{n-1}\dfrac{\mathrm{d}y}{\mathrm{d}x} + a_n y = 0$ 的方程 (其中, a_1, a_2, $\cdots$, a_n 为实常数) 称为常系数 n 阶齐次线性微分方程, 定义

$$I(\lambda) = \lambda^n + a_1 \lambda^{n-1} + \cdots + a_{n-1}\lambda + a_n = 0$$

为常系数 n 阶齐次线性微分方程的特征方程, 特征方程的根称为特征根.

2. 若 λ 为特征根, 则 $y = \mathrm{e}^{\lambda x}$ 必是上述方程的一个解.

3. 特征方程的每个 k 阶实根 λ 都对应了齐次线性微分方程的 k 个线性无关的解:

$$y_1 = \mathrm{e}^{\lambda x}, \ y_2 = x\mathrm{e}^{\lambda x}, \ \cdots, \ y_k = x^{k-1}\mathrm{e}^{\lambda x}.$$

4. 特征方程的每对 k 阶复根 $\alpha \pm \beta\mathrm{i}$ 都对应了齐次线性微分方程的 $2k$ 个线性无关的解:

$$y_1 = \mathrm{e}^{\alpha x}\cos\beta x, \ y_2 = x\mathrm{e}^{\alpha x}\cos\beta x, \cdots, y_k = x^{k-1}\mathrm{e}^{\alpha x}\cos\beta x,$$

$$y_{k+1} = \mathrm{e}^{\alpha x}\sin\beta x,\ y_{k+2} = x\mathrm{e}^{\alpha x}\sin\beta x,\cdots,y_{2k} = x^{k-1}\mathrm{e}^{\alpha x}\sin\beta x.$$

◆ **常系数非齐次高阶线性常微分方程**

常系数非齐次线性微分方程为 $\dfrac{\mathrm{d}^n y}{\mathrm{d}x^n} + a_1\dfrac{\mathrm{d}^{n-1}y}{\mathrm{d}x^{n-1}} + \cdots + a_{n-1}\dfrac{\mathrm{d}y}{\mathrm{d}x} + a_n y = f(x)$ （其中，a_1，a_2，$\cdots$，a_n 为实常数），其解法主要包括待定系数法以及算子解法.

待定系数法：根据自由项 $f(x)$ 的不同形式，可以得到非齐次方程特解的形式，$f(x)$ 的形式包括以下两种情况.

（1）$f(x) = \mathrm{e}^{\mu x}P_m(x)$

其中 $P_m(x) = b_0 x^m + b_1 x^{m-1} + \cdots + b_{m-1}x + b_m$ 为 m 阶多项式，μ 为特征方程的 k 阶实根（若 μ 不是特征方程的实根，则 $k = 0$），此时非齐次方程特解的形式为

$$y_0(x) = x^k(c_0 x^m + c_1 x^{m-1} + \cdots + c_{m-1}x + c_m)\mathrm{e}^{\mu x}.$$

这里 c_0，c_1，$\cdots$，c_m 为待定系数，将 $y_0(x)$ 代入原方程中可求出待定系数.

（2）$f(x) = \mathrm{e}^{\mu x}P_m(x)\cos vx$ 或 $f(x) = \mathrm{e}^{\mu x}P_m(x)\sin vx$

其中，$P_m(x) = b_0 x^m + b_1 x^{m-1} + \cdots + b_{m-1}x + b_m$ 为 m 阶多项式，$\mu + iv$ 为特征方程的 k 阶复根（若不是特征方程的根，则 $k = 0$），此时非齐次方程特解的形式为

$$y_0(x) = x^k\mathrm{e}^{\mu x}\big[(c_0 x^m + c_1 x^{m-1} + \cdots + c_{m-1}x + c_m)\cos vt +$$
$$(d_0 x^m + d_1 x^{m-1} + \cdots + d_{m-1}x + d_m)\sin vt\big].$$

这里 c_0，c_1，$\cdots$，c_m 和 d_0，d_1，$\cdots$，d_m 为待定系数，将 $y_0(x)$ 代入原方程中可求出待定系数.

◆ **非常系数高阶线性常微分方程的解法**

1. 降阶法化为低阶线性微分方程，已在前面详述.

2. 幂级数解法：对于二阶变系数齐次微分方程 $\dfrac{\mathrm{d}^2 y}{\mathrm{d}x^2} + p(x)\dfrac{\mathrm{d}y}{\mathrm{d}x} + q(x)y = 0$，只需求出其一个非零解，即可利用降阶法得到通解，为此，用级数表示非零解.

（1）若系数 $p(x)$，$q(x)$ 都可展开成 x 的幂级数，收敛区间为 $|x| < R$，则在 $|x| < R$ 内上述二阶变系数齐次微分方程的特解可以展开为幂级数，表示为 $y_1(x) = \displaystyle\sum_{n=0}^{\infty} b_n x^n$.

（2）若系数 $p(x)$，$q(x)$ 分别满足 $xp(x)$，$x^2 q(x)$ 可展开成 x 的幂级数，收敛区间为 $|x| < R$，则在 $|x| < R$ 内上述二阶变系数齐次微分方程的特解可以展开为幂级数，表示为 $y_1(x) = x^\alpha\displaystyle\sum_{n=0}^{\infty} b_n x^n$（其中，$\alpha$ 为待定常数）. 无论哪种情形，均可将特解代入原方程获得幂级数的系数表达式.

3. 欧拉方程：形如 $x^n y^{(n)} + a_1 x^{n-1}y^{(n-1)} + \cdots + a_{n-1}xy' + a_n y = f(x)$（其中，$a_1$，$a_2$，$\cdots$，$a_n$ 为常数）的微分方程称为欧拉方程，引入变量替换 $x = \mathrm{e}^t$，则可化为常系数 n 阶线性微分方程.

2 典型例题与方法进阶

例 1. 求 $y' = \dfrac{1}{2}\tan^2(x+2y)$ 的通解.

解 令 $\mu = x + 2y$，则 $y' = \dfrac{1}{2}(\mu' - 1)$，代入方程

$$\frac{1}{2}(\mu' - 1) = \frac{1}{2}\tan^2\mu \Rightarrow \cos^2\mu \mathrm{d}\mu = \mathrm{d}x.$$

两边积分得

$$\frac{1}{2}\mu + \frac{1}{4}\sin 2\mu = x + C_1,$$

即方程通解为 $-x + 2y + \dfrac{1}{2}\sin(2x + 4y) = C$.

例 2. 求方程 $(1 + y^2)y\mathrm{d}x + 2(2xy^2 - 1)\mathrm{d}y = 0$ 之通解.

解 视 x 为 y 的函数，得一阶线性方程

$$\frac{\mathrm{d}x}{\mathrm{d}y} + \frac{4y}{1 + y^2}x = \frac{2}{y(1 + y^2)},$$

故通解为

$$x = \mathrm{e}^{-\int \frac{4y}{1+y^2}\mathrm{d}y}\left[\int \frac{2}{y(1 + y^2)}\mathrm{e}^{\int \frac{4y}{1+y^2}\mathrm{d}y}\mathrm{d}y + C\right] = \frac{1}{(1 + y^2)^2}(\ln y^2 + y^2 + C).$$

例 3. 求方程 $\dfrac{\mathrm{d}y}{\mathrm{d}x} = \dfrac{3x^2 + y^2 - 6x + 3}{2xy - 2y}$ 的通解.

解 将方程写为 $\dfrac{\mathrm{d}y}{\mathrm{d}x} = \dfrac{3(x - 1)^2 + y^2}{2(x - 1)y}$，令 $x - 1 = t$，则方程变为 $\dfrac{\mathrm{d}y}{\mathrm{d}t} = \dfrac{3t^2 + y^2}{2ty}$，

为齐次方程，令 $\mu = \dfrac{y}{t}$，得

$$t\frac{\mathrm{d}u}{\mathrm{d}t} + \mu = \frac{3 + \mu^2}{2\mu},$$

即 $\dfrac{\mathrm{d}t}{t} = \dfrac{2\mu}{3 - \mu^2}\mathrm{d}\mu$，积分得

$$\ln t = -\ln(3 - \mu^2) + \ln C,$$

方程通解为

$$3(x - 1)^2 - y^2 = C(x - 1).$$

例 4. 求解微分方程 $y\mathrm{d}x + (y - x)\mathrm{d}y = 0$.

解 （方法一：齐次方程）方程改写为 $\dfrac{\mathrm{d}y}{\mathrm{d}x} = \dfrac{y}{x - y} = \dfrac{\dfrac{y}{x}}{1 - \dfrac{y}{x}}$，为齐次方程.

令 $u = \dfrac{y}{x}$，代入方程得

$$x\frac{\mathrm{d}y}{\mathrm{d}x} + u = \frac{u}{1-u}, \quad \text{即} \frac{1-u}{u^2}\mathrm{d}u = \frac{1}{x}\mathrm{d}x,$$

解之得 $-\frac{1}{u} - \ln|u| = \ln|x| + C$，故原方程通解为 $\frac{x}{y} + \ln|y| = C$.

（方法二：交换 x，y 的位置）方程改写为 $\frac{\mathrm{d}x}{\mathrm{d}y} = \frac{1}{y}x - 1$，是以 x 为未知函数，y 为自变量的一阶线性微分方程，其通解为

$$x = \mathrm{e}^{\int p(y)\mathrm{d}y}\left(\int Q(y)\mathrm{e}^{-\int p(y)\mathrm{d}y}\mathrm{d}y + C\right) = \mathrm{e}^{\int \frac{1}{y}\mathrm{d}y}\left(-\int \mathrm{e}^{-\int \frac{1}{y}\mathrm{d}y}\mathrm{d}y + C\right)$$

$$= y\left(-\int \frac{1}{y}\mathrm{d}y + C\right) = y\left(-\ln|y| + C\right).$$

（方法三：积分因子）因为 $\dfrac{\left(\dfrac{\partial M}{\partial y} - \dfrac{\partial N}{\partial x}\right)}{-M} = -\dfrac{2}{y}$ 仅与 y 有关，故方程有一个仅依赖于 y 的积分因子

$$\mu(y) = \mathrm{e}^{\int -\frac{2}{y}\mathrm{d}y} = \frac{1}{y^2}.$$

以 $\frac{1}{y^2}$ 乘方程两边得：$\frac{1}{y}\mathrm{d}x + \frac{1}{y}\mathrm{d}y - \frac{x}{y^2}\mathrm{d}y = 0$，即 $\frac{y\mathrm{d}x - x\mathrm{d}y}{y^2} + \frac{\mathrm{d}y}{y} = 0$，故方程通解为 $\frac{x}{y} + \ln|y| = C$.

评注：解常微分方程关键要熟悉基本的可解类型，并灵活运用换元法等技巧将不可直接解的方程化为可解的三种基本类型（可分离变量、一阶线性、全微分方程）.

例 5. 已知可微 $f(x)$ 对任意实数 x，h 都满足 $f(x+h) = \displaystyle\int_x^{x+h} \frac{t(t^2+1)}{f(t)}\mathrm{d}t + f(x)$，且 $f(1) = \sqrt{2}$，求 $f(x)$.

解 由导数定义

$$f'(x) = \lim_{h\to 0}\frac{f(x+h) - f(x)}{h} = \lim_{h\to 0}\frac{\displaystyle\int_x^{x+h}\frac{t(t^2+1)}{f(t)}\mathrm{d}t + f(x) - f(x)}{h}$$

$$= \lim_{h\to 0}\frac{(x+h)\left[(x+h)^2 + 1\right]}{f(x+h)} = \frac{x(x^2+1)}{f(x)},$$

即 $f(x)f'(x) = x^3 + x$，两边积分可得

$$\frac{f^2(x)}{2} = \frac{x^4}{4} + \frac{x^2}{2} + C.$$

又 $f(1) = \sqrt{2} \Rightarrow c = \frac{1}{4}$，故

$$f(x) = \sqrt{\frac{x^4}{2} + x^2 + \frac{1}{4}}.$$

例6. 设函数 $f(x,y)$ 可微，$\dfrac{\partial f}{\partial x} = -f(x,y)$，$f\left(0,\dfrac{\pi}{2}\right) = 1$，且满足 $\lim\limits_{n\to\infty}$

$\left[\dfrac{f\left(0,y+\dfrac{1}{n}\right)}{f(0,y)}\right]^n = \mathrm{e}^{\cot y}$，求 $f(x,y)$.

解 由于

$$\lim_{n\to\infty}\left[\dfrac{f\left(0,y+\dfrac{1}{n}\right)}{f(0,y)}\right]^n = \lim_{n\to\infty}\left[1 + \dfrac{f\left(0,y+\dfrac{1}{n}\right)-f(0,y)}{f(0,y)}\right]^n = \exp\left[\lim_{n\to\infty}\dfrac{f\left(0,y+\dfrac{1}{n}\right)-f(0,y)}{\dfrac{1}{n}f(0,y)}\right] = \mathrm{e}^{\cot y},$$

因此 $\dfrac{f_y{}'(0,y)}{f(0,y)} = \cot y$，于是有 $\dfrac{\mathrm{d}\ln f(0,y)}{\mathrm{d}y} = \cot y$，积分得 $\ln f(0,y) = \ln\sin y + \ln C$，

即 $f(0,y) = C\sin y$. 代入 $f\left(0,\dfrac{\pi}{2}\right) = 1$，得 $C = 1$，所以 $f(0,y) = \sin y$.

又由于 $\dfrac{\partial f}{\partial x} = -f(x,y)$，可得 $f(x,y) = c(y)\mathrm{e}^{-x}$，而 $f(0,y) = \sin y$，所以 $c(y) = \sin y$，故 $f(x,y) = \sin(y)\mathrm{e}^{-x}$.

评注： 对于简单的偏微分方程，一般视某个变量为常数，将其看作常微分方程.

例7. 求方程 $xy'' + 2y' = 1$ 满足 $y(1) = 2y'(1)$，且当 $x \to 0$ 时，y 有界的特解.

解 （方法一：降阶法）此方程不含 y，令 $y' = p$，$y'' = p'$，得 $p' + \dfrac{2}{x}p = \dfrac{1}{x}$，

解之得 $p = \dfrac{1}{2} + \dfrac{C_1}{x^2}$，故

$$y = \dfrac{x}{2} - \dfrac{C_1}{x} + C_2.$$

因为 $x \to 0$ 时，y 有界，得 $C_1 = 0$，$y' = \dfrac{1}{2}$，$y(1) = \dfrac{1}{2} + C_2$，故 $C_2 = \dfrac{1}{2}$，

方程特解为 $y = \dfrac{x}{2} + \dfrac{1}{2}$.

（方法二：两边直接积分）注意到 $(xy' + y)' = xy'' + 2y'$，两边积分，
得 $xy' + y = x + C_1$，即

$$y' + \dfrac{1}{x}y = 1 + \dfrac{C_1}{x}.$$

这是一阶线性方程，解得 $y = \dfrac{x}{2} + C_1 + \dfrac{C_2}{x}$. 因为 $x \to 0$ 时，y 有界，得 $C_2 = 0$，

$y' = \dfrac{1}{2}$，$y(1) = \dfrac{1}{2} + C_1$，故 $C_1 = \dfrac{1}{2}$，方程特解为 $y = \dfrac{x}{2} + \dfrac{1}{2}$.

例8. 设 $f(x) = \sin x - \displaystyle\int_0^x (x-t)f(t)\,\mathrm{d}t$，其中，$f$ 为连续函数，求 $f(x)$.

解 等式两边求导得：

$$f'(x) = \cos x - \int_0^x f(t)\,dt - xf(x) + xf(x), f''(x) = -\sin x - f(x).$$

特征方程为 $\lambda^2 + 1 = 0 \Rightarrow \lambda = \pm i$，则齐次方程通解

$$\bar{y} = c_1 \sin x + c_2 \cos x.$$

设特解 $y^* = x(A\sin x + B\cos x)$，通过待定系数法可得 $y^* = \dfrac{x}{2}\cos x$，所以

$$f(x) = c_1 \sin x + c_2 \cos x + \frac{x}{2}\cos x.$$

由 $f(0) = 0, f'(0) = 1$，故 $f(x) = \dfrac{1}{2}\sin x + \dfrac{x}{2}\cos x$。

例 9. 已知微分方程 $(2x+1)y'' + (4x-2)y' - 8y = 0$ 有多项式型的特解和形如 e^{mx}，（m 为常数）的特解，求此微分方程通解.

解 设方程的特解为 $y_1 = e^{mx}$ 和 $y_2 = a_n x^n + a_{n-1}x^{n-1} + \cdots + a_2 x^2 + a_1 x + a_0$，将 $y'_1 = me^{mx}$，$y''_1 = m^2 e^{mx}$ 代入方程得：

$$\begin{cases} 2m^2 + 4m = 0, \\ m^2 - 2m - 8 = 0. \end{cases}$$

解得 $m = -2$，故 $y_1 = e^{-2x}$ 为一特解；

将 $y_2 = a_n x^n + a_{n-1}x^{n-1} + \cdots + a_2 x^2 + a_1 x + a_0$ 代入方程，最高次幂系数为 $(4n-8)a_n$ 应为零，所以 $n = 2$. 设 $y_2 = Ax^2 + Bx + C$ 代入方程得 $B = 0$，$A = 4C$，令 $C = 1$，则 $y_2 = 4x^2 + 1$。

显然两个特解 y_1，y_2 线性无关，故方程通解为 $y = C_1 e^{-2x} + C_2(4x^2 + 1)$。

例 10. 求微分方程 $(x^2 \ln y)y'' - xy' + y = 0$ 的通解.

解 （方法一：利用已知特解）显然 $y_1 = x$ 为原方程的一个特解，设 $y_2 = u(x)y_1 = xu(x)$，代入方程得

$$(x^2 \ln y)[xu'' + 2u'(x)] - x[xu'(x) + u(x)] + xu(x)$$
$$= 0 \Rightarrow (x^3 \ln x)u''(x) + x^2(2\ln x - 1)u'(x) = 0.$$

令 $p = u'(x)$，化简后得 $(x\ln x)\dfrac{dp}{dx} + (2\ln x - 1)p = 0$，分离变量得 $\dfrac{dp}{p} = \dfrac{1 - 2\ln x}{x\ln x}dx$，其解为 $p = -\dfrac{\ln x}{x^2}$，故

$$u(x) = \int p\,dx = -\int \frac{\ln x}{x^2}dx = \frac{\ln x + 1}{x} + C.$$

从而 $y_2 = \ln x + 1$，原方程的通解为 $y = C_1 x + C_2(\ln x + 1)$。

（方法二：利用换元法降阶）令 $t = \ln x$，则

$$y' = \frac{dy}{dx} = \frac{dy}{dt} \cdot \frac{dt}{dx} = \frac{1}{x} \cdot \frac{dy}{dt}, \quad y'' = \frac{dy'}{dx} = \frac{dy'}{dt} \cdot \frac{dt}{dx} = -\frac{1}{x^2} \cdot \frac{dy}{dt} + \frac{1}{x^2} \cdot \frac{d^2y}{dt^2}.$$

代入原方程得 $t\left[\dfrac{d^2y}{dt^2} - \dfrac{dy}{dt}\right] - \left(\dfrac{dy}{dt} - y\right) = 0$，令 $u = \dfrac{dy}{dt} - y$，则方程变为 $t\dfrac{du}{dt} - u =$

0，解之得 $u = -C_1 t$，从而有 $\dfrac{\mathrm{d}y}{\mathrm{d}t} - y = -C_1 t$，于是原方程的通解为

$$y = \mathrm{e}^{\int \mathrm{d}t}\left[\int(-C_1 t)\mathrm{e}^{-\int \mathrm{d}t}\mathrm{d}t + C_2\right] = C_1(t+1) + C_2\mathrm{e}^t = C_1(\ln x + 1) + C_2 x.$$

评注：对于非常系数的高阶线性微分方程，首先观察其是否为欧拉方程或可降阶微分方程，否则，可使用换元法化为上述方程或常系数方程，若已知齐次线性方程的一个非零解，则可通过换元法化为可降阶方程．

例 11. 求微分方程 $y'' - 2y' + y = x\mathrm{e}^x$ 的通解．

解 原微分方程对应齐次方程的特征方程为 $\lambda^2 - 2\lambda + 1 = 0$，则 $\lambda = 1$ 为特征方程的 2 阶实根，因此非齐次方程特解形式为

$$y_0 = x^2(b_0 x + b_1)\mathrm{e}^x.$$

可得 $y' = (b_0 x^3 + b_1 x^2 + 3b_0 x^2 + 2b_1 x)\mathrm{e}^x$ 以及 $y'' = (b_0 x^3 + b_1 x^2 + 6b_0 x^2 + 4b_1 x + 6b_0 x + 2b_1)\mathrm{e}^x$，代入原方程得

$$6b_0 x + 2b_1 = x.$$

得 $b_0 = \dfrac{1}{6}$，$b_1 = 0$，故特解为 $y_0 = \dfrac{1}{6}x^3\mathrm{e}^x$．又对应齐次方程的通解为 $y = (C_1 + C_2 x)\mathrm{e}^x$，故所求方程通解为

$$y = (C_1 + C_2 x)\mathrm{e}^x + \frac{1}{6}x^3\mathrm{e}^x.$$

例 12. 证明：微分方程 $y'' + \mathrm{e}^x y = 0$ 的所有解均有界．

证明 设 $y(x)$ 为方程的任一解，用 $\mathrm{e}^{-x}y'(x)$ 乘方程两边，并从 0 到 T 积分得

$$\int_0^T \mathrm{e}^{-x}y'(x)y''(x)\mathrm{d}x + \int_0^T y(x)y'(x)\mathrm{d}x = 0 \Rightarrow \int_0^T \mathrm{e}^{-x}y'(x)y''(x)\mathrm{d}x = \frac{1}{2}[y^2(0) - y^2(T)].$$

由积分第二中值定理，$\exists \xi \in [0, T]$，使得

$$\int_0^T \mathrm{e}^{-x}y'(x)y''(x)\mathrm{d}x = \mathrm{e}^{-0}\int_0^\xi y'(x)y''(x)\mathrm{d}x = \frac{1}{2}[(y'(\xi))^2 - (y'(0))^2].$$

因此有 $y^2(T) + (y'(\xi))^2 = y^2(0) + (y'(0))^2$，故 $y^2(T) \leqslant y^2(0) + (y'(0))^2$，由 T 的任意性知 $y(x)$ 有界．

评注：当无法求出微分方程的解时，往往利用积分来简化微分方程，获得解函数的性质．

例 13. 求解方程组 $\begin{cases} \dfrac{\mathrm{d}x}{\mathrm{d}t} = p(t)x + q(t)y, & (1) \\ \dfrac{\mathrm{d}y}{\mathrm{d}t} = q(t)x + p(t)y, & (2) \end{cases}$ 其中，$p(t), q(t)$ 在 $[a, b]$ 上连续．

解 式 (1) + 式 (2) 得：$\dfrac{\mathrm{d}(x+y)}{\mathrm{d}t} = p(t)(x+y) + q(t)(x+y)$，

式 (1) - 式 (2) 得：$\dfrac{\mathrm{d}(x-y)}{\mathrm{d}t} = p(t)(x-y) + q(t)(x-y)$．

令 $x + y = u$，$x - y = v$，则得两个一阶常微分方程

$$\frac{\mathrm{d}u}{\mathrm{d}t} = [p(t) + q(t)]u, \quad \frac{\mathrm{d}v}{\mathrm{d}t} = [p(t) - q(t)]v.$$

解之得 $u = x + y = C_1 \mathrm{e}^{\int [p(t)+q(t)]\mathrm{d}t}$，$v = x - y = C_2 \mathrm{e}^{\int [p(t)-q(t)]\mathrm{d}t}$，即

$$x = \frac{1}{2}\left[C_1 \mathrm{e}^{\int [p(t)+q(t)]\mathrm{d}t} + C_2 \mathrm{e}^{\int [p(t)-q(t)]\mathrm{d}t}\right], y = \frac{1}{2}\left[C_1 \mathrm{e}^{\int [p(t)+q(t)]\mathrm{d}t} - C_2 \mathrm{e}^{\int [p(t)-q(t)]\mathrm{d}t}\right].$$

评注：对于简单的微分方程组，常利用代入、换元等方法消去变量后化为常微分方程.

例 14. 在某人群中推广技术是通过其中已掌握新技术的人进行的. 设该人群的总数为 N，在 $t = 0$ 时已掌握新技术的人数为 x，在任意时刻 t 已掌握新技术的人数为 $x(t)$（将 $x(t)$ 视为连续的可微变量），其变化率与已掌握新技术的人数和未掌握新技术的人数之积成正比，比例系数 $k > 0$，求 $x(t)$.

解 由题设知：

$$\begin{cases} \dfrac{\mathrm{d}x}{\mathrm{d}t} = kx(N - x), \\ x\big|_{t=0} = x. \end{cases}$$

解方程得

$$x = \frac{Nc\mathrm{e}^{kNt}}{1 + c\mathrm{e}^{kNt}} \xlongequal{\text{待定}} \frac{Nx_0 \mathrm{e}^{kNt}}{N - x_0 + x_0 \mathrm{e}^{kNt}}.$$

例 15. 有一圆锥形的塔（如右图所示），底半径为 R，高为 $h(h > R)$，现沿着塔身建一登上塔顶的楼梯，要求楼梯曲线在每一点的切线与过该点垂直于 xOy 平面的直线的夹角为 $\dfrac{\pi}{4}$，楼梯入口在点 $(R, 0, 0)$，试求楼梯曲线的方程.（对数螺线方程）

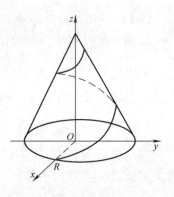

解 在曲线上任取一点为 $P(x, y, z)$，由 $\dfrac{h-z}{h} = \dfrac{r}{R}$ 知，$z = h - \dfrac{h}{R}r$，其中，$r = \sqrt{x^2 + y^2}$，则曲线参数方程为

$$x = r(\theta)\cos\theta, y = r(\theta)\sin\theta, z = h - \frac{h}{R}r(\theta), \quad 0 \leqslant \theta \leqslant 2\pi.$$

曲线在点 $P(x, y, z)$ 处的切向量为 $\boldsymbol{\tau} = (x'(\theta), y'(\theta), z'(\theta))$，其中

$$x'(\theta) = r'(\theta)\cos\theta - r(\theta)\sin\theta, y'(\theta) = r'(\theta)\sin\theta + r(\theta)\cos\theta, z'(\theta) = -\frac{h}{R}r'(\theta).$$

其垂线方向向量为 $\boldsymbol{k} = (0, 0, 1)$，依题意知

$$\cos\frac{\pi}{4} = \frac{\boldsymbol{\tau} \cdot \boldsymbol{k}}{|\boldsymbol{\tau}| \cdot |\boldsymbol{k}|} = \frac{z'(\theta)}{\sqrt{x'^2(\theta) + y'^2(\theta) + z'^2(\theta)}}, \text{ 即 } \frac{1}{\sqrt{2}} = \frac{-\dfrac{h}{R}r'(\theta)}{\sqrt{r'^2(\theta) + r^2(\theta) + \dfrac{h^2}{R^2}r'^2(\theta)}}.$$

化简得 $\dfrac{\mathrm{d}r}{\mathrm{d}\theta} = \pm\dfrac{Rr}{\sqrt{h^2 - R^2}}$；由实际问题知 $\dfrac{\mathrm{d}r}{\mathrm{d}\theta} < 0$，故可得微分方程

$\dfrac{\mathrm{d}r}{\mathrm{d}\theta} = -\dfrac{Rr}{\sqrt{h^2 - R^2}}$，解得 $r = C_1 \mathrm{e}^{-\frac{R}{\sqrt{h^2 - R^2}}\theta}$. 由 $\theta = 0$，$r = R$ 知 $C_1 = R$，故 $r = R\mathrm{e}^{-\frac{R}{\sqrt{h^2 - R^2}}\theta}$，

将其代入曲线参数方程即得楼梯的曲线方程：

$$x = r(\theta)\cos\theta, y = r(\theta)\sin\theta, z = h - \dfrac{h}{R}r(\theta), 0 \leqslant \theta \leqslant 2\pi; 其中, r(\theta) = R\mathrm{e}^{-\frac{R}{\sqrt{h^2 - R^2}}\theta}.$$

例 16. 拖拉机后面通过长为 a 的不可拉伸的钢绳拖拉着一个重物，拖拉机的初始位置在坐标原点，重物的初始位置在 $A(0, a)$ 点. 求拖拉机沿 x 轴正向前进时，重物运动的轨迹曲线 . （曳物线问题）

解　物体沿曲线的运动方向为曲线的切线方向，如右图所示，当拖拉机前进到 x 轴上的 P 点时，重物运动到 $Q(x, y)$ 点处，记 N 为 Q 在 x 轴上的投影，则有

$$PQ = a,\quad QN = y,\quad PN = \sqrt{a^2 - y^2}.$$

由于 PQ 为所求曲线的切线，故 $\dfrac{\mathrm{d}y}{\mathrm{d}x} = -\dfrac{QN}{PN} = -\dfrac{y}{\sqrt{a^2 - y^2}}$. 此为可分离变量的微

分方程，其通解为 $\sqrt{a^2 - y^2} - a\ln\dfrac{a + \sqrt{a^2 - y^2}}{y} = -x + C$，根据 $y(0) = a$ 可得轨迹曲

线方程为

$$x = a\ln\dfrac{a + \sqrt{a^2 - y^2}}{y} - \sqrt{a^2 - y^2}.$$

例 17. 一小船 A 从原点出发，以匀速 v_0 沿 y 轴正向行驶，另一小船 B 从 x 轴上的点 $(x_0, 0)(x_0 < 0)$ 出发，朝 A 追去，其速度方向始终指向 A，速度大小为常数 v_1，求船 B 的运动方程，并计算当 $v_1 > v_0$ 时，船 B 需要多少时间才能追上船 A？（追线问题）

解　设小船的运动轨迹为 $y = y(x)$. 设 t 时刻船 B 的位置为 (x, y)，此时船 A 的位置为 $(0, v_0 t)$，根据船 B 的方向指向船 A，有

$$\dfrac{\mathrm{d}y}{\mathrm{d}x} = \dfrac{v_0 t - y}{-x}.$$

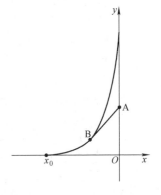

又由于船 B 的速度为 v_1，可知 $\displaystyle\int_{x_0}^{x}\sqrt{1 + y'^2}\,\mathrm{d}x = v_1 t$，两式消去 t 可得：

$$\frac{1}{v_1}\int_{x_0}^{x}\sqrt{1+\left(\frac{\mathrm{d}y}{\mathrm{d}x}\right)^2}\,\mathrm{d}x = \frac{1}{v_0}\left(y - x\frac{\mathrm{d}y}{\mathrm{d}x}\right).$$

等号两边同时对 x 求导，得到二阶微分方程

$$x\frac{\mathrm{d}^2 y}{\mathrm{d}x^2} + \frac{v_0}{v_1}\sqrt{1+\left(\frac{\mathrm{d}y}{\mathrm{d}x}\right)^2} = 0,$$

初值条件为 $y\big|_{x=x_0}=0$，$\dfrac{\mathrm{d}y}{\mathrm{d}x}\Big|_{x=x_0}=0$，其为可降阶微分方程，解得满足初值条件的特解为

（1）当 $k=\dfrac{v_0}{v_1}=1$ 时，$y(x) = -\dfrac{x_0}{2}\left[\ln\dfrac{x_0}{x} + \dfrac{1}{2}\left(\dfrac{x}{x_0}\right)^2 - \dfrac{1}{2}\right]$；

（2）当 $k=\dfrac{v_0}{v_1}\neq 1$ 时，$y(x) = -\dfrac{x_0}{2}\left[\dfrac{1}{k-1}\left(\dfrac{x_0}{x}\right)^{k-1} + \dfrac{1}{k+1}\left(\dfrac{x}{x_0}\right)^{k+1} - \dfrac{2k}{k^2-1}\right]$.

若要船 B 追上船 A，需满足 $\lim\limits_{x\to 0^-}y(x)$ 存在且有限，显然需要 $k<1$，此时

$$S = \lim_{x\to 0^-}y(x) = -\frac{x_0}{2}\lim_{x\to 0^-}\left[\frac{1}{k-1}\left(\frac{x_0}{x}\right)^{k-1} + \frac{1}{k+1}\left(\frac{x}{x_0}\right)^{k+1} - \frac{2k}{k^2-1}\right] = \frac{x_0 k}{k^2-1} = \frac{x_0 v_0 v_1}{v_0^2 - v_1^2}.$$

故船 B 追上船 A 所需时间为 $T = \dfrac{S}{v_0} = \dfrac{x_0 v_1}{v_0^2 - v_1^2}$.

评注：例 16 和例 11 类似，均利用运动学知识建立微分方程，不同的是例 16（曳物线问题）中两物体的距离始终保持不变，例 11（追线问题）中两物体的速度始终保持不变.

例 18. 有一水平放置的 30cm 圆盘，按每分钟四周的固定角速度旋转. 离圆盘无穷远处有一点光源，一只昆虫在距离光源最远处的圆盘边，头对光源，以 1cm/s 的速度始终朝光源爬行. 求昆虫运动的轨迹方程，并计算昆虫在何时何处离开圆盘.

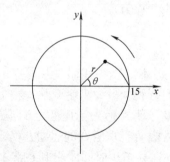

解 取圆盘中心为坐标原点，昆虫初始位置为 $(15,0)$，点光源位置为 $(-\infty,0)$，圆盘按逆时针方向旋转. 假设在 t 时刻昆虫位于 (x,y) 点，其极坐标为 (r,θ)，昆虫的水平速度和垂直速度分别为

$$v_x = \frac{\mathrm{d}x}{\mathrm{d}t} = -1 - \left(\frac{2\pi r}{15}\right)\sin\theta = -1 - \frac{2\pi}{15}y, \quad v_y = \frac{\mathrm{d}y}{\mathrm{d}t} = \left(\frac{2\pi r}{15}\right)\cos\theta = \frac{2\pi}{15}x.$$

对水平速度两边对 t 求导并代入垂直速度，可得

$$\frac{\mathrm{d}^2 x}{\mathrm{d}t^2} + \left(\frac{2\pi}{15}\right)^2 x = 0.$$

其通解为 $x(t) = C_1\cos\dfrac{2\pi}{15}t + C_2\sin\dfrac{2\pi}{15}t$，由于 $x(0)=15, x'(0)=-1$，可得 $x(t)=$

$15\cos\dfrac{2\pi}{15}t-\dfrac{15}{2\pi}\sin\dfrac{2\pi}{15}t.$ 由 $\dfrac{\mathrm{d}y}{\mathrm{d}t}=\dfrac{2\pi}{15}x$ 以及 $y(0)=0$，可得 $y(t)=15\sin\dfrac{2\pi}{15}t+\dfrac{15}{2\pi}\cos\dfrac{2\pi}{15}t$

$-\dfrac{15}{2\pi}.$ 于是昆虫的轨迹方程为圆

$$x^2+\left(y+\frac{15}{2\pi}\right)^2=15^2+\left(\frac{15}{2\pi}\right)^2.$$

由

$$x^2(t)+y^2(t)=15^2+2\left(\frac{15}{2\pi}\right)^2-\frac{15}{\pi}\left(15\sin\frac{2\pi}{15}t+\frac{15}{2\pi}\cos\frac{2\pi}{15}t\right)$$

知当 $x^2(t)+y^2(t)=15^2$ 时，$15\sin\dfrac{2\pi}{15}t+\dfrac{15}{2\pi}\cos\dfrac{2\pi}{15}t=\dfrac{15}{2\pi}$，此时 $x=-15$，$y=0$，解

得 $t=\dfrac{15}{\pi}\arctan2\pi.$ 因此当 $t=\dfrac{15}{\pi}\arctan2\pi$ s 时昆虫在 $(-15,0)$ 处离开圆盘.

评注：在本题中，曲线轨迹的参数方程可表示为 $x(t)=A\cos\left(\dfrac{2\pi}{15}t+\varphi\right)$，$y(t)=$

$A\sin\left(\dfrac{2\pi}{15}t+\varphi\right)-\dfrac{15}{2\pi}$（其中，$A=\sqrt{15^2+\left(\dfrac{15}{2\pi}\right)^2}$，$\varphi=\arctan\dfrac{1}{2\pi}$），可使计算更简洁.

3 本节练习

（A 组）

1. 求下列微分方程的通解：

（1）$y'\cos y=(1+\cos x\sin y)\sin y$；

（2）$x(\mathrm{e}^y-y')=2$；

（3）$(x+y-3)\mathrm{d}y-(x-y+1)\mathrm{d}x=0$；

（4）$(x+y^2)\mathrm{d}x-2xy\mathrm{d}y=0$；

（5）$y'(x)+xy'(-x)=x.$

2. 求微分方程 $xy'+y=y(\ln x+\ln y)$ 满足 $y\big|_{x=2}=\dfrac{1}{2}\mathrm{e}^2$ 的特解.

3. 设 $y'=\dfrac{y}{x}+\varphi\left(\dfrac{y}{x}\right)$，试问 $\varphi\left(\dfrac{y}{x}\right)$ 为怎样的函数，才能使给定的方程有通解 $y=\dfrac{x}{\ln cx}.$

4. 已知方程 $y'+p(x)y=f(x)$ 有两个特解 $y_1=\dfrac{\mathrm{e}^x(\mathrm{e}^x+1)}{x}$ 及 $y_2=\dfrac{\mathrm{e}^{2x}}{x}$，求其通解.

5. 已知 $f'(0)$ 存在，求满足等式 $f(x+y)=\dfrac{f(x)+f(y)}{1-f(x)f(y)}$（$\forall x,y$）的函数 $f(x).$

6. 证明：方程 $\dfrac{x}{y}\dfrac{\mathrm{d}y}{\mathrm{d}x}=f(xy)$ 可化为可分离变量微分方程，并求 $y(1+x^2y^2)\mathrm{d}x=$

$x\mathrm{d}y$ 的通解．

7. 设 $y_1(x),y_2(x),y_3(x)$ 为非齐次线性方程 $y''+p(x)y'+q(x)y=f(x)$ 的三个解，满足 $\dfrac{y_2(x)-y_1(x)}{y_3(x)-y_1(x)}\neq$ 常数，求给定方程的通解．

8. 求二阶常系数线性微分方程 $y''+\lambda y'=2x+1$ 的通解．

9. 设曲线 $y=y(x)$ 上任意点 $P(x,y)$ 处的切线在 y 轴上的截距等于在同点处法线在 x 轴上的截距，求此曲线方程．

（B 组）

1. 设 $\mu_1(x,y)$，$\mu_2(x,y)$ 为方程 $M(x,y)\mathrm{d}x+N(x,y)\mathrm{d}y=0$ 的两个积分因子，且 $\dfrac{\mu_1(x,y)}{\mu_2(x,y)}\neq$ 常数，证明：该方程的通解为 $\dfrac{\mu_1(x,y)}{\mu_2(x,y)}=C$（$C$ 为常数）．

2. 设二阶常系数非齐次线性微分方程为 $y''+py'+qy=f(x)$，其中，p，q 为常数，其对应的齐次方程的特征根分别为 r_1，r_2，证明：该方程的通解为

$$y=\mathrm{e}^{r_1x}\left(\int\mathrm{e}^{-r_1x}\left(\mathrm{e}^{r_2x}\int\mathrm{e}^{-r_2x}f(x)\,\mathrm{d}x+C_1\right)\mathrm{d}x+C_2\right).$$

3. 设函数 f 二阶可导，对于任意实数 x，y 满足函数方程 $f^2(x)-f^2(y)=f(x+y)f(x-y)$，求函数 f 的表达式．

4. 求微分方程组 $\begin{cases}\dfrac{\mathrm{d}x}{\mathrm{d}t}=y,\\[2mm]\dfrac{\mathrm{d}y}{\mathrm{d}t}=x+\mathrm{e}^{-t}+\mathrm{e}^t\end{cases}$ 的通解．

5. 一个冬季的早晨开始下雪，且以恒定的速度不停地下，一台扫雪机从上午8点开始在公路上扫雪，到9点前进了2km，到10点前进了3km．假定扫雪机每小时扫去积雪的体积为常数，问何时开始下雪？

6. 有一宽为 h 的河，岸边码头 A 处有渡船驶向正对岸的码头 O．设河水的流速为 a，渡船在静水中的航速为 b，渡船在行驶过程中始终朝向码头 O．求渡船行驶的轨迹方程．

7. 一滴雨滴以初速度为零开始从高空落下，设其初始质量为 $m_0(\mathrm{g})$．在下落过程中，由于不断蒸发，所以其质量以 $a(\mathrm{g/s})$ 的速率逐渐减少．已知雨滴在下落中所受的空气阻力和下落的速度成正比，比例系数为 $k(>0)$．求在时刻 $t\left(0<t<\dfrac{m_0}{a}\right)$ 雨滴的下落速度 $v(t)$．

4　竞赛实战

（A 组）

1. （第一届江苏省赛）已知微分方程 $y'=\dfrac{y}{x}+\varphi\left(\dfrac{x}{y}\right)$ 有特解 $y=\dfrac{x}{\ln|x|}$，

则 $\varphi(x) = $ _____ .

2. （第二届江苏省赛）设四阶常系数线性齐次微分方程有一个解为 $y_1 = xe^x\cos2x$，则其通解为_____ .

3. （第三届江苏省赛）设二阶常系数线性微分方程 $y'' + ay' + by = ce^x$ 有特解 $y = e^{-x}(1 + xe^{2x})$，则此微分方程的通解为 $y = $ _____ .

4. （第三届江苏省赛）设曲线 C 经过点 $(0,1)$，且位于 x 轴上方，就数值而言，C 上任何两点之间的弧长都等于该弧以及它在 x 轴上的投影为边的曲边梯形的面积，求 C 的方程.

5. （第一届国家预赛）已知 $y_1 = xe^x + e^{2x}$，$y_2 = xe^x + e^{-x}$，$y_3 = xe^x + e^{2x} - e^{-x}$ 是某二阶常系数线性非齐次微分方程的三个解，试求此微分方程.

6. （第二届国家决赛）求方程 $(2x + y - 4)dx + (x + y - 1)dy = 0$ 的通解.

7. （第四届国家决赛）求在 $[0, +\infty)$ 上可微函数 $f(x)$，使 $f(x) = e^{-u(x)}$，其中，$u(x) = \int_0^x f(t)dt$；

8. （第六届国家预赛）已知 $y_1 = e^x$ 和 $y_2 = xe^x$ 是齐次二阶常系数线性微分方程的解，求此方程.

9. （第七届国家决赛）微分方程 $y'' - (y')^3 = 0$ 的通解是_____ .

10. （第九届国家预赛）已知可导函数 $f(x)$ 满足 $f(x)\cos x + 2\int_0^x f(t)\sin t\,dt = x + 1$，则 $f(x) = $ _____ .

11. （第九届国家决赛）满足 $\dfrac{du(t)}{dt} = u(t) + \int_0^1 u(t)dt$ 以及 $u(0) = 0$ 的可微函数 $u(t) = $ _____ .

（B 组）

1. （第一届国家预赛）已知 $u_n(x)$ 满足 $u'_n(x) = u_n(x) + x^{n-1}e^x (n = 1,2,\cdots)$，且 $u_n(1) = \dfrac{e}{n}$，求函数项级数 $\displaystyle\sum_{n=1}^{\infty} u_n(x)$ 之和.

2. （第三届国家决赛）（1）求解微分方程 $\begin{cases} \dfrac{dy}{dx} - xy = xe^{x^2}, \\ y(0) = 1. \end{cases}$

（2）如 $y = f(x)$ 为上述方程的解，证明：$\displaystyle\lim_{n\to\infty}\int_0^1 \dfrac{n}{n^2x^2 + 1}f(x)dx = \dfrac{\pi}{2}$.

第四章　空间解析几何与多元函数微分

第一节　空间解析几何

1　内容总结与精讲

◆ 空间向量的运算及性质

1. 向量为既有大小又有方向的量，向量表示为
$$a = \overrightarrow{M_1 M_2} = (a_x, a_y, a_z) = a_x \boldsymbol{i} + a_y \boldsymbol{j} + a_z \boldsymbol{k},$$
其中，$\boldsymbol{i}$，$\boldsymbol{j}$，$\boldsymbol{k}$ 分别为 x，y，z 轴正向的单位向量.

注：（1）向量的长度称为向量的模，记作 $|a| = \sqrt{a_x^2 + a_y^2 + a_z^2}$；

（2）向量的方向一般通过方向余弦描述，分别为
$$\cos\alpha = \frac{a_x}{|a|}, \quad \cos\beta = \frac{a_y}{|a|}, \quad \cos\gamma = \frac{a_z}{|a|}.$$

2. 向量的线性运算：包括向量加法、向量减法、数乘，向量加减法如右图所示.

注：（1）向量加法满足交换律、结合律；

（2）数与向量的乘法（数乘）满足结合律、分配律；

（3）设向量 $a \neq \boldsymbol{0}$，则 $a /\!/ b \Leftrightarrow$ 存在唯一的实数 λ，使得 $b = \lambda a$.

3. 投影定理：

（1）向量 $\overrightarrow{AB}$ 在轴 u 上的投影等于向量的模乘以轴与向量的夹角的余弦：
$$\text{Prj}_u \overrightarrow{AB} = |\overrightarrow{AB}| \cos\varphi;$$

（2）两个向量的和在轴上的投影等于两个向量在该轴上的投影之和：（可推广至有限个）
$$\text{Prj}(\boldsymbol{a}_1 + \boldsymbol{a}_2) = \text{Prj}\,\boldsymbol{a}_1 + \text{Prj}\,\boldsymbol{a}_2.$$

4. 向量与向量之间的乘积：

（1）内积：向量 a 与 b 的内积（点积、数量积）定义为（设向量 a 与 b 的夹角为 $\theta \in [0, \pi]$）
$$\boldsymbol{a} \cdot \boldsymbol{b} = |\boldsymbol{a}| \cdot |\boldsymbol{b}| \cos\theta.$$

注：（a）由投影定理，两向量的数量积等于其中一个向量的模和另一个向量在这向量的方向上的投影的乘积，即 $\boldsymbol{a} \cdot \boldsymbol{b} = |\boldsymbol{a}| \text{Prj}_a(\boldsymbol{b}) = |\boldsymbol{b}| \text{Prj}_b(\boldsymbol{a})$；

（b）模与内积的关系：$|\boldsymbol{a}| = \sqrt{\boldsymbol{a} \cdot \boldsymbol{a}}$；

（c）垂直于内积的关系：$\boldsymbol{a} \perp \boldsymbol{b} \Leftrightarrow \boldsymbol{a} \cdot \boldsymbol{b} = 0$；

（d）内积满足交换律 $(\boldsymbol{a} \cdot \boldsymbol{b} = \boldsymbol{b} \cdot \boldsymbol{a})$ 及分配律 $((\boldsymbol{a}+\boldsymbol{b}) \cdot \boldsymbol{c} = \boldsymbol{a} \cdot \boldsymbol{c} + \boldsymbol{b} \cdot \boldsymbol{c})$．

（2）外积：向量 $\boldsymbol{a}$ 与 $\boldsymbol{b}$ 的外积（叉积、向量积）为 $\boldsymbol{c} = \boldsymbol{a} \times \boldsymbol{b}$，其中，向量 $\boldsymbol{c}$ 满足

（i）$|\boldsymbol{c}| = |\boldsymbol{a}| \cdot |\boldsymbol{b}| \sin\theta$．（其中，$\theta \in [0, \pi]$ 为向量 $\boldsymbol{a}$ 与 $\boldsymbol{b}$ 的夹角），

（ii）$\boldsymbol{c}$ 的方向既垂直于 $\boldsymbol{a}$，又垂直于 $\boldsymbol{b}$，且三向量 $\boldsymbol{a}$，$\boldsymbol{b}$，$\boldsymbol{c}$ 的指向符合右手系．

注：（a）$\boldsymbol{a} \times \boldsymbol{a} = \boldsymbol{0}$；

（b）$\boldsymbol{a} /\!/ \boldsymbol{b} \Leftrightarrow \boldsymbol{a} \times \boldsymbol{b} = \boldsymbol{0}$；

（c）$|\boldsymbol{a} \times \boldsymbol{b}|$ 等于以 $\boldsymbol{a}$ 和 $\boldsymbol{b}$ 为邻边的平行四边形的面积；

（d）外积满足反交换律 $(\boldsymbol{a} \times \boldsymbol{b} = -\boldsymbol{b} \times \boldsymbol{a})$ 及分配律 $((\boldsymbol{a}+\boldsymbol{b}) \times \boldsymbol{c} = \boldsymbol{a} \times \boldsymbol{c} + \boldsymbol{b} \times \boldsymbol{c})$．

（3）混合积：已知三个向量 $\boldsymbol{a}$、$\boldsymbol{b}$、$\boldsymbol{c}$，称 $(\boldsymbol{a} \times \boldsymbol{b}) \cdot \boldsymbol{c}$ 为这三个向量的混合积，记为 $[\boldsymbol{abc}]$．

注：（a）$[\boldsymbol{abc}] = (\boldsymbol{a} \times \boldsymbol{b}) \cdot \boldsymbol{c} = (\boldsymbol{b} \times \boldsymbol{c}) \cdot \boldsymbol{a} = (\boldsymbol{c} \times \boldsymbol{a}) \cdot \boldsymbol{b}$；

（b）$|(\boldsymbol{a} \times \boldsymbol{b}) \cdot \boldsymbol{c}|$ 等于以 $\boldsymbol{a}, \boldsymbol{b}, \boldsymbol{c}$ 为相邻棱的平行六面体的体积；

（c）三向量 $\boldsymbol{a}$，$\boldsymbol{b}$，$\boldsymbol{c}$ 共面 $\Leftrightarrow [\boldsymbol{abc}] = (\boldsymbol{a} \times \boldsymbol{b}) \cdot \boldsymbol{c} = 0$．

5. 向量运算的坐标表示：

（1）向量的方向余弦：设 $\boldsymbol{a} = (a_x, a_y, a_z) = a_x \boldsymbol{i} + a_y \boldsymbol{j} + a_z \boldsymbol{k}$，则

$$\cos\alpha = \frac{a_x}{\sqrt{a_x^2 + a_y^2 + a_z^2}}, \cos\beta = \frac{a_y}{\sqrt{a_x^2 + a_y^2 + a_z^2}}, \cos\gamma = \frac{a_z}{\sqrt{a_x^2 + a_y^2 + a_z^2}},$$

（2）设 $\boldsymbol{a} = (a_x, a_y, a_z), \boldsymbol{b} = (b_x, b_y, b_z)$，则 $\boldsymbol{a} \cdot \boldsymbol{b} = a_x b_x + a_y b_y + a_z b_z$．

（3）设 $\boldsymbol{a} = (a_x, a_y, a_z), \boldsymbol{b} = (b_x, b_y, b_z)$，则向量 $\boldsymbol{a}$ 和 $\boldsymbol{b}$ 的夹角余弦

$$\cos\theta = \frac{a_x b_x + a_y b_y + a_z b_z}{\sqrt{a_x^2 + a_y^2 + a_z^2}\sqrt{b_x^2 + b_y^2 + b_z^2}}.$$

（4）设 $\boldsymbol{a} = (a_x, a_y, a_z), \boldsymbol{b} = (b_x, b_y, b_z)$，则 $\boldsymbol{a} \times \boldsymbol{b} = (a_y b_z - a_z b_y)\boldsymbol{i} + (a_z b_x - a_x b_z)\boldsymbol{j} + (a_x b_y - a_y b_x)\boldsymbol{k}$，即

$$\boldsymbol{a} \times \boldsymbol{b} = \begin{vmatrix} \boldsymbol{i} & \boldsymbol{j} & \boldsymbol{k} \\ a_x & a_y & a_z \\ b_x & b_y & b_z \end{vmatrix}.$$

（5）设 $\boldsymbol{a} = (a_x, a_y, a_z), \boldsymbol{b} = (b_x, b_y, b_z), \boldsymbol{c} = (c_x, c_y, c_z)$，则

$$[\boldsymbol{abc}] = (\boldsymbol{a} \times \boldsymbol{b}) \cdot \boldsymbol{c} = \begin{vmatrix} a_x & a_y & a_z \\ b_x & b_y & b_z \\ c_x & c_y & c_z \end{vmatrix}.$$

◆ **空间中的曲面与曲线方程**

1. 如果曲面 S 与三元方程 $F(x,y,z)=0$ 有下述关系：

（a）曲面 S 上任一点的坐标都满足方程；

（b）不在曲面 S 上的点的坐标都不满足方程；

那么，方程 $F(x,y,z)=0$ 就叫做曲面 S 的（一般式）方程，而曲面 S 就叫做方程的图形.

注：曲面方程除一般式 $F(x,y,z)=0$ 外，还包括双参数式方程：$\begin{cases} x=x(t,s), \\ y=y(t,s), \\ z=z(t,s). \end{cases}$

2. 空间曲线可看作空间两曲面的交线，空间曲线的一般式方程为 $\begin{cases} F(x,y,z)=0, \\ G(x,y,z)=0. \end{cases}$

实际中，比较常用的是空间曲线的参数式方程：$\begin{cases} x=x(t), \\ y=y(t), \\ z=z(t). \end{cases}$

3. 旋转曲面：空间曲线绕某直线旋转一周所形成的曲面称为旋转曲面，该直线称为旋转轴.

（1）平面曲线绕坐标轴旋转：

（a）xOy 面上的曲线 $f(x,y)=0$ 绕 x 轴旋转一周所成的曲面为
$$f(x, \sqrt{y^2+z^2})=0;$$

（b）xOy 面上的曲线 $f(x,y)=0$ 绕 y 轴旋转一周所成的曲面为 $f(\sqrt{x^2+z^2}, y)=0$.

（2）空间曲线绕坐标轴旋转：设空间曲线的参数方程为 $\begin{cases} x=x(t), \\ y=y(t), \\ z=z(t), \end{cases}$ 则其

（a）绕 x 轴旋转一周所成的曲面的双参数方程为 $\begin{cases} x=x(t), \\ y=\sqrt{y^2(t)+z^2(t)}\cos\theta, \\ z=\sqrt{y^2(t)+z^2(t)}\sin\theta; \end{cases}$

（b）绕 y 轴旋转一周所成的曲面的双参数方程为 $\begin{cases} y=y(t), \\ x=\sqrt{x^2(t)+z^2(t)}\cos\theta, \\ z=\sqrt{x^2(t)+z^2(t)}\sin\theta; \end{cases}$

（c）绕 z 轴旋转一周所成的曲面的双参数方程为 $\begin{cases} z=z(t), \\ x=\sqrt{x^2(t)+y^2(t)}\cos\theta, \\ y=\sqrt{x^2(t)+y^2(t)}\sin\theta. \end{cases}$

注：求旋转曲面方程的关键是曲线上的点与旋转轴的距离保持不变，若旋转轴

非坐标轴，则可利用此性质求旋转曲面方程．

4. 柱面：平行于定直线 L 且沿定曲线 C 移动所形成的曲面称为柱面，定直线 L 称为母线，定曲线 C 称为准线．

（1）母线平行于坐标轴的柱面方程：特点是曲面方程中缺少某坐标变量（与缺少的坐标变量对应的坐标轴平行），即

$$F(x,y) = 0 \quad 平行于 z 轴$$
$$F(x,z) = 0 \quad 平行于 y 轴$$
$$F(y,z) = 0 \quad 平行于 x 轴$$

注：柱面方程与准线在坐标平面（垂直于母线）的投影曲线方程形式相同，因此可通过计算准线在垂直于母线的坐标平面内的投影方程来得到柱面方程．

（2）母线为给定直线的柱面方程：由于柱面方程上任意一点 (x,y,z) 与准线上某点 (u,v,w) 的连线必定平行于母线（事实上，满足此条件的点也一定在柱面上），若母线方向向量为 (l,m,n)，则

$$\frac{x-u}{l} = \frac{y-v}{m} = \frac{z-w}{n}.$$

再利用点 (u,v,w) 满足的准线方程，消去 u，v，w 即可得柱面方程．

5. 空间曲线的投影

（1）空间曲线投影到坐标平面：只需消去某坐标变量，即可得到与该坐标变量垂直的坐标平面上的投影曲线方程；

（2）空间直线投影到非坐标平面：建立过空间直线的平面束，寻求平面束中与已知平面垂直的平面，则两个平面的交线即为所求投影；

（3）空间曲线投影到任意平面：首先求出以空间曲线为准线，以垂直于平面的直线为母线的柱面方程，则空间曲线在该平面的投影曲线即为上述柱面与平面的交线．

◆ 二次曲面

一般称三元二次方程表示的曲面为二次曲面．

1. 椭球面：$\dfrac{x^2}{a^2} + \dfrac{y^2}{b^2} + \dfrac{z^2}{c^2} = 1$

（1）若 $a = b = c = r(>0)$，则是半径为 r 的球面；

（2）若 a，b，c 中有两个相等，则为旋转椭球面（即椭圆绕对称轴旋转形成的曲面）．

2. 抛物面：$\dfrac{x^2}{2p} + \dfrac{y^2}{2q} = z$

（1）若 p，q 同号，则为椭圆抛物面，当 p，q 为正数时，开口向上，当 p，q 为负数时，开口向下．其特点是与 xOy 面平行的平面的交线（截痕）为椭圆，与 yOz，zOx 面平行的平面的交线为抛物线；

（2）若 $p = q$，则为<u>旋转抛物面</u>，即抛物线绕对称轴旋转形成的曲面；

（3）若 p，q 异号，则为<u>双曲抛物面</u>，亦称为马鞍面，其特点是与 xOy 面平行的平面的交线为双曲线，与 yOz，zOx 面平行的平面的交线为抛物线．

3. 双曲面：$\dfrac{x^2}{m} + \dfrac{y^2}{n} + \dfrac{z^2}{l} = 1$（其中，$m$，$n$，$l$ 不同号）

（1）若 m，n，l 中两个为正数，一个负数，则为<u>单叶双曲面</u>．不妨设 m，$n > 0$，$l < 0$，则其与 xOy 面平行的平面的交线为椭圆，与 yOz，zOx 面平行的平面的交线为双曲线（z 轴为实轴），与平面 $x = \pm\sqrt{m}$ 或平面 $y = \pm\sqrt{n}$ 的交线为两条相交直线；

（2）若 m，n，l 中两个为负数，一个为正数，则为<u>双叶双曲面</u>．不妨设 m，$n < 0$，$l > 0$，则其与 xOy 面平行的平面（满足 $z^2 \geqslant l$）的交线为椭圆，与 yOz 面，zOx 面平行的平面的交线为双曲线（z 轴为实轴）．

（3）若 m，n，l 中两个数相等，则为<u>旋转双曲面</u>，即双曲线绕实轴或虚轴旋转形成的曲面，分别为旋转双叶双曲面或旋转单叶双曲面．

4. 椭圆锥面：$\dfrac{x^2}{m} + \dfrac{y^2}{n} + \dfrac{z^2}{l} = 0$（其中，$m$，$n$，$l$ 不同号）

（1）不妨设 m，$n > 0$，$l < 0$，则其与 xOy 面平行的平面的交线为椭圆，与 yOz 面，zOx 面平行的平面的交线为双曲线（z 轴为实轴），与过 z 轴的平面的交线为两条相交直线；

（2）若 m，n，l 中两个数相等，则为<u>圆锥面</u>，即一条过原点的直线绕坐标轴（与另外两个符号不相同的数对应的坐标轴）旋转形成的曲面．

5. 柱面：若三元二次方程中缺省某变量，则为平行于缺省变量对应坐标轴的柱面．

◆ **平面及其方程**

1. 垂直于平面的非零向量称为平面的法向量，过点 (x_0, y_0, z_0) 且法向量为 $\boldsymbol{n} = (A, B, C)$ 的平面方程为

$$A(x - x_0) + B(y - y_0) + C(z - z_0) = 0.$$

称为平面的点法式方程，化简后可得平面的一般方程

$$Ax + By + Cz + D = 0.$$

注：（1）若 $D = 0$，则平面经过原点，若 $D \neq 0$，则平面不经过原点，此时可化为 $\dfrac{x}{a} + \dfrac{y}{b} + \dfrac{z}{c} = 1$，称为平面的截距式方程（$a, b, c$ 分别为平面在 x，y，z 坐标轴的截距）．

（2）若 $A = 0$，则平面平行于 x 轴，特别地，$A = D = 0$ 时，x 轴位于平面上；

若 $B = 0$，则平面平行于 y 轴，特别地，$B = D = 0$ 时，y 轴位于平面上；

若 $C = 0$，则平面平行于 z 轴，特别地，$C = D = 0$ 时，z 轴位于平面上．

（3）若 $A = B = 0$，则平面平行于 xOy 面，即垂直于 z 轴；

若 $B = C = 0$，则平面平行于 yOz 面，即垂直于 x 轴；

若 $C = A = 0$，则平面平行于 zOx 面，即垂直于 y 轴.

（4）点 (x_0, y_0, z_0) 到平面 $Ax + By + Cz + D = 0$ 的距离公式为

$$d = \frac{|Ax_0 + By_0 + Cz_0 + D|}{\sqrt{A^2 + B^2 + C^2}}.$$

2. 两个平面 Π_1：$A_1 x + B_1 y + C_1 z = D_1$ 与 Π_2：$A_2 x + B_2 y + C_2 z = D_2$ 之间的位置关系：

（1）Π_1 与 Π_2 的法向量分别为 $\boldsymbol{n}_1 = (A_1, B_1, C_1)$，$\boldsymbol{n}_2 = (A_2, B_2, C_2)$，则 Π_1 与 Π_2 的夹角（锐角）余弦为

$$\cos\theta = \frac{|A_1 A_2 + B_1 B_2 + C_1 C_2|}{\sqrt{A_1^2 + B_1^2 + C_1^2} \cdot \sqrt{A_2^2 + B_2^2 + C_2^2}}.$$

（2）$\Pi_1 \perp \Pi_2 \Leftrightarrow A_1 A_2 + B_1 B_2 + C_1 C_2 = 0$.

（3）$\Pi_1 /\!/ \Pi_2 \Leftrightarrow \dfrac{A_1}{A_2} = \dfrac{B_1}{B_2} = \dfrac{C_1}{C_2}$；$\Pi_1$ 与 Π_2 重合 $\Leftrightarrow \dfrac{A_1}{A_2} = \dfrac{B_1}{B_2} = \dfrac{C_1}{C_2} = \dfrac{D_1}{D_2}$.

（4）利用矩阵的秩来描述上述关系，记 $\boldsymbol{A} = \begin{pmatrix} A_1 & B_1 & C_1 \\ A_2 & B_2 & C_2 \end{pmatrix}$，

$\overline{\boldsymbol{A}} = \begin{pmatrix} A_1 & B_1 & C_1 & D_1 \\ A_2 & B_2 & C_2 & D_2 \end{pmatrix}$，则

（a）Π_1 与 Π_2 重合 $\Leftrightarrow \mathrm{rank}(\boldsymbol{A}) = \mathrm{rank}(\overline{\boldsymbol{A}}) = 1$；

（b）Π_1 与 Π_2 平行不重合 $\Leftrightarrow \mathrm{rank}(\boldsymbol{A}) = 1, \mathrm{rank}(\overline{\boldsymbol{A}}) = 2$；

（c）Π_1 与 Π_2 相交成一条直线 $\Leftrightarrow \mathrm{rank}(\boldsymbol{A}) = \mathrm{rank}(\overline{\boldsymbol{A}}) = 2$.

3. 三个平面 Π_1：$A_1 x + B_1 y + C_1 z = D_1$，$\Pi_2$：$A_2 x + B_2 y + C_2 z = D_2$，

Π_3：$A_3 x + B_3 y + C_3 z = D_3$ 的位置关系：

记 $\boldsymbol{A} = \begin{pmatrix} A_1 & B_1 & C_1 \\ A_2 & B_2 & C_2 \\ A_3 & B_3 & C_3 \end{pmatrix}$，$\overline{\boldsymbol{A}} = \begin{pmatrix} A_1 & B_1 & C_1 & D_1 \\ A_2 & B_2 & C_2 & D_2 \\ A_3 & B_3 & C_3 & D_3 \end{pmatrix}$，并将 $\boldsymbol{A}$ 的三个行向量分别记作

$\boldsymbol{\alpha}_1$，$\boldsymbol{\alpha}_2$，$\boldsymbol{\alpha}_3$（分别为三个平面的法向量），将 $\overline{\boldsymbol{A}}$ 的三个行向量记作 $\boldsymbol{\beta}_1$，$\boldsymbol{\beta}_2$，$\boldsymbol{\beta}_3$，则

（1）若 $\mathrm{rank}(\boldsymbol{A}) = \mathrm{rank}(\overline{\boldsymbol{A}}) = 1$，则三平面重合.

（2）若 $\mathrm{rank}(\boldsymbol{A}) = 1, \mathrm{rank}(\overline{\boldsymbol{A}}) = 2$，则三平面平行，此时有两种情形：

（a）当 $\boldsymbol{\beta}_1$，$\boldsymbol{\beta}_2$，$\boldsymbol{\beta}_3$ 两两线性无关时，三平面平行且互异；

（b）当 $\boldsymbol{\beta}_1$，$\boldsymbol{\beta}_2$，$\boldsymbol{\beta}_3$ 有两个线性相关时，三平面平行且其中两个重合.

（3）若 $\mathrm{rank}(\boldsymbol{A}) = \mathrm{rank}(\overline{\boldsymbol{A}}) = 2$，则三平面交于一直线，此时有两种情形：

（a）当 $\boldsymbol{\beta}_1$，$\boldsymbol{\beta}_2$，$\boldsymbol{\beta}_3$ 两两线性无关时，三平面互异且交于一条直线；

（b）当 $\boldsymbol{\beta}_1$，$\boldsymbol{\beta}_2$，$\boldsymbol{\beta}_3$ 有两个线性相关时，两平面重合且与第三个平面交于一条直线．

（4）若 $\mathrm{rank}(\boldsymbol{A}) = 2$，$\mathrm{rank}(\overline{\boldsymbol{A}}) = 3$，则三平面无公共交点但不是互相平行的，此时有两种情形：

（a）当 $\boldsymbol{\alpha}_1$，$\boldsymbol{\alpha}_2$，$\boldsymbol{\alpha}_3$ 两两线性无关时，三平面两两相交于不同直线；

（b）当 $\boldsymbol{\alpha}_1$，$\boldsymbol{\alpha}_2$，$\boldsymbol{\alpha}_3$ 有两个线性相关时，则两平面平行且均与第三个平面交于一条直线．

（5）若 $\mathrm{rank}(\boldsymbol{A}) = \mathrm{rank}(\overline{\boldsymbol{A}}) = 3$，则三平面交于一点．

◆ 空间中的直线

1. 空间直线可以看作两平面的交线，空间直线的一般式方程为

$$\begin{cases} A_1 x + B_1 y + C_1 z = D_1, \\ A_2 x + B_2 y + C_2 z = D_2. \end{cases}$$

称平行于直线的非零向量为直线的方向向量，过点（x_0，y_0，z_0）且方向向量 $\boldsymbol{s} = (m, n, p)$ 的平面方程为

$$\frac{x - x_0}{m} = \frac{y - y_0}{n} = \frac{z - z_0}{p}.$$

令 $\dfrac{x - x_0}{m} = \dfrac{y - y_0}{n} = \dfrac{z - z_0}{p} = t$，可得直线的参数式方程：$\begin{cases} x = x_0 + mt, \\ y = y_0 + nt, \\ z = z_0 + pt. \end{cases}$

注：（1）由一般式方程得到对称式方程的方法，一般可取方向向量 $\boldsymbol{s} = (A_1, B_1, C_1) \times (A_2, B_2, C_2)$．

（2）由直线的一般式方程可得通过直线所有平面（平面束）的表示：

$$\lambda(A_1 x + B_1 y + C_1 z - D_1) + \mu(A_2 x + B_2 y + C_2 z - D_2) = 0.$$

其中，λ，μ 为参数，一般可取 $\lambda = 1$（平面束不含第二个平面）或 $\mu = 1$（平面束不含第一个平面）．

（3）由直线的参数式方程可得到直线上任意点的参数表示（$x_0 + mt$，$y_0 + nt$，$z_0 + pt$），可用于计算直线外一点与直线垂线的垂足坐标（可得到点到直线的距离）或异面直线公垂线两个垂足的坐标（可得到异面直线的距离）．

（4）对称式方程中分母的 m，n，p 可以为零，若为零则表示分子亦恒为零，有以下情形：

若 $m = 0$，则直线垂直于 x 轴；

若 $n = 0$，则直线垂直于 y 轴；

若 $p = 0$，则直线垂直于 z 轴；

若 $m = n = 0$，则直线平行于 z 轴；

若 $n = p = 0$，则直线平行于 x 轴；

若 $p = n = 0$，则直线平行于 y 轴．

2. 两条直线 L_1：$\dfrac{x - x_1}{m_1} = \dfrac{y - y_1}{n_1} = \dfrac{z - z_1}{p_1}$ 与 L_2：$\dfrac{x - x_2}{m_2} = \dfrac{y - y_2}{n_2} = \dfrac{z - z_2}{p_2}$ 之间的位置关系：

（1）L_1 与 L_2 的方法向量分别为 $s_1 = (m_1, n_1, p_1)$，$s_2 = (m_2, n_2, p_2)$，L_1 与 L_2 的夹角（锐角）余弦为

$$\cos\theta = \frac{|m_1 m_2 + n_1 n_2 + p_1 p_2|}{\sqrt{m_1^2 + n_1^2 + p_1^2} \cdot \sqrt{m_2^2 + n_2^2 + p_2^2}}；$$

（2）$L_1 \perp L_2 \Leftrightarrow m_1 m_2 + n_1 n_2 + p_1 p_2 = 0$；

（3）$L_1 /\!/ L_2 \Leftrightarrow \dfrac{m_1}{m_2} = \dfrac{n_1}{n_2} = \dfrac{p_1}{p_2}$；

（4）记 $a = (x_2 - x_1, y_2 - y_1, z_2 - z_1)$，则 L_1 与 L_2 重合 $\Leftrightarrow a$，s_1，s_2 共线（平行），即

$$\frac{m_1}{m_2} = \frac{n_1}{n_2} = \frac{p_1}{p_2} 且 \frac{x_2 - x_1}{m_1} = \frac{y_2 - y_1}{n_1} = \frac{z_2 - z_1}{p_1}；$$

L_1 与 L_2 共面（平行或相交）$\Leftrightarrow a$，s_1，s_2 共面，即 $[a, s_1, s_2] = (s_1 \times s_2) \cdot a = 0$；

（5）利用直线的一般式方程以及矩阵的秩来描述上述关系，设两条直线的一般式方程为：

$$L_1：\begin{cases} A_1 x + B_1 y + C_1 z = D_1, \\ A_2 x + B_2 y + C_2 z = D_2. \end{cases} \qquad L_2：\begin{cases} A_3 x + B_3 y + C_3 z = D_3, \\ A_4 x + B_4 y + C_4 z = D_4. \end{cases}$$

$$记 \boldsymbol{A} = \begin{pmatrix} A_1 & B_1 & C_1 \\ A_2 & B_2 & C_2 \\ A_3 & B_3 & C_3 \\ A_4 & B_4 & C_4 \end{pmatrix}, \quad \overline{\boldsymbol{A}} = \begin{pmatrix} A_1 & B_1 & C_1 & D_1 \\ A_2 & B_2 & C_2 & D_2 \\ A_3 & B_3 & C_3 & D_3 \\ A_4 & B_4 & C_4 & D_4 \end{pmatrix}, \quad 则$$

（a）直线 L_1 与 L_2 重合 $\Leftrightarrow \operatorname{rank}(\boldsymbol{A}) = \operatorname{rank}(\overline{\boldsymbol{A}}) = 2$；

（b）直线 L_1 与 L_2 平行不重合 $\Leftrightarrow \operatorname{rank}(\boldsymbol{A}) = 2, \operatorname{rank}(\overline{\boldsymbol{A}}) = 3$；

（c）直线 L_1 与 L_2 相交 $\Leftrightarrow \operatorname{rank}(\boldsymbol{A}) = \operatorname{rank}(\overline{\boldsymbol{A}}) = 3$；

（d）直线 L_1 与 L_2 异面 $\Leftrightarrow \operatorname{rank}(\boldsymbol{A}) = 3, \operatorname{rank}(\overline{\boldsymbol{A}}) = 4$．

3. 直线 L：$\dfrac{x - x_0}{m} = \dfrac{y - y_0}{n} = \dfrac{z - z_0}{p}$ 与平面 Π：$Ax + By + Cz = D$ 之间的位置关系：

（1）L 的方法向量为 $s = (m, n, p)$，Π 的法向量为 $n = (A, B, C)$，L 与 Π 的夹角（锐角）正弦为

173

$$\sin\varphi = \frac{|Am + Bn + Cp|}{\sqrt{A^2 + B^2 + C^2} \cdot \sqrt{m^2 + n^2 + p^2}}.$$

(2) $L \perp \Pi \Leftrightarrow \dfrac{A}{m} = \dfrac{B}{n} = \dfrac{C}{p}$.

(3) $L /\!/ \Pi \Leftrightarrow Am + Bn + Cp = 0$.

(4) L 与 Π 相交 $\Leftrightarrow Am + Bn + Cp \neq 0$.

(5) 若直线 L 的一般式方程为 L：$\begin{cases} A_1 x + B_1 y + C_1 z = D_1, \\ A_2 x + B_2 y + C_2 z = D_2. \end{cases}$ 平面方程为

Π：$A_3 x + B_3 y + C_3 z = D_3$，记

$$A = \begin{pmatrix} A_1 & B_1 & C_1 \\ A_2 & B_2 & C_2 \\ A_3 & B_3 & C_3 \end{pmatrix}, \quad \overline{A} = \begin{pmatrix} A_1 & B_1 & C_1 & D_1 \\ A_2 & B_2 & C_2 & D_2 \\ A_3 & B_3 & C_3 & D_3 \end{pmatrix},$$

则利用矩阵的秩描述直线与平面的位置关系如下：

（a）直线 L 位于平面 Π 上 $\Leftrightarrow \mathrm{rank}(A) = \mathrm{rank}(\overline{A}) = 2$；

（b）直线 L 与平面 Π 平行不重合 $\Leftrightarrow \mathrm{rank}(A) = 2, \mathrm{rank}(\overline{A}) = 3$；

（c）直线 L 与平面 Π 相交于一点 $\Leftrightarrow \mathrm{rank}(A) = \mathrm{rank}(\overline{A}) = 3$.

2 典型例题与方法进阶

例 1. 设 $a + b + c = 0$，证明：

(1) $a \cdot b + b \cdot c + c \cdot a = \dfrac{1}{2}(|a|^2 + |b|^2 + |c|^2)$；

(2) $a \times b = b \times c = c \times a$.

证明 （1）在等式 $a + b + c = 0$ 两边依次点乘 a，b，c 得

$$a \cdot a + a \cdot b + a \cdot c = 0, \quad b \cdot a + b \cdot b + b \cdot c = 0, \quad c \cdot a + c \cdot b + c \cdot c = 0.$$

三式相加并移项得

$$a \cdot b + b \cdot c + c \cdot a = \frac{1}{2}(|a|^2 + |b|^2 + |c|^2).$$

（2）类似地在等式 $a + b + c = 0$ 两边依次叉乘 a，b 得

$$a \times a + a \times b + a \times c = 0, \quad b \times a + b \times b + b \times c = 0,$$

立即得 $a \times b = b \times c = c \times a$.

例 2. 设 $A = 2a + 3b$，$B = 3a - b$，$|a| = 2$，$|b| = 1$，$(a, b) = \dfrac{\pi}{3}$，求 $A \cdot B$

和 $\mathrm{Prj}_B A$.

解 $A \cdot B = (2a + 3b) \cdot (3a - b) = 6a \cdot a + 7a \cdot b - 3b \cdot b$

$$= 6|a|^2 + 7|a||b|\cos\frac{\pi}{3} - 3|b|^2 = 28.$$

而 $|\boldsymbol{B}|^2 = \boldsymbol{B} \cdot \boldsymbol{B} = (3\boldsymbol{a} - \boldsymbol{b}) \cdot (3\boldsymbol{a} - \boldsymbol{b}) = 9|\boldsymbol{a}|^2 - 6|\boldsymbol{a}||\boldsymbol{b}|\cos\dfrac{\pi}{3} + |\boldsymbol{b}|^2 = 31$，

故 $\text{Prj}_{\boldsymbol{B}}\boldsymbol{A} = \dfrac{\boldsymbol{A} \cdot \boldsymbol{B}}{|\boldsymbol{B}|} = \dfrac{28}{\sqrt{31}}$.

例3. 已知向量 $\boldsymbol{a} = (-1, 3, 0)$，$\boldsymbol{b} = (3, 1, 0)$，$|\boldsymbol{c}| = r$，求当 $\boldsymbol{c}$ 满足 $\boldsymbol{a} = \boldsymbol{b} \times \boldsymbol{c}$ 时，常数 r 的最小值.

解 设 $\boldsymbol{c} = (x, y, z)$，则由 $\boldsymbol{a} = \boldsymbol{b} \times \boldsymbol{c}$ 可得 $(-1, 3, 0) = (z, -3z, 3y - x)$，于是 $z = -1, x = 3y$，则由 $|\boldsymbol{c}| = r$ 可得

$$r = |\boldsymbol{c}| = \sqrt{9y^2 + y^2 + 1} = \sqrt{10y^2 + 1}.$$

因此，当 $y = 0$ 时，r 取得最小值 1.

例4. 设 $\boldsymbol{a}$ 和 $\boldsymbol{b}$ 是非零常向量，$|\boldsymbol{b}| = 2$，$\boldsymbol{a}$ 和 $\boldsymbol{b}$ 的夹角为 $\dfrac{\pi}{3}$，求

$$\lim_{x \to 0} \dfrac{|\boldsymbol{a} + x\boldsymbol{b}| - |\boldsymbol{a}|}{x}.$$

解 由内积与模的关系：

$$|\boldsymbol{a} + x\boldsymbol{b}|^2 = (\boldsymbol{a} + x\boldsymbol{b}) \cdot (\boldsymbol{a} + x\boldsymbol{b}) = |\boldsymbol{a}|^2 + 2x\boldsymbol{a} \cdot \boldsymbol{b} + 4x^2,$$

于是

$$\lim_{x \to 0} \dfrac{|\boldsymbol{a} + x\boldsymbol{b}| - |\boldsymbol{a}|}{x} = \lim_{x \to 0} \dfrac{|\boldsymbol{a} + x\boldsymbol{b}|^2 - |\boldsymbol{a}|^2}{x(|\boldsymbol{a} + x\boldsymbol{b}| + |\boldsymbol{a}|)} = \lim_{x \to 0} \dfrac{2x\boldsymbol{a} \cdot \boldsymbol{b} + 4x^2}{x(|\boldsymbol{a} + x\boldsymbol{b}| + |\boldsymbol{a}|)} = \lim_{x \to 0} \dfrac{2\boldsymbol{a} \cdot \boldsymbol{b} + 4x}{|\boldsymbol{a} + x\boldsymbol{b}| + |\boldsymbol{a}|}.$$

又由内积定义，$\boldsymbol{a} \cdot \boldsymbol{b} = |\boldsymbol{a}| \cdot |\boldsymbol{b}|\cos\dfrac{\pi}{3} = |\boldsymbol{a}|$，同时 $\lim\limits_{x \to 0}|\boldsymbol{a} + x\boldsymbol{b}| = |\boldsymbol{a}|$，故

$$\lim_{x \to 0} \dfrac{|\boldsymbol{a} + x\boldsymbol{b}| - |\boldsymbol{a}|}{x} = \lim_{x \to 0} \dfrac{2\boldsymbol{a} \cdot \boldsymbol{b} + 4x}{|\boldsymbol{a} + x\boldsymbol{b}| + |\boldsymbol{a}|} = \lim_{x \to 0} \dfrac{2|\boldsymbol{a}|}{2|\boldsymbol{a}|} = 1.$$

评注：关于向量运算的问题，需充分利用投影、内积、外积、混合积等的定义、坐标计算公式及几何意义.

例5. 已知准线方程为 $\begin{cases} \dfrac{x^2}{4} + \dfrac{y^2}{8} + \dfrac{z^2}{3} = 1, \\ x + y = 2, \end{cases}$ 母线平行于 y 轴，求此柱面方程.

解 在准线方程中消去 y，得 $\dfrac{x^2}{4} + \dfrac{(2-x)^2}{8} + \dfrac{z^2}{3} = 1$. 化简后知所求柱面方程为

$$\dfrac{9\left(x - \dfrac{2}{3}\right)^2}{16} + \dfrac{z^2}{2} = 1.$$

例6. 求直线 $\dfrac{x}{a} = \dfrac{y - b}{0} = \dfrac{z}{1}$ 绕 z 轴旋转形成的曲面方程，并根据 a，b 取值讨论是何种曲面.

解 直线的参数式方程为 $\begin{cases} x = at, \\ y = b, \\ z = t, \end{cases}$ 则其绕 z 轴旋转形成曲面的双参数方程为

$$\begin{cases} x = \sqrt{(at)^2 + b^2}\cos\theta, \\ y = \sqrt{(at)^2 + b^2}\sin\theta, \\ z = t. \end{cases}$$

消去参数 t，θ，可得旋转曲面方程为

$$x^2 + y^2 = a^2 z^2 + b^2.$$

（1）当 $a = b = 0$ 时，为 z 轴；

（2）当 $a = 0$，$b \neq 0$ 时，为圆柱面；

（3）当 $a \neq 0$，$b = 0$ 时，为圆锥面；

（4）当 $a \neq 0$，$b \neq 0$ 时，为旋转单页双曲面.

例 7. 求旋转抛物面 $z = 8 - x^2 - y^2$ 与平面 $z = 2y$ 所围成的立体图形在 xOy 坐标面和 yOz 坐标面上的投影区域.

解 在 xOy 坐标面上的投影区域：

由 $z = 8 - x^2 - y^2$ 与 $z = 2y$ 消去 z，得 $x^2 + (y+1)^2 = 3^2$，投影区域为 $\{(x,y) \mid x^2 + (y+1)^2 \leq 3^2\}$；

在 yOz 坐标面上的投影区域：

在 $z = 8 - x^2 - y^2$ 中，令 $x = 0$，得 $z = 8 - y^2$，投影区域由 $z = 8 - y^2$ 和 $z = 2y$ 围成，即

$$\{(y,z) \mid 2y \leq z \leq 8 - y^2\}.$$

例 8. 当 $k(>0)$ 取何值时，曲线 $\begin{cases} z = ky, \\ \dfrac{x^2}{2} + z^2 = 2y \end{cases}$ 是圆？并求此圆的圆心坐标以及该圆在 zx 平面、yz 平面上的投影.

解 曲线在 xy 平面上的投影为

$$\begin{cases} x^2 + 2k^2\left(y - \dfrac{1}{k^2}\right)^2 = \dfrac{2}{k^2}, \\ z = 0. \end{cases}$$

它是 xy 平面上中心为 $\left(0, \dfrac{1}{k^2}\right)$，半轴长分别为 $\dfrac{\sqrt{2}}{k}$，$\dfrac{1}{k^2}$ 的椭圆.

设所求圆的圆心 A 的坐标为 (a,b,c)，由于点 A 在椭圆柱面 $x^2 + 2k^2\left(y - \dfrac{1}{k^2}\right)^2 = \dfrac{2}{k^2}$ 的中心轴上，故 $a = 0$，$b = \dfrac{1}{k^2}$，$c = kb = \dfrac{1}{k}$. 欲使题给曲线为圆，等价于 $|OA|^2 = \dfrac{2}{k^2}$，即 $\sqrt{0^2 + \dfrac{1}{k^4} + \dfrac{1}{k^2}} = \dfrac{\sqrt{2}}{k}$，由此可解得 $k = 1$. 于是 $k = 1$ 时，曲线为圆，圆心坐标为 $(0,0,1)$.

将原方程组 $\begin{cases} z=y, \\ x^2-4y+2z^2=0 \end{cases}$ 消去 y，得圆在 zx 平面上的投影为

$$\begin{cases} x^2+2z^2-4z=0, \\ y=0. \end{cases}$$

由于给定曲面圆在平面 $z=y$ 上，此平面垂直于 yz 平面，所以圆在 yz 平面上的投影为一线段，即 $\begin{cases} y=z, \\ x=0 \end{cases}$ $(0\leqslant z\leqslant 2)$.

例 9. 有一束平行于直线 l：$x=y=-z$ 的平行光照射不透明的球面 S：$x^2+y^2+z^2=2z$，求球面在 xOy 面上留下的阴影部分面积及其边界曲线方程.

解　由光照的实际意义可知，阴影部分的边界曲线是由经过球心且与光线垂直的平面和球面的交线 L 形成的，因此阴影部分的边界曲线为以直线 l 为母线、以圆 L 为准线的柱面与 xOy 面的交线.

（1）显然球体大圆面积和阴影部分面积的比值为直线 l 与 z 轴夹角的余弦，由于直线 l 的单位方向向量为 $\dfrac{1}{\sqrt{3}}(1,1,-1)$，故夹角余弦为 $\dfrac{1}{\sqrt{3}}$，而球体的大圆面积为 π，可得阴影部分面积为 $\sqrt{3}\pi$.

（2）过球心 $(0,0,1)$ 且与 l：$x=y=-z$ 垂直的平面方程为 $x+y-(z-1)=0$，其与球面 S 的交线为：

$$L:\begin{cases} x+y-z+1=0, \\ x^2+y^2+(z-1)^2=1. \end{cases}$$

设点 (x,y,z) 位于以直线 l 为母线、以圆 L 为准线的柱面上，则存在准线 L 上某点 (u,v,w)，使得二者连线必定平行于母线 l，则

$$\frac{x-u}{1}=\frac{y-v}{1}=\frac{z-w}{-1}=t.$$

即 $u=x-t$，$v=y-t$，$w=z+t$，代入准线 L 的方程可得

$$\begin{cases} (x-t)+(y-t)-(z+t)+1=0, \\ (x-t)^2+(y-t)^2+(z+t-1)^2=1. \end{cases}$$

由第一个式子可得 $t=\dfrac{x+y-z+1}{3}$，再代入第二个式子可得柱面方程为

$$x^2+y^2+z^2-xy+yz+zx-x-y-2z=\frac{1}{2}.$$

令 $z=0$ 得阴影边界曲线方程为 $\begin{cases} x^2+y^2-xy-x-y=\dfrac{1}{2}, \\ z=0. \end{cases}$

评注：熟悉柱面、旋转面、投影曲线的计算方法，并掌握不同类型的二次曲面；例 2 中计算的是非正交投影曲线，但计算方法与一般投影曲线类似，都是看作

柱面与平面的交线．

例 10. 求过点 $(1,2,1)$ 与直线 $l_1: \dfrac{x}{2} = y = -z$ 相交且垂直于直线 $l_2: \dfrac{x-1}{3} = \dfrac{y}{2} = \dfrac{z+1}{1}$ 的直线方程．

解 设所求直线方程为：$\dfrac{x-1}{m} = \dfrac{y-2}{n} = \dfrac{z-1}{p}$，因为与 l_2 垂直，故 $3m + 2n + p = 0$，又与 l_1 相交，故

$$\begin{vmatrix} m & n & p \\ 2 & 1 & -1 \\ 1 & 2 & 1 \end{vmatrix} = 0,$$

即 $3m - 3n + 3p = 0$，联立解上面两个等式得 $m: n: p = -3: 2: 5$，故所求直线方程：$\dfrac{x-1}{-3} = \dfrac{y-2}{2} = \dfrac{z-1}{5}$．

例 11. 求过 $l_1: \dfrac{x-1}{1} = \dfrac{y-2}{0} = \dfrac{z-3}{-1}$ 且平行于 $l_2: \dfrac{x+2}{2} = \dfrac{y-1}{1} = \dfrac{z}{1}$ 的平面方程．

解 设所求平面方程为

$$A(x - x_0) + B(y - y_0) + C(z - z_0) = 0,$$

因为平面过 l_1，因此平面过点 $(1,2,3)$ 就取作 (x_0, y_0, z_0)，而平面过 l_1 且平行于 l_2，则平面的法向量 (A, B, C) 满足 $\begin{cases} A - C = 0, \\ 2A + B + C = 0. \end{cases}$ 即 $A: B: C = 1: (-3): 1$. 故所求平面方程为 $(x - 1) - 3(y - 2) + (z - 3) = 0$，亦即 $x - 3y + z + 2 = 0$．

例 12. 求直线 $l_1: \begin{cases} x - y = 0, \\ z = 0 \end{cases}$ 与直线 $l_2: \dfrac{x-2}{4} = \dfrac{y-1}{-2} = \dfrac{z-3}{-1}$ 的距离．

解 直线 l_1 的对称式方程为 $l_1: \dfrac{x}{1} = \dfrac{y}{1} = \dfrac{z}{0}$．

记两直线的方向向量分别为 $\boldsymbol{l}_1 = (1,1,0)$ 和 $\boldsymbol{l}_2 = (4, -2, -1)$，两直线上的定点分别为 $P_1(0,0,0)$ 和 $P_2(2,1,3)$，$\boldsymbol{a} = \overrightarrow{P_1 P_2} = (2,1,3)$，$\boldsymbol{l}_1 \times \boldsymbol{l}_2 = (-1, 1, -6)$. 由向量的性质可知，两直线的距离为：

$$d = \left| \dfrac{\boldsymbol{a} \cdot (\boldsymbol{l}_1 \times \boldsymbol{l}_2)}{|\boldsymbol{l}_1 \times \boldsymbol{l}_2|} \right| = \dfrac{|-2 + 1 - 18|}{\sqrt{1 + 1 + 36}} = \dfrac{19}{\sqrt{38}} = \sqrt{\dfrac{19}{2}}.$$

例 13. 求通过直线 $L: \begin{cases} 2x + y - 3z + 2 = 0, \\ 5x + 5y - 4z + 3 = 0 \end{cases}$ 的两个相互垂直的平面 π_1，π_2，使一个平面过点 $(4, -3, 1)$．

解 设过直线 L 的平面束为

$$\lambda(2x + y - 3z + 2) + \mu(5x + 5y - 4z + 3) = 0,$$

178

即
$$(2\lambda+5\mu)x+(\lambda+5\mu)y-(3\lambda+4\mu)z+(2\lambda+3\mu)=0.$$

若平面 π_1 过点 $(4,-3,1)$，代入得 $\lambda+\mu=0$，即 $\mu=-\lambda$，从而 π_1 的方程为 $3x+4y-z+1=0$．若平面束中的平面 π_2 与 π_1 垂直，则
$$3\cdot(2\lambda+5\mu)+4\cdot(\lambda+5\mu)+1\cdot(3\lambda+4\mu)=0.$$

解得：$\lambda=-3\mu$，从而平面 π_2 的方程为 $x-2y-5z+3=0$．

例 14. 平面平行于向量 $\boldsymbol{a}=(1,0,-1)$，且通过直线 L_1：$\dfrac{x-1}{1}=\dfrac{y+2}{2}=\dfrac{z-1}{1}$ 和直线 L_2：$\dfrac{x}{1}=\dfrac{y+3}{3}=\dfrac{z+1}{2}$ 的公垂线 L，求此平面方程．

解 记直线 L_1 和直线 L_2 的方向向量分别为 $\boldsymbol{s}_1=(1,2,1),\boldsymbol{s}_2=(1,3,2)$，则它们的公垂线的方向向量为
$$\boldsymbol{s}=\boldsymbol{s}_1\times\boldsymbol{s}_2=(1,2,1)\times(1,3,2)=(1,-1,1).$$

由于平面的法向量 $\boldsymbol{n}$ 同时垂直于 $\boldsymbol{s}$ 和 $\boldsymbol{a}$，则 $\boldsymbol{n}=\boldsymbol{s}\times\boldsymbol{a}=(1,2,1)$．设公垂线 L 与 L_1 和 L_2 的交点分别为 A，B，由直线的参数表示，可设 $A(t+1,2t-2,t+5)$，$B(\lambda,3\lambda-3,2\lambda-1)$，根据 $\boldsymbol{s}\,/\!/\,AB$，可得
$$\frac{\lambda-t-1}{1}=\frac{3\lambda-2t-1}{-1}=\frac{2\lambda-t-6}{1}.$$

解得 $t=6$，$\lambda=5$，故交点 $A(7,10,11)$，所求平面方程为 $(x-7)+2(y-10)+(z-11)=0$，即 $x+2y+z=38$．

例 15. 证明：三平面 $\varPi_1$：$x=cy+bz$，$\varPi_2$：$y=az+cx$，$\varPi_3$：$z=bx+ay$ 经过同一条直线的充要条件是
$$a^2+b^2+c^2+2abc=1.$$

证明 由于三平面 $\varPi_1$，$\varPi_2$，$\varPi_3$ 均通过原点，因此只需证明它们通过同一个非零点，即方程
$$\begin{cases}x-cy-bz=0,\\ cx-y+az=0,\\ bx+ay-z=0\end{cases}$$

有非零解，其充要条件为 $\begin{vmatrix}1&-c&-b\\ c&-1&a\\ b&a&-1\end{vmatrix}=0$，即 $a^2+b^2+c^2+2abc=1$．

评注：熟练掌握平面与直线的不同表示方法，并且利用线性代数的知识处理不同直线与平面之间的关系．

3　本节练习

（A 组）

1. 已知 $(\boldsymbol{a}\times\boldsymbol{b})\cdot\boldsymbol{c}=2$，求 $[(\boldsymbol{a}+\boldsymbol{b})\times(\boldsymbol{b}+\boldsymbol{c})]\cdot(\boldsymbol{c}+\boldsymbol{a})$．

2. 设 $a + 3b$ 与 $7a - 5b$ 垂直，$a - 4b$ 与 $7a - 2b$ 垂直，求 a 与 b 之间的夹角.

3. 已知 a，b，c 为单位向量，且满足 $a + b + c = 0$，计算 $a \cdot b + b \cdot c + c \cdot a$.

4. 证明：$[(a+b) \times (b+c)] \cdot (c+a) = 2(a \times b) \cdot c$.

5. 设 $A = 2a + b$，$B = ka + b$，其中 $|a| = 1$，$|b| = 2$ 且 $a \perp b$，求

（1）k 为何值时 $A \perp B$；（2）k 为何值时以 A，B 为邻边的平行四边形面积为 6.

6. 已知向量 $a = (1,0,0)$，$b = (0,1,-2)$，$c = (2,-2,1)$，求与 c 垂直且与 a，b 共面的单位向量.

7. 求直线 $\dfrac{x-1}{0} = \dfrac{y-1}{1} = \dfrac{z-1}{1}$ 绕 z 轴旋转形成的曲面方程.

8. 求圆 $\begin{cases} 2x - 2y - z + 9 = 0, \\ (x-3)^2 + (y+2)^2 + (z-1)^2 = 100 \end{cases}$ 的圆心和半径.

9. 已知球面 $x^2 + y^2 + z^2 - 2x + 4y - 6z = 0$ 与一通过球心且与直线 $\begin{cases} x = 0, \\ y - z = 0 \end{cases}$ 垂直的平面相交，求交线在 xOy 面上的投影.

10. 求点 $(2,1,-3)$ 到直线 $\dfrac{x-1}{1} = \dfrac{y+3}{-2} = \dfrac{z}{2}$ 的距离.

11. 求过点 $M(1,-2,0)$ 且与直线 $l_1: \begin{cases} 2x + \quad z = 1, \\ x - y + 3z = 5 \end{cases}$，和 $l_2: \begin{cases} x = -2 + t, \\ y = 1 - 4t, \\ z = 3 \end{cases}$ 垂直的直线方程.

12. 求直线 $L_1: \dfrac{x-3}{2} = y = \dfrac{z-1}{0}$ 与直线 $L_2: \dfrac{x+1}{1} = \dfrac{y-2}{0} = z$ 的公垂线方程.

13. 求通过直线 $L_1: \begin{cases} x = 2t - 1, \\ y = 3t + 2, \\ z = 2t - 3 \end{cases}$，和 $L_2: \begin{cases} x = 2t + 3, \\ y = 3t - 1, \\ z = 2t + 1 \end{cases}$ 的平面方程.

14. 求过直线 $L: \begin{cases} x + 2y - z = 6, \\ x - 2y + z = 0 \end{cases}$ 且垂直于平面 $x + 2y + z = 0$ 的平面方程.

15. 设直线 $L_1: \dfrac{x-1}{-1} = \dfrac{y}{2} = \dfrac{z+1}{1}$ 和 $L_2: \dfrac{x+2}{0} = \dfrac{y-1}{1} = \dfrac{z-2}{-2}$，求平行于 L_1，L_2 且与它们等距的平面方程.

16. 求过点 $M(2,1,3)$ 且与直线 $L: \dfrac{x+1}{3} = \dfrac{y-1}{2} = \dfrac{z}{-1}$ 垂直相交的直线方程.

17. 求直线 $L: \begin{cases} 2x - 4y + z = 0, \\ 3x - y - 2z = 9 \end{cases}$ 在平面 $4x - y + z = 1$ 上的投影直线方程.

（B 组）

1. 已知向量 $a \neq 0$，$b \neq 0$，证明：$|a \times b|^2 = |a|^2 |b|^2 - (a \cdot b)^2$.

2. 已知 a，b 为非零向量，证明：$\lim\limits_{x \to 0} \dfrac{|a + xb| - |a|}{x} = a \cdot b / |a|$.

3. 求母线平行于直线 l：$x = y = z$，准线为 Γ：$\begin{cases} x + y + z = 0, \\ x^2 + y^2 + z^2 = 1 \end{cases}$ 的柱面方程.

4. 求与 xOy 面成 $\dfrac{\pi}{4}$ 角且过点 $(1, 0, 0)$ 的一切直线形成的轨迹方程.

5. 求直线 $\dfrac{x - 1}{1} = \dfrac{y}{1} = \dfrac{z - 1}{-1}$ 在平面 $x - y + 2z - 1 = 0$ 上的投影 l_0 的方程，并求 l_0 绕 y 轴旋转一周形成曲面 S 的方程.

6. 求经过点 $P(2, 3, 1)$ 且与两直线 L_1：$\begin{cases} x + y = 0, \\ x - y + z = -4, \end{cases}$ L_2：$\begin{cases} x + 3y = 1, \\ y + z = 2 \end{cases}$ 相交的直线方程.

4　竞赛实战

（A 组）

1. （第一届江苏省赛）直线 $\begin{cases} x = 2z, \\ y = 1 \end{cases}$ 绕 z 轴旋转，得到的旋转面的方程为 _____ .

2. （第一届江苏省赛）已知 a 为单位向量，$a + 3b$ 垂直于 $7a - 5b$，$a - 4b$ 垂直于 $7a - 2b$，则向量 a 与 b 的夹角为 _____ .

3. （第二届江苏省赛）曲线 $\begin{cases} \dfrac{x^2}{a^2} + \dfrac{y^2}{b^2} = 1, \\ Ax + By + Cz = 0 \end{cases}$ $(C \neq 0)$ 所围成平面区域的面积为 _____ .

4. （第二届江苏省赛）设 a 和 b 是非零常向量，$|b| = 2$，$\langle a, b \rangle = \dfrac{\pi}{3}$，则 $\lim\limits_{x \to 0} \dfrac{|a + xb| - |a|}{x} =$ _____ .

5. （第三届江苏省赛）设直线 $\begin{cases} x + 2y - 3z = 2, \\ 2x - y + z = 3 \end{cases}$ 在平面 $z = 1$ 上的投影为直线 L，则点 $(1, 2, 1)$ 到直线 L 的距离等于 _____ .

6. （第四届江苏省赛）已知直线 l 过点 $M(1, -2, 0)$ 且与直线

l_1：$\begin{cases} 2x + z = 1, \\ x - y + 3z = 5 \end{cases}$ 和 l_2：$\begin{cases} x = -2 + t, \\ y = 1 - 4t, \\ z = 3 \end{cases}$ 垂直，则 l 的参数方程为 _____ .

7. （第五届江苏省赛）4. 通过直线 L_1：$\begin{cases} x = 2t - 1, \\ y = 3t + 2, \\ z = 2t - 3 \end{cases}$ 和 L_2：$\begin{cases} x = 2t + 3, \\ y = 3t - 1, \\ z = 2t + 1 \end{cases}$ 的平面

方程是_____.

8. （第七届江苏省赛）已知 $P(1,0,-1)$ 与 $Q(3,1,2)$，在平面 $x-2y+z=12$ 上求一点 M，使得 $|PM|+|MQ|$ 最小.

9. （第九届江苏省赛）通过点 $(1,1,-1)$ 与直线 $x=t$，$y=2$，$z=2+t$ 平行的平面方程为_____.

10. （第十届江苏省赛）圆 $\begin{cases} 2x+2y-z+2=0, \\ x^2+y^2+z^2-4x-2y+2z\leqslant 19 \end{cases}$ 的面积为_____.

11. （第十届江苏省赛）已知正方体 $ABCD-A_1B_1C_1D_1$ 的边长为 2，E 为 D_1C_1 的中点，F 为侧面正方形 BCC_1B_1 的中心，

（1）试求过点 A_1，E，F 的平面与底面 $ABCD$ 所成的二面角的值；

（2）试求过点 A_1，E，F 的平面截正方体所得到的截面的面积.

12. （第十一届江苏省赛）点 $(2,1,-3)$ 到直线 $\dfrac{x-1}{1}=\dfrac{y+3}{-2}=\dfrac{S}{2}$ 的距离是_____.

13. （第十二届江苏省赛）设 $|\boldsymbol{a}|=|\boldsymbol{b}|=1$，$<\boldsymbol{a}, \boldsymbol{b}>=\dfrac{\pi}{4}$，则以 $\boldsymbol{a}+\boldsymbol{b}$ 与 $\boldsymbol{a}-\boldsymbol{b}$ 为邻边的平行四边形的面积是_____.

14. （第十二届江苏省赛）过直线 $\dfrac{x-1}{1}=\dfrac{y-1}{-3}=\dfrac{z+1}{-5}$，且平行于 z 轴的平面的方程为_____.

15. （第十三届江苏省赛）已知点 $P(3,2,1)$ 与平面 Π：$2x-2y+3z=1$，在直线 $\begin{cases} x+2y+z=1, \\ x-y+2z=4 \end{cases}$ 上求一点 Q，使得线段 PQ 平行于平面 Π.

16. （第九届国家决赛）设一平面过原点和点 $(6,-3,2)$，且与平面 $4x-y+2z=8$ 垂直，求此平面方程.

（B组）

1. （第四届江苏省赛）当 $k(>0)$ 取何值时，曲线 $\begin{cases} z=ky, \\ \dfrac{x^2}{2}+z^2=2y \end{cases}$ 是圆？并求此圆的圆心坐标以及该圆在 zx 平面、yz 平面上的投影.

2. （第八届江苏省赛）已知点 $A(-4,0,0),B(0,-2,0),C(0,0,2),O$ 为原点，则四面体 $OABC$ 的内切球面的方程为_____.

3. （第十四届江苏省赛）已知直线 L_1：$\dfrac{x-5}{1}=\dfrac{y+1}{0}=\dfrac{z-3}{2}$ 与 L_2：$\dfrac{x-8}{2}=\dfrac{y-1}{-1}=\dfrac{z-1}{1}$，

182

（1）证明 L_1 和 L_2 是异面直线；

（2）计算 L_1 和 L_2 公垂线垂足的坐标；

（3）计算 L_1 和 L_2 的距离.

4.（第二届国家预赛）求直线 $l_1: \begin{cases} x - y = 0, \\ z = 0 \end{cases}$ 与直线 $l_2: \dfrac{x-2}{4} = \dfrac{y-1}{-2} = \dfrac{z-3}{-1}$ 的

距离.

5.（第四届国家预赛）求通过直线 $L: \begin{cases} 2x + y - 3z + 2 = 0, \\ 5x + 5y - 4z + 3 = 0 \end{cases}$ 的两个相互垂直的

平面 π_1，π_2，使其中一个平面过点 $(4, -3, 1)$.

6.（第七届国家预赛）设 M 是以三个正半轴为母线的半圆锥面，求其方程.

7.（第八届国家决赛）求过单叶双曲面 $\dfrac{x^2}{4} + \dfrac{y^2}{2} - 2z^2 = 1$ 与球面 $x^2 + y^2 + z^2 = 4$

的交线，且与直线 $\begin{cases} x = 0, \\ 3y + z = 2 \end{cases}$ 垂直的平面方程.

第二节　多元函数微分的概念与计算

1　内容总结与精讲

◆ 多元函数的极限与连续

1. 多元函数极限：$\forall \varepsilon > 0$，$\exists \delta > 0$，当 $0 < |PP_0| < \delta$ 时，恒有 $|f(x, y) - A| < \varepsilon$

成立，则称 A 为 $z = f(x, y)$ 当 $x \to x_0$，$y \to y_0$ 时的**极限**，记作 $\lim\limits_{\substack{x \to x_0 \\ y \to y_0}} f(x, y) = A$，或

$f(x, y) \to A(x \to x_0, y \to y_0)$.

注：（1）计算多元函数极限常用的方法：

（a）应用不等式、使用迫敛性；

（b）使用初等函数的连续性与极限的四则运算法则；

（c）使用初等变形，特别是对于幂指函数的形式常可先求其对数的极限；

（d）通过变量替换化为一元函数的极限.

（2）证明多元函数极限不存在常用的方法：

（a）沿两条不同路径的极限不同；

（b）沿某条特殊路径的极限不存在.

2. 多元函数连续：若 $\lim\limits_{\substack{x \to x_0 \\ y \to y_0}} f(x, y) = f(x_0, y_0)$，则称 $z = f(x, y)$ 在点 $P_0(x_0, y_0)$ 处

连续.

注：（1）多元函数连续定义的实质和一元函数相同，具体形式的变化是由于

定义域的改变引起的.

（2）多元函数在一点连续，则与一元函数类似可得到局部有界性、局部保号性、四则运算的连续性等.

（3）多元函数在有界闭区域连续，则成立有界性、最值定理、介值定理和一致连续性.

（4）多元基本初等函数在定义区域内均连续.

◆ **偏导数、全微分、方向导数与梯度**

1. 偏导数：若 $\lim\limits_{\Delta x \to 0} \dfrac{f(x_0 + \Delta x, y_0) - f(x_0, y_0)}{\Delta x}$ 存在，则称此极限为函数 $z = f(x,$

$y)$ 在点 $P_0(x_0, y_0)$ 处对 x 的偏导数，记作 $\dfrac{\partial z}{\partial x}, z_x, f_x(x_0, y_0)$，即

$$f_x(x_0, y_0) = \lim_{\Delta x \to 0} \frac{f(x_0 + \Delta x, y_0) - f(x_0, y_0)}{\Delta x}.$$

同理，可以定义 $z = f(x, y)$ 在点 (x_0, y_0) 处对 y 的偏导数

$$f_y(x_0, y_0) = \lim_{\Delta y \to 0} \frac{f(x_0, y_0 + \Delta y) - f(x_0, y_0)}{\Delta y}.$$

注：（1）偏导数的实质和导数的实质无异，都是"增量比"的极限，所不同的是自变量增加，因此需要对不同的自变量求偏导数（有几个自变量，就有几种偏导数）.

（2）偏导数的几何意义与导数一致，都反映了切线的斜率问题，不同的一元函数的导数反映的是 xOy 平面内曲线切线的斜率，而偏导数反映的是空间内曲面被平行于坐标面的平面所截得的平面曲线的切线斜率.

（3）偏导数的求导方式是固定其余自变量（视为常数），只对一个自变量求导数，与一元函数求导公式一致.

（4）与一元函数不同，偏导数存在既非连续的充分条件，也非必要条件.

2. 全微分：函数 $z = f(x, y)$ 在点 $P(x, y)$ 的邻域内有定义，若存在与 Δx、Δy 无关的常数 A、B，使得

$$\Delta z = f(x + \Delta x, y + \Delta y) - f(x, y) = A\Delta x + B\Delta y + o(\rho),$$

其中，$\rho = \sqrt{(\Delta x)^2 + (\Delta y)^2}$，则称 $f(x, y)$ 在点 $P(x, y)$ 可微分，记 $\mathrm{d}z = A\Delta x + B\Delta y = A\mathrm{d}x + B\mathrm{d}y$ 为 $f(x, y)$ 在点 $P(x, y)$ 处的微分（称为**全微分**）.

注：（1）微分考虑的是全增量（故称为全微分），偏导数考虑的是偏增量；

（2）多元函数可微与一元函数可微的实质相同，均是函数（全）增量的线性主部；

（3）若 $f(x, y)$ 在点 $P(x, y)$ 可微，则若 $f(x, y)$ 在点 $P(x, y)$ 连续（可微必连续）；

（4）若 $f(x, y)$ 在点 $P(x, y)$ 可微，则关于所有变量的偏导数一定存在（可微必可导），并且全微分计算公式为：$\mathrm{d}z = \dfrac{\partial z}{\partial x}\mathrm{d}x + \dfrac{\partial z}{\partial y}\mathrm{d}y$；

（5）若 $f(x,y)$ 在点 $P(x,y)$ 存在偏导数，则 $f(x,y)$ 在点 $P(x,y)$ 可微的充要条件是：

$$\lim_{\rho \to 0} \frac{f(x+\Delta x, y+\Delta y) - f(x,y) - f_x(x,y)\Delta x - f_y(x,y)\Delta y}{\rho} = 0;$$

（6）可微是多元函数连续和偏导数存在的充分条件，但非必要条件；

（7）若 $z = f(x,y)$ 的两个偏导数在点 $P(x,y)$ 连续，则 $f(x,y)$ 在点 $P(x,y)$ 一定可微.

3. 方向导数：$z = f(x,y)$ 在点 $P_0(x_0, y_0)$ 沿方向 $\boldsymbol{e}_l = (\cos\alpha, \cos\beta)$ 的**方向导数**定义为

$$\left. \frac{\partial f}{\partial \boldsymbol{l}} \right|_{P_0} = \lim_{\rho \to 0^+} \frac{f(x_0+\Delta x, y_0+\Delta y) - f(x_0, y_0)}{\rho},$$

其中，$\rho = \sqrt{(\Delta x)^2 + (\Delta y)^2}$，$\Delta x = \rho\cos\alpha$，$\Delta y = \cos\beta$.

注：（1）若沿方向 $\boldsymbol{e}_l$ 的方向导数存在，则沿方向 $-\boldsymbol{e}_l$ 的方向导数也存在，为其相反数.

（2）函数在一点连续，既不是在该点方向导数存在的充分条件，也不是必要条件.

（3）若偏导数存在，则沿坐标轴方向（包括正向和负向）的方向导数一定存在（沿坐标轴正向的方向导数等于偏导数，沿坐标轴负向的方向导数等于偏导数的相反数）.

（4）沿任意方向的方向导数都存在，无法得出在该点偏导数存在.

（5）若函数在一点可微，则沿方向 $\boldsymbol{e}_l = (\cos\alpha, \cos\beta)$ 的方向导数一定存在，计算公式为

$$\left. \frac{\partial f}{\partial \boldsymbol{l}} \right|_{P_0} = f_x(P_0)\cos\alpha + f_y(P_0)\cos\beta.$$

4. 梯度：函数 $z = f(x,y)$ 在点 $P_0(x_0, y_0)$ 的两个偏导数都存在，在该点的**梯度**定义为

$$\mathbf{grad}\, f(P_0) = \nabla f|_{P_0} = \left. \left(\frac{\partial f}{\partial x}, \frac{\partial f}{\partial y} \right) \right|_{(x_0, y_0)}.$$

注：（1）梯度是一个向量，是将数量场映射为向量场的算子.

（2）函数可微时，沿方向 $\boldsymbol{e}_l = (\cos\alpha, \cos\beta)$ 的方向导数等于梯度在该方向的投影，即：

$$\left. \frac{\partial f}{\partial \boldsymbol{l}} \right|_{P_0} = (f_x(P_0), f_y(P_0)) \cdot (\cos\alpha, \cos\beta) = \mathrm{Proj}_l \, \nabla f|_{P_0}.$$

因此梯度方向是方向导数达到最大值的方向（增长最快的方向），梯度的模为方向导数的最大值；负梯度方向是方向导数达到最小值的方向，梯度的模的相反数为方向导数的最小值.

（3）对于二元函数，**grad**f 是曲面 $z=f(x,y)$ 的等高线 $f(x,y)=c$ 的法线方向；对于三元函数，**grad**f 是数量场 $u=f(x,y,z)$ 的等值面 $f(x,y,z)=c$ 的法线方向.

◆ **多元函数微分法**

1. 多元复合函数微分法

（1）设 $u=\varphi(x,y),v=\psi(x,y),z=f(u,v)$，复合函数 $z=f[\varphi(x,y),\psi(x,y)]$ 的求导公式为

$$\begin{cases} \dfrac{\partial z}{\partial x} = \dfrac{\partial z}{\partial u}\dfrac{\partial u}{\partial x} + \dfrac{\partial z}{\partial v}\dfrac{\partial v}{\partial x}, \\[3mm] \dfrac{\partial z}{\partial y} = \dfrac{\partial z}{\partial u}\dfrac{\partial u}{\partial y} + \dfrac{\partial z}{\partial v}\dfrac{\partial v}{\partial y}. \end{cases}$$

（2）若 $z=f(u,v)$，$u=\varphi(x),v=\psi(x)$，则有全导数公式 $\dfrac{\mathrm{d}z}{\mathrm{d}x} = \dfrac{\partial z}{\partial u}\dfrac{\mathrm{d}u}{\mathrm{d}x} + \dfrac{\partial z}{\partial v}\dfrac{\mathrm{d}v}{\mathrm{d}x}.$

注：（1）上述两个公式为基本公式，其余多元复合函数情形求导公式类似.

（2）复合函数求偏导的链式法则容易漏项，因此由自变量由下往上回溯寻找复合路径一般可以避免该问题，几条路径意味着偏导数是几项之和.

（3）在求导过程中，要特别注意自变量同时充当中间变量的时候偏导数的记号问题，以及多变量和单变量导数符号的不同.

2. 隐函数（组）微分法

（1）由方程 $F(x,y)=0$ 确定隐函数 $y=y(x)$，要求 $F_y(x,y)\neq 0$，有

$$y'(x) = -\frac{F_x(x,y)}{F_y(x,y)};$$

注：若 $F_x(x,y)\neq 0$，则确定隐函数 $x=x(y)$.

（2）由方程 $F(x,y,z)=0$ 确定隐函数 $z=z(x,y)$，要求 $F_z(x,y,z)\neq 0$，有

$$\frac{\partial z}{\partial x} = -\frac{F_x(x,y,z)}{F_z(x,y,z)}, \quad \frac{\partial z}{\partial y} = -\frac{F_y(x,y,z)}{F_z(x,y,z)}.$$

注：若 $F_x(x,y,z)\neq 0$ 或 $F_y(x,y,z)\neq 0$，则确定隐函数 $x=x(y,z)$ 或 $y=y(x,z)$.

（3）由方程组 $\begin{cases} F(x,y,u,v)=0, \\ G(x,y,u,v)=0 \end{cases}$ 确定隐函数组 $\begin{cases} u=f(x,y), \\ v=g(x,y) \end{cases}$ 要求

$J = \dfrac{\partial(F,G)}{\partial(u,v)} = \begin{vmatrix} F_u & F_v \\ G_u & G_v \end{vmatrix} \neq 0$，有

$$\frac{\partial u}{\partial x} = -\frac{1}{J}\frac{\partial(F,G)}{\partial(x,v)}, \quad \frac{\partial u}{\partial y} = -\frac{1}{J}\frac{\partial(F,G)}{\partial(y,v)},$$

$$\frac{\partial v}{\partial x} = -\frac{1}{J}\frac{\partial(F,G)}{\partial(u,x)}, \quad \frac{\partial v}{\partial y} = -\frac{1}{J}\frac{\partial(F,G)}{\partial(u,y)}.$$

注：（1）若 $J_{xy} = \dfrac{\partial(F,G)}{\partial(x,y)} = \begin{vmatrix} F_x & F_y \\ G_x & G_y \end{vmatrix} \neq 0$，则确定隐函数组 $\begin{cases} x=x(u,v), \\ y=y(u,v) \end{cases}$ 其他情形类似；

（2）一般不需要涉及上述求导公式，只要在原方程组两边求偏导或全微分后解方程组即可.

3. 一阶微分形式的不变性：设 $u=\varphi(x,y), v=\psi(x,y), z=f(u,v)$，则

$$dz = f_u du + f_v dv = \frac{\partial z}{\partial x}dx + \frac{\partial z}{\partial y}dy.$$

即不管是自变量还是中间变量，一阶全微分的形式是一样的.

注：（1）计算多元复合函数、隐函数（组）的一阶偏导数，可利用等号两边同时求全微分.

（2）同一元函数类似，高阶全微分不具有形式不变性.

2 典型例题与方法进阶

例1. 求 $\lim\limits_{\substack{x\to0\\y\to0}}\dfrac{x^2y}{x^2+y^2}\sin\dfrac{1}{x^2+y^2}.$

解 根据 $\left|\dfrac{xy}{x^2+y^2}\sin\dfrac{1}{x^2+y^2}\right|\le\left|\dfrac{xy}{x^2+y^2}\right|\le\dfrac{1}{2}$，可得

$$0\le\left|\frac{x^2y}{x^2+y^2}\sin\frac{1}{x^2+y^2}\right|\le\frac{1}{2}|y|\to0, (x,y)\to(0,0),$$

因此，$\lim\limits_{\substack{x\to0\\y\to0}}\dfrac{x^2y}{x^2+y^2}\sin\dfrac{1}{x^2+y^2}=0.$

例2. 研究 $\lim\limits_{\substack{x\to0\\y\to0}}\dfrac{\ln(1+xy)}{x+y}$ 的存在性.

解 由于 $\dfrac{\ln(1+xy)}{x+y}=\dfrac{\ln(1+xy)}{xy}\cdot\dfrac{xy}{x+y}$，而 $\lim\limits_{\substack{x\to0\\y\to0}}\dfrac{\ln(1+xy)}{xy}\xrightarrow{u=xy}\lim\limits_{u\to0}\dfrac{\ln(1+u)}{u}$

$=1$，同时

$$\lim\limits_{\substack{x\to0\\y\to0}}\frac{xy}{x+y}=\lim\limits_{\substack{x\to0\\y=x}}\frac{xy}{x+y}=\lim\limits_{x\to0}\frac{x^2}{2x}=0 \quad 以及 \quad \lim\limits_{\substack{x\to0\\y\to0}}\frac{xy}{x+y}=\lim\limits_{\substack{x\to0\\y=x^2-x}}\frac{xy}{x+y}=\lim\limits_{x\to0}\frac{x(x^2-x)}{x^2}=-1.$$

故 $\lim\limits_{\substack{x\to0\\y\to0}}\dfrac{\ln(1+xy)}{x+y}$ 不存在.

评注：选取两条不同的路径，说明二元函数沿它们的极限不同，可以说明二元函数极限不存在.

例3. 求函数 $f(x,y)=\begin{cases}\dfrac{x\sin(x-2y)}{x-2y}, & x\ne2y,\\0, & x=2y\end{cases}$ 的间断点.

解 因为初等函数在其定义区域内是处处连续的，所以当 $x\ne2y$ 时，

$\dfrac{x\sin(x-2y)}{x-2y}$ 是连续函数.

当 $x=2y$ 时，在此直线上任取一点 $(x_0,\ y_0)$，则

$$\lim_{\substack{x\to x_0\\y\to y_0}}f(x,y)=\lim_{\substack{x\to x_0\\y\to y_0}}x=x_0.$$

显然，若 $x_0=0$，即 (x_0,y_0) 取为原点，则

$$\lim_{\substack{x\to 0\\y\to 0}}f(x,y)=f(0,0),$$

即 $f(x,y)$ 的间断点为 $x=2y$ 上除原点外的所有点.

例 4. 设 $f(x,y)=\begin{cases}xy\dfrac{x^2-y^2}{x^2+y^2},&(x,y)\neq(0,0)\\[2mm]0,&(x,y)=(0,0)\end{cases}$，求 $f'_y(0,0)$，$f''_{yx}(0,0)$.

解 由偏导数定义

$$f'_y(0,0)=\lim_{\Delta y\to 0}\frac{f(0,\Delta y)-f(0,0)}{\Delta y}=\lim_{\Delta y\to 0}\frac{0-0}{\Delta y}=0,$$

$$f'_y(x,0)=\lim_{\Delta y\to 0}\frac{f(x,\Delta y)-f(x,0)}{\Delta y}=\lim_{\Delta y\to 0}\frac{x\Delta y\dfrac{x^2-\Delta y^2}{x^2+\Delta y^2}}{\Delta y}=x.$$

因此 $f''_{yx}(0,0)=\lim_{x\to 0}\dfrac{f'_y(x,0)-f'_y(0,0)}{x}=1.$

评注：分段函数在分段点的偏导数一般用定义求.

例 5. 已知 $f(x,y)=\begin{cases}\dfrac{xy}{x^2+y^2},&x^2+y^2\neq 0,\\[2mm]0,&x^2+y^2=0\end{cases}$，分析函数在 $(0,0)$ 处的连续性和偏导数存在性.

解 $\lim\limits_{\substack{x\to 0\\y\to 0}}\dfrac{xy}{x^2+y^2}=\lim\limits_{\substack{x\to 0\\y=kx}}\dfrac{kx^2}{x^2+k^2x^2}=\dfrac{k}{1+k^2}$ 不存在，故函数在 $(0,0)$ 处不连续.

$$f_x(0,0)=\lim_{\Delta x\to 0}\frac{f(0+\Delta x,0)-f(0,0)}{\Delta x}=\lim_{x\to 0}\frac{f(0+x,0)-f(0,0)}{x}=\lim_{x\to 0}\frac{\dfrac{x\cdot 0}{\sqrt{x^2+0^2}}-0}{x}=0,$$

$f_y(0,0)=0$，故函数在 $(0,0)$ 处偏导数存在.

评注：二元函数不连续，但是仍然可以存在偏导数，这与一元函数不同.

例 6. 分析函数 $f(x,y)=\sqrt{|xy|}$ 在 $(0,0)$ 处的连续性和偏导数存在性.

解 由于 $0\leqslant\sqrt{|xy|}\leqslant\sqrt{\dfrac{x^2+y^2}{2}}$，故 $\lim\limits_{\substack{x\to 0\\y\to 0}}\sqrt{|xy|}=0=f(0,0)$，因此函数在 $(0,0)$ 处连续.

又由于 $f_x(0,0)=\lim\limits_{\Delta x\to 0}\dfrac{f(0+\Delta x,0)-f(0,0)}{\Delta x}=\lim\limits_{\Delta x\to 0}\dfrac{0}{\Delta x}=0$，$f_y(0,0)=f_x(0,0)=$

0，故函数偏导数存在.

评注：若记 $\Delta f=f(\Delta x,\Delta y)-f(0,0)=\sqrt{|\Delta x\Delta y|}$，则 $\lim\limits_{\substack{\Delta x\to0\\\Delta y\to0}}\dfrac{\Delta f-f_x(0,0)\Delta x-f_y(0,0)\Delta y}{\sqrt{\Delta x^2+\Delta y^2}}=$

$\lim\limits_{\substack{\Delta x\to0\\\Delta y\to0}}\dfrac{\sqrt{|\Delta x\Delta y|}}{\sqrt{\Delta x^2+\Delta y^2}}\neq0$，故函数在 $(0,0)$ 处不可微，因此二元函数可微和可导不是等价概念.

例 7. 设 $f(x,y)=\begin{cases}\dfrac{x^2y}{x^2+y^2}, & (x,y)\neq(0,0)\\ 0, & (x,y)=(0,0)\end{cases}$，证明：$f(x,y)$ 在点 $(0,0)$ 处连续，偏导数存在，但不可微.

证明　由 $\left|\dfrac{x^2y}{x^2+y^2}\right|\leqslant|x|$，知 $\lim\limits_{\substack{x\to0\\y\to0}}f(x,y)=0$，故 $f(x,y)$ 在点 $(0,0)$ 处连续.

又 $f'_x(0,0)=\lim\limits_{x\to\infty}\dfrac{f(x,0)-0}{x}=0$，$f'_y(0,0)=\lim\limits_{y\to\infty}\dfrac{f(0,y)-0}{y}=0$，故 $f(x,y)$ 在点 $(0,0)$ 处两个偏导数存在.

为研究 $f(x,y)$ 在点 $(0,0)$ 处的可微性，考虑下述极限

$$\lim\limits_{\substack{x\to0\\y\to0}}\dfrac{\Delta f(x,y)|_{(0,0)}-[f_x(0,0)x+f_y(0,0)y]}{\sqrt{x^2+y^2}}=\lim\limits_{\substack{x\to0\\y\to0}}\dfrac{x^2y}{(x^2+y^2)^{\frac{3}{2}}},$$

令 $y=kx(|k|<+\infty)$，则有

$$\lim\limits_{\substack{x\to0^+\\y=kx\to0}}\dfrac{kx^3}{(x^2+k^2x^2)^{\frac{3}{2}}}=\dfrac{k}{(1+k^2)^{\frac{3}{2}}}.$$

此极限因 k 而异，不存在，故 $f(x,y)$ 在 $(0,0)$ 处不可微.

例 8. 已知二元函数 $f(x,y)$ 满足 $f(x,y)=y+2\displaystyle\int_0^x f(x-t,y)\,\mathrm{d}t$，$g(x,y)$ 满足

$\dfrac{\partial}{\partial x}g(x,y)=1$，$\dfrac{\partial}{\partial y}g(x,y)=-1$，且 $g(0,0)=0$，求 $\lim\limits_{n\to\infty}\left[\dfrac{f\left(\dfrac{1}{n},n\right)}{g(n,1)}\right]^n$.

解　由 $f(x,y)=y+2\displaystyle\int_0^x f(x-t,y)\,\mathrm{d}t=y+2\displaystyle\int_0^x f(u,y)\,\mathrm{d}u$，两边对 x 求导，得

$f'_x(x,y)=2f(x,y)$，即 $f(x,y)=C(y)\,\mathrm{e}^{2x}$. 而 $f(0,y)=y$，因此 $C(y)=y$，故 $f(x,y)=y\mathrm{e}^{2x}$. 再由 $\dfrac{\partial g(x,y)}{\partial x}=1$，$\dfrac{\partial g(x,y)}{\partial y}=-1$，且 $g(0,0)=0$，易知有 $g(x,y)=x-y$. 于是 $\lim\limits_{n\to\infty}\left[\dfrac{f\left(\dfrac{1}{n},n\right)}{g(n,1)}\right]^n=\lim\limits_{n\to\infty}\left[\dfrac{\mathrm{e}^{\frac{2}{n}}n}{n-1}\right]^n=\lim\limits_{n\to\infty}\mathrm{e}^2\left(1-\dfrac{1}{n}\right)^{-n}=\mathrm{e}^3.$

例 9. 函数 $u=\ln(x+y+z+\sqrt{1+(x+y+z)^2})$ 在点 $P(1,1,1)$ 处沿哪个方向的方向导数最大？求此最大值.

189

解 $\mathbf{grad}u|_P = \left(\dfrac{\partial u}{\partial x}, \dfrac{\partial u}{\partial y}, \dfrac{\partial u}{\partial z}\right)_P$

$$= \left(\frac{1}{\sqrt{1+(x+y+z)^2}}, \frac{1}{\sqrt{1+(x+y+z)^2}}, \frac{1}{\sqrt{1+(x+y+z)^2}}\right)_P = \left(\frac{1}{\sqrt{10}}, \frac{1}{\sqrt{10}}, \frac{1}{\sqrt{10}}\right).$$

所以在点 $P(1,1,1)$ 处沿方向 $\left(\dfrac{1}{\sqrt{10}}, \dfrac{1}{\sqrt{10}}, \dfrac{1}{\sqrt{10}}\right)$ 的方向导数最大，且其最大

值为 $\left|\mathbf{grad}u|_P\right| = \sqrt{\dfrac{3}{10}}$.

例 10. 讨论函数 $z = f(x,y) = \sqrt{x^2 + y^2}$ 在 $(0,0)$ 点处的偏导数是否存在？方向导数是否存在？

解 $\dfrac{\partial z}{\partial x}\Big|_{(0,0)} = \lim\limits_{\Delta x \to 0} \dfrac{f(\Delta x, 0) - f(0,0)}{\Delta x} = \lim\limits_{\Delta x \to 0} \dfrac{|\Delta x|}{\Delta x}$，同理 $\dfrac{\partial z}{\partial y}\Big|_{(0,0)} = \lim\limits_{\Delta x \to 0} \dfrac{|\Delta y|}{\Delta y}$，

故两个偏导数均不存在.

沿任意方向 $\boldsymbol{l} = (x,y,z)$ 的方向导数

$$\frac{\partial z}{\partial \boldsymbol{l}}\Big|_{(0,0)} = \lim_{\rho \to 0} \frac{f(\Delta x, \Delta y) - f(0,0)}{\rho} = \lim_{\rho \to 0} \frac{\sqrt{(\Delta x)^2 + (\Delta y)^2}}{\sqrt{(\Delta x)^2 + (\Delta y)^2}} = 1,$$

故沿任意方向的方向导数均存在.

例 11. 已知 $z = z(x,y)$ 满足 $x^2 \dfrac{\partial z}{\partial x} + y^2 \dfrac{\partial z}{\partial y} = z^2$，设 $u = x$，$v = \dfrac{1}{y} - \dfrac{1}{x}$，$\varphi = \dfrac{1}{z} - \dfrac{1}{x}$，$\varphi = \varphi(u,v)$，求证：$\dfrac{\partial \varphi}{\partial u} = 0$.

证明 由 $u = x$，$v = \dfrac{1}{y} - \dfrac{1}{x}$，解得 $x = u$，$y = \dfrac{u}{1+uv}$，因此 $\varphi = \dfrac{1}{z} - \dfrac{1}{x}$ 是 u,v 的

复合函数，对 u 求偏导得

$$\frac{\partial \varphi}{\partial u} = -\frac{1}{z^2}\left(\frac{\partial z}{\partial x}\frac{\partial x}{\partial u} + \frac{\partial z}{\partial y}\frac{\partial y}{\partial u}\right) + \frac{1}{u^2} = -\frac{1}{z^2}\left[\frac{\partial z}{\partial x} + \frac{\partial z}{\partial y}\frac{1}{(1+uv)^2}\right] + \frac{1}{u^2}.$$

利用 $\dfrac{1}{1+uv} = \dfrac{y}{x}$ 和 $z(x,y)$ 满足的等式，得

$$\frac{\partial \varphi}{\partial u} = -\frac{1}{z^2 x^2}\left(x^2 \frac{\partial z}{\partial x} + y^2 \frac{\partial z}{\partial y}\right) + \frac{1}{u^2} = -\frac{1}{x^2} + \frac{1}{u^2} = 0.$$

例 12. 设二元函数 $f(x,y)$ 有一阶连续的偏导数，且 $f(0,1) = f(1,0)$，证明：单位圆周上至少存在两点满足方程

$$y \frac{\partial}{\partial x}f(x,y) - x \frac{\partial}{\partial y}f(x,y) = 0.$$

证明 令 $x = r\cos\theta$，$y = r\sin\theta$，则

$$\frac{\partial}{\partial x}f(x,y) = \frac{\partial f}{\partial r}\cos\theta - \frac{\partial f}{\partial \theta}\frac{\sin\theta}{r}, \quad \frac{\partial}{\partial y}f(x,y) = \frac{\partial f}{\partial r}\sin\theta + \frac{\partial f}{\partial \theta}\frac{\cos\theta}{r},$$

故 $y\dfrac{\partial}{\partial x}f(x,y)-x\dfrac{\partial}{\partial y}f(x,y)=-\dfrac{\partial}{\partial\theta}f(r\cos\theta,r\sin\theta)$. 令 $r=1$, 并定义 $g(\theta)=f(\cos\theta,$ $\sin\theta)$, 则由条件 $f(0,1)=f(1,0)$, 可知 $g(0)=g\left(\dfrac{\pi}{2}\right)=g(2\pi)$. 由零点定理, 存在 $\xi\in\left(0,\dfrac{\pi}{2}\right)$, $\eta\in\left(\dfrac{\pi}{2},2\pi\right)$, 使得 $g'(\xi)=g'(\eta)=0$, 即在单位圆上存在两点使得 $\dfrac{\partial}{\partial\theta}f(\cos\theta,\sin\theta)=0$, 因此单位圆周上至少存在两点满足方程

$$y\frac{\partial}{\partial x}f(x,y)-x\frac{\partial}{\partial y}f(x,y)=0.$$

例 13. 若可微函数 $f(x,y,z)$ 对任意正实数 t 满足 $f(tx,ty,tz)=t^{\lambda}f(x,y,z)$, 则称 $f(x,y,z)$ 为 λ 次齐次函数. 求证 λ 次齐次函数满足方程

$$x\frac{\partial f}{\partial x}+y\frac{\partial f}{\partial y}+z\frac{\partial f}{\partial z}=\lambda f(x,y,z).$$

证明　因为 $f(tx,ty,tz)=t^{\lambda}f(x,y,z)$, 两边对 t 求导得

$$f'_1 x+f'_2 y+f'_3 z=\lambda t^{\lambda-1}f(x,y,z),$$

用 $t=1$ 代入得

$$x\frac{\partial f}{\partial x}+y\frac{\partial f}{\partial y}+z\frac{\partial f}{\partial z}=\lambda f(x,y,z).$$

例 14. 设 $u=f(x,y,z)$ 有连续的一阶偏导数, 又函数 $y=y(x)$ 及 $z=z(x)$ 分别由下两式确定:

$$\mathrm{e}^{xy}-xy=2, \mathrm{e}^x=\int_0^{x-z}\frac{\sin t}{t}\mathrm{d}t,$$

求 $\dfrac{\mathrm{d}u}{\mathrm{d}x}$.

解　两个隐函数方程两边对 x 求导, 得

$$\begin{cases}\mathrm{e}^{xy}(y+xy')-(y+xy')=0,\\[2mm]\mathrm{e}^x=\dfrac{\sin(x-z)}{x-z}(1-z').\end{cases}$$

解得

$$y'=-\frac{y}{x}, z'=1-\frac{\mathrm{e}^x(x-z)}{\sin(x-z)},$$

因此 $\dfrac{\mathrm{d}u}{\mathrm{d}x}=f'_1-\dfrac{y}{x}f'_2+\left[1-\dfrac{\mathrm{e}^x(x-z)}{\sin(x-z)}\right]f'_3$.

例 15. 设 $z=x^3 f\left(xy,\dfrac{y}{x}\right)$, ($f$ 具有二阶连续偏导数), 求 $\dfrac{\partial z}{\partial y},\dfrac{\partial^2 z}{\partial y^2},\dfrac{\partial^2 z}{\partial x\partial y}$.

解　$\dfrac{\partial z}{\partial y}=x^3\left(f'_1 x+f'_2\dfrac{1}{x}\right)=x^4 f'_1+x^2 f'_2,$

$$\frac{\partial^2 z}{\partial y^2} = x^4\left(f''_{11}x + f''_{12}\frac{1}{x}\right) + x^2\left(f''_{21}x + f''_{22}\frac{1}{x}\right) = x^5 f''_{11} + 2x^3 f''_{12} + x f''_{22},$$

$$\frac{\partial^2 z}{\partial x \partial y} = \frac{\partial^2 z}{\partial y \partial x} = \frac{\partial}{\partial x}\left(x^4 f'_1 + x^2 f'_2\right)$$

$$= 4x^3 f'_1 + x^4\left[f''_{11}y + f''_{12}\left(-\frac{y}{x^2}\right)\right] + 2x f'_2 + x^2\left[f''_{21}y + f''_{22}\left(-\frac{y}{x^2}\right)\right]$$

$$= 4x^3 f'_1 + 2x f'_2 + x^4 y f''_{11} - y f''_{22}.$$

例 16. $u = f(x,y,z)$，$\varphi(x^2, e^y, z) = 0$，$y = \sin x$，f 与 φ 一阶连续偏导数，

且 $\dfrac{\partial \varphi}{\partial z} \neq 0$，求 $\dfrac{\mathrm{d}u}{\mathrm{d}x}$.

解 $\begin{cases} u = f(x,y,z), \\ \varphi(x^2, e^y, z) = 0, \\ y = \sin x. \end{cases} \Rightarrow$

$$\begin{cases} \dfrac{\mathrm{d}u}{\mathrm{d}x} = f'_1 + f'_2 \dfrac{\mathrm{d}y}{\mathrm{d}x} + f'_3 \dfrac{\mathrm{d}z}{\mathrm{d}x}, & (1) \\[2mm] 2x\varphi'_1 + \varphi'_2 e^y \dfrac{\mathrm{d}y}{\mathrm{d}x} + \varphi'_3 \dfrac{\mathrm{d}z}{\mathrm{d}x} = 0, & (2) \\[2mm] \dfrac{\mathrm{d}y}{\mathrm{d}x} = \cos x. & (3) \end{cases}$$

由式（2）和式（3）得 $\qquad \dfrac{\mathrm{d}z}{\mathrm{d}x} = -\dfrac{2x\varphi'_1 + \varphi'_2 e^y \cos x}{\varphi'_3}, \qquad\qquad (4)$

将式（3）和式（4）代入式（1）得 $\dfrac{\mathrm{d}u}{\mathrm{d}x} = f'_1 + f'_2 \cos x - f'_3 \dfrac{2x\varphi'_1 + \varphi'_2 e^y \cos x}{\varphi'_3}$.

评注： 当函数关系复杂时，可以考虑用一阶微分形式不变性来简化计算.

例 17. 设函数 $z = z(x,y)$ 由方程 $F\left(x + \dfrac{z}{y},\ y + \dfrac{z}{x}\right) = 0$ 所确定，其中，F 为可微

函数，证明：

$$x\frac{\partial z}{\partial x} + y\frac{\partial z}{\partial y} = z - x.$$

证明 方程 $F\left(x + \dfrac{z}{y}, y + \dfrac{z}{x}\right) = 0$ 两边对 x 求导，得

$$F_1\left(1 + \frac{1}{y}\frac{\partial z}{\partial x}\right) + F_2\left(-\frac{z}{x^2} + \frac{1}{x}\frac{\partial z}{\partial x}\right) = 0,$$

故 $\dfrac{\partial z}{\partial x} = \dfrac{\dfrac{z}{x^2}F_2 - F_1}{\dfrac{1}{y}F_1 + \dfrac{1}{x}F_2}$；同理，方程 $F\left(x + \dfrac{z}{y},\ y + \dfrac{z}{x}\right) = 0$ 两边对 y 求导，可得

$$\frac{\partial z}{\partial y} = \frac{\dfrac{z}{y^2}F_1 - F_2}{\dfrac{z}{y}F_1 + \dfrac{1}{x}F_2},$$

从而

$$x \frac{\partial z}{\partial x} + y \frac{\partial z}{\partial y} = z - \frac{xF_1 + yF_2}{\frac{1}{y}F_1 + \frac{1}{x}F_2} = z - xy.$$

例 18. 变换 $\begin{cases} u = x - 2y \\ v = x + ay \end{cases}$ 可把方程 $6\frac{\partial^2 z}{\partial x^2} + \frac{\partial^2 z}{\partial x \partial y} - \frac{\partial^2 z}{\partial y^2} = 0$ 简化为 $\frac{\partial^2 z}{\partial u \partial v} = 0$，求 a.

解 $\frac{\partial z}{\partial x} = \frac{\partial z}{\partial u} + \frac{\partial z}{\partial v}, \frac{\partial z}{\partial y} = \frac{\partial z}{\partial u} \cdot (-2) + \frac{\partial z}{\partial v}a,$

$\frac{\partial^2 z}{\partial x^2} = \frac{\partial^2 z}{\partial u^2} + \frac{\partial^2 z}{\partial u \partial v} + \frac{\partial^2 z}{\partial v \partial u} + \frac{\partial^2 z}{\partial v^2},$

$\frac{\partial^2 z}{\partial x \partial y} = \frac{\partial^2 z}{\partial u^2}(-2) + \frac{\partial^2 z}{\partial u \partial v}a + \frac{\partial^2 z}{\partial v \partial u}(-2) + \frac{\partial^2 z}{\partial v^2}a,$

$\frac{\partial^2 z}{\partial y^2} = \frac{\partial^2 z}{\partial u^2}4 - \frac{\partial^2 z}{\partial u \partial v}2a - \frac{\partial^2 z}{\partial v \partial u}2a + \frac{\partial^2 z}{\partial v^2}a^2,$

将上式代入方程 $6\frac{\partial^2 z}{\partial x^2} + \frac{\partial^2 z}{\partial x \partial y} - \frac{\partial^2 z}{\partial y^2} = 0$ 得 $a = 3$.（舍去 $a = -2$）

例 19. 设 $\mu = \frac{f(r)}{r}$，其中，$r = \sqrt{x^2 + y^2 + z^2}$，$f(r)$ 二阶连续可导，$f(1) = 0$，$f(2) = 1$ 又 $\text{div}\,\textbf{grad}\,\mu = 0$，求函数值 $\mu(1,1,1)$.

解 因为 $\text{div}\,\textbf{grad}\,\mu = \frac{\partial^2 \mu}{\partial x^2} + \frac{\partial^2 \mu}{\partial y^2} + \frac{\partial^2 \mu}{\partial z^2}$，故本题即是求满足方程

$$\frac{\partial^2 \mu}{\partial x^2} + \frac{\partial^2 \mu}{\partial y^2} + \frac{\partial^2 \mu}{\partial z^2} = 0$$

的函数 μ 在点 $(1,1,1)$ 的值，只需求 $f(r)$. 因为 $r = \sqrt{x^2 + y^2 + z^2}$，可得

$$\frac{\partial r}{\partial x} = \frac{x}{r}, \frac{\partial r}{\partial y} = \frac{y}{r}, \frac{\partial r}{\partial z} = \frac{z}{r},$$

由 $\frac{\partial \mu}{\partial x} = \frac{rf'(r) \cdot \frac{\partial r}{\partial x} - f(r)\frac{\partial r}{\partial x}}{r^2} = \frac{x}{r^3}[rf'(r) - f(r)]$，知

$\frac{\partial^2 \mu}{\partial x^2} = \frac{1}{r^6}\left\{ r^3 \left[rf'(r) + x\frac{\partial r}{\partial x}f'(r) + xrf''(r)\frac{\partial r}{\partial x} - f(r) - x\frac{\partial r}{\partial x}f'(r) \right] - [xrf'(r) - xf(r)] \cdot 3r^2 \cdot \frac{\partial r}{\partial x} \right\}$

$= \frac{1}{r^6}[r^4 f'(r) + r^3 x^2 f''(r) - r^3 f(r) - 3r^2 x^2 f'(r) + 3rx^2 f(r)].$

根据函数 μ 关于 x，y，z 的对称性，可得

$$\frac{\partial^2 \mu}{\partial y^2} = \frac{1}{r^6}\left[r^4 f'(r) + r^3 y^2 f'(r) - r^3 f(r) - 3r^2 y^2 f'(r) + 3r y^2 f(r)\right],$$

$$\frac{\partial^2 \mu}{\partial z^2} = \frac{1}{r^6}\left[r^4 f'(r) + r^3 z^2 f'(r) - r^3 f(r) - 3r^2 z^2 f'(r) + 3r z^2 f(r)\right].$$

将结果代入 $\dfrac{\partial^2 \mu}{\partial x^2} + \dfrac{\partial^2 \mu}{\partial y^2} + \dfrac{\partial^2 \mu}{\partial z^2} = 0$，得 $f''(r) = 0$，连续积分两次，得 $f(r) = c_1 r + c_2$.

由 $f(1) = 0, f(2) = 1$，得 $c_1 = 1$，$c_2 = -1$，所以 $f(r) = r - 1$，从而

$$\mu = \frac{r-1}{r} = 1 - \frac{1}{\sqrt{x^2+y^2+z^2}} \Rightarrow \mu(1,1,1) = 1 - \frac{1}{\sqrt{3}}.$$

3 本节练习

（A 组）

1. 求下列极限：

(1) $\displaystyle\lim_{\substack{x\to 0 \\ y\to 0}} \frac{x(y-x)}{\sqrt{x^2+y^2}}$；　　(2) $\displaystyle\lim_{\substack{x\to 0 \\ y\to 0}} \frac{xye^x}{4-\sqrt{16+xy}}$；　　(3) $\displaystyle\lim_{\substack{x\to 0 \\ y\to 0}} (x^2+y^2)^{x^2 y^2}$；

(4) $\displaystyle\lim_{\substack{x\to 0 \\ y\to 0}} \frac{x^2+y^2}{|x|+|y|}$；　　(5) $\displaystyle\lim_{\substack{x\to +\infty \\ y\to +\infty}} \left(\frac{xy}{x^2+y^2}\right)^x$；　　(6) $\displaystyle\lim_{\substack{x\to\infty \\ y\to a}} \left(1+\frac{1}{x}\right)^{\frac{x^2}{x+y}}$.

2. 说明下列函数极限是否存在：

(1) $\displaystyle\lim_{\substack{x\to 0 \\ y\to 0}} \frac{x^4 y^4}{(x^3+y^6)^2}$；　　(2) $\displaystyle\lim_{\substack{x\to 0 \\ y\to 0}} \frac{x^3+y^3}{x^2+y}$；　　(3) $\displaystyle\lim_{\substack{x\to 0 \\ y\to 0}} \frac{(y^2-x)^2}{x^2+y^4}$.

3. 已知 $f(x,y) = \begin{cases} (x^2+y^2)\sin\dfrac{1}{x^2+y^2}, & (x,y) \ne (0,0), \\ 0, & (x,y) = (0,0) \end{cases}$，讨论该函数在 $(0,0)$

附近的连续性和偏导数存在性，若偏导数存在，求出偏导数.

4. 求函数 $f(x,y) = \begin{cases} xy\dfrac{x^2-y^2}{x^2+y^2}, & (x,y) \ne (0,0), \\ 0, & (x,y) = (0,0) \end{cases}$ 的偏导数.

5. 设函数 $u(x,y) = \varphi(x+y) + \varphi(x-y) + \displaystyle\int_{x-y}^{x+y} \psi(t)\,dt$，其中，函数 φ 具有二

阶连续导数，ψ 具有一阶导数，证明：$\dfrac{\partial^2 u}{\partial x^2} = \dfrac{\partial^2 u}{\partial y^2}$.

6. 已知 $z = \left(\dfrac{y}{x}\right)^{\frac{x}{y}}$，求 $\dfrac{\partial z}{\partial x}$.

7. 讨论下列函数在 $(0,0)$ 点的连续性与方向导数的存在性：

（1）$f(x,y) = \begin{cases} y\sin\dfrac{1}{x^2+y^2}, & (x,y)\neq(0,0), \\ 0 & , (x,y)=(0,0); \end{cases}$

（2）$f(x,y) = \begin{cases} 1, & 0<y<x^2, \\ 0, & \text{其他}. \end{cases}$

8. 设 $f(x,y) = \begin{cases} x-y+\dfrac{xy^3}{x^2+y^4}, & (x,y)\neq(0,0), \\ 0, & (x,y)=(0,0) \end{cases}$ 讨论 $f(x,y)$ 在 $(0,0)$ 点处的连续性、方向导数存在性以及可微性.

9. 设 $f(x,y) = |x-y|g(x,y)$，其中，$g(x,y)$ 在 $(0,0)$ 点连续，试给出 $f'_x(0,0)$，$f'_y(0,0)$ 存在的充要条件，并说明在何条件下 $f(x,y)$ 在 $(0,0)$ 点可微.

10. 设函数 $f(u,v)$ 具有二阶连续偏导数，且满足 $\dfrac{\partial^2 f}{\partial u^2} + \dfrac{\partial^2 f}{\partial v^2} = 1$，又有 $g(x,y) = f\left(xy, \dfrac{1}{2}(x^2-y^2)\right)$，求 $\dfrac{\partial^2 g}{\partial x^2} + \dfrac{\partial^2 g}{\partial y^2}$.

11. 设 $u = yf\left(\dfrac{x}{y}\right) + xg\left(\dfrac{y}{x}\right)$. 其中函数 f，g 具有二阶连续导数，求 $x\dfrac{\partial^2 u}{\partial x^2} + y\dfrac{\partial^2 u}{\partial y^2}$.

12. 设函数 $z = f(x,y)$ 在点 $(1,1)$ 处可微，$f(1,1)=1$，$\left.\dfrac{\partial f}{\partial x}\right|_{(1,1)} = 2$，$\left.\dfrac{\partial f}{\partial y}\right|_{(1,1)} = 3$，$\phi(x) = f(x,f(x,x))$，求 $\left.\dfrac{\mathrm{d}}{\mathrm{d}x}\phi^3(x)\right|_{x=1}$.

13. 设 $z = xf(x+y)$，$F(x,y,z)=0$，其中，f 和 F 分别具有一阶导数和一阶偏导数，求 $\dfrac{\mathrm{d}z}{\mathrm{d}x}$.

14. 已知 $x+y-z = \mathrm{e}^z$，$x\mathrm{e}^x = \tan t$，$y = \cos t$，求 $\left.\dfrac{\mathrm{d}^2 z}{\mathrm{d}t^2}\right|_{t=0}$.

15. 设函数 $f(u,v)$ 由关系式 $f[xg(y),y] = x+g(y)$ 确定，其中，函数 $g(y)$ 可微，且 $g(y)\neq 0$，求 $\dfrac{\partial^2 f}{\partial u\partial v}$.

16. 证明：$\mu = x^n f\left(\dfrac{y}{x^2}\right)$ 满足方程 $x\mu'_x + 2y\mu'_y = n\mu$（假定函数足够次可微）.

17. 设 $y = f(x,t)$，而 t 是由方程 $F(x,y,t) = 0$ 所确定的 x，y 的函数，

试证明
$$\frac{\mathrm{d}y}{\mathrm{d}x} = \frac{\dfrac{\partial f}{\partial x}\cdot\dfrac{\partial F}{\partial t} - \dfrac{\partial f}{\partial t}\cdot\dfrac{\partial F}{\partial x}}{\dfrac{\partial f}{\partial t}\cdot\dfrac{\partial F}{\partial y} + \dfrac{\partial F}{\partial t}}.$$

18. 设 $u(x,y)$ 的所有二阶偏导数均连续，且 $u_{xx} = u_{yy}$，$u(x,2x) = x$，$u'_x(x,2x) = x^2$，求 $u''_{xx}(x,2x)$，$u''_{xy}(x,2x)$，$u''_{yy}(x,2x)$.

（B 组）

1. 设 $f(x,y) = \begin{cases} (x+y)^p \sin \dfrac{1}{\sqrt{x^2+y^2}}, & (x,y) \neq (0,0), \\ 0, & (x,y) = (0,0). \end{cases}$ 讨论 p 为何值时下述结论成立：

（1）$f(x,y)$ 在 $(0，0)$ 点连续；　　　　（2）$f(x,y)$ 在 $(0，0)$ 点偏导数存在；

（3）$f(x,y)$ 在 $(0，0)$ 点偏导数连续；　　（4）$f(x,y)$ 在 $(0，0)$ 点可微；

2. 设 $f(x,y)$ 为 n 次齐次函数（定义见 P191 页例 13）且 m 次可微，证明：

$$\left(x\frac{\partial}{\partial x} + y\frac{\partial}{\partial y} \right)^m f(x,y) = n(n-1)\cdots(n-m+1)f(x,y).$$

3. 设 $u = f(z)$，其中，$z = z(x,y)$ 为方程 $z = x + yg(z)$ 定义的隐函数，f，g 均具有任意阶导数，证明：

$$\frac{\partial^n u}{\partial y^n} = \frac{\partial^{n-1}}{\partial x^{n-1}}\left\{ \left[g(z) \right]^n \frac{\partial u}{\partial x} \right\}.$$

4. 将拉普拉斯方程 $z_{xx} + z_{yy} = 0$ 化为极坐标的形式.

5. 给定方程 $x^2 + y + \sin(x^2 y) = 0$，

（1）在原点的邻域内，此方程是否可以唯一确定连续函数 $y = y(x)$ 使得 $y(0) = 0$?

（2）若存在上述函数 $y = y(x)$，试求其导函数，并判断在原点邻域内的单调性与极值.

（3）在原点的邻域内，此方程是否可以唯一确定连续函数 $x = x(y)$ 使得 $x(0) = 0$?

4　竞赛实战

（A 组）

1. （第二届江苏省赛）设 z 是由方程组 $\begin{cases} x = (t+1)\cos z, \\ y = t\sin z \end{cases}$ 所确定的隐函数，则 $\dfrac{\partial z}{\partial x} = \underline{\qquad}$.

2. （第四届江苏省赛）设 x，y，t 满足 $y = f(x,t)$ 及 $F(x,y,t) = 0$，函数 f，F 的一阶偏导数连续，则 $\dfrac{dy}{dx} = \underline{\qquad}$.

3.（第五届江苏省赛）已知 $u = u(x,y)$ 由方程 $u = f(x,y,z,t)$，$g(y,z,t) = 0$ 和 $h(z,t) = 0$ 确定（f，g，h 均为可微函数），求 $\dfrac{\partial u}{\partial x}, \dfrac{\partial u}{\partial y}$.

4.（第六届江苏省赛）设 $f(x,y) = \begin{cases} y\arctan\dfrac{1}{\sqrt{x^2+y^2}}, & (x,y) \neq (0,0), \\ 0, & (x,y) = (0,0). \end{cases}$

试讨论 $f(x,y)$ 在（0，0）的连续性、可偏导性与可微性.

5.（第七届江苏省赛）设 $f(x,y)$ 可微，$f(1,2) = 2, f'_x(1,2) = 3, f'_y(1,2) = 4$，$\phi(x) = f(x, f(x,2x))$，则 $\phi'(1) = $ _____.

6.（第八届江苏省赛）设由 $x = ze^{y+z}$ 确定 $z = z(x,y)$，则 $\mathrm{d}z(e,0) = $ _____.

7.（第九届江苏省赛）设 $z = \dfrac{2x}{x^2-y^2}$，则 $\dfrac{\partial^n z}{\partial y^n}\Big|_{(2,1)} = $ _____.

8.（第十届江苏省赛）设 $z = f\left(2x - y, \dfrac{x}{y}\right)$，$f$ 可微，$f'_1(3,2) = 2, f'_2(3,2) = 3$，则 $\mathrm{d}z\big|_{(2,1)} = $ _____.

9.（第十一届江苏省赛）函数 $\phi(x), \psi(x), f(x,y)$ 皆可微，设 $z = f(\phi(x+y), \psi(xy))$，则 $\dfrac{\partial z}{\partial x} - \dfrac{\partial z}{\partial y} = $ _____.

10.（第十二届江苏省赛）设有函数 $f(x,y) = \begin{cases} \dfrac{x^2 y^2}{(x^2+y^2)^{3/2}}, & x^2+y^2 \neq 0, \\ 0, & x^2+y^2 = 0. \end{cases}$

问 $f(x,y)$ 在 $(0,0)$ 点是否连续？是否可微？说明理由.

11.（第二届国家预赛）设 $f(t)$ 有二阶连续的导数，$r = \sqrt{x^2+y^2}, g(x,y) = f\left(\dfrac{1}{r}\right)$，求 $\dfrac{\partial^2 g}{\partial x^2} + \dfrac{\partial^2 g}{\partial y^2}$.

12.（第三届国家预赛）设 $z = z(x,y)$ 是由方程 $F\left(z + \dfrac{1}{x}, z - \dfrac{1}{y}\right) = 0$ 确定的隐函数，且具有连续的二阶偏导数.

求证：（1）$x^2 \dfrac{\partial z}{\partial x} + y^2 \dfrac{\partial z}{\partial y} = 0$；（2）$x^3 \dfrac{\partial^2 z}{\partial x^2} + xy(x+y)\dfrac{\partial^2 z}{\partial x \partial y} + y^3 \dfrac{\partial^2 z}{\partial y^2} = 0$.

13.（第三届国家决赛）设函数 $f(x,y)$ 有二阶连续偏导数，满足 $f(x,y)f_x^2 f_{yy} - 2f_x f_y f_{xy} + f_y^2 f_{xx} = 0$，且 $f_y \neq 0$，$y = y(x,z)$ 是由方程 $z = f(x,y)$ 所确定的函数. 求 $\dfrac{\partial^2 y}{\partial x^2}$.

14.（第七届国家预赛）设函数 $z = z(x,y)$ 由方程 $F\left(x + \dfrac{z}{y}, y + \dfrac{z}{x}\right) = 0$ 所决定，其中，$F(u,v)$ 具有连续偏导数，且 $xF_u + yF_v \neq 0$. 则 $x\dfrac{\partial z}{\partial x} + y\dfrac{\partial z}{\partial y} = $ _____.

15.（第八届国家预赛）设 $f(x)$ 有连续导数，且 $f(1)=2$，记 $z=f(\mathrm{e}^x y^2)$，若 $\dfrac{\partial z}{\partial x}=z$，当 $x>0$ 时，$f(x)=$ _____.

16.（第九届国家预赛）设 $w=f(u,v)$ 具有二阶连续偏导数，且 $u=x-cy$，$v=x+cy$，则 $w_{xx}-\dfrac{1}{c^2}w_{yy}=$ _____.

17.（第九届国家决赛）设函数 $f(x,y)$ 具有一阶连续偏导数，满足 $\mathrm{d}f(x,y)=y\mathrm{e}^y\mathrm{d}x+x(1+y)\mathrm{e}^y\mathrm{d}y$ 以及 $f(0,0)=0$，则 $f(x,y)$ 的表达式为 _____.

（B 组）

1.（第四届江苏省赛）设函数 $f(x,y)$ 的二阶偏导数皆连续，且 $f_{xx}(x,y)=f_{yy}(x,y)$，$f(x,2x)=x^2$，$f_x(x,2x)=x$，试求 $f_{xx}(x,2x)$ 与 $f_{xy}(x,2x)$.

2.（第九届江苏省赛）函数 $u(x,y)$ 具有连续的二阶偏导数，算子 A 定义为 $A(u)=x\dfrac{\partial u}{\partial x}+y\dfrac{\partial u}{\partial y}$，（1）求 $A(u-A(u))$；（2）以 $\xi=\dfrac{y}{x}$，$\eta=x-y$ 为新变量，改变方程 $x^2\dfrac{\partial^2 u}{\partial x^2}+2xy\dfrac{\partial^2 u}{\partial x\partial y}+y^2\dfrac{\partial^2 u}{\partial y^2}=0$ 的形式.

3.（第十一届江苏省赛）设函数 $f(x,y)$ 在平面区域 D 上可微，线段 PQ 位于 D 内，坐标分别为 $P(a,b)$，$Q(x,y)$，求证：在线段 PQ 上存在点 $M(\xi,\eta)$，使得 $f(x,y)=f(a,b)+f'_x(\xi,\eta)(x-a)+f'_y(\xi,\eta)(y-b)$.

4.（第四届国家预赛）已知函数 $z=u(x,y)\mathrm{e}^{ax+by}$，且 $\dfrac{\partial^2\mu}{\partial x\partial y}=0$，确定常数 a 和 b，使函数 $z=z(x,y)$ 满足方程 $\dfrac{\partial^2 z}{\partial x\partial y}-\dfrac{\partial z}{\partial x}-\dfrac{\partial z}{\partial y}+z=0$.

5.（第四届国家决赛）设 $f(u,v)$ 具有连续偏导数，且满足 $f_u(u,v)+f_v(u,v)=u\cdot v$，求 $y(x)=\mathrm{e}^{-2x}f(x,x)$ 满足的一阶微分方程，并求其通解.

6.（第六届国家决赛）若 l_j，$j=1,2,\cdots,n$ 是平面上点 P_0 处的 $n\geq2$ 个方向向量，相邻两个向量之间的夹角为 $\dfrac{2\pi}{n}$，若函数 $f(x,y)$ 在 P_0 处有连续偏导数，证明：$\displaystyle\sum_{j=1}^n\dfrac{\partial f(x,y)}{\partial l_j}=0$.

7.（第八届国家决赛）设可微函数 $f(x,y)$ 满足 $\dfrac{\partial f}{\partial x}=-f(x,y)$，$f\left(0,\dfrac{\pi}{2}\right)=1$，且 $\displaystyle\lim_{n\to\infty}\left(\dfrac{f\left(0,y+\dfrac{1}{n}\right)}{f(0,y)}\right)^n=\mathrm{e}^{\cot y}$，则 $f(x,y)=$ _____.

第三节 多元函数微分的应用

1 内容总结与精讲

◆ 多元函数微分的几何应用

1. 空间曲线的切线和法平面：对于空间参数曲线 $\Gamma: x = \phi(t), y = \psi(t), z = \omega(t)$.

切线方程为 $\dfrac{x - x_0}{\phi'(t_0)} = \dfrac{y - y_0}{\psi'(t_0)} = \dfrac{z - z_0}{\omega'(t_0)}$,

法平面方程为 $\phi'(t_0)(x - x_0) + \psi'(t_0)(y - y_0) + \omega'(t_0)(z - z_0) = 0$.

注：（1）求空间曲线的切线或法平面，关键是确定切向量
$$\boldsymbol{\tau} = (\phi'(t), \psi'(t), \omega'(t)).$$

（2）若空间曲线以两张曲面的交线给出（一般式）$\Gamma: \begin{cases} F(x,y,z) = 0, \\ G(x,y,x) = 0, \end{cases}$ 则切向

量可取为

$$\boldsymbol{\tau} = \mathbf{grad}F(P_0) \times \mathbf{grad}G(P_0) = (F'_x, F'_y, F'_z)|_{P_0} \times (G'_x, G'_y, G'_z)|_{P_0}$$
$$= \left(\frac{\partial(F,G)}{\partial(y,z)}, \frac{\partial(F,G)}{\partial(z,x)}, \frac{\partial(F,G)}{\partial(x,y)} \right).$$

要求雅可比矩阵 $\begin{pmatrix} F'_x & F'_y \\ G'_x & G'_y \end{pmatrix}$ 在 P_0 点满秩.

2. 空间曲面的切平面和法线：对于曲面 $\Pi: F(x,y,z) = 0$.

切平面方程为 $F'_x(x_0, y_0, z_0)(x - x_0) + F'_y(x_0, y_0, z_0)(y - y_0) + F'_z(x_0, y_0, z_0)(z - z_0) = 0$,

法线方程为 $\dfrac{x - x_0}{F'_x(x_0, y_0, z_0)} = \dfrac{y - y_0}{F'_y(x_0, y_0, z_0)} = \dfrac{z - z_0}{F'_z(x_0, y_0, z_0)}$.

注：（1）求曲面的切平面或法线，关键是确定法向量 $\boldsymbol{n} = \mathbf{grad}F|_{P_0} = (F'_x, F'_y, F'_z)|_{P_0}$.

（2）若曲面由显函数 $\Pi: z = f(x,y)$ 给出，则法向量 $\boldsymbol{n} = (f'_x, f'_y, -1)|_{P_0}$.

（3）若曲面由双参数方程 $\Pi: \begin{cases} x = x(u, v), \\ y = y(u, v), \\ z = z(u, v) \end{cases}$ 给出，则法向量

$$\boldsymbol{n} = (x'_u, y'_u, z'_u)|_{P_0} \times (x'_v, y'_v, z'_v)|_{P_0} = \left(\frac{\partial(y,z)}{\partial(u,v)}, \frac{\partial(z,x)}{\partial(u,v)}, \frac{\partial(x,y)}{\partial(u,v)} \right) \Bigg|_{P_0}.$$

◆ 多元函数的极值和条件极值

1. 设 $z = f(x,y)$ 在点 $M_0(x_0, y_0)$ 的某个邻域内有定义，若 $(x,y) \in U(M_0, \delta)$ 时，

有 $f(x,y) \leqslant (\geqslant) f(x_0, y_0)$，则称 $z = f(x,y)$ 在点 M_0 处有极大（小）值，点 M_0 为

$f(x,y)$的极大（小）值点.

注：（1）连续函数在闭区域上的存在最大和最小值.

（2）满足方程组$\begin{cases} f_x(x,y)=0, \\ f_y(x,y)=0. \end{cases}$的点$(x,y)$称为$z=f(x,y)$的驻点.

2. 函数取得极值的必要条件：设函数$z=f(x,y)$在点$M_0(x_0,y_0)$处偏导数存在，而且(x_0,y_0)是极值点，则(x_0,y_0)一定是驻点，即$f_x(x_0,y_0)=0$，$f_y(x_0,y_0)=0$.

注：偏导数不存在的点也有可能是极值点.

3. 函数取得极值的充分条件：设函数$z=f(x,y)$在点(x_0,y_0)的某个邻域内连续，且有二阶连续偏导数，又$f_x(x_0,y_0)=0$，$f_y(x_0,y_0)=0$，记$f_{xx}(x_0,y_0)=A$，$f_{xy}(x_0,y_0)=B$，$f_{yy}(x_0,y_0)=C$，且$D=AC-B^2$，

（1）当$D>0$时$f(x_0,y_0)$取得极值，且当$A>0$时取得极小值；当$A<0$时取得极大值；

（2）当$D<0$时$f(x_0,y_0)$不是极值点；

（3）当$D=0$时$f(x_0,y_0)$是否为极值需另外讨论.

注：（1）求函数极值点的基本步骤，先根据函数取得极值点的必要条件确定驻点，然后对每个驻点，利用函数取得极值点的充分条件加以判断，继而求出极值点；个别情况下充分条件失去判断力，例如当$D=0$时，这时可以借助函数图像整体判断.

（2）求函数最值的基本步骤，先求出区域内所有的极值点，然后确定函数在区域边界的最值，通过比较找出函数在整个区域上的最值.（求函数在区域边界的最值可利用条件极值法或直接将边界方程代入原函数）

4. 条件极值：若求$z=f(x,y)$在条件$\phi(x,y)=0$下的可能极值点，则需要拉格朗日乘数法求多元函数的条件极值：

（1）构造拉格朗日函数$F(x,y,\lambda)=f(x,y)+\lambda\phi(x,y)$（$\lambda$为参数，称为拉格朗日乘数）.

（2）从方程$\begin{cases} F_x=f_x(x,y)+\lambda\phi_x(x,y)=0, \\ F_y=f_y(x,y)+\lambda\phi_y(x,y)=0, \\ \phi(x,y)=0. \end{cases}$解出$x$，$y$，$\lambda$，点$(x,y)$就是可能的极值点.

注：（1）若有多个附加条件（附加条件的个数小于目标函数变量的个数），则有相对应的多个参数（附加条件的个数等于拉格朗日乘数的个数），通过解类似（2）的方程得到可能极值点；

（2）由方程组解得的(x,y)只是可能的极值点，不一定是极值点，还需要通过实际情况判断；

（3）若是通过方程组求得唯一解，那该解一定就是极值点；

（4）可通过拉格朗日乘数法证明不等式.（不等式一边为目标函数，一边为约束条件）

2　典型例题与方法进阶

例 1. 求曲线 $\begin{cases} x^2 + y^2 = \dfrac{1}{2}z^2, \\ x + y + 2z = 4. \end{cases}$ 在点 $P(1,-1,2)$ 的切线与法平面方程.

解　对曲线方程组两边关于 x 求导，得 $\begin{cases} 2x + 2y\dfrac{dy}{dx} = z\dfrac{dz}{dx}, \\ 1 + \dfrac{dy}{dx} + 2\dfrac{dz}{dx} = 0. \end{cases}$ 解方程得

$\begin{cases} \dfrac{dy}{dx} = -\dfrac{4x+z}{4y+z}, \\ \dfrac{dz}{dx} = \dfrac{2x-2y}{4y+z}. \end{cases}$ 故 $\dfrac{dy}{dx}\Big|_P = 3$，$\dfrac{dz}{dx}\Big|_P = -2$. 因为曲线在点 $P(1,-1,2)$ 的切向量

$\boldsymbol{s} = (1,3,-2)$，所以过点 $P(1,-1,2)$ 处的切线方程为

$$\frac{x-1}{1} = \frac{y+1}{3} = \frac{z-2}{-2},$$

法平面方程为 $x - 1 + 3(y+1) - 2(z-2) = 0$，即 $x + 3y - 2z + 6 = 0$.

评注：对于曲线的一般式方程，可以直接将方程组两边对 x 求导，不一定要先求出曲线的参数方程.

例 2. 试证明曲面 $\sqrt{x} + \sqrt{y} + \sqrt{z} = \sqrt{a}\,(a>0)$ 上任一点的切平面在各个坐标轴上的截距之和等于 a.

证明　因为曲面的法向量为 $\boldsymbol{n} = \left(\dfrac{1}{2\sqrt{x}}, \dfrac{1}{2\sqrt{y}}, \dfrac{1}{2\sqrt{z}}\right)$，所以切平面方程为

$$\frac{1}{\sqrt{x}}(X-x) + \frac{1}{\sqrt{y}}(Y-y) + \frac{1}{\sqrt{z}}(Z-z) = 0,$$

即 $\dfrac{1}{\sqrt{x}}X + \dfrac{1}{\sqrt{y}}Y + \dfrac{1}{\sqrt{z}}Z = \sqrt{a}$. 截距之和等于 $\sqrt{x}\sqrt{a} + \sqrt{y}\sqrt{a} + \sqrt{z}\sqrt{a} = (\sqrt{x} + \sqrt{y} + \sqrt{z})\sqrt{a} =$

$\sqrt{a}\cdot\sqrt{a} = a$.

例 3. 求过直线 $\begin{cases} x + 2y + z - 1 = 0, \\ x - y - 2z + 3 = 0 \end{cases}$ 的平面 π，使它平行于曲线 $\begin{cases} x^2 + y^2 = \dfrac{1}{2}z^2, \\ x + y + 2z = 4. \end{cases}$

在点 $(1,-1,2)$ 的切线.

解　设所求平面方程 π 为 $x + 2y + z - 1 + \lambda(x - y - 2z + 3) = 0$，其法向量为 $\boldsymbol{n} =$

201

$((1+\lambda),(2-\lambda),(1-2\lambda))$. 曲线 $\begin{cases} x^2+y^2=\dfrac{1}{2}z^2, \\ x+y+2z=4 \end{cases}$ 在点 $M_0(1,-1,2)$ 的切线的

方向向量为 l，令

$$F(x,y,z)=x^2+y^2-\frac{z^2}{2}=0,\ G(x,y,z)=x+y+2z-4=0,$$

则 $n_1=(2x,2y,-z)=(2,-2,-2)$，$n_2=(1,1,2)$，$l=n_1\times n_2=2$

$\left(\begin{vmatrix} -1 & -1 \\ 1 & 2 \end{vmatrix}\begin{vmatrix} -1 & 1 \\ 2 & 1 \end{vmatrix}\begin{vmatrix} 1 & -1 \\ 1 & 1 \end{vmatrix}\right)=2(-1,-3,2)$，已知所求平面平行于切线，所

以 $n\cdot l=0$，即 $((1+\lambda),(2-\lambda),(1-2\lambda))\cdot(-1,-3,2)=0$，解得 $\lambda=-\dfrac{5}{2}$，

因此所求平面为

$$3x-9y-12z+17=0.$$

例 4. 证明：所有切于曲面 $z=xf\left(\dfrac{y}{x}\right)$ 的平面都相交于一点.

证明 $\forall M(x,y,z)\in S, n=\left(\dfrac{\partial z}{\partial x},\dfrac{\partial z}{\partial y},-1\right)=\left(f\left(\dfrac{y}{x}\right)+x\left(-\dfrac{y}{x^2}f'\right),xf'\left(\dfrac{y}{x}\right)\dfrac{1}{x},-1\right)=$

$\left(f-\dfrac{y}{x}f' ,f',-1\right)$，则切平面：

$$\left(f-\frac{y}{x}f'\right)(X-x)+f'(Y-y)=Z-z,$$

即 $\left(f-\dfrac{y}{x}f'\right)X+f'Y-Z+f'=0$，可得 $\left(f-\dfrac{y}{x}f'\right)X+f'Y-Z=0$，所以平面都相交于

原点.

例 5. 设函数 $z=f(x,y)$ 在点 $(0,1)$ 的某邻域内可微，且 $f(x,y+1)=1+2x+3y+o(\rho)$，其中 $\rho=\sqrt{x^2+y^2}$，求曲面 $z=f(x,y)$ 在 $(0,1)$ 的切平面方程.

解 令 $y=0$，$f(x,1)=1+2x+o(x)$，则 $f(x,1)-f(0,1)=2x+o(x)$，

得 $\dfrac{\partial z}{\partial x}\Big|_{(0,1)}=2$.

令 $x=0$，$f(0,1+y)=1+3y+o(y)$，则 $f(0,1+y)-f(0,1)=3y+o(y)$，得

$\dfrac{\partial z}{\partial y}\Big|_{(0,1)}=3$.

又 $f(0,1)=1$，故切平面方程为 $z-1=2x+3(y-1)$，即 $2x+3y-z-2=0$.

例 6. 已知函数 $f(x,y)$ 在点 $(0,0)$ 的某个邻域内连续，且 $\lim\limits_{\substack{x\to 0 \\ y\to 0}}\dfrac{f(x,y)-xy}{(x^2+y^2)^2}=1$，

判断 $(0,0)$ 是否是该函数的极值点？

证明 $f(0,0)=0$，$\lim\limits_{\substack{x\to 0 \\ y\to 0}}\dfrac{f(x,y)-xy}{(x^2+y^2)^2}=1>0$，$(x,y)\neq(0,0)$，则有 $\dfrac{f(x,y)-xy}{(x^2+y^2)^2}=$

$1 + \alpha(x, y)$，其中，$\lim\limits_{\substack{x \to 0 \\ y \to 0}} \alpha(x, y) = 0$，即 $f(x, y) - xy = (x^2 + y^2)^2 + \alpha \cdot (x^2 + y^2)^2$.

可见当 $y = x$ 且 $|x|$ 充分小时，$f(x, y) - f(0, 0) > 0$，当 $y = -x$ 且 $|x|$ 充分小时，$f(x, y) - f(0, 0) < 0$，故点 $(0, 0)$ 不是 $f(x, y)$ 的极值点.

例 7. 求由方程 $x^2 + y^2 + z^2 - 2x + 2y - 4z - 10 = 0$ 确定的函数 $z = f(x, y)$ 的极值.

解　将方程两边分别对 x，y 求偏导数，得 $\begin{cases} 2x + 2z \cdot z'_x - 2 - 4z'_x = 0, \\ 2y + 2z \cdot z'_y + 2 - 4z'_y = 0. \end{cases}$ 由函数取极值的必要条件知，驻点为 $P(1, -1)$，将上方程组再分别对 x，y 求偏导数，$A = z''_{xx}|_P = \dfrac{1}{2-z}$，$B = z''_{xy}|_P = 0$，$C = z''_{yy}|_P = \dfrac{1}{2-z}$，故 $B^2 - AC = -\dfrac{1}{(2-z)^2} < 0 \, (z \neq 2)$，故函数在 $P(1, -1)$ 有极值. 将 $P(1, -1)$ 代入原方程，有 $z_1 = -2$，$z_2 = 6$，

当 $z_1 = -2$ 时，$A = \dfrac{1}{4} > 0$，所以 $z = f(1, -1) = -2$ 为极小值；

当 $z_2 = 6$ 时，$A = -\dfrac{1}{4} < 0$，所以 $z = f(1, -1) = 6$ 为极大值.

例 8. 求函数 $f(x, y) = x^2 + 2y^2 - x^2 y^2$ 在区域 $\{(x, y) \mid x^2 + y^2 \leqslant 4, y \geqslant 0\}$ 上的最值.

解　$f'_x = 2x - 2xy^2 = 0$，$f'_y = 4y - 2x^2 y = 0$，得到驻点为 $(\pm\sqrt{2}, 1)$，即 $f(\pm\sqrt{2}, 1) = 2$.

对边界 $y = 0$，$f(x, y) = x^2$，$-2 \leqslant x^2 \leqslant 2$，$\max\limits_{[-2, 2]} f(x, y) = 4$，$\min\limits_{[-2, 2]} f(x, y) = 0$.

对边界 $x^2 + y^2 = 4$，$y \geqslant 0$，令 $F(x, y, \lambda) = x^2 + 2y^2 - x^2 y^2 + \lambda(x^2 + y^2 - 4)$，可得

$$\begin{cases} F'_x = 2x - 2xy^2 + 2\lambda x = 0, \\ F'_y = 4y - 2x^2 y + 2\lambda y = 0, \\ F'_\lambda = x^2 + y^2 - 4 = 0. \end{cases}$$

解得点 $(0, 2)$ 和 $\left(\pm\sqrt{\dfrac{5}{2}}, \sqrt{\dfrac{3}{2}} \right)$，$f(0, 2) = 8$，$f\left(\pm\sqrt{\dfrac{5}{2}}, \sqrt{\dfrac{3}{2}} \right) = \dfrac{7}{4}$. 故最大值为 8，最小值为 0.

例 9. 已知曲线 $\begin{cases} x + y + 3z = 5 \\ x^2 + y^2 - 2z^2 = 0. \end{cases}$ 求曲线 Γ 距离 xOy 面距离最远和距离最近的点.

解　目标函数为 $f = |z|$，约束条件为 $x + y + 3z = 5$ 和 $x^2 + y^2 - 2z^2 = 0$. 令
$$F = z^2 + \lambda(x + y + 3z - 5) + \mu(x^2 + y^2 - 2z^2).$$

$$可得\begin{cases} F_x = \lambda + 2\mu x = 0, \\ F_y = \lambda + 2\mu y = 0, \\ F_z = 2z + 3\lambda - 4\mu z = 0, \\ x + y + 3z = 5 \\ x^2 + y^2 - 2z^2 = 0 \end{cases}$$

$\left. \begin{array}{l} \end{array} \right\} \Rightarrow x = y,$

$\left. \begin{array}{l} \end{array} \right\} \Rightarrow (1,1,1)$ 和 $(-5,-5,-5)$

故 $|z|_{\max} = 5$，$|z|_{\min} = 1$.

例 10. 已知三角形的周长为 $2p$，问怎样的三角形绕自己的一边旋转所得的体积最大？

解 设三角形底边上的高为 x，垂足分底边的长度为 y，z. 设三角形绕底边旋转，旋转体的体积为 $V = \dfrac{\pi}{3} x^2 (y + z)$，其中，$y + z + \sqrt{x^2 + y^2} + \sqrt{x^2 + z^2} = 2p$，$x \geqslant 0$，$y \geqslant 0$，$z \geqslant 0$. 构造拉格朗日乘子函数：

$$L(x,y,z,\lambda) = x^2(y+z) + \lambda\left(y + z + \sqrt{x^2+y^2} + \sqrt{x^2+z^2} - 2p\right),$$

计算拉格朗日乘子函数的驻点，

$$2x(y+z) + \lambda\left(\frac{x}{\sqrt{x^2+y^2}} + \frac{x}{\sqrt{x^2+z^2}}\right) = 0, \quad x^2 + \lambda\left(1 + \frac{y}{\sqrt{x^2+y^2}}\right) = 0,$$

$$x^2 + \lambda\left(1 + \frac{z}{\sqrt{x^2+z^2}}\right) = 0, \quad y + z + \sqrt{x^2+y^2} + \sqrt{x^2+z^2} - 2p = 0.$$

进一步推导可得 $\lambda\left(\dfrac{y}{\sqrt{x^2+y^2}} - \dfrac{z}{\sqrt{x^2+z^2}}\right) = 0$，又因为 $\lambda \neq 0$，可得 $y = z$，则

$$\begin{cases} 2xy + \dfrac{\lambda x}{\sqrt{x^2+y^2}} = 0, \\ x^2 + \lambda\left(1 + \dfrac{y}{\sqrt{x^2+y^2}}\right) = 0, \\ y + \sqrt{x^2+y^2} = p, \end{cases} 化简 \begin{cases} 2y + \dfrac{\lambda}{\sqrt{x^2+y^2}} = 0, \\ x^2 + \lambda\left(1 + \dfrac{y}{\sqrt{x^2+y^2}}\right) = 0, \\ y + \sqrt{x^2+y^2} = p, \end{cases} 解得 y = z = \dfrac{p}{4},$$

因此，底边长 $\dfrac{p}{2}$，两腰长为 $\dfrac{1}{2}\left(2p - \dfrac{p}{2}\right) = \dfrac{3p}{4}$，即底边长为 $\dfrac{p}{2}$ 的等腰三角形，绕其底边旋转所得体积最大.

3 本节练习

（A 组）

1. 设直线 l：$\begin{cases} x + y + b = 0, \\ x + ay - z - 3 = 0 \end{cases}$ 在平面 π 上，而平面 π 与曲面 $z = x^2 + y^2$ 相切于点 $(1, -2, 5)$，求 a，b 的值.

2. $x = t$，$y = -t^2$，$z = t^3$ 上，求与平面 $x + 2y + z = 4$ 平行的切线方程.

3. 证明：曲面 $xyz = a^3 (a > 0)$ 的切平面与坐标面形成体积一定的四面体.

4. 设 $z = z(x, y)$ 是由 $x^2 - 6xy + 10y^2 - 2yz - z^2 + 18 = 0$ 确定的函数，求 $z = z(x, y)$ 的极值点和极值.

5. 求曲线 $\begin{cases} 2x - 3y + z = 5, \\ 2x^2 + 3y^2 + z^2 = 30 \end{cases}$ 上纵坐标的最大值和最小值.

6. 证明：函数 $z = (1 + e^y)\cos x - ye^y$ 有无穷多个极大值而无一个极小值.

7. 求椭球面 $\dfrac{x^2}{3} + \dfrac{y^2}{2} + z^2 = 1$ 被平面 $x + y + z = 0$ 所截得的椭圆的面积.

（B 组）

1. 曲面 $z + \sqrt{x^2 + y^2 + z^2} = x^3 f\left(\dfrac{y}{x}\right)$ 任意点的切平面在 z 轴上的截距与切点到坐标原点的距离之比为常数，并求出该常数.

2. 设 $f(x, y)$ 在点 $(0, 0)$ 及其邻域内连续，$\lim\limits_{\substack{x \to 0 \\ y \to 0}} \dfrac{f(x, y) - f(0, 0)}{x^2 + 1 - x\sin y - \cos^2 y} = A < 0$，讨论 $f(x, y)$ 在点 $(0, 0)$ 是否有极值，如有是极大值还是极小值?

3. 证明不等式 $abc^3 \leqslant 27\left(\dfrac{a + b + c}{5}\right)^5$ $(a > 0, b > 0, c > 0)$.

4. 证明：$\dfrac{x^2 + y^2}{4} \leqslant e^{x + y - 2}$，当 $x \geqslant 0$，$y \geqslant 0$ 时.

5. 设光滑封闭曲面 $S: F(x, y, z) = 0$，证明：S 上任何两个相距最远点处的切平面互相平行，且垂直于这两点的连线.

4　竞赛实战

（A 组）

1. （第二届江苏省赛）椭球面 $x^2 + 2y^2 + 4z^2 = 1$ 与平面 $x + y + z - \sqrt{7} = 0$ 之间的最短距离为_____.

2. （第三届江苏省赛）函数 $u = xy^2z^3$ 在点 $(1, 2, -1)$ 处沿曲面 $x^2 + y^2 = 5$ 的外法向的方向导数为_____.

3. （第六届江苏省赛）曲线 $\begin{cases} z = x^2 + y^2, \\ x^2 + y^2 = 2y \end{cases}$ 在点 $(1, 1, 2)$ 的切线的参数方程为_____.

4. （第十三届江苏省赛）$f(x, y)$ 在 $(2, -2)$ 可微，满足 $f(\sin(xy) + 2\cos x, xy - 2\cos y) = 1 + x^2 + y^2 + o(x^2 + y^2)$，求曲面 $z = f(x, y)$ 在点 $(2, -2, f(2, -2))$ 处的切平面方程.

5. （第四届国家决赛）过直线 $\begin{cases} 10x + 2y - 2z = 27, \\ x + y - z = 0 \end{cases}$ 做曲面 $3x^2 + y^2 - z^2 = 27$ 的切平面，求切平面方程.

6.（第六届国家预赛）设有曲面 S：$z = x^2 + 2y^2$ 和平面 L：$2x + 2y + z = 0$，则与 L 平行的 S 的切平面方程是_____.

7.（第七届国家决赛）设 $f(u,v)$ 在全平面上有连续的偏导数，试证明：曲面 $f\left(\dfrac{x-a}{z-c}, \dfrac{y-b}{z-c}\right) = 0$ 的所有切平面都交于点 (a,b,c).

8.（第八届国家预赛）曲面 $z = \dfrac{x^2}{2} + y^2$ 平行于平面 $2x + 2y - z = 0$ 的切平面方程为_____.

（B 组）

1.（第十一届江苏省赛）点 $A(1,2,-1)$，$B(5,-2,3)$ 在平面 Π：$2x - y - 2z = 3$ 的两侧，过点 A，B 作球面 Σ 使其在平面 Π 上截得的圆 Γ 最小.

（1）求球面 Σ 的球心坐标与该球面的方程；

（2）证明：直线 AB 与平面 Π 的交点是圆 Γ 的圆心.

2.（第十四届江苏省赛）求 $f(x,y) = 3(x-2y)^2 + x^3 - 8y^3$ 的极值，并说明 $f(0,0) = 0$ 不是 $f(x,y)$ 的极值.

3.（第二届国家决赛）设 Σ_1：$\dfrac{x^2}{a^2} + \dfrac{y^2}{b^2} + \dfrac{z^2}{c^2} = 1$，其中，$a > b > c > 0$，$\Sigma_2$：$z^2 = x^2 + y^2$，$\Gamma$ 为 Σ_1，Σ_2 的交线. 求椭球面 Σ_1 在 Γ 上各点的切平面到原点距离的最大值和最小值.

4.（第五届国家决赛）设 $F(x,y,z)$ 和 $G(x,y,z)$ 有连续偏导数，$\dfrac{\partial(F,G)}{\partial(x,z)} \neq 0$，曲线 Γ：$\begin{cases} F(x,y,z) = 0, \\ G(x,y,z) = 0 \end{cases}$ 过点 $P_0(x_0,y_0,z_0)$. 记 Γ 在 xOy 平面上的投影曲线为 S. 求 S 上过点 (x_0,y_0) 的切线方程.

5.（第九届国家预赛）设二元函数 $f(x,y)$ 在平面上有二阶连续偏导数. 对任意角度 α，定义一元函数 $g_\alpha(t) = f(t\cos\alpha, t\sin\alpha)$，若对任意 α 都有 $\dfrac{\mathrm{d}g_\alpha(0)}{\mathrm{d}t} = 0$，$\dfrac{\mathrm{d}^2 g_\alpha(0)}{\mathrm{d}t^2} > 0$，证明：$f(0,0)$ 是 $f(x,y)$ 的极小值.

第五章　多元函数积分及其应用

第一节　二重积分及其应用

1　内容总结与精讲

◆ 二重积分的概念

设 $f(x,y)$ 是有界闭区域 D 上的有界函数，将闭区域 D 内划分任意 n 个小区域 $\Delta\sigma_1$，$\Delta\sigma_2$，$\cdots$，$\Delta\sigma_n$，其中，$\Delta\sigma_i$ 表示第 i 个小闭区域，也表示它的面积，在每个 $\Delta\sigma_i$ 上任取一点 $(\xi_i,\ \eta_i)$，做乘积 $f(\xi_i,\eta_i)\Delta\sigma_i$，$(i=1,2,\cdots,n)$，并做和 $\sum\limits_{i=1}^{n}f(\xi_i,\eta_i)\Delta\sigma_i$. 如果当各个小闭区间的直径中的最大值 λ 趋近于零时，此和式的极限存在，则称此极限为函数 $f(x,y)$ 在闭区域 D 上的二重积分，记为 $\iint\limits_{D}f(x,y)\mathrm{d}\sigma$，即

$$\iint\limits_{D}f(x,y)\mathrm{d}\sigma = \lim_{\lambda\to0}\sum_{i=1}^{n}f(\xi_i,\eta_i)\Delta\sigma.$$

注：（1）在定义中，区域中点 (ξ_i,η_i) 的选择与极限无关；

（2）当 $f(x,y)$ 在闭区域 D 上连续时，定义中和式的极限必存在，即二重积分必存在；

（3）几何意义：$\iint\limits_{D}f(x,y)\mathrm{d}\sigma$ 代表着以 $f(x,y)$ 为曲顶，区域 D 为底面的曲顶柱体的体积；

（4）物理意义：$\iint\limits_{D}f(x,y)\mathrm{d}\sigma$ 代表着以 $f(x,y)$ 为面密度，D 为区域的平面薄片的质量.

◆ 二重积分的性质

1. 线性性质：

（1）$\iint\limits_{D}kf(x,y)\mathrm{d}\sigma = k\iint\limits_{D}f(x,y)\mathrm{d}\sigma$；

（2）$\iint\limits_{D}[f(x,y)\pm g(x,y)]\mathrm{d}\sigma = \iint\limits_{D}f(x,y)\mathrm{d}\sigma \pm \iint\limits_{D}g(x,y)\mathrm{d}\sigma$.

2. 区域可加性：D 分为 D_1 和 D_2（由有限条曲线分成有限个部分）

207

$$\iint\limits_{D} f(x,y)\,\mathrm{d}\sigma = \iint\limits_{D_1} f(x,y)\,\mathrm{d}\sigma + \iint\limits_{D_2} f(x,y)\,\mathrm{d}\sigma.$$

3. 不等式性质：

(1) 若在 D 上 $f(x,y) \geqslant 0$，则 $\iint\limits_{D} f(x,y)\,\mathrm{d}\sigma \geqslant 0$；

(2) 若在 D 上 $f(x,y) \geqslant g(x,y)$，则 $\iint\limits_{D} f(x,y)\,\mathrm{d}\sigma \geqslant \iint\limits_{D} g(x,y)\,\mathrm{d}\sigma$；

(3) $\left| \iint\limits_{D} f(x,y)\,\mathrm{d}\sigma \right| \leqslant \iint\limits_{D} |f(x,y)|\,\mathrm{d}\sigma$；

(4) 若在 D 上 $m \leqslant f(x,y) \leqslant M$，则 $m\sigma \leqslant \iint\limits_{D} f(x,y)\,\mathrm{d}\sigma \leqslant M\sigma$.

注：估值性质多用于证明不等式，常结合极值定理先找出区域内多元函数的极值.

4. 中值定理：设 $f(x,y)$ 在有界闭区域 D 上连续，σ 为 D 的面积，则存在 $(\xi,\eta) \in D$，使得

$$\iint\limits_{D} f(x,y)\,\mathrm{d}\sigma = f(\xi,\eta)\sigma.$$

注：$\dfrac{1}{\sigma}\iint\limits_{D} f(x,y)\,\mathrm{d}\sigma$ 称为函数 $f(x,y)$ 在区域 D 上的平均值.

◆ **二重积分的计算**

1. 利用直角坐标计算二重积分

在直角坐标系下将二重积分转化为二次累次积分.

注：(1) 根据具体题型选择 $X-$ 型或者 $Y-$ 型区域；

(2) 利用交换积分次序简化计算，或者用来证明相关等式.

2. 利用极坐标计算二重积分

在极坐标系下将二重积分转化为二次累次积分.

注：极坐标题型主要集中在积分区域是圆环、扇形、或者在极坐标下易表示曲线所围成的区域，例如心脏线、三叶玫瑰线等，或者函数中含有 $\dfrac{x}{y}$，$x^2 + y^2$ 等部分.

3. 利用变量替换计算二重积分

二重积分换元法：$x = x(u,v)$，$y = y(u,v)$，$(x,y) \in D$，$(u,v) \in D'$，记 $J(u,v) = \dfrac{\partial(x,y)}{\partial(u,v)} \neq 0$，$(u,v) \in D'$，则

$$\iint\limits_{D} f(x,y)\,\mathrm{d}x\mathrm{d}y = \iint\limits_{D'} f[x(u,v),y(u,v)]\left|\dfrac{\partial(x,y)}{\partial(u,v)}\right|\mathrm{d}u\mathrm{d}v.$$

注：变量替换着重用于广义极坐标（椭圆区域），或者被积区域由一些平行直

线或者同族曲线所围成；极坐标也属于变量替换的一种.

4. 利用奇偶对称性计算二重积分

（1）D 关于 x 轴对称（x 轴上方部分为 D_1），则

$$\iint\limits_{D} f(x,y)\,\mathrm{d}\sigma = \begin{cases} 2\iint\limits_{D_1} f(x,y)\,\mathrm{d}\sigma, & f(x,y) = f(x,-y), \\ 0, & f(x,-y) = -f(x,y). \end{cases}$$

（2）D 关于 y 轴对称（y 轴右方部分为 D_1），则

$$\iint\limits_{D} f(x,y)\,\mathrm{d}\sigma = \begin{cases} 2\iint\limits_{D_1} f(x,y)\,\mathrm{d}\sigma, & f(x,y) = f(-x,y), \\ 0, & f(-x,y) = -f(x,y). \end{cases}$$

（3）D 关于 x 轴、y 轴均对称（第一象限部分为 D_1），则

$$\iint\limits_{D} f(x,y)\,\mathrm{d}\sigma = \begin{cases} 4\iint\limits_{D_1} f(x,y)\,\mathrm{d}\sigma, & \begin{array}{l} f(x,-y) = f(x,y), \\ f(x,-y) = f(-x,y), \end{array} \\ 0, & \begin{array}{l} f(-x,y) = -f(x,y), \\ f(x,-y) = -f(x,y). \end{array} \end{cases}$$

注：一般地，积分区域关于"某变量 =0"对称，则需要被积函数关于该变量具有奇偶性.

5. 利用轮换性计算二重积分

（1）若变量 x 和 y 互换后积分区域保持不变（即积分区域关于 $y = x$ 对称），则

$$\iint\limits_{D} f(x,y)\,\mathrm{d}x\mathrm{d}y = \iint\limits_{D} f(y,x)\,\mathrm{d}x\mathrm{d}y.$$

（2）若被积函数满足 $f(x,y) = f(y,x)$，D，D' 关于 $y = x$ 对称，则

$$\iint\limits_{D} f(x,y)\,\mathrm{d}x\mathrm{d}y = \iint\limits_{D'} f(x,y)\,\mathrm{d}x\mathrm{d}y.$$

如：$f(x,y) \in C(D)$，$D: \begin{cases} a \leqslant x \leqslant b, \\ a \leqslant y \leqslant b, \end{cases} \Rightarrow \iint\limits_{D} f(x,y)\,\mathrm{d}x\mathrm{d}y = \iint\limits_{D} f(y,x)\,\mathrm{d}x\mathrm{d}y.$

注：轮换性主要应用在正方形区域以及以原点为中心的圆形区域，遇见这两类区域时需要引起注意.

6. 利用分割区域计算二重积分

若被积函数含有一些特殊符号，例如：$|\ |$，max，min，sgn 等，这些符号会将积分区域分割成几片小区域，需要在不同小区域内使用不同的被积函数.

7. 二重积分与定积分之间的转换

这类题型多用于证明题，证明一侧是定积分，另一侧是二重积分，一般先尝试将二重积分改变积分次序看是否能化简；或者将定积分补成二重积分，增加 $\int_0^1 \mathrm{d}y$；

亦或者将定积分乘积中的一项改变其自变量符号，改写成二重积分.

◆ 二重积分的应用

1. 求曲顶柱体的体积，或者两个立体所围部分的体积

$$V = \iint\limits_{D} [f(x,y) - g(x,y)] \mathrm{d}\sigma.$$

2. 设曲面 $S: z = f(x,y)(x,y) \in D$，D 是曲面在 xOy 平面的投影区域，$f(x,y)$ 在 D 上有连续的一阶偏导，曲面 S 的面积 $A = \iint\limits_{D} \sqrt{1 + f_x^2 + f_y^2} \mathrm{d}\sigma$.

注：曲线 $y = f(x), a \leqslant x \leqslant b, (f(x) \geqslant 0)$ 绕 x 轴旋转一周形成的曲面的面积为 $A = \int_a^b 2\pi f(x) \sqrt{1 + f'(x)^2} \mathrm{d}x$.

3. 求非均匀薄片的重心：一平面薄片，占有 xOy 面上的闭区域 D，在点 (x,y) 处的面密度为 $\rho(x,y)$，假定 $\rho(x,y)$ 在 D 上连续，则平面薄片的重心为

$$\overline{x} = \frac{\iint\limits_{D} x\rho(x,y) \mathrm{d}\sigma}{\iint\limits_{D} \rho(x,y) \mathrm{d}\sigma}, \overline{y} = \frac{\iint\limits_{D} y\rho(x,y) \mathrm{d}\sigma}{\iint\limits_{D} \rho(x,y) \mathrm{d}\sigma}.$$

4. 均匀平面区域的形心：当薄片是均匀的，重心称为形心，坐标为

$$\overline{x} = \frac{1}{A} \iint\limits_{D} x \mathrm{d}\sigma, \overline{y} = \frac{1}{A} \iint\limits_{D} y \mathrm{d}\sigma. \text{ 其中}, A = \iint\limits_{D} \mathrm{d}\sigma.$$

5. 平面薄片的转动惯量：一平面薄片，占有 xOy 面上得闭区域 D，在点 (x,y) 处的面密度为 $\rho(x,y)$，假定 $\rho(x,y)$ 在 D 上连续，平面薄片对 x 轴和 y 轴的转动惯量分别为

薄片对于 x 轴的转动惯量：$I_x = \iint\limits_{D} y^2 \rho(x,y) \mathrm{d}\sigma$，

薄片对于 y 轴的转动惯量：$I_y = \iint\limits_{D} x^2 \rho(x,y) \mathrm{d}\sigma$.

2 典型例题与方法进阶

例1. 估计二重积分 $I = \iint\limits_{|x|+|y| \leqslant 1} \dfrac{\mathrm{d}\sigma}{1 + \sin^2 x + \cos^2 y}$ 的值.

解 因为被积函数在积分区域 $D: |x| + |y| \leqslant 1$ 上连续，由积分中值定理，存在 $(\xi, \eta) \in D$，使得

$$\iint\limits_{D} \frac{\mathrm{d}\sigma}{1 + \sin^2 x + \cos^2 y} = \frac{1}{1 + \sin^2 \xi + \cos^2 \eta} \cdot S(D),$$

其中，$S(D) = 2$. 又由于 $\dfrac{1}{3} \leqslant \dfrac{1}{1 + \sin^2 \xi + \cos^2 \eta} \leqslant 1$，因此 $\dfrac{2}{3} \leqslant I \leqslant 2$

评注：利用积分中值定理估计不等式，本质上就是估计被积函数取值的范围.

例2. 设区域 D 为中心在原点，半径为 r 的圆域，求极限

$$\lim_{r \to 0} \frac{1}{\pi r^2} \iint\limits_D e^{x^2-y^2} \cos(x+y) \mathrm{d}x\mathrm{d}y.$$

解　由于被积函数在积分区域上连续，因此由积分中值定理，在 D 上至少存在一点 (ξ, η)，使

$$\iint\limits_D e^{x^2-y^2} \cos(x+y) \mathrm{d}x\mathrm{d}y = e^{\xi^2-\eta^2} \cos(\xi+\eta) \pi r^2.$$

因为当 $r \to 0$ 时，$(\xi, \eta) \to (0,0)$，则

$$\lim_{r \to 0} \frac{1}{\pi r^2} \iint\limits_D e^{x^2-y^2} \cos(x+y) \mathrm{d}x\mathrm{d}y = \lim_{\substack{\xi \to 0 \\ \eta \to 0}} e^{\xi^2-\eta^2} \cos(\xi+\eta) = 1.$$

评注：利用积分中值定理可以将二重积分归结为被积函数在积分区域内某点的值.

例3. 计算 $\displaystyle\int_0^1 \mathrm{d}x \int_{x^2}^1 \frac{xy}{\sqrt{1+y^3}} \mathrm{d}y$.

解
$$\int_0^1 \mathrm{d}x \int_{x^2}^1 \frac{xy}{\sqrt{1+y^3}} \mathrm{d}y = \int_0^1 \mathrm{d}y \int_0^{\sqrt{y}} \frac{xy}{\sqrt{1+y^3}} \mathrm{d}x = \int_0^1 \frac{y}{\sqrt{1+y^3}} \left[\frac{x^2}{2}\right]\Big|_0^{\sqrt{y}} \mathrm{d}y$$

$$= \int_0^1 \frac{y^2}{2\sqrt{1+y^3}} \mathrm{d}y = \int_0^1 \frac{1}{6} \frac{1}{\sqrt{1+y^3}} \mathrm{d}y^3 = \frac{1}{3} \left[\sqrt{1+y^3}\right]\Big|_0^1.$$

评注：本题无法先对 y 求积分，因此需要交换积分次序.

例4. 设 $f(x,y)$ 连续，且 $f(x,y) = xy + \iint\limits_D f(u,v) \mathrm{d}u\mathrm{d}v$，其中，$D$ 是由曲线 $y = x^2$，直线 $y=0$，$x=1$ 所围成的区域，求 $f(x,y)$.

解　设 $A = \iint\limits_D f(u,v) \mathrm{d}u\mathrm{d}v$，则 $f(x,y) = xy + A$. 对 $f(x,y) = xy + A$，两边在 D 上求二重积分，有

$$A = \iint\limits_D xy\mathrm{d}x\mathrm{d}y + A\iint\limits_D \mathrm{d}x\mathrm{d}y,$$

而 $\displaystyle\iint\limits_D xy\mathrm{d}x\mathrm{d}y = \int_0^1 x\mathrm{d}x \int_0^{x^2} y\mathrm{d}y = \frac{1}{12}$. 因此，$A = \frac{1}{12} + \frac{1}{3}A$，从而 $A = \frac{1}{8}$，

故 $f(x,y) = xy + \frac{1}{8}$.

例5. 证明：$\displaystyle\int_0^a \mathrm{d}x \int_0^x f(y)\mathrm{d}y = \int_0^a (a-x)f(x)\mathrm{d}x \ (a > 0)$.

解　将左边的两次积分改变积分次序，它的积分域为 $\begin{cases} 0 \le x \le a, \\ 0 \le y \le x \end{cases}$ 可得

211

$$\int_0^a dx \int_0^x f(y) dy = \int_0^a dy \int_y^a f(y) dx = \int_0^a f(y)(a-y) dy = \int_0^a (a-x)f(x) dx.$$

例 6. 计算二重积分 $I = \iint\limits_{D} e^{-(x^2+y^2-\pi)} \sin(x^2+y^2) dxdy$，其中，$D = \{(x,y) \mid x^2+y^2 \leqslant \pi\}$.

解 $I = e^{\pi} \int_0^{2\pi} d\theta \int_0^{\sqrt{\pi}} re^{-r^2} \sin r^2 dr = \pi e^{\pi} \int_0^{\pi} e^{-t} \sin t dt, (t = r^2)$,

$$I = \frac{1}{2} \pi e^{\pi} (1 + e^{-\pi}),$$

$$\int_0^{\pi} e^{-t} \sin t dt = -\int_0^{\pi} e^{-t} \sin t de^{-t} = -[e^{-t} \sin t] \big|_0^{\pi} - \int_0^{\pi} e^{-t} \cos t dt$$

$$= -\int_0^{\pi} \cos t de^{-t} = -[e^{-t} \cos t] \big|_0^{\pi} + \int_0^{\pi} e^{-t} \sin t dt.$$

所以 $\int_0^{\pi} e^{-t} \sin t dt = \frac{1}{2}(1 + e^{-\pi})$.

例 7. 计算二重积分 $\iint\limits_{D} \dfrac{\sqrt{x^2+y^2}}{\sqrt{4a^2-x^2-y^2}} dxdy$，其中，$D$ 由曲线 $y = -a + \sqrt{a^2-x^2}$

$(a>0)$ 和直线 $y = -x$ 围成.

解 $I = \int_{-\frac{\pi}{4}}^0 d\theta \int_0^{-2a\sin\theta} \dfrac{r^2}{\sqrt{4a^2-r^2}} dr = \int_{-\frac{\pi}{4}}^0 d\theta \int_0^{-\theta} 2a^2(1-\cos 2t) dt$

$$= a^2 \left(\frac{\pi^2}{16} - \frac{1}{2} \right).$$

例 8. 计算 $I = \iint\limits_{D} e^{-(x^2+y^2)} \cos(x^2+y^2) dxdy$，其中，$D$ 是全平面.

解 取 D_R：$x^2+y^2 \leqslant R^2$，则当 $R \to +\infty$ 时，$D_R \to D$,

$$I = \lim_{R\to+\infty} \iint\limits_{D_R} e^{-(x^2+y^2)} \cos(x^2+y^2) dxdy = \lim_{R\to+\infty} \int_0^{2\pi} d\theta \int_0^R e^{-r^2} \cos r^2 \cdot rdr,$$

令 $t = r^2$，则 $I = \pi \lim_{R\to+\infty} \int_0^{R^2} e^{-t} \cos t dt = \pi \int_0^{+\infty} e^{-t} \cos t dt = \dfrac{\pi}{2}$.

例 9. 计算 $I = \iint\limits_{D} xy F''(x^2+y^2) dxdy$，其中，$D$：$x^2+y^2 \leqslant 1$，$x \geqslant 0$，$y \geqslant 0$，$F(x)$

在 $[0,1]$ 上具有连续的二阶导数.

解 利用极坐标变换

$$I = \int_0^{\frac{\pi}{2}} d\theta \int_0^1 r^2 \cos\theta\sin\theta F''(r^2) rdr = \int_0^{\frac{\pi}{2}} \cos\theta\sin\theta d\theta \int_0^1 r^3 F''(r^2) dr = \frac{1}{2} \int_0^1 r^3 F''(r^2) dr,$$

令 $t = r^2$，则

$$I = \frac{1}{4} \int_0^1 t F''(t) dt = \frac{1}{4} \int_0^1 t dF'(t) = \frac{1}{4} \left[F'(1) - \int_0^1 F'(t) dt \right]$$

$$= \frac{1}{4}\left[F'(1) - F(1) + F(0)\right].$$

评注：在被积函数括号中出现 $x^2 + y^2$，或者 $x^2 + y^2 + z^2$ 时，即提醒用相应的坐标系.

例 10. 设 $f(x)$ 为连续偶函数，证明：$\iint\limits_D f(x - y)\mathrm{d}x\mathrm{d}y = 2\int_0^{2a}\left[2a - u\right]f(u)\mathrm{d}u$，

其中，D 为正方形 $\begin{cases}|x| \leqslant a, \\ |y| \leqslant a,\end{cases} a > 0.$

证明　做变换 $x - y = u$，$x + y = v$，则 $J = \dfrac{\partial(u,v)}{\partial(x,y)} = \begin{vmatrix} 1 & -1 \\ 1 & 1 \end{vmatrix} = 2$，故 $\mathrm{d}x\mathrm{d}y = \dfrac{1}{2}\mathrm{d}u\mathrm{d}v$，$xOy$ 平面上的积分区域 D 变为 uOv 平面上的区域 D_1：$|u| + |v| \leqslant 2a$，故

$$\iint\limits_D f(x-y)\mathrm{d}x\mathrm{d}y = \iint\limits_{D_1} f(u)\frac{1}{2}\mathrm{d}u\mathrm{d}v.$$ 又由于 $f(u)$ 是偶函数，积分区域 D_1 关于 v 轴对称，

所以 $\iint\limits_{D_1} f(u)\dfrac{1}{2}\mathrm{d}u\mathrm{d}v = \iint\limits_{D_2} f(u)\mathrm{d}u\mathrm{d}v$，其中，$D_2$ 是 D_1 的右半部分区域. 于是

$$\iint\limits_D f(x - y)\mathrm{d}x\mathrm{d}y = \iint\limits_{D_2} f(u)\mathrm{d}u\mathrm{d}v = \int_0^{2a}\mathrm{d}u\int_{u-2a}^{2a-u} f(u)\mathrm{d}v = 2\int_0^{2a}\left[2a - u\right]f(u)\mathrm{d}u.$$

例 11. 计算 $\iint\limits_D \sqrt{1 - \dfrac{x^2}{a^2} - \dfrac{y^2}{b^2}}\mathrm{d}x\mathrm{d}y$，其中，$D$ 是由椭圆 $\dfrac{x^2}{a^2} + \dfrac{y^2}{b^2} = 1$ 所围成的闭区域.

解　做广义极坐标变换：$\begin{cases} x = a\rho\cos\theta, \\ y = b\rho\sin\theta, \end{cases}$ 则 $J(u,v) = \dfrac{\partial(x,y)}{\partial(\rho,\theta)} = \begin{vmatrix} \dfrac{\partial x}{\partial \rho} & \dfrac{\partial x}{\partial \theta} \\ \dfrac{\partial y}{\partial \rho} & \dfrac{\partial y}{\partial \theta} \end{vmatrix} = ab\rho,$

与 D 对应的闭区域为 $D' = \{(\rho,\theta)\,|\,0 \leqslant \rho \leqslant 1, 0 \leqslant \theta \leqslant 2\pi\}$，故

$$\iint\limits_D \sqrt{1 - \frac{x^2}{a^2} - \frac{y^2}{b^2}}\mathrm{d}x\mathrm{d}y = \int_0^{2\pi}\mathrm{d}\theta\int_0^1 \sqrt{1 - \rho^2}\,ab\rho\mathrm{d}\rho = \frac{2}{3}ab\pi.$$

例 12. 设区域 $D = \{(x,y)\,|\,x^2 + y^2 \leqslant 1, x \geqslant 0\}$，计算二重积分

$$\iint\limits_D \frac{1 + xy}{1 + x^2 + y^2}\mathrm{d}x\mathrm{d}y.$$

解　$\iint\limits_D \dfrac{1}{1 + x^2 + y^2}\mathrm{d}x\mathrm{d}y = 2\iint\limits_{D_1} \dfrac{1}{1 + x^2 + y^2}\mathrm{d}x\mathrm{d}y = 2\int_0^{\frac{\pi}{2}}\mathrm{d}\theta\int_0^1 \dfrac{r}{1 + r^2}\mathrm{d}r = \dfrac{\pi\ln 2}{2},$

同时 $\iint\limits_D \dfrac{xy}{1 + x^2 + y^2}\mathrm{d}x\mathrm{d}y = 0$，故

$$\iint_D \frac{1+xy}{1+x^2+y^2}\mathrm{d}x\mathrm{d}y = \frac{\pi\ln2}{2}.$$

例 13. 求二重积分 $\iint_D y(1 + x\mathrm{e}^{\frac{1}{2}(x^2+y^2)})\mathrm{d}x\mathrm{d}y$ 的值，其中，D 是直线 $y = x$，$y = -1$ 及 $x = 1$ 围成的平面区域.

解 $\iint_D y(1 + x\mathrm{e}^{\frac{1}{2}(x^2+y^2)})\mathrm{d}x\mathrm{d}y = \iint_D y\mathrm{d}x\mathrm{d}y + \iint_D xy\mathrm{e}^{\frac{1}{2}(x^2+y^2)}\mathrm{d}x\mathrm{d}y,$

$$\iint_D y\mathrm{d}x\mathrm{d}y = \int_{-1}^{1}\mathrm{d}y\int_{y}^{1}\mathrm{d}x = \int_{-1}^{1}y(1-y)\mathrm{d}y = -\frac{2}{3},$$

$$\iint_D xy\mathrm{e}^{\frac{1}{2}(x^2+y^2)}\mathrm{d}x\mathrm{d}y = \int_{-1}^{1}y\mathrm{d}y\int_{y}^{1}x\mathrm{e}^{\frac{1}{2}(x^2+y^2)}\mathrm{d}x = \int_{-1}^{1}y[\mathrm{e}^{\frac{1}{2}(1+y^2)} - \mathrm{e}^{y^2}]\mathrm{d}y = 0,$$

故 $\iint_D y[1 + x\mathrm{e}^{\frac{1}{2}(x^2+y^2)}]\mathrm{d}x\mathrm{d}y = -\frac{2}{3}.$

例 14. 设 D：$x^2+y^2 \leqslant R^2$，计算 $\iint_D \left(\frac{x^2}{a^2} + \frac{y^2}{b^2}\right)\mathrm{d}x\mathrm{d}y.$

解 由轮换性 $\iint_D x^2\mathrm{d}x\mathrm{d}y = \iint_D y^2\mathrm{d}x\mathrm{d}y$，故

$$\iint_D \left(\frac{x^2}{a^2} + \frac{y^2}{b^2}\right)\mathrm{d}x\mathrm{d}y = \frac{1}{a^2}\iint_D x^2\mathrm{d}x\mathrm{d}y + \frac{1}{b^2}\iint_D y^2\mathrm{d}x\mathrm{d}y = \left(\frac{1}{a^2} + \frac{1}{b^2}\right)\iint_D x^2\mathrm{d}x\mathrm{d}y$$

$$= \frac{1}{2}\left(\frac{1}{a^2} + \frac{1}{b^2}\right)\iint_D (x^2+y^2)\mathrm{d}x\mathrm{d}y = \frac{1}{2}\left(\frac{1}{a^2} + \frac{1}{b^2}\right)\int_{0}^{2\pi}\mathrm{d}\theta\int_{0}^{R}r^3\mathrm{d}r = \frac{\pi R^2}{4}\left(\frac{1}{a^2} + \frac{1}{b^2}\right).$$

例 15. 设 $f(x) \in \mathrm{C}[0,1]$，试证：$\int_{0}^{1}\mathrm{e}^{f(x)}\mathrm{d}x\int_{0}^{1}\mathrm{e}^{-f(x)}\mathrm{d}x \geqslant 1.$

证明 $I = \int_{0}^{1}\mathrm{e}^{f(x)}\mathrm{d}x\int_{0}^{1}\mathrm{e}^{-f(x)}\mathrm{d}x = \int_{0}^{1}\mathrm{e}^{f(x)}\mathrm{d}x\int_{0}^{1}\mathrm{e}^{-f(y)}\mathrm{d}y = \iint_D \mathrm{e}^{f(x)-f(y)}\mathrm{d}x\mathrm{d}y,$

$$D: 0 \leqslant x \leqslant 1, 0 \leqslant y \leqslant 1.$$

由于 $\mathrm{e}^x \geqslant 1+x$，$x \in (-\infty, +\infty)$，（仅当 $x = 0$ 时等号成立）故

$$I = \iint_D \mathrm{e}^{f(x)-f(y)}\mathrm{d}x\mathrm{d}y \geqslant \iint_D [1 + f(x) - f(y)]\mathrm{d}x\mathrm{d}y = \iint_D \mathrm{d}x\mathrm{d}y + \iint_D f(x)\mathrm{d}x\mathrm{d}y - \iint_D f(y)\mathrm{d}x\mathrm{d}y = 1,$$

即 $\int_{0}^{1}\mathrm{e}^{f(x)}\mathrm{d}x\int_{0}^{1}\mathrm{e}^{-f(x)}\mathrm{d}x \geqslant 1.$

例 16. 设区域 $D = \{(x,y) \mid x^2+y^2 \leqslant 4, x \geqslant 0, y \geqslant 0\}$，$f(x)$ 为 D 上的正值连续函数，a，b 为常数，求

$$\iint\limits_{D} \frac{a\sqrt{f(x)} + b\sqrt{f(y)}}{\sqrt{f(x)} + \sqrt{f(y)}}d\sigma.$$

解 由轮换对称性，有

$$\iint\limits_{D} \frac{a\sqrt{f(x)} + b\sqrt{f(y)}}{\sqrt{f(x)} + \sqrt{f(y)}}d\sigma = \iint\limits_{D} \frac{a\sqrt{f(y)} + b\sqrt{f(x)}}{\sqrt{f(y)} + \sqrt{f(x)}}d\sigma$$

$$= \frac{1}{2}\iint\limits_{D}\left[\frac{a\sqrt{f(x)} + b\sqrt{f(y)}}{\sqrt{f(x)} + \sqrt{f(y)}} + \frac{a\sqrt{f(y)} + b\sqrt{f(x)}}{\sqrt{f(y)} + \sqrt{f(x)}}\right]d\sigma$$

$$= \frac{a+b}{2}\iint\limits_{D}d\sigma = \frac{a+b}{2}\cdot\frac{1}{4}\pi\cdot 2^2 = \frac{a+b}{2}\pi.$$

例 17. 设 $f(x), g(x) \in C[0,1]$，且都是单调减少的，证明：

$$\int_0^1 f(x)g(x)dx \geq \int_0^1 f(x)dx \int_0^1 g(x)dx$$

证明 利用轮换对称性，令 $I = \int_0^1 f(x)g(x)dx - \int_0^1 f(x)dx\int_0^1 g(x)dx$，只需证 $I \geq 0$.

$$I = \int_0^1 f(x)g(x)dx\int_0^1 dy - \int_0^1 f(x)dx\int_0^1 g(y)dy = \iint\limits_{D}[f(x)g(x) - f(x)g(y)]dxdy$$

$$= \iint\limits_{D}f(x)[g(x) - g(y)]dxdy = \iint\limits_{D}f(y)[g(y) - g(x)]dxdy.$$

设 D：$\begin{cases}0 \leq x \leq 1, \\ 0 \leq y \leq 1\end{cases}$ 则

$$2I = \iint\limits_{D}f(x)[g(x) - g(y)]dxdy + \iint\limits_{D}f(y)[g(y) - g(x)]dxdy$$

$$= \iint\limits_{D}[f(x) - f(y)][g(x) - g(y)]dxdy.$$

由于 $f(x), g(x)$ 在 $[0,1]$ 上均是单调递减的，故 $[f(x) - f(y)][g(x) - g(y)] \geq 0$，因此

$$2I = \iint\limits_{D}[f(x) - f(y)][g(x) - g(y)]dxdy \geq 0, \text{即} \int_0^1 f(x)g(x)dx \geq \int_0^1 f(x)dx\int_0^1 g(x)dx.$$

例 18. 计算二重积分 $\iint\limits_{D}|x^2 + y^2 - 1|d\sigma$，其中 $D = \{(x,y) \mid 0 \leq x \leq 1, 0 \leq y \leq 1\}$.

解 原式 $= \iint\limits_{D_1}(1 - x^2 - y^2)d\sigma + \iint\limits_{D_2}(x^2 + y^2 - 1)d\sigma$，

$$\iint\limits_{D_1}(1 - x^2 - y^2)d\sigma = \int_0^{\frac{\pi}{2}}d\theta\int_0^1(1 - r^2)rdr = \frac{\pi}{8},$$

$$\iint\limits_{D_2} (x^2 + y^2 - 1)\,\mathrm{d}\sigma = \int_0^1 \mathrm{d}x \int_{\sqrt{1-x^2}}^1 (x^2 + y^2 - 1)\,\mathrm{d}y$$

$$= \int_0^1 (x^2 - \frac{2}{3})\,\mathrm{d}x + \frac{2}{3} \int_0^1 (1 - x^2)^{\frac{3}{2}}\,\mathrm{d}x = -\frac{1}{3} + \frac{\pi}{8},$$

因此 $\iint\limits_{D} |x^2 + y^2 - 1|\,\mathrm{d}\sigma = -\frac{1}{3} + \frac{\pi}{4}$.

例 19. $f(x) \in \mathrm{C}[0,1] \Rightarrow \int_0^1 \mathrm{d}x \int_x^1 f(x)f(y)\,\mathrm{d}y = \frac{1}{2} \left[\int_0^1 f(x)\,\mathrm{d}x \right]^2$.

证明 （方法一）设 $\int_0^1 f(x)\,\mathrm{d}x = A$，变换积分次序，可得

$$I = \int_0^1 \mathrm{d}x \int_x^1 f(x)f(y)\,\mathrm{d}y = \int_0^1 \mathrm{d}y \int_0^y f(x)f(y)\,\mathrm{d}x = \int_0^1 f(x)\,\mathrm{d}x \int_0^x f(y)\,\mathrm{d}y,$$

故

$$2I = \int_0^1 f(x)\,\mathrm{d}x \int_x^1 f(y)\,\mathrm{d}y + \int_0^1 f(x)\,\mathrm{d}x \int_0^x f(y)\,\mathrm{d}y = \int_0^1 f(x)\,\mathrm{d}x \left[\left(\int_0^x + \int_x^1 \right) f(y)\,\mathrm{d}y \right]$$

$$= \int_0^1 f(x)\,\mathrm{d}x \int_0^1 f(y)\,\mathrm{d}y = A^2,$$

因此 $\int_0^1 \mathrm{d}x \int_x^1 f(x)f(y)\,\mathrm{d}y = \frac{1}{2} \left[\int_0^1 f(x)\,\mathrm{d}x \right]^2$.

（方法二）令 $F(x) = \int_0^x f(t)\,\mathrm{d}t$，则 $F(1) = \int_0^1 f(t)\,\mathrm{d}t$，$F(0) = 0$

$$\int_0^1 \mathrm{d}x \int_x^1 f(x)f(y)\,\mathrm{d}y = \int_0^1 f(x)\,\mathrm{d}x \int_x^1 \mathrm{d}F(y) = \int_0^1 f(x) \left[F(y) \right] \Big|_x^1 \mathrm{d}x$$

$$= \int_0^1 f(x) \left[F(1) - F(x) \right]\,\mathrm{d}x$$

$$= \left[\int_0^1 f(x)\,\mathrm{d}x \right]^2 - \int_0^1 F(x)f(x)\,\mathrm{d}x$$

$$= \left[\int_0^1 f(x)\,\mathrm{d}x \right]^2 - \frac{1}{2} \left[F^2(x) \right] \Big|_0^1 = \frac{1}{2} \left[\int_0^1 f(x)\,\mathrm{d}x \right]^2.$$

例 20. 在 $0 \leqslant x \leqslant 1$，$0 \leqslant y \leqslant 1$ 上函数 $k(x,y)$ 是正的且连续的，在 $0 \leqslant x \leqslant 1$ 上函数 $f(x)$ 和 $g(x)$ 是正的且连续的，假设对于所有满足 $0 \leqslant x \leqslant 1$ 的 x 有 $\int_0^1 f(y)$ $k(x,y)\,\mathrm{d}y = g(x)$ 和 $\int_0^1 g(y)k(x,y)\,\mathrm{d}y = f(x)$，证明：对于 $0 \leqslant x \leqslant 1$ 有 $f(x) = g(x)$.

证明 对于 $0 \leqslant x \leqslant 1$ 有

$$f(x) = \int_0^1 g(t)k(x,t)\,\mathrm{d}t = \int_0^1 \int_0^1 f(y)k(t,y)k(x,t)\,\mathrm{d}y\mathrm{d}t = \int_0^1 f(y)L(x,y)\,\mathrm{d}y, \quad (1)$$

其中，对于 $0 \leqslant x \leqslant 1$，$0 \leqslant y \leqslant 1$ 有 $L(x,y) = \int_0^1 k(x,t)k(t,y)\,\mathrm{d}t$，类似地，有

$$g(x) = \int_0^1 g(y)L(x,y)\,\mathrm{d}y. \tag{2}$$

由于当 $0 \le x \le 1$ 时，由式(1)得，$\int_0^1 \dfrac{L(x,y)f(y)}{f(x)}\,\mathrm{d}y = 1$ \qquad (3)

将式(2)两边同时除以 $f(x)$ 得 $\dfrac{g(x)}{f(x)} = \int_0^1 \dfrac{g(y)L(x,y)}{f(x)}\,\mathrm{d}y = \int_0^1 \dfrac{L(x,y)f(y)}{f(x)} \cdot$

$\dfrac{g(y)}{f(y)}\,\mathrm{d}y$，由式(3)知 $\dfrac{L(x,y)f(y)}{f(x)}$ 不含 x，所以 $\int_0^1 \dfrac{L(x,y)f(y)}{f(x)} \cdot \dfrac{g(y)}{f(y)}\,\mathrm{d}y$ 为常数，因而

即得 $\dfrac{g}{f} = c$ 为一个常数. 这样 $g(x) = cf(x) = c\int_0^1 g(y)k(x,y)\,\mathrm{d}y = c^2 \int_0^1 f(y)$

$k(x,y)\,\mathrm{d}y = c^2 g(x)$，因而 $c = 1$，即 $f(x) = g(x)$.

例21. 设 $f(x,y)$ 在单位圆上有连续偏导数，且在边界上取值为 0，求证

$$\lim_{\varepsilon \to 0} \frac{-1}{2\pi} \iint_D \frac{xf'_x + yf'_y}{x^2 + y^2}\,\mathrm{d}x\mathrm{d}y = f(0,0).$$

其中，$D: \varepsilon^2 \le x^2 + y^2 \le 1$ \quad ($\varepsilon > 0$).

证明 设 $x = r\cos\theta$，$y = r\sin\theta$，则 $\dfrac{\partial f}{\partial r} = \dfrac{\partial f}{\partial x}\cos\theta + \dfrac{\partial f}{\partial y}\sin\theta$，$r\dfrac{\partial f}{\partial r} = \dfrac{\partial f}{\partial x}x + \dfrac{\partial f}{\partial y}y$. 于是

$$\iint_D \frac{xf'_x + yf'_y}{x^2 + y^2}\,\mathrm{d}x\mathrm{d}y = \int_0^{2\pi}\mathrm{d}\theta \int_\varepsilon^1 \frac{r\dfrac{\partial f}{\partial r}}{r^2} \cdot r\,\mathrm{d}r$$

$$= \int_0^{2\pi} f(\cos\theta, \sin\theta)\,\mathrm{d}\theta - \int_0^{2\pi} f(\varepsilon\cos\theta, \varepsilon\sin\theta)\,\mathrm{d}\theta = -\int_0^{2\pi} f(\varepsilon\cos\theta, \varepsilon\sin\theta)\,\mathrm{d}\theta.$$

故

$$\lim_{\varepsilon \to 0} \frac{-1}{2\pi} \iint_D \frac{xf'_x + yf'_y}{x^2 + y^2}\,\mathrm{d}x\mathrm{d}y = \frac{1}{2\pi}\lim_{\varepsilon \to 0} \int_0^{2\pi} f(\varepsilon\cos\theta, \varepsilon\sin\theta)\,\mathrm{d}\theta$$

$$= \frac{1}{2\pi}\lim_{\varepsilon \to 0} f(\varepsilon\cos\theta, \varepsilon\sin\theta) \cdot 2\pi = f(0,0).$$

例22. 计算二重积分 $\iint_D (5x + 3y)\,\mathrm{d}x\mathrm{d}y$，其中，$D$ 是由曲线 $x^2 + y^2 + 2x - 4y - 4 = 0$ 所围成的平面区域.

解 $I = 5\iint_D x\,\mathrm{d}x\mathrm{d}y + 3\iint_D y\,\mathrm{d}x\mathrm{d}y$，形心坐标为 $\bar{x} = \dfrac{1}{A}\iint_D x\,\mathrm{d}x\mathrm{d}y$，$\bar{y} = \dfrac{1}{A}\iint_D y\,\mathrm{d}x\mathrm{d}y$，由于积分区域为圆：

$$(x+1)^2 + (y-2)^2 \le 3^2,$$

其形心坐标为 $\bar{x} = -1$，$\bar{y} = 2$，面积为 $A = 9\pi$，故

$$I = 5 \cdot \bar{x}A + 3 \cdot \bar{y}A = [5 \cdot (-1) + 3 \cdot 2] \cdot A = 9\pi.$$

例23. 一平面均匀薄片是由抛物线 $y = a(1 - x^2)$ ($a > 0$) 及 x 轴所围成的，现要求此薄片以 $(1,0)$ 为支点向右方倾斜时，只要倾斜角不超过 $45°$，则该薄片便不会

向右翻倒，问参数 a 最大不能超过多少？

解 计算均匀薄片的重心坐标为

$$\bar{x} = 0, \bar{y} = \frac{\iint\limits_{D} y\mathrm{d}\sigma}{\iint\limits_{D} \mathrm{d}\sigma} = \frac{2\int_0^1 \mathrm{d}x \int_0^{a(1-x^2)} y\mathrm{d}y}{2\int_0^1 \mathrm{d}x \int_0^{a(1-x^2)} \mathrm{d}y} = \frac{2a}{5}.$$

故倾斜前薄片的重心在 $P\left(0, \dfrac{2a}{5}\right)$，点 P 与点 $(1,0)$ 的距离为 $\sqrt{\left(\dfrac{2a}{5}\right)^2 + 1}$，薄片不翻倒的临界位置的质心在点 $\left(1, \sqrt{\left(\dfrac{2a}{5}\right)^2 + 1}\right)$，此时薄片底边中心点在

$\left(1 - \dfrac{\sqrt{2}}{2}, \dfrac{\sqrt{2}}{2}\right)$ 处，有斜率 $\dfrac{\sqrt{\left(\dfrac{2a}{5}\right)^2 + 1} - \dfrac{\sqrt{2}}{2}}{1 - \left(1 - \dfrac{\sqrt{2}}{2}\right)} = \tan 45° = 1$，解得 $a = \dfrac{5}{2}$，故 a 最大不能

超过 $\dfrac{5}{2}$.

例 24. 求正弦曲线 $y = \sin x$ 由 $x_1 = 0$ 到 $x_2 = \dfrac{\pi}{2}$ 一段绕 x 轴旋转一周而成的曲面面积.

解
$$A = \int_0^{\frac{\pi}{2}} 2\pi \sin x \sqrt{1 + \cos^2 x}\,\mathrm{d}x$$

$$= -2\pi\left[\frac{\cos x \sqrt{1 + \cos^2 x}}{2} + \frac{1}{2}\ln(\cos x + \sqrt{1 + \cos^2 x})\right]\Big|_0^{\frac{\pi}{2}}$$

$$= \pi\left[\sqrt{2} + \ln(1 + \sqrt{2})\right].$$

评注： 求旋转曲面的面积，可直接用定积分，亦可在得到旋转曲面方程后用二重积分.

3 本节练习

(A 组)

1. 估计积分 I 的值：$I = \iint\limits_{D}(x + xy - x^2 - y^2)\mathrm{d}x\mathrm{d}y, D: 0 \leq x \leq 1, 0 \leq y \leq 2$.

2. 设 D 是区域 $x^2 + y^2 \leq 1$，证明不等式：

$$\frac{61}{165}\pi \leq \iint\limits_{D}\sin\sqrt{(x^2 + y^2)^3}\,\mathrm{d}x\mathrm{d}y \leq \frac{2}{5}\pi.$$

3. 计算二重积分 $\int_0^2 \mathrm{d}x \int_x^2 e^{-y^2}\mathrm{d}y$.

4. 设连续函数 $f(x,y)$ 满足 $f(x,y) = |x|e^y - x\cos(xy) + \iint\limits_{D} f(x,y)\mathrm{d}x\mathrm{d}y$，其中，$D$ 是由曲线 $y = |x|$ 及 $y = x^2$ 围成的平面有界区域，求 $f(x,y)$.

5. 设函数 $f(x)$ 在 $[0,1]$ 上连续，证明：$\int_0^1 \left(\int_{x^2}^{\sqrt{x}} f(y)\mathrm{d}y \right)\mathrm{d}x = \int_0^1 (\sqrt{x} - x^2)f(x)\mathrm{d}x$.

6. 证明：$\int_a^b \mathrm{d}x \int_a^x (x-y)^{n-2}f(y)\mathrm{d}y = \dfrac{1}{n-1}\int_a^b (b-y)^{n-1}f(y)\mathrm{d}y$.

7. 计算 $\iint\limits_{D} \sqrt{x^2+y^2}\mathrm{d}\sigma$. 其中，$D$ 是由心形线 $r = a(1+\cos\theta)$ 和圆 $r = a$ 围成的区域（取圆外部）.

8. 求 $\iint\limits_{D} (\sqrt{x^2+y^2} + y)\mathrm{d}\sigma$，其中，$D$ 是由圆 $x^2+y^2=4$ 和 $(x+1)^2+y^2=1$ 所围成的平面区域.

9. 设函数 $f(x)$ 连续，$f(0) = 1$，令 $F(t) = \iint\limits_{x^2+y^2 \leqslant t^2} f(x^2+y^2)\mathrm{d}x\mathrm{d}y$ $(t \geqslant 0)$，求 $F''(0)$.

10. 设 m 及 n 为正整数且其中至少有一个是奇数，证明：$\iint\limits_{x^2+y^2 \leqslant a^2} x^m y^n \mathrm{d}x\mathrm{d}y = 0$.

11. 求 $I = \iint\limits_{D} |xy|\mathrm{d}x\mathrm{d}y$，其中 D 为 $|x|+|y| \leqslant 1$.

12. 设 D 是 xOy 平面上以 $(1,1)$，$(-1,1)$ 和 $(-1,-1)$ 为顶点的三角形区域，D_1 是 D 在第一象限的部分，求 $\iint\limits_{D} (xy + \cos x \sin y)\mathrm{d}x\mathrm{d}y$.

13. 设函数 $f(x)$ 连续且 $f(x) > 0$，证明：$\int_a^b f(x)\mathrm{d}x \int_a^b \dfrac{1}{f(x)}\mathrm{d}x \geqslant (b-a)^2$.

14. 设 $D = \{(x,y) \mid x^2+y^2 \leqslant \sqrt{2}, x \geqslant 0, y \geqslant 0\}$，计算 $\iint\limits_{D} xy[1 + x^2 + y^2]\mathrm{d}x\mathrm{d}y$.

15. 设函数 $f(x,y) = \begin{cases} x^2, & |x|+|y| \leqslant 1, \\ \dfrac{1}{\sqrt{x^2+y^2}}, & 1 < |x|+|y| \leqslant 2, \end{cases}$ 计算二重积分 $\iint\limits_{D} f(x,y)\mathrm{d}\sigma$，其中，$D = \{(x,y) \mid |x|+|y| \leqslant 2\}$.

16. 计算二重积分 $\iint\limits_{D} (x+y)\mathrm{d}x\mathrm{d}y$，其中，$D = \{(x,y) \mid x^2+y^2 \leqslant x+y+1\}$.

17. 求曲面 $z = x^2+y^2+1$ 点 $P_0(1,-1,3)$ 处的切平面与曲面 $z = x^2+y^2$ 所围成的立体的体积.

（B 组）

1. 设 D 是由 $y = x^3$，$y = 1$，$x = -1$ 所围成的区域，$f(u)$ 为连续函数，计算 $\iint\limits_{D} x[1 + yf(x^2 + y^2)]\mathrm{d}x\mathrm{d}y$.

2. 设 $f(x,y)$ 在区域 D：$0 \leqslant x \leqslant 1$，$0 \leqslant y \leqslant 1$ 上连续，$f(0,0) = 0$，且在点 $(0, 0)$ 处 $f(x,y)$ 可微，求

$$I = \lim_{x \to 0^+} \frac{\displaystyle\int_0^{x^2} \mathrm{d}t \int_{\sqrt{t}}^{x} f(t,u)\,\mathrm{d}u}{1 - \mathrm{e}^{\frac{-x^4}{4}}}.$$

3. 计算 $\iint\limits_{D} \mathrm{e}^{\frac{y-x}{y+x}}\mathrm{d}x\mathrm{d}y$，其中，$D$ 是由 $x = 0$，$y = 0$，$x + y = 2$ 所围成的闭区域.

4. 计算二重积分 $I = \iint\limits_{D} \dfrac{(x+y)\ln\left(1 + \dfrac{y}{x}\right)}{\sqrt{1 - x - y}}\mathrm{d}x\mathrm{d}y$，其中，区域 D 是由直线 $x + y = 1$ 与两个坐标轴所围三角形区域.

5. 计算 $I = \iint\limits_{D} \sqrt{1 - \sin^2(x+y)}\,\mathrm{d}\sigma$，$D$ 是 $y = x$，$y = 0$，$x = \dfrac{\pi}{2}$ 所围区域.

6. 若 $f(x) \in \mathrm{C}[a,b]$，证明：$\iint\limits_{D} f(x)f(1-y)\mathrm{d}x\mathrm{d}y = \dfrac{1}{2}\left[\int_0^1 f(x)\mathrm{d}x\right]^2$ （D 是 $(0,0),(0,1),(1,0)$ 为顶点的三角形）.

7. 证明：$\int_0^1 \mathrm{d}x \int_0^1 (xy)^{xy}\mathrm{d}y = \int_0^1 y^y\mathrm{d}y$.

4 竞赛实战

（A 组）

1. （第四届江苏省赛）设 D：$|x| \leqslant 1$，$|y| \leqslant 1$，则 $\iint\limits_{D} |y - x|\mathrm{d}x\mathrm{d}y = $ _____ .

2. （第五届江苏省赛）设在区间 $[a,b]$ 上 $f(x)$ 连续且大于 0，试用二重积分证明不等式

$$\int_a^b f(x)\mathrm{d}x \cdot \int_a^b \frac{\mathrm{d}x}{f(x)} \geqslant (b-a)^2.$$

3. （第五届江苏省赛）已知两个球的半径分别是 a 和 b （$a > b$），且小球球心在大球球面上，试求小球在大球内的那一部分的体积.

4. （第六届江苏省赛）交换积分次序 $\int_0^1 \mathrm{d}x \int_{x^2}^{3-x} f(x,y)\mathrm{d}y = $ _____ .

5. （第七届江苏省赛）设 $f(x) = \begin{cases} x, & 0 \leqslant x \leqslant 1, \\ 0, & \text{其他,} \end{cases}$ D 为 $-\infty < x < +\infty$，$-\infty <$

$y < +\infty$，则 $\iint\limits_{D} f(y)f(x+y)\mathrm{d}x\mathrm{d}y =$ _____．

6. （第九届江苏省赛）设 D 为 $y = x$，$x = 0$，$y = 1$ 所围成的区域，则 $\iint\limits_{D} \arctan y \mathrm{d}x\mathrm{d}y =$ _____．

7. （第九届江苏省赛）求 $\lim\limits_{t\to 0+} \dfrac{1}{t^6} \int_0^t \mathrm{d}x \int_x^t \sin(xy)^2\mathrm{d}y$．

8. （第十届江苏省赛）求二重积分 $\iint\limits_{D}(\cos^2 x + \sin^2 y)\mathrm{d}x\mathrm{d}y$，其中，$D:x^2 + y^2 \leqslant 1$．

9. （第十二届江苏省赛）（1）计算积分 $\int_0^2 \mathrm{d}x \int_0^{\sqrt{2x-x^2}} \sqrt{2x - x^2 - y^2}\mathrm{d}y$．

（2）求锥面 $z = \sqrt{x^2 + y^2}$ 被圆柱面 $x^2 + y^2 = 2ax$，（$a > 0$）截下的曲面的面积．

10. （第十三届江苏省赛）求二重积分 $\iint\limits_{D}|x^2 + y^2 - x|\mathrm{d}x\mathrm{d}y$．其中，$D:\{(x,y)\big|0\leqslant y\leqslant 1-x,0\leqslant x\leqslant 1\}$．

11. （第一届国家预赛）计算 $\iint\limits_{D}\dfrac{(x+y)\ln(1+\dfrac{y}{x})}{\sqrt{1-x-y}}\mathrm{d}x\mathrm{d}y =$ _____，其中，区域 D 是由直线 $x + y = 1$ 与两坐标轴所围的三角形区域．

12. （第三届国家决赛）求曲面 $x^2 + y^2 = az$ 和 $z = 2a - \sqrt{x^2 + y^2}$（$a > 0$）所围立体的表面积．

13. （第五届国家决赛）计算积分 $\int_0^{2\pi} x\mathrm{d}x \int_x^{2\pi} \dfrac{\sin^2 t}{t^2}\mathrm{d}t$．

14. （第六届国家预赛）设一球缺高为 h，所在球半径为 R．证明：该球缺的体积为 $\dfrac{\pi}{3}(3R - h)h^2$，球冠的面积为 $2\pi Rh$．

15. （第六届国家决赛）设 D 是平面上由光滑封闭曲线围成的有界区域，其面积为 $A > 0$，函数 $f(x,y)$ 在该区域及边界上连续，且 $f(x,y) > 0$，记 $J_n = \left(\dfrac{1}{A}\iint\limits_{D} f^{\frac{1}{n}}(x,y)\mathrm{d}\sigma\right)^n$，则极限 $\lim\limits_{n\to\infty} J_n =$ _____．

16. （第七届国家预赛）曲面 $z = x^2 + y^2 + 1$ 在点 $M(1,-1,3)$ 的切平面与曲面 $z = x^2 + y^2$ 所围区域的体积是_____．

17. （第七届国家决赛）设 $D:1\leqslant x^2 + y^2 \leqslant 4$，则积分 $I = \iint\limits_{D}(x + y^2)\mathrm{e}^{-(x^2+y^2-4)}\mathrm{d}x\mathrm{d}y$ 的值是_____．

（B 组）

1. （第一届江苏省赛）求由曲面 $x^2 + y^2 = cz$，$x^2 - y^2 = \pm a^2$，$xy = \pm b^2$ 和 $z = 0$ 围成的区域的体积（其中 a，b，c 为实数）.

2. （第七届江苏省赛）设 D：$x^2 + y^2 \leq 4x$，$y \leq -x$. 在 D 的边界 $y = -x$ 上任取点 P，设 P 到原点的距离为 t，作 PQ 垂直于 $y = -x$，交 D 的边界 $x^2 + y^2 = 4x$ 于 Q.

（1）试将 P，Q 的距离 $|PQ|$ 表示为 t 的函数；

（2）求 D 绕 $y = -x$ 旋转一周的旋转体体积.

3. （第十四届江苏省赛）设 $f(x) = \begin{cases} x, & 0 \leq x \leq 2, \\ 0, & x < 0, \ x > 2, \end{cases}$ 试求二重积分

$$\iint_{\mathbf{R}^2} \frac{f(x+y)}{f(\sqrt{x^2 + y^2})} \mathrm{d}x\mathrm{d}y.$$

4. （第三届国家决赛）设 D 为椭圆形 $\dfrac{x^2}{a^2} + \dfrac{y^2}{b^2} \leq 1$（$a > b > 0$），面密度为 ρ 的均质薄板；l 为通过椭圆焦点 $(-c, 0)$，（其中 $c^2 = a^2 - b^2$）垂直于薄板的旋转轴.

（1）求薄板 D 绕 l 旋转的转动惯量 J；

（2）对于固定的转动惯量，讨论椭圆薄板的面积是否有最大值和最小值.

5. （第四届国家决赛）求 $I = \displaystyle\iint_{x^2 + y^2 \leq 1} |x^2 + y^2 - x - y| \mathrm{d}x\mathrm{d}y.$

6. （第五届国家决赛）设 $D = \{(x, y) \mid 0 \leq x \leq 1, 0 \leq y \leq 1\}$，$I = \displaystyle\iint_D f(x, y) \mathrm{d}x\mathrm{d}y$，其中函数 $f(x, y)$ 在 D 上有连续二阶偏导数，若对任何 x, y 有 $f(0, y) = f(x, 0)$ 且 $\dfrac{\partial^2 f}{\partial x \partial y} \leq A$. 证明：$I \leq \dfrac{A}{4}$.

7. （第六届国家决赛）若 $I = \displaystyle\lim_{t \to +\infty} \iint_{x^2 + y^2 \leq t^2} f(x, y) \mathrm{d}\sigma$ 存在有限，则称广义积分 $\displaystyle\iint_{\mathbf{R}^2} f(x, y) \mathrm{d}\sigma$ 收敛于 I.

（1）设 $f(x, y)$ 为 $\mathbf{R}^2$ 上的非负连续函数，若 $\displaystyle\iint_{\mathbf{R}^2} f(x, y) \mathrm{d}\sigma$ 收敛于 I，证明：极限 $\displaystyle\lim_{t \to +\infty} \iint_{-t \leq x, y \leq t} f(x, y) \mathrm{d}\sigma$ 存在且等于 I.

（2）设 $\displaystyle\iint_{\mathbf{R}^2} e^{ax^2 + 2bxy + cy^2} \mathrm{d}\sigma$ 收敛于 I，其中，二次型 $ax^2 + 2bxy + cy^2$ 在正交变换下标准型为 $\lambda_1 u^2 + \lambda_2 v^2$，证明：$\lambda_1$，$\lambda_2$ 都小于 0.

8. （第七届国家预赛）设 $f(x, y)$ 在 $x^2 + y^2 \leq 1$ 上有连续的二阶偏导数，且

$f_{xx}^2 + 2f_{xy}^2 + f_{yy}^2 \leq M.$ 若 $f(0,0) = 0$, $f_x(0,0) = f_y(0,0) = 0$, 证明:

$$\left| \iint\limits_{x^2+y^2 \leq 1} f(x,y)\,\mathrm{d}x\mathrm{d}y \right| \leq \frac{\pi \sqrt{M}}{4}.$$

9.（第七届国家决赛）设 $f(x)$ 在 $[a,b]$ 上连续, 试证明:

$$2 \int_a^b f(x) \left[\int_x^b f(t)\,\mathrm{d}t \right]\,\mathrm{d}x = \left[\int_a^b f(x)\,\mathrm{d}x \right]^2$$

10.（第九届国家决赛）设函数 $f(x,y)$ 在区域 $D = \{(x,y) \mid x^2 + y^2 \leq a^2\}$ 上具有一阶连续偏导数, 且满足 $f(x,y)|_{x^2+y^2=a^2} = a^2$ 以及 $\max\limits_{(x,y) \in D} \left[\left(\dfrac{\partial f}{\partial x} \right)^2 + \left(\dfrac{\partial f}{\partial y} \right)^2 \right] = a^2$,

证明: $\left| \iint\limits_D f(x,y)\,\mathrm{d}x\mathrm{d}y \right| \leq \dfrac{4}{3}\pi a^4.$

第二节　三重积分及其应用

1　内容总结与精讲

◆ 三重积分的概念

设 $f(x,y,z)$ 为 Ω（有界闭区域）上的有界函数, 任意分割 Ω 为 n 个小区域: Δv_1, Δv_2, $\cdots$, Δv_n, 任取 $(x_i, y_i, z_i) \in \Delta v_i$, 做乘积 $f(x_i, y_i, z_i)\Delta v_i$, 得到和式 $\sum\limits_{i=1}^n f(x_i, y_i, z_i)\Delta v_i$, 若极限 $\lim\limits_{\lambda \to 0} \sum\limits_{i=1}^n f(x_i, y_i, z_i)\Delta v_i$ 存在, 且与 Ω 的分法以及 (x_i, y_i, z_i) 的取法无关, 则称 $f(x,y,z)$ 为 Ω 上存在三重积分, 记作

$$\iiint\limits_\Omega f(x,y,z)\,\mathrm{d}v = \lim\limits_{\lambda \to 0} \sum\limits_{i=1}^n f(x_i, y_i, z_i)\Delta v_i.$$

注:（1）若 $f(x,y,z)$ 在 Ω 上连续, 则 $f(x,y,z)$ 在 Ω 上三重积分存在;

（2）三重积分的性质, 例如线性性质、区域可加性、比较性质、估值定理、中值定理等和二重积分一致, 不再详述.

◆ 三重积分的计算

1. 直角坐标系下三重积分的计算

（1）投影法（先一后二）: $z_1(x,y)$, $z_2(x,y)$ 分别为区域 Ω 的 "底" 和 "顶", 则

$$\iiint\limits_\Omega f(x,y,z)\,\mathrm{d}v = \iint\limits_D \mathrm{d}x\mathrm{d}y \int_{z_1(x,y)}^{z_2(x,y)} f(x,y,z)\,\mathrm{d}z.$$

（2）截面法（先二后一）: 在 Ω 中, $z_{\min} = c$, $z_{\max} = d$, 用平面 $Z = z$ 截 Ω 得其

平面区域在 xOy 面上的投影区域记为 D_z，则

$$\iiint_\Omega f(x,y,z)\,\mathrm{d}v = \int_c^d \mathrm{d}z \iint_{D_z} f(x,y,z)\,\mathrm{d}x\mathrm{d}y.$$

注：先二后一法要满足两个条件：被积函数中只有一个变量；用平行于坐标面的平面截被积区域，截面面积易求.

2. 柱面坐标系下三重积分的计算

$$\iiint_\Omega f(x,y,z)\,\mathrm{d}v = \int_\alpha^\beta \mathrm{d}\theta \int_{r_1(\theta)}^{r_2(\theta)} r\,\mathrm{d}r \int_{z_1(r,\theta)}^{z_2(r,\theta)} f(r\cos\theta, r\sin\theta, z)\,\mathrm{d}z .$$

注：（1）柱面坐标可以理解为 xOy 面上的极坐标加上 z 轴；

（2）若被积区域是旋转面，例如圆柱，圆锥面，旋转抛物面等或者旋转面相交部分；

（3）若被积函数中含有 x^2+y^2 或者 $\dfrac{x}{y}$ 部分.

3. 球面坐标系下三重积分的计算

$$\iiint_\Omega f(x,y,z)\,\mathrm{d}v = \int_\alpha^\beta \mathrm{d}\theta \int_{\phi_1(\theta)}^{\phi_2(\theta)} \sin\phi\,\mathrm{d}\phi \int_{r_1(\phi,\theta)}^{r_2(\phi,\theta)} f(r\sin\phi\cos\theta, r\sin\phi\sin\theta, r\cos\phi)\, r^2\,\mathrm{d}r .$$

注：（1）若被积区域是球面，圆锥面，或者它们的交集部分；

（2）若被积函数中含有 $x^2+y^2+z^2$ 部分；

（3）球面坐标主要是定限，先定 θ，确定截面后再定 ϕ, r.

4. 利用变量替换求三重积分

若 $(x,y,z)\in\Omega \Rightarrow (u,v,w)\in\Omega'$, $J = \begin{vmatrix} x_u & x_v & x_w \\ y_u & y_v & y_w \\ z_u & z_v & z_w \end{vmatrix}$，则

$$\iiint_\Omega f(x,y,z)\,\mathrm{d}v = \iiint_{\Omega'} f(x(u,v,w), y(u,v,w), z(u,v,w))\,|J|\,\mathrm{d}u\mathrm{d}v\mathrm{d}w.$$

注：可以解决椭球面变量定限的问题；偏心球面或者只是相对于球面坐标或者柱面坐标仅仅做了改变常数大小的变换，不影响雅可比行列式的值.

5. 利用对称性求三重积分

若 $\Omega = \Omega_1 + \Omega_2$，且 Ω_1 与 Ω_2 关于 xOy 对称，$f(x,y,z)$ 为连续函数，则

$$\iiint_\Omega f(x,y,z)\,\mathrm{d}v = \begin{cases} 2\iiint_{\Omega_1} f(x,y,z)\,\mathrm{d}v, & f(x,y,z) = f(x,y,-z), \\ 0, & f(x,y,-z) = -f(x,y,z). \end{cases}$$

注：（1）总是在直角坐标系下利用对称性，一般顺序是先找对称区域，利用对称简化计算后再选择合适的坐标系；

（2）三重积分的轮换性与二重积分利用轮换性类似，只是三重积分应用轮换性主要集中在中心在原点的球形区域或者正方体区域.

6. 利用区域分块计算三重积分

与二重积分添加曲线相似，三重积分的分片区域只是由被积函数人为添加分片曲面，在不同的区域下使用相应的被积函数进行积分.

◆ **三重积分的应用**

1. 求函数在区域内的平均值 $f_{平均} = \dfrac{1}{V}\iiint\limits_{\Omega} f(x,y,z)\,dv$；

2. 求均匀立体的重心以及空间区域的质量或者体积；

3. 类似于二重积分转动惯量的公式，三重积分也可求空间曲面对于坐标轴的转动惯量. 设有一空间有界闭区域密度为 $\rho(x,y,z)$，假定 $\rho(x,y,z)$ 在 Ω 上连续，

物体对 x 轴的转动惯量：$I_x = \iint\limits_{\Omega}(y^2 + z^2)\rho(x,y,z)\,d\sigma$，

物体对 y 轴的转动惯量：$I_y = \iint\limits_{\Omega}(x^2 + z^2)\rho(x,y,z)\,d\sigma$，

物体对 z 轴的转动惯量：$I_z = \iint\limits_{\Omega}(x^2 + y^2)\rho(x,y,z)\,d\sigma$.

2 典型例题与方法进阶

例1. 计算 $\iiint\limits_{\Omega} y\cos(x + z)\,dv$，其中，$\Omega$ 是由 $y = \sqrt{x}$ 及平面 $y = 0$，$z = 0$，$x + z = \dfrac{\pi}{2}$ 所围成的区域.

解 使用投影法（先一后二），有

$$I = \iint\limits_{D}\left(\int_0^{\frac{\pi}{2}-x} y\cos(x + z)\,dz\right)dxdy = \iint\limits_{D} y\left[\sin(x + z)\right]\Big|_0^{\frac{\pi}{2}-x}dxdy = \iint\limits_{D} y(1 - \sin x)\,dxdy$$

$$= \int_0^{\frac{\pi}{2}}(1 - \sin x)\,dx\int_0^{\sqrt{x}} y\,dy = \int_0^{\frac{\pi}{2}}\frac{1}{2}x(1 - \sin x)\,dx$$

$$= \frac{1}{4}\cdot\frac{\pi^2}{4} + \frac{1}{2}\left[\left[x\cos x\right]\Big|_0^{\frac{\pi}{2}} - \int_0^{\frac{\pi}{2}}\cos x\,dx\right]$$

$$= \frac{\pi^2}{16} - \frac{1}{2}\left[\sin x\right]\Big|_0^{\frac{\pi}{2}} = \frac{\pi^2}{16} - \frac{1}{2}.$$

例2. 计算三重积分 $\iiint\limits_{\Omega} z^2\,dxdydz$，其中，$\Omega$ 是由椭圆球面 $\dfrac{x^2}{a^2} + \dfrac{y^2}{b^2} + \dfrac{z^2}{c^2} = 1$ 所围成的空间闭区域.

解 使用截面法（先二后一），其中空间域与截面分别为

$$\Omega:\left\{(x,y,z)\,\Big|\,-c \leq z \leq c, \frac{x^2}{a^2} + \frac{y^2}{b^2} \leq 1 - \frac{z^2}{c^2}\right\}, \quad D_z = \left\{(x,y)\,\Big|\,\frac{x^2}{a^2} + \frac{y^2}{b^2} \leq 1 - \frac{z^2}{c^2}\right\},$$

可得

225

$$\iiint\limits_{\Omega} z^2 \, dxdydz = \int_{-c}^{c} z^2 \, dz \iint\limits_{D_z} dxdy = \int_{-c}^{c} z^2 \, dz \iint\limits_{D_z} dxdy$$

$$= \int_{-c}^{c} z^2 \pi \sqrt{a^2\left(1 - \frac{z^2}{c^2}\right)} \cdot \sqrt{b^2\left(1 - \frac{z^2}{c^2}\right)} dz = \pi ab \int_{-c}^{c} z^2 \left(1 - \frac{z^2}{c^2}\right) dz$$

$$= \frac{4}{15} \pi abc^3.$$

例 3. 设区域 Ω 由曲面 $x^2 + y^2 + z^2 = 2x$ 所围成，求积分

$$I = \iiint\limits_{\Omega} \sin \frac{\pi(3x^2 - x^3)}{4} dV.$$

解 使用截面法（先 y, z 后 x），截面为 D_x: $y^2 + z^2 \leqslant 2x - x^2$，有

$$I = \int_0^2 dx \iint\limits_{D_x} \sin \frac{\pi(3x^2 - x^3)}{4} dydz = \int_0^2 \sin \frac{\pi(3x^2 - x^3)}{4} \cdot \pi(2x - x^2) dx$$

$$= \frac{4}{3} \int_0^2 \sin \frac{\pi(3x^2 - x^3)}{4} d \frac{\pi(3x^2 - x^3)}{4} = -\frac{4}{3} \left[\cos \frac{\pi(3x^2 - x^3)}{4} \right] \Big|_0^2 = \frac{8}{3}.$$

例 4. 计算 $I = \iiint\limits_{\Omega} z dv$，其中，$\Omega$ 是由球面 $x^2 + y^2 + z^2 = 4$ 与抛物面 $x^2 + y^2 = 3z$ 所围的立体.

解 使用投影法结合柱坐标，由 $\begin{cases} x = r\cos\theta, \\ y = r\sin\theta, \\ z = z \end{cases}$，知交线为 $\begin{cases} r^2 + z^2 = 4, \\ r^2 = 3z \end{cases} \Rightarrow z = 1$，

$r = \sqrt{3}$. 把闭区域 Ω 投影到 xOy 平面上，其中，Ω: $\frac{r^2}{3} \leqslant z \leqslant \sqrt{4 - r^2}$, $0 \leqslant r \leqslant \sqrt{3}$,

$0 \leqslant \theta \leqslant 2\pi$，可得

$$I = \iiint\limits_{\Omega} z dv = \int_0^{2\pi} d\theta \int_0^{\sqrt{3}} dr \int_{\frac{r^2}{3}}^{\sqrt{4 - r^2}} r \cdot z dz = \frac{13}{4}\pi.$$

例 5. 计算 $I = \iiint\limits_{\Omega} (x^2 + y^2) dxdydz$，其中，$\Omega$ 是曲线 $y^2 = 2z$, $x = 0$ 绕 Oz 轴旋转一周而围成的曲面与两平面 $z = 2$ 和 $z = 8$ 所围的立体.

解 由 $\begin{cases} y^2 = 2z, \\ x = 0 \end{cases}$ 绕 Oz 轴旋转得，旋转面方程为 $x^2 + y^2 = 2z$,

D_1: $x^2 + y^2 = 16$, Ω_1: $\frac{r^2}{2} \leqslant z \leqslant 8$, $0 \leqslant r \leqslant 4$, $0 \leqslant \theta \leqslant 2\pi$, D_2: $x^2 + y^2 = 4$,

Ω_2: $\frac{r^2}{2} \leqslant z \leqslant 2$, $0 \leqslant r \leqslant 2$, $0 \leqslant \theta \leqslant 2\pi$.

因此 $I = I_1 - I_2 = \iiint\limits_{\Omega_1} (x^2 + y^2) dxdydz - \iiint\limits_{\Omega_2} (x^2 + y^2) dxdydz$，其中

$$I_1 = \iint\limits_{D_1} r \mathrm{d}r\mathrm{d}\theta \int_{\frac{r^2}{2}}^{8} f\mathrm{d}z = \int_0^{2\pi}\mathrm{d}\theta\int_0^4\mathrm{d}r\int_{\frac{r^2}{2}}^{8} r\cdot r^2\mathrm{d}z = \frac{4^5}{3}\pi, I_2 = \iint\limits_{D_2} r\mathrm{d}r\mathrm{d}\theta\int_{\frac{r^2}{2}}^{2} f\mathrm{d}z$$

$$= \int_0^{2\pi}\mathrm{d}\theta\int_0^2\mathrm{d}r\int_{\frac{r^2}{2}}^{2} r\cdot r^2\mathrm{d}z = \frac{2^5}{6}\pi,$$

故 $I = \dfrac{4^5}{3}\pi - \dfrac{2^5}{6}\pi = 336\pi$.

例 6. 设 $f(x)$ 为连续函数，$F(t) = \iiint\limits_{\Omega}[z^2 + f(x^2 + y^2)]\mathrm{d}v$，其中，$\Omega$ 为 $0 \le z \le h$，$x^2 + y^2 \le t^2$ $(t > 0)$，求 $\dfrac{\mathrm{d}F}{\mathrm{d}t}$ 以及 $\lim\limits_{t\to 0}\dfrac{F(t)}{t^2}$.

解 Ω: $0 \le z \le h$，$0 \le r \le t$，$0 \le \theta \le 2\pi$，$\mathrm{d}v = r\mathrm{d}r\mathrm{d}\theta\mathrm{d}z$，可得

$$F(t) = \int_0^{2\pi}\mathrm{d}\theta\int_0^t\mathrm{d}r\int_0^h[z^2 + f(r^2)]r\mathrm{d}z = 2\pi\int_0^t\Big[hf(r^2)r + \frac{h^3}{3}r\Big]\mathrm{d}r,$$

故 $F'(t) = 2\pi ht\Big[f(t^2) + \dfrac{h^2}{3}\Big]$，知

$$\lim\limits_{t\to 0}\frac{F(t)}{t^2} = \lim\limits_{t\to 0}\frac{F'(t)}{2t} = \lim\limits_{t\to 0}2\pi h\Big[f(t^2) + \frac{h^2}{3}\Big] = 2\pi h\Big[f(0) + \frac{h^2}{3}\Big].$$

例 7. 求：$\iiint\limits_{V}\sqrt{x^2 + y^2 + z^2}\,\mathrm{d}x\mathrm{d}y\mathrm{d}z$，其中，$V$ 是由曲面 $x^2 + y^2 + z^2 = z$ 所界的区域.

解 令 $x = r\cos\phi\cos\psi$，$y = r\sin\phi\cos\psi$，$z = r\sin\psi$，则曲面 $x^2 + y^2 + z^2 = z$ 化为 $r = \sin\psi$，从而

$$V: 0 \le \phi \le 2\pi, 0 \le \psi \le \frac{\pi}{2}, 0 \le r \le \sin\psi,$$

又 $|J| = r^2\cos\psi$，于是

$$\iiint\limits_{V}\sqrt{x^2 + y^2 + z^2}\,\mathrm{d}x\mathrm{d}y\mathrm{d}z = \int_0^{2\pi}\mathrm{d}\phi\int_0^{\frac{\pi}{2}}\mathrm{d}\psi\int_0^{\sin\psi} r\cdot r^2\cos\psi\mathrm{d}r$$

$$= \frac{1}{4}\int_0^{2\pi}\mathrm{d}\phi\int_0^{\frac{\pi}{2}}\sin^4\psi\cos\psi\mathrm{d}\psi = \frac{\pi}{10}.$$

例 8. 计算球心在 $(0,0,a)$，半径为 a 的球与半顶角为 α 的内接圆锥面围成的立体的体积.

解 球面：$r = 2a\cos\phi$，锥面：$\phi = \alpha$，则

$$V = \iiint\limits_{\Omega}\mathrm{d}x\mathrm{d}y\mathrm{d}z = \iiint\limits_{\Omega} r^2\sin\phi\mathrm{d}r\mathrm{d}\phi\mathrm{d}\theta = \int_0^{2\pi}\mathrm{d}\theta\int_0^\alpha\mathrm{d}\phi\int_0^{2a\cos\phi} r^2\sin\phi\mathrm{d}r$$

$$= \int_0^{2\pi}\mathrm{d}\theta\int_0^\alpha\frac{2^3}{3}a^3\cos^3\phi\sin\phi\mathrm{d}\phi = 2\pi\frac{2^3}{3}a^3\Big[-\frac{1}{4}\cos^4\phi\Big]\Big|_0^\alpha = \frac{4\pi}{3}a^3[1 - \cos^4\alpha].$$

例 9. 设 $f(u)$ 在 $u = 0$ 处可导，$f(0) = 0$，$D: x^2 + y^2 + z^2 \le 2tz$，

227

求 $\lim\limits_{t\to 0+}\dfrac{1}{t^5}\iiint\limits_{D}f(x^2+y^2+z^2)\,dV.$

解 先由球坐标计算三重积分得

$$\iiint\limits_{\Omega}f(x^2+y^2+z^2)\,dV=\int_0^{2\pi}d\theta\int_0^{2t}dr\int_0^{\arccos\frac{r}{2t}}f(r^2)r^2\sin\phi\,d\phi$$

$$=2\pi\int_0^{2t}f(r^2)r^2(-\cos\phi)\Big|_0^{\arccos\frac{r}{2t}}dr$$

$$=2\pi\int_0^{2t}f(r^2)r^2\cdot\left(1-\frac{r}{2t}\right)dr.$$

于是

$$原式=2\pi\lim_{t\to 0^+}\dfrac{t\displaystyle\int_0^{2t}r^2f(r^2)\,dr-\dfrac{1}{2}\int_0^{2t}r^3f(r^2)\,dr}{t^6}$$

$$=2\pi\lim_{t\to 0^+}\dfrac{\displaystyle\int_0^{2t}r^2f(r^2)\,dr}{6t^5}=2\pi\lim_{t\to 0^+}\dfrac{2(2t)^2f(4t^2)}{30t^4}$$

$$=\dfrac{32}{15}\pi\lim_{t\to 0^+}\dfrac{f(4t^2)-f(0)}{4t^2}=\dfrac{32}{15}\pi f'(0).$$

例 10. 求 $\iiint\limits_{\Omega}\left(\dfrac{x^2}{a^2}+\dfrac{y^2}{b^2}+\dfrac{z^2}{c^2}\right)dv$，其中，$\Omega$：$\dfrac{x^2}{a^2}+\dfrac{y^2}{b^2}+\dfrac{z^2}{c^2}\leqslant 1.$

解 $x=ar\sin\phi\cos\theta,\ y=br\sin\phi\sin\theta,\ z=cr\cos\phi,\ \Omega\to\Omega'：r\leqslant 1,$

$$J=\begin{vmatrix}x_r&x_\phi&x_\theta\\y_r&y_\phi&y_\theta\\z_r&z_\phi&z_\theta\end{vmatrix}=\begin{vmatrix}a\sin\phi\cos\theta&ar\cos\phi\cos\theta&-ar\sin\phi\sin\theta\\b\sin\phi\sin\theta&br\cos\phi\sin\theta&br\sin\phi\cos\theta\\c\cos\phi&-cr\sin\phi&0\end{vmatrix}=abcr^2\sin\phi,$$

故

$$\iiint\limits_{\Omega}\left(\dfrac{x^2}{a^2}+\dfrac{y^2}{b^2}+\dfrac{z^2}{c^2}\right)dv=\iiint\limits_{r\leqslant 1}r^2\cdot abcr^2\sin\phi\,dr\,d\phi\,d\theta=\int_0^{2\pi}d\theta\int_0^{\pi}d\phi\int_0^1abcr^4\sin\phi\,dr$$

$$=\dfrac{4}{5}abc\pi.$$

例 11. 计算 $\iiint\limits_{\Omega}(x+z)\,dv$，其中，$\Omega$ 由 $z=\sqrt{x^2+y^2}$ 与 $z=\sqrt{1-x^2-y^2}$ 所围成.

解 由于 Ω 关于 yOz 面为对称，$f(x,y,z)=x$ 为 x 的奇函数，知 $\iiint\limits_{\Omega}x\,dv=0$，因此

$$\iiint\limits_{\Omega}(x+z)\,dv=\int_0^{2\pi}d\theta\int_0^{\frac{\pi}{4}}d\phi\int_0^1r\cos\phi\cdot r^2\sin\phi\,dr=\dfrac{\pi}{8}.$$

例 12. 计算 $I=\iiint\limits_{\Omega}(x^3+y^2-z^2)\,dxdydz$，$\Omega=\{(x,y,z)\mid x^2+y^2+z^2\leqslant 1\}.$

解　由轮换性可知：$\iiint\limits_{\Omega} y^2 \mathrm{d}x\mathrm{d}y\mathrm{d}z = \iiint\limits_{\Omega} z^2 \mathrm{d}x\mathrm{d}y\mathrm{d}z$，

又有对称性可知：$\iiint\limits_{\Omega} x^3 \mathrm{d}x\mathrm{d}y\mathrm{d}z = 0$，所以 $I = 0$.

例 13. $\iiint\limits_{\Omega} \left| 1 - \sqrt{x^2 + y^2 + z^2} \right| \mathrm{d}v$，$\Omega$ 由 $z = \sqrt{x^2 + y^2}$，$z = 1$ 所围成.

解　由于 $\left| 1 - \sqrt{x^2 + y^2 + z^2} \right| = \begin{cases} 1 - \sqrt{x^2 + y^2 + z^2}, & x^2 + y^2 + z^2 \leqslant 1 \\ \sqrt{x^2 + y^2 + z^2} - 1, & x^2 + y^2 + z^2 \geqslant 1. \end{cases}$ 考虑用球

$x^2 + y^2 + z^2 = 1$ 将 Ω 分成两部分：$\Omega = \Omega_1 + \Omega_2$，（$\Omega_1$：$x^2 + y^2 + z^2 \leqslant 1$，$z \geqslant \sqrt{x^2 + y^2}$，

Ω_2：$x^2 + y^2 + z^2 \geqslant 1$，$1 \geqslant z \geqslant \sqrt{x^2 + y^2}$）

因此

$$\iiint\limits_{\Omega} \left| 1 - \sqrt{x^2 + y^2 + z^2} \right| \mathrm{d}v = \iiint\limits_{\Omega_1} \left[1 - \sqrt{x^2 + y^2 + z^2} \right] \mathrm{d}v + \iiint\limits_{\Omega_1} \left[\sqrt{x^2 + y^2 + z^2} - 1 \right] \mathrm{d}v$$

$$= \int_0^{2\pi} \mathrm{d}\theta \int_0^{\frac{\pi}{4}} \mathrm{d}\phi \int_0^1 (1 - r) r^2 \sin\phi \mathrm{d}r + \int_0^{2\pi} \mathrm{d}\theta \int_0^{\frac{\pi}{4}} \mathrm{d}\phi$$

$$\int_1^{\frac{1}{\cos\phi}} (r - 1) r^2 \sin\phi \mathrm{d}\phi$$

$$= \frac{\pi}{6} (\sqrt{2} - 1).$$

例 14. 设函数 $f(x)$ 在 $(0, 1)$ 内连续，试证明

$$\int_0^1 \int_x^1 \int_x^y f(x) f(y) f(z) \mathrm{d}x\mathrm{d}y\mathrm{d}z = \frac{1}{3!} \left[\int_0^1 f(t) \mathrm{d}t \right]^3.$$

证明　令 $F(u) = \int_0^u f(t) \mathrm{d}t$，则 $F'(u) = f(u)$，则

$$\frac{1}{3!} \left[\int_0^1 f(t) \mathrm{d}t \right]^3 = \frac{1}{3!} \left[F(1) - F(0) \right]^3 = \frac{1}{3!} \left[F(1) \right]^3.$$

于是

$$\int_0^1 \int_x^1 \int_x^y f(x) f(y) f(z) \mathrm{d}x\mathrm{d}y\mathrm{d}z = \int_0^1 f(x) \mathrm{d}x \int_x^1 f(y) \left[F(y) - F(x) \right] \mathrm{d}y$$

$$= \int_0^1 f(x) \left[\int_x^1 f(y) F(y) \mathrm{d}y - \int_x^1 f(y) F(x) \mathrm{d}y \right] \mathrm{d}x$$

$$= \int_0^1 f(x) \left[\int_x^1 F(y) \mathrm{d}F(y) - F(x) F(y) \Big|_x^1 \right] \mathrm{d}x$$

$$= \int_0^1 f(x) \left[\frac{1}{2} F^2(1) - F(x) F(1) + \frac{1}{2} F^2(x) \right] \mathrm{d}x$$

$$= \frac{1}{2} \int_0^1 f(x) \left[F(1) - F(x) \right]^2 \mathrm{d}x$$

$$= \frac{1}{2} \int_0^1 \left[F(1) - F(x) \right]^2 \mathrm{d} \left[F(x) - F(1) \right]$$

$$= -\frac{1}{6}\left[F(1) - F(x)\right]^3 \Big|_0^1 = \frac{1}{6}\left[F(1)\right]^3.$$

例 15. 求函数 $f(x,y,z) = x^2 + y^2 + z^2$ 在区域 $x^2 + y^2 + z^2 \leqslant x + y + z$ 内的平均值.

解 区域 $x^2 + y^2 + z^2 \leqslant x + y + z$, 即 $\left(x - \frac{1}{2}\right)^2 + \left(y - \frac{1}{2}\right)^2 + \left(z - \frac{1}{2}\right)^2 \leqslant \frac{3}{4}$,

其体积 $V = \frac{4}{3}\pi \left(\frac{\sqrt{3}}{2}\right)^3 = \frac{\sqrt{3}}{2}\pi.$

做变换：

$$x = r\cos\phi\cos\psi + \frac{1}{2}, \quad y = r\sin\phi\cos\psi + \frac{1}{2}, \quad z = r\sin\psi + \frac{1}{2},$$

则有

$$f_{\text{平均}} = \frac{1}{V}\iiint\limits_{V}(x^2 + y^2 + z^2)\,dxdydz$$

$$= \frac{1}{V}\int_0^{2\pi}d\phi\int_{-\frac{\pi}{2}}^{\frac{\pi}{2}}d\psi\int_0^{\frac{\sqrt{3}}{2}}r^2\cos\psi \cdot \left(\frac{3}{4} + r^2 + r\sin\psi + r\cos\phi\cos\psi + r\sin\phi\cos\psi\right)dr$$

$$= \frac{1}{V}\int_0^{2\pi}d\phi\int_{-\frac{\pi}{2}}^{\frac{\pi}{2}}d\psi\int_0^{\frac{\sqrt{3}}{2}}r^2\cos\psi \cdot \left(\frac{3}{4} + r^2\right)dr = \frac{1}{V}\int_0^{2\pi}d\phi\int_{-\frac{\pi}{2}}^{\frac{\pi}{2}}\frac{3\sqrt{3}}{20}\cos\psi\,d\psi$$

$$= \frac{1}{V}\int_0^{2\pi}\frac{3\sqrt{3}}{10}d\phi = \frac{1}{V}\frac{3\sqrt{3}}{5}\pi = \frac{2}{\sqrt{3}\pi}\cdot\frac{3\sqrt{3}}{5}\pi = \frac{6}{5}.$$

例 16. 求区域 V: $\dfrac{x^2}{a^2} + \dfrac{y^2}{b^2} + \dfrac{z^2}{c^2} \leqslant 2$, $\dfrac{y^2}{b^2} + \dfrac{z^2}{c^2} \leqslant \dfrac{x}{a}$ $(a > 0)$ 的体积.

解
$$V = \iiint\limits_{\Omega}dv = \int_0^a dx\iint\limits_{D_1(x)}dydz + \int_0^{\sqrt{2}a}dx\iint\limits_{D_2(x)}dydz$$

$$= \int_0^a \pi bc\,\frac{x}{a}\,dx + \int_0^{\sqrt{2}a}\pi bc\left(2 - \frac{x^2}{a^2}\right)dx = \frac{\pi}{2}abc + \left(\frac{4\sqrt{2}}{3} - \frac{5}{3}\right)\pi abc$$

$$= 2\pi abc\left(\frac{2\sqrt{2}}{3} - \frac{7}{12}\right).$$

例 17. 求证：由曲面 $(z-a)\phi(x) + (z-b)\phi(y) = 0$, $x^2 + y^2 = c^2 \ (c > 0)$ 和 $z = 0$ 所围立体的体积为

$$v = \frac{1}{2}\pi c^2(a + b),$$

其中, ϕ 为任意正的连续函数.

证明 由曲面方程解出 $z = \dfrac{a\phi(x) + b\phi(y)}{\phi(x) + \phi(y)}.$

$$V = \iint\limits_{x^2+y^2\leqslant c^2}\frac{a\phi(x) + b\phi(y)}{\phi(x) + \phi(y)}dxdy = \iint\limits_{x^2+y^2\leqslant c^2}\frac{a\phi(y) + b\phi(x)}{\phi(y) + \phi(x)}dxdy$$

$$= \frac{1}{2} \iint\limits_{x^2+y^2 \leqslant c^2} \left[\frac{a\phi(x) + b\phi(y)}{\phi(x) + \phi(y)} + \frac{a\phi(y) + b\phi(x)}{\phi(x) + \phi(y)} \right] \mathrm{d}x\mathrm{d}y = \frac{1}{2} \iint\limits_{x^2+y^2 \leqslant c^2} (a + b) \mathrm{d}x\mathrm{d}y$$

$$= \frac{1}{2} (a + b) \pi c^2 .$$

例18. 求由抛物面 $x^2 + y^2 = 2z$ 和球面 $x^2 + y^2 + z^2 = 3$ 所围成的均匀物体的重心.

解　设立体 V 的重心为 $(\bar{x}, \bar{y}, \bar{z})$，由立体 V 的对称性及均匀性，有 $\bar{x} = \bar{y} = 0$.

设 V 的密度为 ρ，因为 $V = \left\{ (x,y,z) \middle| x^2 + y^2 \leqslant 2, \frac{x^2 + y^2}{2} \leqslant z \leqslant \sqrt{3 - x^2 - y^2} \right\}$，

故 $M_{xy} = \iiint\limits_{V} \rho z \mathrm{d}V = \rho \iint\limits_{x^2+y^2 \leqslant 2} \mathrm{d}x\mathrm{d}y \int_{\frac{x^2+y^2}{2}}^{\sqrt{3-x^2-y^2}} z\mathrm{d}z$

$$= \rho \iint\limits_{x^2+y^2 \leqslant 2} \left[\frac{1}{2}(3 - x^2 - y^2) - \frac{1}{8}(x^2 + y^2)^2 \right] \mathrm{d}x\mathrm{d}y \quad (x = r\cos\theta, y = r\sin\theta)$$

$$= \rho \int_0^{2\pi} \mathrm{d}\theta \int_0^{\sqrt{2}} \left(\frac{3}{2} - \frac{1}{2}r^2 - \frac{1}{8}r^4 \right) r\mathrm{d}r = \frac{5}{3}\rho\pi ,$$

$$M = \iiint\limits_{V} \rho \mathrm{d}V = \rho \iint\limits_{x^2+y^2 \leqslant 2} \mathrm{d}x\mathrm{d}y \int_{\frac{x^2+y^2}{2}}^{\sqrt{3-x^2-y^2}} \mathrm{d}z$$

$$= \rho \iint\limits_{x^2+y^2 \leqslant 2} \left[\sqrt{3 - x^2 - y^2} - \frac{x^2 + y^2}{2} \right] \mathrm{d}x\mathrm{d}y \quad (x = r\cos\theta, y = r\sin\theta)$$

$$= \rho \int_0^{2\pi} \mathrm{d}\theta \int_0^{\sqrt{2}} \left(\sqrt{3 - r^2} - \frac{1}{2}r^2 \right) r\mathrm{d}r = \frac{6\sqrt{3} - 5}{3}\rho\pi ,$$

从而, $\bar{z} = \frac{M_{xy}}{M} = \frac{5}{83}(6\sqrt{3} + 5)$.

3　本节练习

（A 组）

1. 计算 $\iiint\limits_{\Omega} \frac{z\ln(x^2 + y^2 + z^2 + 1)}{x^2 + y^2 + z^2 + 1} \mathrm{d}x\mathrm{d}y\mathrm{d}z$，其中，积分区域 $\Omega = \{ (x,y,z) \mid x^2 + y^2 + z^2 \leqslant 1 \}$.

2. 计算 $\iiint\limits_{\Omega} z\mathrm{d}v$，其中，$\Omega$ 是由三个坐标面及平面曲面 $x + y + z = 1$ 所围成的区域.

3. 求 $\iiint\limits_{\Omega} \mathrm{e}^{|z|}\mathrm{d}v$，其中，$\Omega$: $x^2 + y^2 + z^2 \leqslant 1$.

4. 设 $f(z)$ 连续，Ω: $x^2 + y^2 + z^2 \leqslant 1$，证明：$\iiint\limits_{\Omega} f(z)\mathrm{d}v = \pi \int_{-1}^{1} f(z)(1 - z^2)\mathrm{d}z$.

5. 求 $\iiint\limits_{\Omega} (x + y + z)^2 \mathrm{d}v$，$\Omega$: $z \geqslant x^2 + y^2$, $x^2 + y^2 + z^2 \leqslant 2$.

6. 曲面 $x^2 + y^2 + z^2 \leqslant 2a^2$ 与 $z \geqslant \sqrt{x^2 + y^2}$ 所围成的立体的体积.

7. 计算下列累次积分

（1）$\int_0^1 dx \int_0^{1-x} dz \int_0^{1-z-x} (1-y) e^{-(1-y-z)^2} dy$;

（2）$\int_{-1}^1 dx \int_0^{\sqrt{1-x^2}} dy \int_1^{1+\sqrt{1-x^2-y^2}} \dfrac{1}{\sqrt{x^2+y^2+z^2}} dz$.

8. 计算 $\iiint\limits_{\Omega} (x^3 e^z + x^2 z \sin y) dx dy dz$, 其中, Ω 是由抛物面 $z = x^2 + y^2$ 和 $z = 3 - \sqrt{x^2+y^2}$ 所围成的闭区域.

9. $\iiint\limits_{\Omega} (x+y+z) dv$. 其中, Ω 为 $x^2 + y^2 - z^2 = 0$ 与 $z = 1$ 所围成的区域.

（B 组）

1. 设函数 $f(x)$ 连续且恒大于零,

$$F(t) = \dfrac{\iiint\limits_{\Omega(t)} f(x^2+y^2+z^2) dv}{\iint\limits_{D(t)} f(x^2+y^2) d\sigma}, \quad G(t) = \dfrac{\iint\limits_{D(t)} f(x^2+y^2) d\sigma}{\int_{-t}^t f(x^2) dx}, \quad 其中$$

$\Omega(t) = \{(x,y,z) \mid x^2 + y^2 + z^2 \leqslant t^2\}$, $D(t) = \{(x,y) \mid x^2 + y^2 \leqslant t^2\}$.

（1）讨论 $F(t)$ 在区间 $(0, +\infty)$ 内的单调性;

（2）证明：当 $t > 0$ 时, $F(t) > \dfrac{2}{\pi} G(t)$.

2. 设 $f(u)$ 具有连续导数, $f(0) = 0$, 求 $\lim\limits_{t \to 0^+} \dfrac{1}{\pi t^4} \iiint\limits_{x^2+y^2+z^2 \leqslant t^2} f(\sqrt{x^2+y^2+z^2}) dv$.

3. 计算 $\iiint\limits_{\Omega} (x^2 + y^2 + z^2) dx dy dz$, 其中, Ω 是由椭圆锥面 $\dfrac{z^2}{c^2} = \dfrac{x^2}{a^2} + \dfrac{y^2}{b^2}$ 和平面 $z = c$ 所围成的闭区域.

4. 计算 $\lim\limits_{t \to +\infty} \dfrac{1}{2\pi} \int_0^t dz \iint\limits_{D} \dfrac{\sin(z\sqrt{x^2+y^2})}{\sqrt{x^2+y^2}} dx dy$, 其中, $D: 1 \leqslant x^2 + y^2 \leqslant 4$.

5. 计算 $\iiint\limits_{\Omega} xyz dx dy dz$, 其中, $\Omega: x \leqslant yz \leqslant 2x$, $y \leqslant zx \leqslant 2y$, $z \leqslant xy \leqslant 2z$.

6. 求曲面 $(x^2 + y^2)^2 + z^4 = y$ 所围成的立体的体积.

7. 求曲面 $\left(\dfrac{x}{a}\right)^{\frac{2}{5}} + \left(\dfrac{y}{b}\right)^{\frac{2}{5}} + \left(\dfrac{z}{c}\right)^{\frac{2}{5}} = 1$ 所围成的立体的体积.

4　竞赛实战

（A 组）

1. （第二届江苏省赛）设 $f(x)$ 为定义在 $[0,+\infty)$ 的连续函数且满足 $f(t) = \iiint\limits_{x^2+y^2+z^2\leqslant t^2} f(\sqrt{x^2+y^2+z^2})\mathrm{d}V + t^3$，求 $f(1)$.

2. （第三届江苏省赛）区域 Ω 由 $x=0$，$y=1$，$z=y$ 与 $z=x$ 围成，$f(y)$ 连续，则 $\iiint\limits_{\Omega}(x-y)^6 f(y)\mathrm{d}V$ 可用定积分表示为_____.

3. （第六届江苏省赛）求直线 $\dfrac{x-1}{2}=\dfrac{y}{1}=\dfrac{z}{-1}$ 绕 y 旋转一周的旋转曲面的方程，并求该曲面与 $y=0$，$y=2$ 所包围的立体的体积.

4. （第六届江苏省赛）设 $f(u)$ 在 $u=0$ 可导，$f(0)=0$，D：$x^2+y^2+z^2\leqslant 2tz$，求 $\lim\limits_{t\to 0+}\dfrac{1}{t^5}\iiint\limits_{D} f(x^2+y^2+z^2)\mathrm{d}V$.

5. （第八届江苏省赛）曲线 $\begin{cases}x^2=2z\\ y=0\end{cases}$，绕 z 轴旋转一周生成的曲面与 $z=1$ 和 $z=2$ 所围成的立体区域记为 Ω. 求 $\iiint\limits_{\Omega}\dfrac{1}{x^2+y^2+z^2}\mathrm{d}x\mathrm{d}y\mathrm{d}z$.

6. （第九届江苏省赛）（1）证明：曲面 Σ：$x=(b+a\cos\theta)\cos\phi$，$y=a\sin\theta$，$z=(b+a\cos\theta)\sin\phi$，$(0\leqslant\theta\leqslant 2\pi,0\leqslant\phi\leqslant 2\pi)$ 为旋转曲面；（2）求旋转曲面所围立体的体积.

7. （第十一届江苏省赛）设 Ω：$x^2+y^2+z^2\leqslant z$，则 $\iiint\limits_{\Omega}(x+y+z)^2\mathrm{d}x\mathrm{d}y\mathrm{d}z =$ _____.

8. （第十四届江苏省赛）求三重积分 $\iiint\limits_{\Omega}\dfrac{\sqrt{x^2+y^2}}{z}\mathrm{d}x\mathrm{d}y\mathrm{d}z$，$\Omega=\{(x,y,z)\,|\,\sqrt{x^2+y^2}\leqslant z$，$x^2+y^2+z^2\leqslant 2z\}$.

9. （第八届国家预赛）某物体所在的空间区域为 Ω：$x^2+y^2+2z^2\leqslant x+y+2z$，密度函数为 $x^2+y^2+z^2$，求质量 $M = \iiint\limits_{\Omega}(x^2+y^2+z^2)\mathrm{d}x\mathrm{d}y\mathrm{d}z$.

10. （第九届国家预赛）记曲面 $z^2=x^2+y^2$ 和 $z=\sqrt{4-x^2-y^2}$ 围成的空间区域为 Ω，则三重积分 $\iiint\limits_{\Omega}z\mathrm{d}x\mathrm{d}y\mathrm{d}z =$ _____.

233

（B组）

1. （第七届江苏省赛）求证：$\dfrac{3}{2}\pi < \iiint\limits_{\Omega} \sqrt[3]{x+2y-2z+5}\,\mathrm{d}V < 3\pi$，其中，$\Omega$ 为 $x^2+y^2+z^2 \leqslant 1$.

2. （第二届国家预赛）设 l 是过原点，方向为 (α,β,γ)（其中 $\alpha^2+\beta^2+\gamma^2=1$）的直线，均匀椭球 $\dfrac{x^2}{a^2}+\dfrac{y^2}{b^2}+\dfrac{z^2}{c^2} \leqslant 1$（其中 $0<c<b<a$，密度为 1）绕 l 旋转.

（1）求其转动惯量；

（2）求其转动惯量关于方向 (α,β,γ) 的最大值和最小值.

3. （第四届国家预赛）设 $f(x)$ 是连续函数，$t>0$，区域 Ω 是由抛物面 $z=x^2+y^2$ 和球面 $x^2+y^2+z^2=t^2$ 所围起来的上半部分，定义三重积分 $F(t) = \iiint\limits_{\Omega} f(x^2+y^2+z^2)\,\mathrm{d}v$，求 $F(t)$ 的导数 $F'(t)$.

4. （第八届国家决赛）设函数 $f(x,y,z)$ 在区域 $\Omega = \{(x,y,z)\,|\,x^2+y^2+z^2 \leqslant 1\}$ 上具有连续的二阶偏导数，且满足 $\dfrac{\partial^2 f}{\partial x^2}+\dfrac{\partial^2 f}{\partial y^2}+\dfrac{\partial^2 f}{\partial z^2} = \sqrt{x^2+y^2+z^2}$，

计算 $I = \iiint\limits_{\Omega} \left(x\,\dfrac{\partial f}{\partial x}+y\,\dfrac{\partial f}{\partial y}+z\,\dfrac{\partial f}{\partial z}\right)\mathrm{d}x\mathrm{d}y\mathrm{d}z$.

第三节　曲线积分及其应用

1　内容总结与精讲

◆ 第一型曲线积分

设 L 是 xOy 面内的一条光滑曲线弧，函数 $f(x,y)$ 在 L 上有界，用 L 上的点 M_1，M_2，$\cdots$，M_{n-1} 把 L 分成 n 个小段. 设第 i 个小段的长度为 Δs_i，又 (ξ_i,η_i) 为第 i 个小段任意取定的一点，作乘积 $f(\xi_i,\eta_i) \cdot \Delta s_i$，并作和式 $\sum\limits_{i=1}^{n} f(\xi_i,\eta_i) \cdot \Delta s_i$，若 $\lim\limits_{\lambda \to 0}\sum\limits_{i=1}^{n} f(\xi_i,\eta_i)\Delta s_i$ 存在，则此极限值称之为 $f(x,y)$ 在 L 上对弧长的曲线积分，也称之为第一型曲线积分，记作 $\int_L f(x,y)\,\mathrm{d}s$，即

$$\int_L f(x,y)\,\mathrm{d}s = \lim_{\lambda \to 0}\sum_{i=1}^{n} f(\xi_i,\eta_i)\Delta s_i.$$

注：（1）当 $f(x,y)$ 在光滑曲线弧 L 上连续时，对弧长的曲线积分 $\int_L f(x,y)\,\mathrm{d}s$ 存在；

（2）$ds > 0$，这是弧长元素（称为弧长微元或弧微分），转换成定积分计算时下限小于上限；

（3）第一型曲线积分是在曲线上积分，这与定积分不一样，从而曲线方程可代入被积函数简化计算；

（4）第一型曲线积分的性质与二重积分或三重积分类似，例如对称性等.

◆ **第一型曲线积分的计算——直接代入法**

设 $f(x,y)$（或 $f(x,y,z)$）在平面曲线 L（或空间曲线 Γ）上有定义且连续，有以下计算公式：

（1）若 L：$\begin{cases} x = \phi(t), \\ y = \psi(t), \end{cases}$ 则 $\int_L f(x,y)\,ds = \int_\alpha^\beta f[\phi(t),\psi(t)]\sqrt{\phi'(t)^2 + \psi'(t)^2}\,dt$；

（2）若 L：$y = \phi(x)$，则 $\int_L f(x,y)\,ds = \int_a^b f[x,\phi(x)]\sqrt{1 + \phi'^2(x)}\,dx$；

（3）若 L：$x = \psi(y)$，则 $\int_L f(x,y)\,ds = \int_c^d f[\psi(y),y]\sqrt{1 + \psi'^2(y)}\,dy$；

（4）若 Γ：$x = \phi(t), y = \psi(t), z = \omega(t).$ （$\alpha \leqslant t \leqslant \beta$），则

$$\int_\Gamma f(x,y,z)\,ds = \int_\alpha^\beta f[\phi(t),\psi(t),\omega(t)]\sqrt{\phi'^2(t) + \psi'^2(t) + \omega'^2(t)}\,dt \quad (\alpha < \beta)$$

◆ **第一型曲线积分的应用**

1. 计算光滑曲线弧的弧长：$s = \int_L 1 \cdot ds$；

2. 平面金属杆 L 的质量：$M = \int_L \rho(x,y)\,ds$；

3. 平面金属杆 L 的重心：$\bar{x} = \dfrac{1}{M}\int_L x\rho(x,y)\,ds, \bar{y} = \dfrac{1}{M}\int_L y\rho(x,y)\,ds$；

4. 空间金属杆 Γ 的重心：

$$\bar{x} = \frac{\int_\Gamma x\rho(x,y,z)\,ds}{M}, \bar{y} = \frac{\int_\Gamma y\rho(x,y,z)\,ds}{M}, \bar{z} = \frac{\int_\Gamma z\rho(x,y,z)\,ds}{M};$$

5. 平面金属杆 L 绕坐标轴的转动惯量：

$$I_x = \int_L y^2\rho(x,y)\,ds, \quad I_y = \int_L x^2\rho(x,y)\,ds；$$

6. 空间金属杆 Γ 绕坐标轴的转动惯量：

$$I_x = \int_\Gamma (y^2 + z^2)\rho(x,y,z)\,ds, \quad I_y = \int_\Gamma (x^2 + z^2)\rho(x,y,z)\,ds,$$

$$I_z = \int_\Gamma (x^2 + y^2)\rho(x,y,z)\,ds.$$

7. 若柱面平行于坐标轴（准线为 z 轴，母线为 L），其介于 $z = 0$ 和 $z = f(x,y)$

235

之间的柱面面积为：

$$S = \int_L f(x, y)\,\mathrm{d}s.$$

◆ **第二型曲线积分**

设 L 为 xOy 面从点 A 到点 B 的一条有向光滑曲线弧，函数 $P(x,y)$，$Q(x,y)$ 在 L 上有界．用 L 上的点 $M_1(x_1,y_1)$，$M_2(x_2,y_2)$，…，$M_{n-1}(x_{n-1},y_{n-1})$ 把 L 分成 n 个有向小弧段 $M_{i-1}M_i$（$i = 1,\ 2,\ \cdots,\ n$；$M_0 = A$，$M_n = B$）．设 $\Delta x_i = x_i - x_{i-1}$，$\Delta y_i = y_i - y_{i-1}$，点 (ξ_i,η_i) 为 $M_{i-1}M_i$ 上任意取定的点，如果各小弧段的长度的最大值 $\lambda \to 0$ 时，$\sum\limits_{i=1}^{n} P(\xi_i,\eta_i)\Delta x_i$ 的极限存在，则称此极限为函数 $P(x,y)$ 在有向曲线弧 L 上对坐标 x 的曲线积分（或称**第二型曲线积分**），记作 $\int_L P(x,y)\,\mathrm{d}x$，即

$$\int_L P(x,y)\,\mathrm{d}x = \lim_{\lambda \to 0}\sum_{i=1}^{n} P(\xi_i,\eta_i)\Delta x_i.$$

注：（1）与对弧长的积分相比，这里的 Δx_i 可正可负，而 $\Delta s_i > 0$；

（2）当 $P(x,y)$，$Q(x,y)$ 在光滑曲线弧 L 上连续时，第二型曲线积分存在；

（3）第二型曲线积分只满足区域可加性，同时与曲线的方向有关，即

$$\int_{-L} P(x,y)\,\mathrm{d}x + Q(x,y)\,\mathrm{d}y = -\int_L P(x,y)\,\mathrm{d}x + Q(x,y)\,\mathrm{d}y;$$

（4）第二型曲线积分是在曲线上积分，从而曲线方程可代入被积函数简化计算；

（5）因为第二型曲线积分涉及有向曲线，一般不能直接应用不等式性质及奇偶对称性．

◆ **第二型曲线的计算**

1. 直接代入法：设 $L:\begin{cases} x = \phi(t), \\ y = \psi(t) \end{cases}$ 若（a）$\phi'(t)$，$\psi'(t)$ 在以 α，β 为端点的区间上连续，且 $[\phi'(t)]^2 + [\psi'(t)]^2 \neq 0$；（b）当 t 由 $\alpha \to \beta$ 时，对应点 $M(x,y)$ 从起点 A 运动到终点 B 描出 L；（c）$P(x,y)$、$Q(x,y)$ 在 L 上连续；则 $\int_L P(x,y)\,\mathrm{d}x$，$\int_L Q(x,y)\,\mathrm{d}y$ 存在，且

$$\int_L P(x,y)\,\mathrm{d}x + \int_L Q(x,y)\,\mathrm{d}y = \int_\alpha^\beta \{P[\phi(t),\psi(t)]\phi'(t) + Q[\phi(t),\psi(t)]\psi'(t)\}\,\mathrm{d}t.$$

注：（1）α – 对应起点，β – 对应终点，未必有 $\beta > \alpha$．

（2）若 AB：$y = y(x) \Rightarrow \begin{cases} x = x, \\ y = y(x). \end{cases}$　　A：$x = a$，B：$x = b$，则

$$\int_{AB} P(x,y)\,\mathrm{d}x + Q(x,y)\,\mathrm{d}y = \int_a^b [P(x,y(x)) + Q(x,y(x))y'(x)]\,\mathrm{d}x.$$

（3）若 $AB: x = x(y) \Rightarrow \begin{cases} y = y, \\ x = x(y). \end{cases}$　　$A: y = c, B: y = d,$ 则

$$\int_{AB} P(x, y)\mathrm{d}x + Q(x, y)\mathrm{d}y = \int_c^d P[(x(y), y)x'(y) + Q(x(y), y)]\mathrm{d}y.$$

（4）$\Gamma: \begin{cases} x = \phi(t), \\ y = \psi(t), t: \alpha \rightarrow \beta, \\ z = \omega(t) \end{cases}$ 则

$$\int_\Gamma P\mathrm{d}x + Q\mathrm{d}y + R\mathrm{d}z = \Big\{ \int_\alpha^\beta P[\phi(t), \psi(t), \omega(t)]\phi'(t) + Q[\phi(t), \psi(t), \omega(t)]\psi'(t) +$$
$$R[\phi(t), \psi(t), \omega(t)]\omega'(t) \Big\}\mathrm{d}t.$$

2. 两类曲线积分之间的联系：

设有向平面曲线弧 L 上点 (x, y) 处指定方向的单位切向量 $\boldsymbol{\tau}^0 = (\cos\alpha, \cos\beta)$，则

$$\int_L P\mathrm{d}x + Q\mathrm{d}y = \int_L (P\cos\alpha + Q\cos\beta)\mathrm{d}s (即 \mathrm{d}\boldsymbol{s} = (\mathrm{d}x, \mathrm{d}y) = (\cos\alpha, \cos\beta)\mathrm{d}s = \boldsymbol{\tau}^0 \cdot \mathrm{d}\boldsymbol{s}).$$

设有向空间平面曲线弧 Γ 上点 (x, y, z) 处指定方向的单位切向量 $\boldsymbol{\tau}^0 = (\cos\alpha, \cos\beta, \cos\gamma)$，则

$$\int_L P\mathrm{d}x + Q\mathrm{d}y + R\mathrm{d}z = \int_L (P\cos\alpha + Q\cos\beta + R\cos\gamma)\mathrm{d}s (即 \mathrm{d}\boldsymbol{s} = (\mathrm{d}x, \mathrm{d}y, \mathrm{d}z) = \boldsymbol{\tau}^0 \cdot \mathrm{d}\boldsymbol{s}).$$

◆ **格林公式**

设闭区域 D 由分段光滑的曲线 L 围成，函数 $P(x, y)$ 及 $Q(x, y)$ 在 D 上具有一阶连续偏导数，则有

$$\iint_D \left(\frac{\partial Q}{\partial x} - \frac{\partial P}{\partial y}\right)\mathrm{d}x\mathrm{d}y = \oint_L P\mathrm{d}x + Q\mathrm{d}y,$$

其中，L 是 D 的取正向的边界曲线.

注：（1）格林公式的实质：阐述了沿闭曲线的积分与二重积分之间的联系.

（2）格林公式三个条件缺一不可，若有缺失，可补足条件再使用，大部分题型都围绕条件的缺失来展开.

（3）格林公式可用来求区域面积：$S = \dfrac{1}{2}\oint_L -y\mathrm{d}x + x\mathrm{d}y.$

（4）应用格林公式要注意一些特殊的被积函数，例如：$\oint_L \dfrac{x\mathrm{d}y - y\mathrm{d}x}{x^2 + y^2}$，其中，$L$ 是无奇点分段光滑且不经过原点的连续封闭曲线，L 所围的区域是 D，

（a）若 $(0, 0) \notin D$，则 $\displaystyle\int_L \dfrac{x\mathrm{d}y - y\mathrm{d}x}{x^2 + y^2} = 0$；（b）若 $(0, 0) \in D$，则 $\displaystyle\int_L \dfrac{x\mathrm{d}y - y\mathrm{d}x}{x^2 + y^2} = 2\pi.$

◆ **曲线积分的路径无关性**

1. 定义：设 G 是一个开区域，函数 $P(x,y),G(x,y)$ 在 G 有连续的一阶偏导数，对任意给定的 A，$B \in G$ 及 $A \to B$ 的任意两条曲线 L_1，$L_2 \in G$，都有

$$\int_{L_1} P\mathrm{d}x + Q\mathrm{d}y = \int_{L_2} P\mathrm{d}x + Q\mathrm{d}y,$$

则称曲线积分 $\int_L P\mathrm{d}x + Q\mathrm{d}y$ 在 G 内与路径无关.

2. 设开区域 G 是一个单连通域，函数 $P(x,y),G(x,y)$ 在 G 内具有一阶连续偏导数，则下述几个条件等价：

（a）在 G 内是 $\dfrac{\partial P}{\partial x} = \dfrac{\partial Q}{\partial x}$ 恒成立；

（b）$\oint_C P\mathrm{d}x + Q\mathrm{d}y = 0$，闭曲线 $C \subset G$；

（c）在 G 内存在 $U(x,y)$，使 $\mathrm{d}u = P\mathrm{d}x + Q\mathrm{d}y$；

（d）$\int_L P\mathrm{d}x + Q\mathrm{d}y$ 在 G 内与路径无关.

注：（1）格林公式不需要单连通区域这个要求，可以是复连通，但路径无关性则必须要求单连通；

（2）题目中出现最多的条件就是 $\dfrac{\partial P}{\partial x} = \dfrac{\partial Q}{\partial x}$，可利用该条件选择简单路径积分；

（3）利用这四个等价条件求原函数，或者和微分方程结合求解函数.

2 典型例题与方法进阶

例1. 计算 $\int_C (x^{\frac{4}{3}} + y^{\frac{4}{3}})\,\mathrm{d}s$，其中，$C$ 为内摆线 $x^{\frac{2}{3}} + y^{\frac{2}{3}} = a^{\frac{2}{3}}$ 的弧.

解 引入曲线参数方程：$x = a\cos^3 t, y = a\sin^3 t$ $(0 \leqslant t \leqslant 2\pi)$，则

$$\mathrm{d}s = \sqrt{9a^2\cos^4 t\sin^2 t + 9a^2\sin^4 t\cos^2 t}\,\mathrm{d}t = 3a\cos t\sin t\,\mathrm{d}t.$$

于是，$\int_C (x^{\frac{4}{3}} + y^{\frac{4}{3}})\mathrm{d}s = a^{\frac{4}{3}}\int_0^{2\pi}(\cos^4 t + \sin^4 t)\cdot 3a\cos t\sin t\,\mathrm{d}t = 24a^{\frac{7}{3}}\int_0^{\frac{\pi}{2}}\sin^5 t\mathrm{d}(\sin t) = 4a^{\frac{7}{3}}$.

例2. 计算 $I = \int_L \dfrac{\sqrt{x^2 + y^2}}{(x-1)^2 + y^2}\mathrm{d}s$，其中，曲线弧为 $x^2 + y^2 = 2x$.

解 由 $y = \sqrt{2x - x^2}$，$y' = \dfrac{1-x}{\sqrt{2x - x^2}}$，得 $\mathrm{d}s = \sqrt{1 + y'^2}\mathrm{d}x = \dfrac{1}{\sqrt{2x - x^2}}\mathrm{d}x$，则

$$I = \int_L \frac{\sqrt{x^2 + y^2}}{(x-1)^2 + y^2}\mathrm{d}s = \int_0^2 \sqrt{2x}\frac{1}{\sqrt{2x - x^2}}\mathrm{d}x = \sqrt{2}\int_0^2 \frac{1}{\sqrt{2-x}}\mathrm{d}x = 4.$$

例3. 设 L 是顺时针方向的椭圆 $\dfrac{x^2}{4} + y^2 = 1$，其周长为 l，计算 $\oint_L (xy + x^2 +$

$4y^2)\mathrm{d}s.$

解　由曲线 L 的对称性，第一项 xy 的积分为 0；而 $x^2 + 4y^2 = 4\left(\dfrac{x^2}{4} + y^2\right) = 4$，所以

$$\oint_L (xy + x^2 + 4y^2)\,\mathrm{d}s = \oint_L (x^2 + 4y^2)\,\mathrm{d}s = 4\oint_L \mathrm{d}s = 4l.$$

例 4. 计算 $\oint_L x^2[1 + x\cos(xy)]\,\mathrm{d}s, L: x^2 + y^2 = a^2.$

解　记 $\oint_L x^2[1 + x\cos(xy)]\,\mathrm{d}s = \oint_L x^2\mathrm{d}s + \oint_L x^3\cos(xy)\,\mathrm{d}s = I_1 + I_2$，由对称奇偶性可知 $I_2 = 0$. 因为 $\oint_L x^2\mathrm{d}s = \oint_L y^2\mathrm{d}s$，则 $I_1 = \dfrac{1}{2}\oint_L (x^2 + y^2)\,\mathrm{d}s = \dfrac{1}{2}\oint_L a^2\mathrm{d}s = \pi a^3$，故

$$\oint_L x^2[1 + x\cos(xy)]\,\mathrm{d}s = \pi a^3.$$

例 5. 计算 $\displaystyle\int_L (x^2 + 2y^2)\,\mathrm{d}s$，其中，$L$ 为圆周：$x^2 + y^2 + z^2 = R^2, x + y + z = \dfrac{3}{2}R.$

解　由轮换性，可得 $\displaystyle\int_L x^2\mathrm{d}s = \int_L y^2\mathrm{d}s = \int_L z^2\mathrm{d}s$，故

$$I = \int_L (x^2 + y^2 + z^2)\,\mathrm{d}s = R^2\int_L \mathrm{d}s,$$

原点到平面 $x + y + z = \dfrac{3}{2}R$ 的距离 $d = \dfrac{\sqrt{3}}{2}a$，圆周半径：$r = \sqrt{R^2 - d^2} = \dfrac{R}{2}$，圆周长 $\displaystyle\int_L \mathrm{d}s = 2\pi r = \pi R$，故

$$I = \pi R^3.$$

例 6. 计算半径为 R，中心角为 2α 的圆弧 L 对于它的对称轴的转动惯量 I（设 $\rho = 1$）.

解　$I_y = \displaystyle\int_L x^2\rho\mathrm{d}s = \int_L x^2\mathrm{d}s$，令 $x = R\cos t$，$y = R\sin t$，$\mathrm{d}s = R\mathrm{d}t$，则

$$I_y = \int_{\frac{\pi}{2}-\alpha}^{\frac{\pi}{2}+\alpha} R^2\cos^2 t R\mathrm{d}t = R^3\left[\frac{t + \frac{1}{2}\sin 2t}{2}\right]\Bigg|_{\frac{\pi}{2}-\alpha}^{\frac{\pi}{2}+\alpha} = \frac{R^3}{2}\left[t + \frac{1}{2}\sin 2t\right]\Bigg|_{\frac{\pi}{2}-\alpha}^{\frac{\pi}{2}+\alpha}$$

$$= \frac{R^3}{2}(2\alpha - 2\sin 2\alpha) = R^3(\alpha - \sin\alpha\cos\alpha).$$

例 7. 求圆柱 $x^2 + y^2 = ax$ 被球面 $x^2 + y^2 + z^2 = a^2$ 所截得的侧面积（$a > 0$）.

解　由对称性，侧面积 $S = 4S_1$，其中，S_1 是圆柱在第一卦限内的侧面积，则

$$S_1 = \int_L \sqrt{a^2 - x^2 - y^2}\,\mathrm{d}s,$$

其中，L 是 xOy 平面上的曲线 $x^2 + y^2 = ax(y \geqslant 0)$，即 $y = \sqrt{ax - x^2}$. 用直角坐标系，

取 x 为积分变量，计算弧长微元. 因为 $\dfrac{dy}{dx} = \dfrac{a-2x}{2\sqrt{ax-x^2}}$, 故 $ds = \sqrt{1 + \left(\dfrac{dy}{dx}\right)^2}\,dx =$

$\dfrac{a}{2\sqrt{ax-x^2}}dx$. 因为 L 上 $x^2 + y^2 = ax$, $(y \geqslant 0)$, 故

$$S_1 = \int_L \sqrt{a^2 - x^2 - y^2}\,ds = \int_L \sqrt{a^2 - ax}\,ds = \int_0^a \sqrt{a^2 - ax}\,\frac{a}{2\sqrt{ax-x^2}}dx$$

$$= a\sqrt{a}\int_0^a \frac{1}{2\sqrt{x}}dx = a^2,$$

所以 $S = 4a^2$.

例 8. 计算 $\displaystyle\int_c \frac{-y\,dx + x\,dy}{x^2 + y^2}$, $\displaystyle\int_c \frac{x\,dx + y\,dy}{x^2 + y^2}$, 其中 c: $x^2 + y^2 = a^2$ 沿逆时针方向.

解 c: $\begin{cases} x = a\cos t, \\ y = a\sin t. \end{cases}$ t: $0 \to 2\pi$, 则

$$\int_c \frac{-y\,dx + x\,dy}{x^2 + y^2} = \int_0^{2\pi} \frac{-a\sin t(-a\sin t) + a\cos t(a\cos t)}{a^2}dt = \int_0^{2\pi} 1 \cdot dt = 2\pi,$$

$$\int_c \frac{x\,dx + y\,dy}{x^2 + y^2} = \int_0^{2\pi} \frac{a\cos t(-a\sin t) + a\sin t(a\cos t)}{a^2}dt = 0.$$

例 9. 计算 $\displaystyle\oint_c (z-y)\,dx + (x-z)\,dy + (x-y)\,dz$, 其中 c: $\begin{cases} x^2 + y^2 = 1, \\ x - y + z = 2 \end{cases}$ 从正 z 轴方向看是顺时针.

解 令 $x = \cos\theta$, $y = \sin\theta$, $z = 2 - x + y = 2 - \cos\theta + \sin\theta$, θ: $2\pi \to 0$, 则

$$\oint_c (z-y)\,dx + (x-z)\,dy + (x-y)\,dz =$$

$$\int_{2\pi}^0 [-2(\cos\theta + \sin\theta) + 3\cos^2\theta - \sin^2\theta]d\theta = -2\pi.$$

例 10. 证明：若 $f(u)$ 为连续函数，且 C 为逐段光滑的封闭曲线，则

$$\oint_C f(x^2 + y^2)(x\,dx + y\,dy) = 0.$$

证明 令 $F(x,y) = \dfrac{1}{2}\displaystyle\int_0^{x^2+y^2} f(u)\,du$, 由于 $f(u)$ 是连续函数，故

$$F_x(x,y) = xf(x^2 + y^2), \quad F_y(x,y) = yf(x^2 + y^2),$$

且显然 $F_x(x,y)$, $F_y(x,y)$ 都是 x, y 的连续函数，因此，$F(x,y)$ 可微，且

$$dF(x,y) = F_x(x,y)\,dx + F_y(x,y)\,dy = f(x^2 + y^2)(x\,dx + y\,dy),$$

于是，任取 C 上的一点 (x_0, y_0), 有

$$\oint_C f(x^2 + y^2)(x\,dx + y\,dx) = F(x,y)\Big|_{(x_0,y_0)} = 0.$$

例 11. 已知平面区域 $D = \{(x,y)\,|\,0 \leqslant x \leqslant \pi, 0 \leqslant y \leqslant \pi\}$, L 为 D 的正向边界.

试证:

（1）$\oint_L x\mathrm{e}^{\sin y}\mathrm{d}y - y\mathrm{e}^{-\sin x}\mathrm{d}x = \oint_L x\mathrm{e}^{-\sin y}\mathrm{d}y - y\mathrm{e}^{\sin x}\mathrm{d}x.$

（2）$\oint_L x\mathrm{e}^{\sin y}\mathrm{d}y - y\mathrm{e}^{-\sin x}\mathrm{d}x \geqslant 2\pi^2.$

证明 （1）根据格林公式，得

$$\oint_L x\mathrm{e}^{\sin y}\mathrm{d}y - y\mathrm{e}^{-\sin x}\mathrm{d}x = \iint_D (\mathrm{e}^{\sin y} + \mathrm{e}^{-\sin x})\mathrm{d}x\mathrm{d}y, \oint_L x\mathrm{e}^{-\sin y}\mathrm{d}y - y\mathrm{e}^{\sin x}\mathrm{d}x$$

$$= \iint_D (\mathrm{e}^{-\sin y} + \mathrm{e}^{\sin x})\mathrm{d}x\mathrm{d}y,$$

由轮换对称性，$\oint_L x\mathrm{e}^{\sin y}\mathrm{d}y - y\mathrm{e}^{-\sin x}\mathrm{d}x = \oint_L x\mathrm{e}^{-\sin y}\mathrm{d}y - y\mathrm{e}^{\sin x}\mathrm{d}x.$

（2）由（1）知，

$$\oint_L x\mathrm{e}^{\sin y}\mathrm{d}y - y\mathrm{e}^{-\sin x}\mathrm{d}x = \iint_D (\mathrm{e}^{\sin y} + \mathrm{e}^{-\sin x})\mathrm{d}x\mathrm{d}y = \iint_D \mathrm{e}^{\sin y}\mathrm{d}x\mathrm{d}y + \iint_D \mathrm{e}^{-\sin x}\mathrm{d}x\mathrm{d}y$$

$$= \iint_D (\mathrm{e}^{\sin x} + \mathrm{e}^{-\sin x})\mathrm{d}x\mathrm{d}y \geqslant \iint_D 2\mathrm{d}x\mathrm{d}y = 2\pi^2.$$

例12. 设函数$f(x)$在$(-\infty, +\infty)$内具有一阶连续导数，L是上半平面$y>0$内的有向分段光滑曲线，其起点为(a,b)，终点为(c,d). 记$I = \int_L \dfrac{1}{y}[1 + y^2 f(xy)]$

$\mathrm{d}x + \dfrac{x}{y^2}[y^2 f(xy) - 1]\mathrm{d}y.$

（1）证明：曲线积分I与路径L无关；

（2）当$ab = cd$时，求I的值.

解 （1）令$P = \dfrac{1}{y}[1 + y^2 f(xy)]$，$Q = \dfrac{x}{y^2}[y^2 f(xy) - 1]$，$\dfrac{\partial P}{\partial y} = f(xy) - \dfrac{1}{y^2} +$

$xyf'(xy) = \dfrac{\partial Q}{\partial x}$，故曲线积分$I$与路径$L$无关.

（2）$I = \int_L \dfrac{\mathrm{d}x}{y} - \dfrac{x\mathrm{d}x}{y^2} + \int_L yf(xy)\mathrm{d}x + xf(xy)\mathrm{d}y$，其中，$I = \int_L \dfrac{\mathrm{d}x}{y} - \dfrac{x\mathrm{d}x}{y^2} = \dfrac{c}{d} - \dfrac{a}{b}$，

设$F(x)$是$f(x)$的一个原函数，则

$$\int_L yf(xy)\mathrm{d}x + xf(xy)\mathrm{d}y = \int_L f(xy)\mathrm{d}(xy) = F(cd) - F(ab),$$

所以当$ab = cd$时，$F(cd) - F(ab) = 0$，由此得$I = \dfrac{c}{d} - \dfrac{a}{b}$.

例13. 选取λ，使$\int_L 2xy(x^4 + y^2)^\lambda \mathrm{d}x - x^2(x^4 + y^2)^\lambda \mathrm{d}y$在右半平面$x>0$与路径无关，并求

$$\int_{(1,0)}^{(x,y)} 2xy \left(x^4 + y^2\right)^{\lambda} dx - x^2 \left(x^4 + y^2\right)^{\lambda} dy.$$

解 令 $P = 2xy \left(x^4 + y^2\right)^{\lambda}$, $Q = -x^2 \left(x^4 + y^2\right)^{\lambda}$, 因为

$$\int_L \text{ 与路径无关} \Leftrightarrow \frac{\partial Q}{\partial x} = \frac{\partial P}{\partial y},$$

所以 $4x \left(x^4 + y^2\right)^{\lambda}(1 + \lambda) = 0$, 解得 $\lambda = -1$. 故

$$\int_{(1,0)}^{(x,y)} 2xy \left(x^4 + y^2\right)^{\lambda} dx - x^2 \left(x^4 + y^2\right)^{\lambda} dy = \int_{(1,0)}^{(x,y)} \frac{2xy\, dx - x^2\, dy}{x^4 + y^2}$$

$$= \int_x^1 \frac{2x \cdot 0\, dx}{x^4 + 0^2} + \int_0^y \frac{-x^2\, dy}{x^4 + y^2} = -\arctan \frac{y}{x^2}.$$

例 14. 设 L 为不经过点 $(2,0)$, $(-2,0)$ 的分段光滑简单闭曲线, 试就 L 的不同情形计算曲线积分.

$$\oint_L \left[\frac{y}{(2-x)^2 + y^2} + \frac{y}{(2+x)^2 + y^2}\right] dx + \left[\frac{2-x}{(2-x)^2 + y^2} + \frac{2+x}{(2+x)^2 + y^2}\right] dy, \ L \text{ 取正向}.$$

解 $\oint_L \left[\frac{y\, dx}{(2-x)^2 + y^2} + \frac{(2-x)\, dy}{(2-x)^2 + y^2}\right] + \left[\frac{y\, dx}{(2+x)^2 + y^2} + \frac{(2+x)\, dy}{(2+x)^2 + y^2}\right] =$

$I_1 + I_2$,

对 I_1 有: $\dfrac{\partial \left[\dfrac{y}{(2-x)^2 + y^2}\right]}{\partial y} = \dfrac{\partial \left[\dfrac{(2-x)}{(2-x)^2 + y^2}\right]}{\partial x} = \dfrac{(2-x)^2 - y^2}{\left[(2-x)^2 + y^2\right]^2}$,

对 I_2 有: $\dfrac{\partial \left[\dfrac{y}{(2+x)^2 + y^2}\right]}{\partial y} = \dfrac{\partial \left[\dfrac{-(2-x)}{(2+x)^2 + y^2}\right]}{\partial x} = \dfrac{(2+x)^2 - y^2}{\left[(2+x)^2 + y^2\right]^2}$,

即它们都分别满足 $\dfrac{\partial P}{\partial y} = \dfrac{\partial Q}{\partial x}$, 以下就 L 的不同情况进行讨论:

(1) 当点 $(2,0)$, $(-2,0)$ 均在闭曲线 L 所围区域的外部时, $I_1 = I_2 = 0$, 从而 $I = 0$.

(2) 当点 $(2,0)$, $(-2,0)$ 均在闭曲线 L 所围区域的内部时, 则分别做以这两个点为圆心, 以充分小正数 ε_1, ε_2 为半径的圆 C_1, C_2, 使它们也都在区域内部, 于是

$$I_1 = \oint_L \frac{y\, dx + (2-x)\, dy}{(2-x)^2 + y^2} = \oint_{C_1} \frac{y\, dx + (2-x)\, dy}{\varepsilon_1^2} = -\frac{2}{\varepsilon_1^2} \iint_{D_1} dx\, dy = -2\pi,$$

其中, D_1 是 Γ 所围区域. 同理, $I_2 = -2\pi$, 所以 $I = -4\pi$.

(3) 当点 $(2,0)$, $(-2,0)$ 有一个在外部有一个在内部时, 综合 (1) 和 (2), 得 $I = -2\pi$.

例 15. 设函数 $\theta(x,y)$ 在 xOy 面上具有一阶连续偏导数, 曲线积分 $\int_L 2xy\, dx +$

$\theta(x,y)\mathrm{d}y$ 与路径无关，且对任意 t 恒有 $\int_{(0,0)}^{(t,1)} 2xy\mathrm{d}x + \theta(x,y)\mathrm{d}y = \int_{(0,0)}^{(1,t)} 2xy\mathrm{d}x + \theta(x,y)\mathrm{d}y$，求 $\theta(x,y)$.

解 因为积分与路径无关，所以 $\dfrac{\partial\theta}{\partial x} = 2x$，即 $\theta(x,y) = x^2 + c(y)$. 又

$$\int_{(0,0)}^{(t,1)} 2xy\mathrm{d}x + \theta(x,y)\mathrm{d}y = \int_0^1 [t^2 + c(y)]\mathrm{d}y = t^2 + \int_0^1 c(y)\mathrm{d}y,$$

$$\int_{(0,0)}^{(1,t)} 2xy\mathrm{d}x + \theta(x,y)\mathrm{d}y = \int_0^t [1 + c(y)]\mathrm{d}y = t + \int_0^t c(y)\mathrm{d}y,$$

则 $t^2 + \int_0^1 c(y)\mathrm{d}y = t + \int_0^t c(y)\mathrm{d}y$，两边同时求导可得

$$2t = 1 + c(t) \Rightarrow c(y) = 2y - 1.$$

因此 $\theta(x,y) = x^2 + 2y - 1$.

例 16. 计算积分 $\displaystyle\int_L \dfrac{\left(x - \dfrac{1}{2} - y\right)\mathrm{d}x + \left(x - \dfrac{1}{2} + y\right)\mathrm{d}y}{\left(x - \dfrac{1}{2}\right)^2 + y^2}$，其中，$L$ 为由 $(0,-1)$ 到

$(0,1)$ 经过圆 $x^2 + y^2 = 1$ 右半部分的路径.

解 记 $P(x,y) = \dfrac{x - \dfrac{1}{2} - y}{\left(x - \dfrac{1}{2}\right)^2 + y^2}$，$Q(x,y) = \dfrac{x - \dfrac{1}{2} + y}{\left(x - \dfrac{1}{2}\right)^2 + y^2}$，设 L_1 为由 $A(0,-1)$

到 $B(1,-1)$，再到 $C(1,1)$，最后到 $D(0,1)$ 的折线段. 因为 $P(x,y)$ 和 $Q(x,y)$ 在 L 和 L_1 所形成的单连通闭区域 $\left(\text{不含点}\left(\dfrac{1}{2}, 0\right)\right)$ 上满足曲线积分与路径无关的条件，所以

$$\int_L \frac{\left(x - \dfrac{1}{2} - y\right)\mathrm{d}x + \left(x - \dfrac{1}{2} + y\right)\mathrm{d}y}{\left(x - \dfrac{1}{2}\right)^2 + y^2} = \int_{L_1} P(x,y)\mathrm{d}x + Q(x,y)\mathrm{d}y$$

$$= \int_{AB} P\mathrm{d}x + Q\mathrm{d}y + \int_{BC} P\mathrm{d}x + Q\mathrm{d}y + \int_{CD} P\mathrm{d}x + Q\mathrm{d}y$$

$$= \int_0^1 \frac{x + \dfrac{1}{2}}{\left(x - \dfrac{1}{2}\right)^2 + 1}\mathrm{d}x + \int_{-1}^1 \frac{\dfrac{1}{2} + y}{\dfrac{1}{4} + y^2}\mathrm{d}y + \int_1^0 \frac{x - \dfrac{3}{2}}{\left(x - \dfrac{1}{2}\right)^2 + 1}\mathrm{d}x$$

$$= \int_0^1 \frac{2}{\left(x - \dfrac{1}{2}\right)^2 + 1}\mathrm{d}x + \int_{-1}^1 \frac{2}{1 + (2y)^2}\mathrm{d}y + \int_1^0 \frac{y}{\dfrac{1}{4} + y^2}\mathrm{d}x$$

$$= 4\arctan\frac{1}{2} + 2\arctan 2.$$

例 17. 设 $f(x)$ 二阶连续可导，且 $f(0)=0, f'(0)=1$，求 $u(x,y)$ 使得
$$\mathrm{d}u(x,y)=y[f(x)+3\mathrm{e}^{2x}]\mathrm{d}x+f'(x)\mathrm{d}y.$$

解 成为全微分的充分条件是 $\dfrac{\partial Q}{\partial x}=\dfrac{\partial P}{\partial y}$，即
$$f''(x)=f(x)+3\mathrm{e}^{2x}\Rightarrow f(x)=c_1\mathrm{e}^x+c_2\mathrm{e}^{-x}+\mathrm{e}^{2x}.$$
再由 $f(0)=0, f'(0)=1$ 可确定 $c_1=-1, c_2=0$，则
$$f(x)=-\mathrm{e}^x+\mathrm{e}^{2x},$$
即 $\mathrm{d}u=y[-\mathrm{e}^x+4\mathrm{e}^{2x}]\mathrm{d}x+(-\mathrm{e}^x+2\mathrm{e}^{2x})\mathrm{d}y$，因此
$$u(x,y)=\int_{(0,0)}^{(x,y)}y[-\mathrm{e}^x+4\mathrm{e}^{2x}]\mathrm{d}x+(-\mathrm{e}^x+2\mathrm{e}^{2x})\mathrm{d}y$$
$$=\int_0^y(-\mathrm{e}^x+2\mathrm{e}^{2x})\mathrm{d}y=(2\mathrm{e}^{2x}-\mathrm{e}^x)y+C.$$

例 18. 设 $f(x)$ 在 $[1,4]$ 上具有连续的导数，且 $f(1)=f(4)$，其中，L 是由 $y=x, y=4x, xy=1, xy=4$ 所围成区域 D 的正向边界，求 $I=\oint_L\dfrac{1}{y}f(xy)\mathrm{d}y$.

解 由格林公式得 $I=\oint_L\dfrac{1}{y}f(xy)\mathrm{d}y=\iint_D f'(xy)\mathrm{d}x\mathrm{d}y$，令 $u=\dfrac{y}{x}, v=xy$，
$$J=\cfrac{1}{\begin{vmatrix}-\dfrac{y}{x^2} & \dfrac{1}{x}\\ y & x\end{vmatrix}}=-\dfrac{x}{2y}=-\dfrac{1}{2u},\text{ 则}$$
$$I=\oint_L\dfrac{1}{y}f(xy)\mathrm{d}y=\iint_D f'(xy)\mathrm{d}x\mathrm{d}y=\int_1^4\mathrm{d}u\int_1^4 f'(v)\dfrac{1}{2u}\mathrm{d}v$$
$$=\dfrac{1}{2}(\ln 4-\ln 1)[f(4)-f(1)]=0.$$

例 19. 设函数 $f(x,y)$ 及它的二阶偏导数在全平面连续，且 $f(0,0)=0$，$\left|\dfrac{\partial f}{\partial x}\right|\leqslant 2|x-y|$，$\left|\dfrac{\partial f}{\partial y}\right|\leqslant 2|x-y|$，求证：$|f(5,4)|\leqslant 1$.

证明 因为函数 $f(x,y)$ 有二阶连续偏导数，故曲线积分 $\int_L\dfrac{\partial f}{\partial x}\mathrm{d}x+\dfrac{\partial f}{\partial y}\mathrm{d}y$ 与路径无关.

设 $O(0,0), A(4,4), B(5,4)$，由条件 $\left|\dfrac{\partial f}{\partial x}\right|\leqslant 2|x-y|$，$\left|\dfrac{\partial f}{\partial y}\right|\leqslant 2|x-y|$，知在直线 $OA: y=x$ 上，$\dfrac{\partial f}{\partial x}=\dfrac{\partial f}{\partial y}=0$，所以

$$f(5,4) - f(0,0) = \int_{(0,0)}^{(5,4)} \mathrm{d}f(x,y) = \int_{(0,0)}^{(5,4)} \frac{\partial f}{\partial x}\mathrm{d}x + \frac{\partial f}{\partial y}\mathrm{d}y$$

$$= \int_{OA} \frac{\partial f}{\partial x}\mathrm{d}x + \frac{\partial f}{\partial y}\mathrm{d}y + \int_{AB} \frac{\partial f}{\partial x}\mathrm{d}x + \frac{\partial f}{\partial y}\mathrm{d}y = 0 + \int_4^5 \frac{\partial f(x,4)}{\partial x}\mathrm{d}x$$

$$= \int_4^5 \frac{\partial f(x,4)}{\partial x}\mathrm{d}x,$$

而 $f(0,0) = 0$，故 $|f(5,4)| = \left| \int_4^5 \frac{\partial f(x,4)}{\partial x}\mathrm{d}x \right| \leqslant \int_4^5 2|x-4|\mathrm{d}x = 1$.

例 20. 设函数 $f(x,y)$ 在闭区域 D: $x^2 + y^2 \leqslant 1$ 上有二阶连续偏导数，

且 $\dfrac{\partial^2 f}{\partial x^2} + \dfrac{\partial^2 f}{\partial y^2} = \mathrm{e}^{-(x^2+y^2)}$，证明:

$$\iint_D \left(x\frac{\partial f}{\partial x} + y\frac{\partial f}{\partial y} \right)\mathrm{d}x\mathrm{d}y = \frac{\pi}{2\mathrm{e}}.$$

证明　由格林公式，可得二重积分的分部积分公式:

$$\iint_\Omega AB'_x\mathrm{d}x\mathrm{d}y = \oint_{\partial\Omega} AB\mathrm{d}y - \iint_\Omega BA'_x\mathrm{d}x\mathrm{d}y, \iint_\Omega CD'_y\mathrm{d}x\mathrm{d}y = -\oint_{\partial\Omega} CD\mathrm{d}x - \iint_\Omega DC'_y\mathrm{d}x\mathrm{d}y,$$

其中，Ω 是一平面区域，$\partial\Omega$ 为 Ω 的正向边界.

令 $A = f'_x$，$B'_x = x = \dfrac{\partial}{\partial x}\left(\dfrac{x^2+y^2}{2}\right)$，$C = f'_y$，$D'_y = y = \dfrac{\partial}{\partial y}\left(\dfrac{x^2+y^2}{2}\right)$.

由上述公式，得

$$\iint_D (xf'_x + yf'_y)\mathrm{d}x\mathrm{d}y = \iint_D \left[\frac{\partial}{\partial x}\left(\frac{x^2+y^2}{2}\right)\cdot f'_x + \frac{\partial}{\partial y}\left(\frac{x^2+y^2}{2}\right)\cdot f'_y \right]\mathrm{d}x\mathrm{d}y$$

$$= \oint_{\partial D} \frac{x^2+y^2}{2}\cdot f'_x\mathrm{d}y - \frac{x^2+y^2}{2}\cdot f'_y\mathrm{d}x - \iint_D \frac{x^2+y^2}{2}(f''_{xx} + f''_{yy})\mathrm{d}x\mathrm{d}y,$$

由于在边界 ∂D 上，$x^2 + y^2 = 1$，所以原式 $= \dfrac{1}{2}\oint_{\partial D} f'_x\mathrm{d}y - f'_y\mathrm{d}x - \iint_D \dfrac{x^2+y^2}{2}\mathrm{e}^{-(x^2+y^2)}\mathrm{d}x\mathrm{d}y$.

利用格林公式，得

$$原式 = \frac{1}{2}\iint_D (f''_{xx} + f''_{yy})\mathrm{d}x\mathrm{d}y - \iint_D \frac{x^2+y^2}{2}\mathrm{e}^{-(x^2+y^2)}\mathrm{d}x\mathrm{d}y$$

$$= \frac{1}{2}\iint_D \mathrm{e}^{-(x^2+y^2)}\mathrm{d}x\mathrm{d}y - \iint_D \frac{x^2+y^2}{2}\mathrm{e}^{-(x^2+y^2)}\mathrm{d}x\mathrm{d}y$$

$$= \frac{1}{2}\int_0^{2\pi}\mathrm{d}\theta\int_0^1 \mathrm{e}^{-r^2}r\mathrm{d}r - \frac{1}{2}\int_0^{2\pi}\mathrm{d}\theta\int_0^1 r^3\mathrm{e}^{-r^2}\mathrm{d}r$$

$$= -\frac{\pi}{2}\left[\mathrm{e}^{-r^2}\right]\Big|_0^1 - \frac{\pi}{2}\left[-r^2\mathrm{e}^{-r^2} - \mathrm{e}^{-r^2}\right]\Big|_0^1 = \frac{\pi}{2\mathrm{e}}.$$

例 21. 设 $P(x,y)$，$Q(x,y)$ 在曲线 L 上连续，l 为 L 的长度，$M = \max\limits_{(x,y)\in L} \sqrt{P^2 + Q^2}$，证明: $\left| \int_L P\mathrm{d}x + Q\mathrm{d}y \right| \leqslant lM$；再利用上面不等式估计积分 $I_R = $

$\oint_{C_R} \dfrac{(y-1)\mathrm{d}x + (x+1)\mathrm{d}y}{(x^2 + y^2 + 2x - 2y + 2)^2}$，其中 C_R 为圆周 $(x+1)^2 + (y-1)^2 = R^2$ 的正向，并求 $\lim\limits_{R \to +\infty} |I_R|$。

证明 因为 $\int_L P\mathrm{d}x + Q\mathrm{d}y = \int_L (P\cos\alpha + Q\sin\alpha)\mathrm{d}s$，所以 $\left| \int_L P\mathrm{d}x + Q\mathrm{d}y \right| \leqslant \int_L |P\cos\alpha + Q\sin\alpha|\mathrm{d}s$，又

$$(P\cos\alpha + Q\sin\alpha)2 = P^2\cos^2\alpha + Q^2\sin^2\alpha + 2PQ\cos\alpha\sin\alpha$$
$$\leqslant P^2\cos^2\alpha + Q^2\sin^2\alpha + P^2\sin^2\alpha + Q^2\cos^2\alpha = P^2 + Q^2.$$

从而

$$\left| \int_L P\mathrm{d}x + Q\mathrm{d}y \right| \leqslant \int_L |P\cos\alpha + Q\sin\alpha|\mathrm{d}s \leqslant \int_L \sqrt{P^2 + Q^2}\,\mathrm{d}s \leqslant lM.$$

又在 I_R 中 $P^2 + Q^2 = \dfrac{(x+1)^2 + (y-1)^2}{(x^2 + y^2 + 2x - 2y + 2)^4} = \dfrac{R^2}{R^8} = \dfrac{1}{R^6}$，即 $\dfrac{1}{R^3} = M$，所以

$$|I_R| = \left| \oint_{C_R} \dfrac{(y-1)\mathrm{d}x + (x+1)\mathrm{d}y}{(x^2 + y^2 + 2x - 2y + 2)^2} \right| \leqslant \dfrac{1}{R^3} \cdot 2\pi R = \dfrac{2\pi}{R^2}.$$

因此 $\lim\limits_{R \to +\infty} |I_R| = 0$。

3 本节练习

（A 组）

1. 计算曲线积分

（1）$\int_L \sqrt{x^2 + y^2}\,\mathrm{d}s$，其中，$L$：$x^2 + y^2 = 4x$；

（2）$\int_L y\mathrm{d}s$，其中，L 是 $y^2 = 4x$ 从 $O(0,0)$ 到 $A(1,2)$ 的一段；

（3）$\oint_L \mathrm{e}^{\sqrt{x^2+y^2}}\mathrm{d}s$，$L$：$x^2 + y^2 = a^2$，$y = x$ 及 x 轴在第一象限所围成的扇形的整个边界；

（4）$\oint_L |xy|\mathrm{d}s$，L：$x^2 + y^2 = a^2$（$a > 0$）；

（5）$\int_L x^2\mathrm{d}s$，其中 L 为圆周：$x^2 + y^2 + z^2 = a^2$，$x + y + z = 0$；

（6）$\oint_L (4x^2 + y^2\sin x)\mathrm{d}s$，其中 L：$x^2 + y^2 = 9$。

2. 求圆柱 $x^2 + \left(y - \dfrac{a}{2} \right)^2 = \dfrac{a^2}{4}$ 介于 $z = 0$ 及 $z = \dfrac{h}{a}\sqrt{x^2 + y^2}$ 之间的侧面积（$a > 0$，$h > 0$）。

3. 计算 $\displaystyle\int_c xy\,dx, c:y^2 = x$ 从点 $A(1, -1)$ 到点 $B(1,1)$ 的一段弧.

4. 计算：$I = \displaystyle\oint_L \dfrac{x\,dy - y\,dx}{4x^2 + y^2}, L:(x-1)^2 + y^2 = R^2, (R > 0)$ 取逆时针.

5. 求 $I = \displaystyle\int_L (e^x \sin y - b(x + y))\,dx + (e^x \cos y - ax)\,dy$，其中 a, b 为正常数，L 为从点 $A(2a,0)$ 的沿曲线 $y = \sqrt{2ax - x^2}$ 到点 $O(0,0)$ 的弧.

6. 计算：$\displaystyle\int_L \left(\sin\dfrac{x}{y} + \dfrac{x}{y}\cos\dfrac{x}{y}\right)dx - \dfrac{x^2}{y^2}\cos\dfrac{x}{y}dy$，$L$：从点 $A(\pi, 1)$ 经过 $x = \pi(y-2)^2$ 到点 $B(\pi,3)$ 的弧段.

7. 计算：$\displaystyle\int_C \dfrac{(x+y)\,dx - (x-y)\,dy}{x^2 + y^2}$，其中 C 为

（1）正向圆周 $x^2 + y^2 = a^2$；　　　（2）$a^2 \le x^2 + y^2 \le b^2, (b > a > 0$，取正向）；

（3）$A(-\pi, \pi), B(\pi, -\pi), AB$ 弧：$y = \pi \cos x$. （4）正方形 $|x| + |y| = 1$ 的正向.

8. 求由曲线 $\left(\dfrac{x^2}{a^2} + \dfrac{y^2}{b^2}\right)^2 = x^2 + y^2$ 所围成的平面图形的面积.

（B 组）

1. 过点 $O(0,0)$ 和 $A(\pi,0)$ 的曲线族 $y = a\sin x (a > 0)$ 中求一条曲线 l 使该曲线从 O 到 A 的积分 $I = \displaystyle\int_L (1 + y^3)\,dx + (2x + y)\,dy$ 最小.

2. $\displaystyle\int_L (y - z)\,dx + (z - x)\,dy + (x - y)\,dz, L:\begin{cases} x^2 + y^2 = 1 \\ x + z = 1 \end{cases}$ 从 x 轴负向往正向看去，L 的方向顺时针.

3. 已知曲线积分 $\displaystyle\oint_C \dfrac{x\,dy - y\,dx}{2y^2 + \phi(x)} \equiv A$（$A$ 为常数），其中函数 $\phi(x)$ 具有连续导数，且 $\phi(1) = 1$，C 是围绕原点一周的任一正向闭曲线.

（1）证明：在任一不包含原点的单连通区域内，曲线积分 $\displaystyle\oint_C \dfrac{x\,dy - y\,dx}{2y^2 + \phi(x)}$ 与路径无关.

（2）求函数 $\phi(x)$ 的表达式，并求 A 的值.

4 竞赛实战

（A 组）

1.（第一届江苏省赛）曲线 C 为 $x^2 + y^2 + z^2 = R^2$ 与 $x + z = R$ 的交线，从原点看去 C 的方向为顺时针方向，则 $\int_C y\,dx + z\,dy + x\,dz =$ _____.

2.（第四届江苏省赛）若 $\phi(y)$ 的导数连续，$\phi(0) = 0$ 曲线 $\overset{\frown}{AB}$ 的极坐标方程为 $\rho = a(1 - \cos\theta)$，其中，$a > 0$，$0 \leqslant \theta \leqslant \pi$，$A$ 与 B 分别对应于 $\theta = 0$ 与 $\theta = \pi$，则 $\int_{\overset{\frown}{AB}} (\phi(y)e^x - \pi y)\,dx + (\phi'(y)e^x - \pi)\,dy =$ _____.

3.（第七届江苏省赛）设 $f(x)$ 连续可导，$f(1) = 1$，G 为不包含原点的单连通域，任取 M，$N \in G$，在 G 内曲线积分 $\int_M^N \dfrac{1}{2x^2 + f(y)}(y\,dx - x\,dy)$ 与路径无关.

（1）求 $f(x)$；

（2）求 $\int_\Gamma \dfrac{1}{2x^2 + f(y)}(y\,dx - x\,dy)$，其中，$\Gamma$ 为 $x^{\frac{2}{3}} + y^{\frac{2}{3}} = a^{\frac{2}{3}}$，取正向.

4.（第八届江苏省赛）设 Γ 是 $y = a\sin x\,(a > 0)$ 上从 $(0,0)$ 到 $(\pi,0)$ 的一段曲线，$a =$ _____时，曲线积分 $\int_\Gamma (x^2 + y)\,dx + (2xy + e^{y^2})\,dy$ 取最大值.

5.（第九届江苏省赛）设 Γ 为 $x^2 + y^2 = 2x\,(y \geqslant 0)$ 上从 $O(0,0)$ 到 $A(2,0)$ 的一段弧，则 $\int_\Gamma (ye^x + x)\,dx + (e^x - xy)\,dy =$ _____.

6.（第十二届江苏省赛）设 L_{ABC} 是从 $A(1,0)$ 到 $B(0,1)$ 再到 $C(-1,0)$ 连成的折线，则曲线积分 $\int_{L_{ABC}} \dfrac{dx + dy}{|x| + |y|} =$ _____.

7.（第十三届江苏省赛）计算曲线积分 $\int_\Gamma e^{xy}(1 + xy)\,dx + e^{xy}x^2\,dy$，其中，$\Gamma$ 为曲线 $y = 2^x + 1$，从 $A(0,2)$ 到 $B(1,3)$ 的一段弧.

8.（第一届国家预赛）已知平面区域 $D = \{(x,y) \mid 0 \leqslant x \leqslant \pi, 0 \leqslant y \leqslant \pi\}$，$L$ 为 D 的正向边界，试证：

（1）$\oint_L xe^{\sin y}\,dy - ye^{-\sin x}\,dx = \oint_L xe^{-\sin y}\,dy - ye^{\sin x}\,dx$；

（2）$\oint_L xe^{\sin y}\,dy - ye^{-\sin x}\,dx \geqslant \dfrac{5}{2}\pi^2$.

9.（第四届国家预赛）设函数 $u = u(x)$ 连续可微，$u(2) = 1$ 且 $\int_L (x + 2y)u\,dx + (x + u^3)u\,dy$ 在右半平面上与路径无关，求 $u(x)$.

10.（第六届国家决赛）设曲线积分 $I = \oint_L \dfrac{x\,dy - y\,dx}{|x| + |y|}$，其中，$L$ 是以 $(1,0)$，$(0,$

$1),(-1,0),(0,-1)$ 为顶点的正方形的边界曲线，方向为逆时针，则 $I=$ _____.

11.（第九届国家预赛）设 Γ 为曲线 $x^2+y^2+z^2=1$，$x+z=1(x,y,z\geqslant0)$ 上从点 $A(1,0,0)$ 到点 $B(0,0,1)$ 的一段，求曲线积分 $I=\int_\Gamma y\mathrm{d}x+z\mathrm{d}y+x\mathrm{d}z$.

（B 组）

1.（第六届江苏省赛）设曲线 $\overset{\frown}{AB}$ 的极坐标方程为 $\rho=1+\cos\theta\left(-\dfrac{\pi}{2}\leqslant\theta\leqslant\dfrac{\pi}{2}\right)$，一质点 P 在力 $\boldsymbol{F}$ 的作用下沿曲线 $\overset{\frown}{AB}$ 从点 $A(0,-1)$ 运动到点 $B(0,1)$，力 $\boldsymbol{F}$ 的大小等于点 P 到定点 $M(3,4)$ 的距离，其方向垂直于线段 MP，且与 y 轴正向的夹角为锐角，求力 $\boldsymbol{F}$ 对质点 P 所做的功.

2.（第十二届江苏省赛）计算 $\oint_L\dfrac{a^2b^2(x-y)}{(b^2x^2+a^2y^2)(x^2+y^2)}\mathrm{d}x+\dfrac{a^2b^2(x+y)}{(b^2x^2+a^2y^2)(x^2+y^2)}\mathrm{d}y$，其中，$L$ 是平面闭曲线 $\dfrac{x^2}{a^2}+\dfrac{y^2}{b^2}=1$ 沿逆时针方向.

3.（第十四届江苏省赛）设 Γ：$x^2+y^2=4$，将对弧长的曲线积分 $\int_\Gamma\dfrac{x^2+y(y-1)}{x^2+(y-1)^2}\mathrm{d}s$ 化为对坐标的曲线积分，并求积分值.

4.（第二届国家预赛）设函数 $\phi(x)$ 具有连续的导数，在围绕原点的任意光滑的简单闭曲线上，曲线积分 $\oint_C\dfrac{2xy\mathrm{d}x+\phi(x)\mathrm{d}y}{x^4+y^2}$ 的值为常数.

（1）设 L 为正向闭曲线 $(x-2)^2+y^2=1$. 证明：$\oint_C\dfrac{2xy\mathrm{d}x+\phi(x)\mathrm{d}y}{x^4+y^2}=0$；

（2）求函数 $\phi(x)$；

（3）设 C 是围绕原点的光滑简单闭曲线，求 $\oint_C\dfrac{2xy\mathrm{d}x+\phi(x)\mathrm{d}y}{x^4+y^2}$.

5.（第三届国家决赛）设连续可微函数 $z=z(x,y)$ 由方程 $F(xz-y,x-yz)=0$（其中 $F(u,v)$ 有连续的偏导数）唯一确定，L 为正向单位圆周. 试求：
$$I=\oint_L(xz^2+2yz)\mathrm{d}y-(2xz+yz^2)\mathrm{d}x.$$

6.（第五届国家预赛）设 $I_a(r)=\oint_C\dfrac{y\mathrm{d}x-x\mathrm{d}y}{(x^2+y^2)^a}$，其中，$a$ 为常数，曲线 C 为椭圆 $x^2+xy+y^2=r^2$，取正向. 求极限 $\lim\limits_{r\to+\infty}I_a(r)$.

7.（第八届国家决赛）曲线 L_1：$y=\dfrac{1}{3}x^3+2x$（$0\leqslant x\leqslant1$）绕直线 L_2：$y=\dfrac{4}{3}x$ 旋转所成的旋转曲面面积为 _____.

249

第四节　曲面积分及其应用

1　内容总结与精讲

◆ **第一型曲面积分**

设（1）Σ 是光滑的；（2）$f(x,y,z)$ 在 Σ 上有界；（3）将 Σ 分成 n 小块 ΔS_i；

（4）$\forall(\xi_i,\eta_i,\zeta_i)\in\Delta S_i$；若 $\lim\limits_{\lambda\to0}\sum\limits_{i=1}^{n}f(\xi_i,\eta_i,\zeta_i)\Delta S_i$ 存在，则该极限值称为 $f(x,y,z)$ 在 Σ 上对面积的曲面积分，也称之为第一型曲面积分. 记作 $\iint\limits_{\Sigma}f(x,y,z)\mathrm{d}S$，即

$$\iint\limits_{\Sigma}f(x,y,z)\mathrm{d}S=\lim\limits_{\lambda\to0}\sum\limits_{i=1}^{n}f(\xi_i,\eta_i,\zeta_i)\Delta S_i.$$

注：（1）当 $f(x,y,z)$ 在光滑曲面 Σ 上连续时，对面积的曲面积分 $\iint\limits_{\Sigma}f(x,y,z)\mathrm{d}S$ 存在；

（2）$\mathrm{d}S>0$，这是面积元素（称为曲面面积元）；

（3）第一型曲面积分是在曲面上积分，这与重积分不一样，从而曲面方程可代入被积函数简化计算；

（4）第一型曲面积分的性质与三重积分类似，例如对称性等.

◆ **第一型曲面积分的计算——投影代入法**（"一投、二代、三积分"）

设 $f(x,y,z)$ 在 Σ 上有定义且连续：则有以下计算公式：

（1）设 $\Sigma{:}z=z(x,y)$，Σ 在 xOy 面上得投影区域为 D_{xy}，则 $\mathrm{d}S=\sqrt{1+z_x^2+z_y^2}\,\mathrm{d}x\mathrm{d}y$，由此得

$$\iint\limits_{\Sigma}f(x,y,z)\mathrm{d}S=\iint\limits_{D_{xy}}f(x,y,z(x,y))\sqrt{1+z_x^2+z_y^2}\,\mathrm{d}x\mathrm{d}y;$$

（2）设 $\Sigma{:}x=x(y,z)$，Σ 在 yOz 面上得投影区域为 D_{yz}，则 $\mathrm{d}S=\sqrt{1+x_y^2+x_z^2}\,\mathrm{d}y\mathrm{d}z$，由此得

$$\iint\limits_{\Sigma}f(x,y,z)\mathrm{d}S=\iint\limits_{D_{yz}}f[x(y,z),y,z]\sqrt{1+x_y'^2+x_z'^2}\,\mathrm{d}y\mathrm{d}z;$$

（3）设 $\Sigma{:}y=z(x,z)$，Σ 在 xOz 面上得投影区域为 D_{xz}，则 $\mathrm{d}S=\sqrt{1+y_x^2+y_z^2}\,\mathrm{d}x\mathrm{d}z$，由此得

$$\iint\limits_{\Sigma}f(x,y,z)\mathrm{d}S=\iint\limits_{D_{xz}}f[x,y(x,z),z]\sqrt{1+y_x'^2+y_z'^2}\,\mathrm{d}x\mathrm{d}z.$$

◆ **第一型曲面积分的应用**

1. 计算光滑曲面的面积：$S = \iint\limits_{\Sigma} 1 \cdot \mathrm{d}S$；

2. 曲面状物体 Σ 的质量：$M = \iint\limits_{\Sigma} \rho(x,y,z)\mathrm{d}S$；

3. 曲面状物体 Σ 的重心：

$$\bar{x} = \frac{\iint\limits_{\Sigma} x\rho(x,y,z)\mathrm{d}S}{M}, \bar{y} = \frac{\iint\limits_{\Sigma} y\rho(x,y,z)\mathrm{d}S}{M}, \bar{z} = \frac{\iint\limits_{\Sigma} z\rho(x,y,z)\mathrm{d}S}{M};$$

4. 曲面状物体 Σ 绕坐标轴的转动惯量：

$$I_x = \iint\limits_{\Sigma}(y^2 + z^2)\rho(x,y,z)\mathrm{d}S, I_y = \iint\limits_{\Sigma}(x^2 + z^2)\rho(x,y,z)\mathrm{d}S,$$

$$I_z = \iint\limits_{\Sigma}(x^2 + y^2)\rho(x,y,z)\mathrm{d}S.$$

◆ **第二型曲面积分**

假设（1）Σ 为光滑有向曲面；（2）$R(x,y,z)$ 在 Σ 上有界；（3）把 Σ 任意分成 n 块 ΔS_i（$i = 1, 2, \cdots, n$），面积也记为 ΔS_i，ΔS_i 在 xOy 平面的投影为 $(\Delta S_i)_{xy}$，对 $\forall (\xi_i, \eta_i, \zeta_i) \in \Delta S_i$；（4）若当各小块面积的直径的最大值 $\lambda \to 0$ 时，$\lim\limits_{\lambda \to 0} \sum\limits_{i=1}^{n} R(\xi_i, \eta_i, \zeta_i)(\Delta S_i)_{xy}$ 存在. 则称此极限为函数 $R(x,y,z)$ 在有向曲面 Σ 上对坐标 x, y 的曲面积分（也称第二型曲面积分），即

$$\iint\limits_{\Sigma} R(x,y,z)\mathrm{d}x\mathrm{d}y = \lim\limits_{\lambda \to 0} \sum\limits_{i=1}^{n} R(\xi_i, \eta_i, \zeta_i)(\Delta S_i)_{xy}.$$

注：（1）当 $P(x,y,z), Q(x,y,z), R(x,y,z)$ 在有向光滑曲面 Σ 上连续时，对坐标的曲面积分存在；

（2）第二型曲面积分满足区域可加性，同时与曲面的侧有关，即：

$$\iint\limits_{-\Sigma} P(x,y,z)\mathrm{d}y\mathrm{d}z = -\iint\limits_{\Sigma} P(x,y,z)\mathrm{d}y\mathrm{d}z, \iint\limits_{-\Sigma} Q(x,y,z)\mathrm{d}z\mathrm{d}x = -\iint\limits_{\Sigma} Q(x,y,z)\mathrm{d}z\mathrm{d}x,$$

$$\iint\limits_{-\Sigma} R(x,y,z)\mathrm{d}x\mathrm{d}y = -\iint\limits_{\Sigma} R(x,y,z)\mathrm{d}x\mathrm{d}y;$$

（3）第二型曲面积分是在曲面上的积分，从而曲面方程可代入被积函数简化计算；

（4）因为第二类曲面积分涉及有向曲面，一般不能直接应用不等式性质及奇偶对称性.

◆ **第二型曲面积分的计算**

1. 第二类曲面积分直接投影计算法（"一投、二代、三定号、四积分"）：

设积分曲面 Σ 是由方程 $z = z(x,y)$ 所给出的曲面上侧，Σ 在 xOy 面上的投影区域为 D_{xy}，函数 $z = z(x,y)$ 在 D_{xy} 上具有一阶连续偏导数，被积函数 $R(x,y,z)$ 在 Σ 上连续，则

$$\iint_{\Sigma} R(x,y,z)\,dxdy = \iint_{D_{xy}} R[x,y,z(x,y)]\,dxdy.$$

注：（1）若 Σ 取下侧，$\cos\gamma < 0$，$(\Delta S_i)_{xy} = -(\Delta\sigma)_{xy}$，则

$$\iint_{\Sigma} R(x,y,z)\,dxdy = -\iint_{D_{xy}} R[x,y,z(x,y)]\,dxdy;$$

（2）如果 Σ 由方程 $x = x(y,z)$ 给出的曲面，则

$$\iint_{\Sigma} P(x,y,z)\,dydz \xlongequal[\cos\alpha<0]{\cos\alpha>0} \pm \iint_{D_{yz}} P[x(y,z),y,z]\,dydz;$$

（3）如果 Σ 由方程 $y = y(x,z)$ 给出的曲面，则

$$\iint_{\Sigma} Q(x,y,z)\,dzdx \xlongequal[\cos\beta<0]{\cos\beta>0} \pm \iint_{D_{zx}} Q[x,y(x,z),z]\,dxdz;$$

2. 两类曲面积分之间的关系：

设有向曲面 Σ 指定侧的单位法向量 $\boldsymbol{n}^0 = (\cos\alpha, \cos\beta, \cos\gamma)$，则：

$$\iint_{\Sigma} Pdydz + Qdzdx + Rdxdy = \iint_{\Sigma} (P\cos\alpha + Q\cos\beta + R\cos\gamma)\,dS.$$

即 $d\boldsymbol{S} = (dydz, dzdx, dxdy) = (\cos\alpha, \cos\beta, \cos\gamma)\,dS = \boldsymbol{n}^0 \cdot dS.$

注：若被积曲面是平面，意味着方向余弦是固定值，或者圆锥面等方向余弦计算简单的时候，可转化成第一类简化计算.

3. 向量投影法：设 $\Sigma: z = z(x,y), (x,y) \in D_{xy}$，则

$$\iint_{\Sigma} Pdydz + Qdzdx + Rdxdy = \iint_{D_{xy}} [P(x,y,z(x,y))(\mp z_x) + Q(x,y,z(x,y))(\mp z_y) +$$
$$R(x,y,z(x,y))(\pm 1))]\,dxdy.$$

注：（1）一般地，对于曲面 $\Sigma: F(x,y,z) = 0$，都有

$$\frac{F_x(x,y,z)}{dydz} = \frac{F_y(x,y,z)}{dzdx} = \frac{F_z(x,y,z)}{dxdy},$$

可以实现不同积分元（投影方向）之间的转换.

（2）当积分曲面在某坐标平面的投影区域相对简单时，（例如圆形区域，正方形区域等），可以通过该方法将不同坐标平面的投影区域转换成在同一坐标平面投影区域下的积分.

◆ **高斯公式**

如果（a）空间闭区域 Ω 是由分片光滑的闭有向曲面 Σ 所围成的，

（b）$P(x,y,z)$，$Q(x,y,z)$，$R(x,y,z)$ 在 Ω 上具有一阶连续偏导数，则

$$\iiint\limits_{\Omega}\left(\frac{\partial P}{\partial x} + \frac{\partial Q}{\partial y} + \frac{\partial R}{\partial z}\right)\mathrm{d}v = \oiint\limits_{\Sigma}P\mathrm{d}y\mathrm{d}z + Q\mathrm{d}z\mathrm{d}x + R\mathrm{d}x\mathrm{d}y$$

$$= \oiint\limits_{\Sigma}[P\cos\alpha + Q\cos\beta + R\cos\gamma]\mathrm{d}S = \iint\limits_{\Sigma}\boldsymbol{F}\cdot\boldsymbol{n}\mathrm{d}S.$$

其中，Σ 取外侧，$\cos\alpha$，$\cos\beta$，$\cos\gamma$ 是 Σ 上点 (x,y,z) 处法向量的方向余弦.

注：（1）高斯公式表达了空间闭区域上的三重积分与其边界曲面上的曲面积分之间的关系.

（2）高斯公式中 $\oiint\limits_{\Sigma}P\mathrm{d}y\mathrm{d}z + Q\mathrm{d}z\mathrm{d}x + R\mathrm{d}x\mathrm{d}y$ 称为向量场 $\boldsymbol{F}(x,y,z)$ 穿过曲面 Σ 指定侧的通量，其中

$$\boldsymbol{F}(x,y,z) = P(x,y,z)\boldsymbol{i} + Q(x,y,z)\boldsymbol{j} + R(x,y,z)\boldsymbol{k}.$$

（3）高斯公式的散度形式：

$$\iint\limits_{\Sigma}\boldsymbol{F}\cdot\boldsymbol{n}\mathrm{d}S = \iiint\limits_{\Omega}\mathrm{div}\boldsymbol{F}\mathrm{d}v\left(\text{散度 }\mathrm{div}\boldsymbol{F} = \nabla\cdot\boldsymbol{F} = \frac{\partial P}{\partial x} + \frac{\partial Q}{\partial y} + \frac{\partial R}{\partial z}\right).$$

（4）如果第二类曲面积分中 P，Q，R 均不为零，则可考虑用高斯公式，首先验证三个条件是否满足，若不满足，可考虑通过补足曲面、或者用去除奇点等手段使用高斯公式. 若奇点不止一点，可能是一条直线等，则不考虑使用高斯公式.

（5）设 G 是空间二维单连通区域，$P(x,y,z)$，$Q(x,y,z)$，$R(x,y,z)$ 在 G 内具有连续的一阶偏导数，则 $\oiint\limits_{\Sigma}P\mathrm{d}y\mathrm{d}z + Q\mathrm{d}z\mathrm{d}x + R\mathrm{d}x\mathrm{d}y = 0(\forall\Sigma\subset G)\Leftrightarrow\frac{\partial P}{\partial x} + \frac{\partial Q}{\partial y} + \frac{\partial R}{\partial z} = 0$ 在 G 内成立.

◆ 斯托克斯公式

若

（1）Γ 为分段光滑的空间有向闭曲线，Ω 是以 Γ 为边界的分片光滑的有向曲面，

（2）函数 $P(x,y,z)$，$Q(x,y,z)$，$R(x,y,z)$ 在包含曲面 Σ 在内的一个空间区域内具有一阶连续偏导数，则有

$$\iint\limits_{\Sigma}\left(\frac{\partial R}{\partial y} - \frac{\partial Q}{\partial z}\right)\mathrm{d}y\mathrm{d}z + \left(\frac{\partial P}{\partial z} - \frac{\partial R}{\partial x}\right)\mathrm{d}z\mathrm{d}x + \left(\frac{\partial Q}{\partial x} - \frac{\partial P}{\partial y}\right)\mathrm{d}x\mathrm{d}y = \oint\limits_{\Gamma}P\mathrm{d}x + Q\mathrm{d}y + R\mathrm{d}z.$$

其中，Γ 的正向与 Σ 的侧符合右手规则.

注：（1）斯托克斯公式表达了有向曲面上的曲面积分与其边界曲线上的曲线积分之间的关系.

（2）当 Σ 是 xOy 面的平面闭区域时，斯托克斯公式退化成格林公式.

（3）设向量场 $\boldsymbol{A}(x,y,z) = P(x,y,z)\boldsymbol{i} + Q(x,y,z)\boldsymbol{j} + R(x,y,z)\boldsymbol{k}$，则沿场 $\boldsymbol{A}$ 中某一封闭的有向曲线 C 上得曲线积分 $\Gamma = \oint\limits_{C}\boldsymbol{A}\cdot\mathrm{d}\boldsymbol{s} = \oint\limits_{C}P\mathrm{d}x + Q\mathrm{d}y + R\mathrm{d}z$，称为向量场

A 沿曲线 C 按所取方向的环流量.

（4）斯托克斯公式的旋度形式：$\iint\limits_{\Sigma} \mathrm{rot}A \cdot n \mathrm{d}S = \oint_{\Gamma} A \cdot t \mathrm{d}s.$

$$\left(\text{旋度 } \mathrm{rot}F = \nabla \times F = \begin{vmatrix} i & j & k \\ \dfrac{\partial}{\partial x} & \dfrac{\partial}{\partial y} & \dfrac{\partial}{\partial z} \\ P & Q & R \end{vmatrix} \right)$$

（5）斯托克斯公式一般应用在被积曲线是分段曲线或者曲线方程表示很复杂，难以参数化直接计算的情形.

2 典型例题与方法进阶

例 1. 计算 $\iint\limits_{\Sigma}(x + y + z)\mathrm{d}S$，其中，$\Sigma$ 为平面 $y + z = 5$ 被柱面 $x^2 + y^2 = 25$ 所截得的部分.

解 积分曲面 Σ：$z = 5 - y$，投影域：$D_{xy} = \{(x,y) \,|\, x^2 + y^2 \leqslant 25\}$，

$$\mathrm{d}S = \sqrt{1 + z_x'^2 + z_y'^2}\,\mathrm{d}x\mathrm{d}y = \sqrt{1 + 0 + (-1)^2}\,\mathrm{d}x\mathrm{d}y = \sqrt{2}\,\mathrm{d}x\mathrm{d}y,$$

故

$$\iint\limits_{\Sigma}(x + y + z)\mathrm{d}S = \sqrt{2}\iint\limits_{D_{xy}}(x + y + 5 - y)\mathrm{d}x\mathrm{d}y = \sqrt{2}\iint\limits_{D_{xy}}(x + 5)\mathrm{d}x\mathrm{d}y$$

$$= \sqrt{2}\int_0^{2\pi}\mathrm{d}\theta\int_0^5(5 + r\cos\theta)r\mathrm{d}r = 125\sqrt{2}\pi.$$

例 2. 计算 $\oiint\limits_{\Sigma}(x^2 + y^2)\mathrm{d}S$，其中，$\Sigma$：$z = \sqrt{x^2 + y^2}$ 及 $z = 1$ 所围区域的整个边界曲面.

解 Σ_1：$z = \sqrt{x^2 + y^2}$，$(x,y) \in D_{xy}$：$x^2 + y^2 \leqslant 1$，

$$\frac{\partial z}{\partial x} = \frac{x}{\sqrt{x^2 + y^2}},\ \frac{\partial z}{\partial y} = \frac{y}{\sqrt{x^2 + y^2}},\ 1 + \left(\frac{\partial z}{\partial x}\right)^2 + \left(\frac{\partial z}{\partial y}\right)^2 = 2.$$

Σ_2：$z = 1$，$(x,y) \in D_{xy}$：$x^2 + y^2 \leqslant 1$，$\oiint\limits_{\Sigma} = \oiint\limits_{\Sigma + \Sigma_{\Psi}} = \iint\limits_{\Sigma} + \iint\limits_{\Sigma_{\Psi}}$，因此

$$\oiint\limits_{\Sigma}(x^2 + y^2)\mathrm{d}S = \iint\limits_{D_{xy}}(\sqrt{2} + 1)(x^2 + y^2)\mathrm{d}x\mathrm{d}y = (\sqrt{2} + 1)\int_0^{2\pi}\mathrm{d}\theta\int_0^1 r^2 r\mathrm{d}r = \frac{\pi}{2}(\sqrt{2} + 1).$$

例 3. 计算 $I = \iint\limits_{\Sigma}\left(2x + \frac{4}{3}y + z\right)\mathrm{d}S$，其中，$\Sigma$：$\dfrac{x}{2} + \dfrac{y}{3} + \dfrac{z}{4} = 1$ 在第一卦限的部分.

解 由于

$$I = \iint\limits_{\Sigma}\left(2x + \frac{4}{3}y + z\right)\mathrm{d}S = 4\iint\limits_{\Sigma}\left(\frac{x}{2} + \frac{y}{3} + \frac{z}{4}\right)\mathrm{d}S = 4\iint\limits_{\Sigma}\mathrm{d}S = 4S,$$

根据 $\boldsymbol{n} = \left(\frac{1}{2}, \frac{1}{3}, \frac{1}{4}\right)$ 平行于 $(6,4,3) \Rightarrow (\cos\alpha, \cos\beta, \cos\gamma) = \frac{1}{\sqrt{61}}(6,4,3)$,

可得

$$|\cos\gamma|S = s(D) = \frac{1}{2}\cdot 2\cdot 3 \Rightarrow S = \sqrt{61},$$

因此 $I = 4\sqrt{61}$.

例4. 设 S 为椭球面 $\frac{x^2}{2} + \frac{y^2}{2} + z^2 = 1$ 的上半部分，点 $P(x,y,z)\in S$，π 为 S 在点 P 处的切平面，ρ 为原点到平面 π 的距离，求 $\iint\limits_{S}\frac{z}{\rho(x,y,z)}\mathrm{d}S$.

解 设 (x,y,z) 为 π 上任意一点，则 π 的方程为 $\frac{x}{2} + \frac{y}{2} + z = 1$，于是

$$\rho(x,y,z) = \frac{|Ax + By + Cz + D|}{\sqrt{A^2 + B^2 + C^2}} = \left(\frac{x^2}{4} + \frac{y^2}{4} + z^2\right)^{-\frac{1}{2}}.$$

由曲面方程知 $z = \sqrt{1 - \left(\frac{x^2}{2} + \frac{y^2}{2}\right)}$，可得

$$\frac{\partial z}{\partial x} = \frac{-x}{2\sqrt{1 - \left(\frac{x^2}{2} + \frac{y^2}{2}\right)}}, \frac{\partial z}{\partial y} = \frac{-y}{2\sqrt{1 - \left(\frac{x^2}{2} + \frac{y^2}{2}\right)}},$$

$$\mathrm{d}S = \sqrt{1 + \left(\frac{\partial z}{\partial x}\right)^2 + \left(\frac{\partial z}{\partial y}\right)^2}\mathrm{d}\sigma = \frac{\sqrt{4 - x^2 - y^2}}{2\sqrt{1 - \left(\frac{x^2}{2} + \frac{y^2}{2}\right)}}\mathrm{d}\sigma,$$

故

$$\iint\limits_{S}\frac{z}{\rho(x,y,z)}\mathrm{d}S = \iint\limits_{S}z\sqrt{\frac{x^2}{4} + \frac{y^2}{4} + z^2}\mathrm{d}S = \frac{1}{4}\iint\limits_{D}(4 - x^2 - y^2)\mathrm{d}\sigma$$

$$= \frac{1}{4}\int_0^{2\pi}\mathrm{d}\theta\int_0^{\sqrt{2}}(4 - r^2)r\mathrm{d}r = \frac{3}{2}\pi.$$

例5. 计算 $\iint\limits_{\Sigma}|xyz|\mathrm{d}S$，其中，$\Sigma$ 为抛物面 $z = x^2 + y^2\ (0\leqslant z\leqslant 1)$.

解 依对称性知：抛物面 $z = x^2 + y^2$ 关于 z 轴对称，被积函数 $|xyz|$ 关于 xOz，yOz 坐标面对称，有 $\iint\limits_{\Sigma} = 4\iint\limits_{\Sigma_1}$ 成立，（Σ_1 为第一卦限部分曲面）. 又

$$\mathrm{d}S = \sqrt{1 + z_x'^2 + z_y'^2}\mathrm{d}x\mathrm{d}y = \sqrt{1 + (2x)^2 + (2y)^2}\mathrm{d}x\mathrm{d}y,$$

$$\iint\limits_{\Sigma} |\ xyz\ |\ \mathrm{d}S = 4\iint\limits_{\Sigma_1} xyz\,\mathrm{d}S = 4\iint\limits_{D'_{xy}} xy(x^2 + y^2)\ \sqrt{1 + (2x)^2 + (2y)^2}\mathrm{d}x\mathrm{d}y,$$

其中，$D'_{xy} = \{(x,y)\,|\,x^2 + y^2 \leqslant 1, x \geqslant 0, y \geqslant 0\}$，故

$$\iint\limits_{\Sigma} |\ xyz\ |\ \mathrm{d}S = 4\int_0^{\frac{\pi}{4}} \sin\theta\cos\theta\mathrm{d}\theta \int_0^1 r^5\ \sqrt{1 + 4r^2}\mathrm{d}r = \frac{25\sqrt{5}}{84} - \frac{1}{420}.$$

例 6. 设曲面 $\Sigma: |x| + |y| + |z| = 1$，计算 $\oiint\limits_{\Sigma}(x + |y|)\mathrm{d}S$.

解 由对称性

$$\oiint\limits_{\Sigma}(x + |y|)\mathrm{d}S = 8\iint\limits_{\Sigma_1} y\mathrm{d}S,(\Sigma_1\text{ 为第一卦限部分曲面}),$$

又

$$\mathrm{d}S = \sqrt{1 + z_x'^2 + z_y'^2}\mathrm{d}x\mathrm{d}y = \sqrt{3}\mathrm{d}x\mathrm{d}y,$$

故

$$\oiint\limits_{\Sigma}(x + |y|)\mathrm{d}S = 8\iint\limits_{D} y\sqrt{3}\mathrm{d}x\mathrm{d}y = 8\sqrt{3}\int_0^1 y\mathrm{d}y \int_0^{1-y}\mathrm{d}x = \frac{4}{3}\sqrt{3}.$$

例 7. 设半径为 R 的球面 Σ 的球心在定球面 $x^2 + y^2 + z^2 = a^2$（$a > 0$）上，问当 R 取何值时，球面 Σ 在定球面内部的那部分面积最大？

解 不妨设球面 Σ 的方程为 $x^2 + y^2 + (z - a)^2 = R^2$，它与球面 $x^2 + y^2 + z^2 = a^2$ 的交线在 xOy 面投影为：

$$\begin{cases} x^2 + y^2 = \dfrac{R^2}{4a^2}(4a^2 - R^2), \\ z = 0. \end{cases}$$

Σ 在球内部，故 $z = a - \sqrt{R^2 - x^2 - y^2}$，有

$$z_x = \frac{x}{\sqrt{R^2 - x^2 - y^2}}, \quad z_y = \frac{y}{\sqrt{R^2 - x^2 - y^2}}, \quad \text{可得}$$

$$S(R) = \iint\limits_{D_{xy}} \sqrt{1 + z_x^2 + z_y^2}\mathrm{d}x\mathrm{d}y = R\iint\limits_{D_{xy}} \frac{1}{\sqrt{R^2 - x^2 - y^2}}\mathrm{d}x\mathrm{d}y$$

$$= \int_0^{2\pi}\mathrm{d}\theta \int_0^{\frac{R}{2a}\sqrt{4a^2 - R^2}} \frac{Rr}{\sqrt{R^2 - r^2}}\mathrm{d}r = 2\pi R^2 - \frac{\pi R^3}{a}.$$

于是 $S'(R) = 4\pi R - \dfrac{3\pi R^2}{a} = 0 \Rightarrow R = \dfrac{4}{3}a, R = 0$（舍），同时 $S''\left(\dfrac{4}{3}a\right) < 0$，故 R 为 $\dfrac{4}{3}a$ 时，Σ 在定球内部的那部分面积最大.

例 8. 设函数 $f(x)$ 连续，a，b，c 为常数，Σ 是球面 $x^2 + y^2 + z^2 = 1$，记

$$I = \iint\limits_{\Sigma} f(ax + by + cz)\mathrm{d}S,\text{ 求证：}$$

$$I = 2\pi \int_{-1}^{1} f(\sqrt{a^2 + b^2 + c^2}u)\,\mathrm{d}u.$$

证明　因为 Σ 是单位球面 $x^2 + y^2 + z^2 = 1$，故其表面积为 4π。因此，当 a，b，c 都为零时，$\iint\limits_{\Sigma} f(ax + by + cz)\,\mathrm{d}S = \iint\limits_{\Sigma} f(0)\,\mathrm{d}S = 4\pi f(0)$，而 $2\pi \int_{-1}^{1} f(\sqrt{a^2 + b^2 + c^2}u)\,\mathrm{d}u$

$= 2\pi \int_{-1}^{1} f(0)\,\mathrm{d}u = 4\pi f(0)$，故等式成立。当 a，b，c 不全为零时，可知原点到平面 $ax + by + cz + d = 0$ 的距离为 $\dfrac{|d|}{\sqrt{a^2 + b^2 + c^2}}$。

取定 u 做平面 P_u：$ax + by + cz - u\sqrt{a^2 + b^2 + c^2} = 0$，去截已知球面，因为球的半径为 1，而原点到平面的距离为 $|u|$，因此，$|u| \leqslant 1$。

现在用平面 P_u，$P_{u+\mathrm{d}u}$ 去截单位球面，可得一微元，在此微元上，被积函数 $f(ax + by + cz)$ 可以看做 $f(\sqrt{a^2 + b^2 + c^2}u)$。将此微元摊开可以看成一个细长条，这个细长条的长是 $2\pi\sqrt{1 - u^2}$，宽是 Σ，因此微元的表面积为 $2\pi\sqrt{1 - u^2}$ · $\dfrac{\mathrm{d}u}{\sqrt{1 - u^2}} = 2\pi\,\mathrm{d}u$，故 $I = \iint\limits_{\Sigma} f(ax + by + cz)\,\mathrm{d}S = 2\pi \int_{-1}^{1} f(\sqrt{a^2 + b^2 + c^2}u)\,\mathrm{d}u$。

例 9. 计算 $\iint\limits_{\Sigma} xyz\,\mathrm{d}x\mathrm{d}y$，其中，$\Sigma$ 是球面 $x^2 + y^2 + z^2 = 1$ 外侧在 $x \geqslant 0$，$y \geqslant 0$ 的部分。

解　把 Σ 分成 Σ_1 和 Σ_2 两部分，Σ_1：$z_1 = -\sqrt{1 - x^2 - y^2}$（取下侧）；$\Sigma_2$：$z_2 = \sqrt{1 - x^2 - y^2}$（取上侧），

D_{xy}：$x^2 + y^2 \leqslant 1$，$x \geqslant 0$，$y \geqslant 0$，则

$$\iint\limits_{\Sigma} xyz\,\mathrm{d}x\mathrm{d}y = \iint\limits_{\Sigma_1} xyz\,\mathrm{d}x\mathrm{d}y + \iint\limits_{\Sigma_2} xyz\,\mathrm{d}x\mathrm{d}y$$

$$= \iint\limits_{D_{xy}} xy\sqrt{1 - x^2 - y^2}\,\mathrm{d}x\mathrm{d}y - \iint\limits_{D_{xy}} xy(-\sqrt{1 - x^2 - y^2})\,\mathrm{d}x\mathrm{d}y$$

$$= 2\iint\limits_{D_{xy}} xy\sqrt{1 - x^2 - y^2}\,\mathrm{d}x\mathrm{d}y$$

$$= 2\iint\limits_{D_{xy}} r^2\sin\theta\cos\theta\sqrt{1 - r^2}\,r\mathrm{d}r\mathrm{d}\theta = \frac{2}{15}.$$

例 10. 计算 $\iint\limits_{\Sigma}(z^2 + x)\mathrm{d}y\mathrm{d}z - z\mathrm{d}x\mathrm{d}y$，其中，$\Sigma$ 是旋转抛物面 $z = \dfrac{1}{2}(x^2 + y^2)$ 介于平面 $z = 0$ 及平面 $z = 2$ 之间的部分的下侧。

解　在曲面 Σ 上，有 $\cos\alpha = \dfrac{x}{\sqrt{1 + x^2 + y^2}}$，$\cos\gamma = \dfrac{-1}{\sqrt{1 + x^2 + y^2}}$，因此

$$\iint\limits_{\Sigma}(z^2+x)\,\mathrm{d}y\mathrm{d}z - z\mathrm{d}x\mathrm{d}y = \iint\limits_{\Sigma}\left[(z^2+x)\cos\alpha - z\cos\gamma\right]\mathrm{d}S$$

$$= \iint\limits_{\Sigma}\left[(z^2+x)\frac{x}{\sqrt{1+x^2+y^2}} - z\frac{-1}{\sqrt{1+x^2+y^2}}\right]\mathrm{d}S$$

$$= -\iint\limits_{D_{xy}}\left\{\left[\frac{1}{4}(x^2+y^2)^2+x\right]\cdot(-x) - \frac{1}{2}(x^2+y^2)\right\}\mathrm{d}x\mathrm{d}y$$

$$= \iint\limits_{D_{xy}}\left[x^2+\frac{1}{2}(x^2+y^2)\right]\mathrm{d}x\mathrm{d}y = \int_0^{2\pi}\mathrm{d}\theta\int_0^2\left(r^2\cos^2\theta+\frac{1}{2}r^2\right)r\mathrm{d}r = 8\pi.$$

例 11. 计算 $I = \iint\limits_{\Sigma}[f(x,y,z)+x]\mathrm{d}y\mathrm{d}z + [2f(x,y,z)+y]\mathrm{d}z\mathrm{d}x + [f(x,y,z)+z]\mathrm{d}x\mathrm{d}y$，其中，$f(x,y,z)$ 为连续函数，Σ 为平面 $x-y+z=1$ 在第四卦限部分的上侧.

解 （方法一）向量投影法：$z = 1-x+y \Rightarrow z_x = -1,\ z_y = 1$，

$$I = \iint\limits_{D}\left[(f(x,y,1-x+y)+x)(1) + (2f(x,y,1-x+y)+y)(-1) + \right.$$

$$\left.(f(x,y,1-x+y)+1-x+y)\right]\mathrm{d}x\mathrm{d}y = \iint\limits_{D_{xy}}\mathrm{d}x\mathrm{d}y = \frac{1}{2}.$$

（方法二）利用两类曲面积分之间的关系：Σ 的法向量为 $\boldsymbol{n} = (1,-1,1)$，则

$$\cos\alpha = \frac{1}{\sqrt{3}},\cos\beta = \frac{-1}{\sqrt{3}},\cos\gamma = \frac{1}{\sqrt{3}},$$

$$I = \iint\limits_{\Sigma}\left\{\frac{1}{\sqrt{3}}[f(x,y,z)+x] - \frac{1}{\sqrt{3}}[2f(x,y,z)+y] + \frac{1}{\sqrt{3}}[f(x,y,z)+z]\right\}$$

$$\mathrm{d}S = \frac{1}{\sqrt{3}}\iint\limits_{\Sigma}(x-y+z)\mathrm{d}S = \frac{1}{\sqrt{3}}\iint\limits_{D_{xy}}1\cdot\sqrt{3}\mathrm{d}x\mathrm{d}y = \frac{1}{2}.$$

例 12. 计算曲面积分 $I = \iint\limits_{S}\dfrac{2\mathrm{d}y\mathrm{d}z}{x\cos^2x} + \dfrac{\mathrm{d}z\mathrm{d}x}{\cos^2y} - \dfrac{\mathrm{d}x\mathrm{d}y}{z\cos^2z}$，其中，$S$ 是球面 $x^2+y^2+z^2 = 1$ 的外侧.

解 利用球面 S 的对称性，得

$$I = \iint\limits_{S}\frac{2\mathrm{d}y\mathrm{d}z}{x\cos^2x} + \frac{\mathrm{d}z\mathrm{d}x}{\cos^2y} - \frac{\mathrm{d}x\mathrm{d}y}{z\cos^2z} = \iint\limits_{S}\frac{\mathrm{d}x\mathrm{d}y}{z\cos^2z} + \frac{\mathrm{d}x\mathrm{d}y}{\cos^2z}，其中，$$

$$\iint\limits_{S}\frac{\mathrm{d}x\mathrm{d}y}{\cos^2z} = \iint\limits_{x^2+y^2\leq1}\frac{\mathrm{d}x\mathrm{d}y}{\cos^2\sqrt{1-x^2-y^2}} - \iint\limits_{x^2+y^2\leq1}\frac{\mathrm{d}x\mathrm{d}y}{\cos^2(-\sqrt{1-x^2-y^2})} = 0.$$

故 $I = \iint\limits_{S}\dfrac{\mathrm{d}x\mathrm{d}y}{z\cos^2z} = 2\iint\limits_{x^2+y^2\leq1}\dfrac{\mathrm{d}x\mathrm{d}y}{\sqrt{1-x^2-y^2}\cos^2\sqrt{1-x^2-y^2}}$

$$= 2\int_0^{2\pi}\mathrm{d}\theta\int_0^1\frac{\rho\mathrm{d}\rho}{\sqrt{1-\rho^2}\cos^2\sqrt{1-\rho^2}} = 4\pi\tan1.$$

例13. 计算曲面积分 $I = \iint\limits_{\Sigma} 2x^3 \mathrm{d}y\mathrm{d}z + 2y^3 \mathrm{d}z\mathrm{d}x + 3(z^2 - 1)\mathrm{d}x\mathrm{d}y$，其中，$\Sigma$ 是曲面 $z = 1 - x^2 - y^2$ 的上侧 $(z \geqslant 0)$.

解 取 Σ_1 为 xOy 平面上被圆 $x^2 + y^2 = 1$ 所围部分的下侧，则

$$I = \oiint\limits_{\Sigma + \Sigma_1} - \oiint\limits_{\Sigma_1} = \iiint\limits_{\Omega}(6x^2 + 6y^2 + 6z)\mathrm{d}v - \oiint\limits_{\Sigma_1}3(z^2 - 1)\mathrm{d}x\mathrm{d}y$$

$$= 6\int_0^{2\pi}\mathrm{d}\theta\int_0^1 r\mathrm{d}r\int_0^{1-r^2}(z + r^2)r\mathrm{d}z - \iint\limits_{D_{xy}}(-3)\mathrm{d}x\mathrm{d}y = 2\pi - 3\pi = -\pi$$

例14. 计算曲面积分 $I = \iint\limits_{\Sigma}(8y + 1)x\mathrm{d}y\mathrm{d}z + 2(1 - y^2)\mathrm{d}z\mathrm{d}x - 4yz\mathrm{d}x\mathrm{d}y$，其中，$\Sigma$ 是曲线 $\begin{cases} z = \sqrt{y - 1}, \\ x = 0 \end{cases}$ $(1 \leqslant y \leqslant 3)$ 绕 y 轴旋转一周所成的曲面，它的法向量与 y 轴正向的夹角大于 $\dfrac{\pi}{2}$.

解 $\begin{cases} z = \sqrt{y - 1}, \\ x = 0 \end{cases}$ 绕 y 轴旋转一周所成的曲面为 $y - 1 = z^2 + x^2$，则

$$I = \iint\limits_{\Sigma}(8y + 1)x\mathrm{d}y\mathrm{d}z + 2(1 - y^2)\mathrm{d}z\mathrm{d}x - 4yz\mathrm{d}x\mathrm{d}y = \iint\limits_{\Sigma + \Sigma*} - \iint\limits_{\Sigma*}$$

其中，

$$\iint\limits_{\Sigma + \Sigma*} = \iiint\limits_{\Omega}\left(\frac{\partial P}{\partial x} + \frac{\partial Q}{\partial y} + \frac{\partial R}{\partial z}\right)\mathrm{d}v = \iiint\limits_{\Omega}(8y + 1 - 4y - 4y)\mathrm{d}v = \iiint\limits_{\Omega}\mathrm{d}v$$

$$= \iint\limits_{D_{xz}}\mathrm{d}x\mathrm{d}z\int_{1+z^2+x^2}^3\mathrm{d}y = \int_0^{2\pi}\mathrm{d}\theta\int_0^{\sqrt{2}}\rho\mathrm{d}\rho\int_{1+\rho^2}^3\mathrm{d}y = 2\pi\int_0^{\sqrt{2}}(2\rho - \rho^3)\mathrm{d}\rho = 2\pi,$$

$$\iint\limits_{\Sigma*} = 2\iint\limits_{\Sigma*}(1 - 3^2)\mathrm{d}z\mathrm{d}x = -32\pi, \text{ 故 } I = 2\pi - (-32\pi) = 34\pi.$$

例15. 计算曲面积分 $\oiint\limits_{\Sigma}\dfrac{x\mathrm{d}y\mathrm{d}z + y\mathrm{d}z\mathrm{d}x + z\mathrm{d}x\mathrm{d}y}{(x^2 + y^2 + z^2)^{\frac{3}{2}}}$，其中，$\Sigma$ 是曲面 $2x^2 + 2y^2 + z^2 = 4$ 的外侧.

解 取 $\Sigma_1: x^2 + y^2 + z^2 = 1$ 的外侧，Ω 是 Σ 和 Σ_1 之间的部分，

$$I = \oiint\limits_{\Sigma}\frac{x\mathrm{d}y\mathrm{d}z + y\mathrm{d}z\mathrm{d}x + z\mathrm{d}x\mathrm{d}y}{(x^2 + y^2 + z^2)^{\frac{3}{2}}} = \oiint\limits_{\Sigma - \Sigma_1}\frac{x\mathrm{d}y\mathrm{d}z + y\mathrm{d}z\mathrm{d}x + z\mathrm{d}x\mathrm{d}y}{(x^2 + y^2 + z^2)^{\frac{3}{2}}} + \oiint\limits_{\Sigma_1}\frac{x\mathrm{d}y\mathrm{d}z + y\mathrm{d}z\mathrm{d}x + z\mathrm{d}x\mathrm{d}y}{(x^2 + y^2 + z^2)^{\frac{3}{2}}}$$

根据高斯公式

$$\oiint\limits_{\Sigma - \Sigma_1}\frac{x\mathrm{d}y\mathrm{d}z + y\mathrm{d}z\mathrm{d}x + z\mathrm{d}x\mathrm{d}y}{(x^2 + y^2 + z^2)^{\frac{3}{2}}} = \iiint\limits_{\Omega}0\mathrm{d}x\mathrm{d}y\mathrm{d}z = 0,$$

$$\oiint\limits_{\Sigma_1}\frac{x\mathrm{d}y\mathrm{d}z + y\mathrm{d}z\mathrm{d}x + z\mathrm{d}x\mathrm{d}y}{(x^2 + y^2 + z^2)^{\frac{3}{2}}} = \oiint\limits_{\Sigma_1}x\mathrm{d}y\mathrm{d}z + y\mathrm{d}z\mathrm{d}x + z\mathrm{d}x\mathrm{d}y = \iiint\limits_{x^2+y^2+z^2 \leqslant 1}3\mathrm{d}x\mathrm{d}y\mathrm{d}z = 4\pi,$$

所以 $I = 4\pi$.

例 16. 求 $\displaystyle\iint\limits_{\Sigma} \frac{e^{\sqrt{y}}}{\sqrt{x^2+z^2}} \mathrm{d}z\mathrm{d}x$. 其中，$\Sigma$ 为由曲面 $y = x^2 + z^2$ 与平面 $y = 1$ 和平面

$y = 2$ 所围成立体表面的外侧，并请说明本题不能用高斯公式计算之理由.

解 记 Σ_1：$y = 1$（D_1：$x^2 + z^2 \leq 1$）左侧，则

$$I_1 = \iint\limits_{\Sigma_1} \frac{e^{\sqrt{y}}}{\sqrt{x^2+z^2}} \mathrm{d}z\mathrm{d}x = -\iint\limits_{D_1} \frac{e}{\sqrt{x^2+z^2}} \mathrm{d}z\mathrm{d}x = -2\pi e.$$

记 Σ_2：$y = x^2 + z^2$（D_2：$1 \leq x^2 + z^2 \leq 2$）左侧，则

$$I_2 = \iint\limits_{\Sigma_2} \frac{e^{\sqrt{y}}}{\sqrt{x^2+z^2}} \mathrm{d}z\mathrm{d}x = -\iint\limits_{D_2} \frac{e^{\sqrt{x^2+z^2}}}{\sqrt{x^2+z^2}} \mathrm{d}z\mathrm{d}x = 2\pi(e - e^{\sqrt{2}}).$$

记 Σ_3：$y = 2$（D_3：$x^2 + z^2 \leq 2$）右侧，则

$$I_3 = \iint\limits_{\Sigma_3} \frac{e^{\sqrt{y}}}{\sqrt{x^2+z^2}} \mathrm{d}z\mathrm{d}x = \iint\limits_{D_3} \frac{e^{\sqrt{2}}}{\sqrt{x^2+z^2}} \mathrm{d}z\mathrm{d}x = 2\sqrt{2}\pi e^{\sqrt{2}}.$$

故 $I = I_1 + I_2 + I_3 = 2\pi e^{\sqrt{2}}(\sqrt{2} - 1)$.

因为在曲面所围成的立体中包含了 y 轴的一段，在 y 轴上 $Q = \dfrac{e^{\sqrt{y}}}{\sqrt{x^2+z^2}}$ 不连续，

偏导数也不存在，所以不能用高斯公式计算.

例 17. 计算曲面积分

$$\iint\limits_{S} (x - y + z)\mathrm{d}y\mathrm{d}z + (y - z + x)\mathrm{d}z\mathrm{d}x + (z - x + y)\mathrm{d}x\mathrm{d}y,$$

式中 S 为曲面 $|x - y + z| + |y - z + x| + |z - x + y| = 1$ 的外表面.

解 由高斯公式，得

$$\iint\limits_{S} (x - y + z)\mathrm{d}y\mathrm{d}z + (y - z + x)\mathrm{d}z\mathrm{d}x + (z - x + y)\mathrm{d}x\mathrm{d}y = \iiint\limits_{V} 3\mathrm{d}x\mathrm{d}y\mathrm{d}z,$$

其中，V 是由曲面 $|x - y + z| + |y - z + x| + |z - x + y| = 1$ 围成的立体. 做坐标变换

$$u = x - y + z, v = y - z + x, w = z - x + y,$$

则 $\dfrac{\partial(u,v,w)}{\partial(x,y,z)} = 4$，由 $|u| + |v| + |w| = 1$ 围成的立体是对称于坐标原点的正八面体，

其大小等于由平面

$$u + v + w = 1, u = 1, v = 1, w = 1$$

所围成的四面体体积的 8 倍，即为 $8 \cdot \dfrac{1}{3} \cdot \dfrac{1}{2} \cdot 1 = \dfrac{4}{3}$，于是，所求积分

$$\iint\limits_{S}(x-y+z)\mathrm{d}y\mathrm{d}z + (y-z+x)\mathrm{d}z\mathrm{d}x + (z-x+y)\mathrm{d}x\mathrm{d}y = \iiint\limits_{V}3\mathrm{d}x\mathrm{d}y\mathrm{d}z$$

$$= \iiint\limits_{|u|+|v|+|w|\leqslant 1}3 \cdot \frac{1}{4}\mathrm{d}u\mathrm{d}v\mathrm{d}w = \frac{3}{4} \cdot \frac{4}{3} = 1.$$

例 18. 计算曲面积分 $I = \iint\limits_{S^{+}}\dfrac{x\mathrm{d}y\mathrm{d}z + y\mathrm{d}z\mathrm{d}x + z\mathrm{d}x\mathrm{d}y}{(x^2 + y^2 + z^2)^{\frac{3}{2}}}$，其中，$S^{+}$ 是

$1 - \dfrac{z}{7} = \dfrac{(x-2)^2}{25} + \dfrac{(y-1)^2}{16}$ $(z \geqslant 0)$ 的上侧.

解 以 Γ 表示以原点为中心的上半单位球面 $(z \geqslant 0)$，可以验证 Γ 被包在 S^{+} 的内部，Γ 的内侧和外侧分别表示为 Γ_{-} 和 Γ_{+}，记 Σ_{-} 为平面 $z = 0$ 上满足

$$\begin{cases} x^2 + y^2 \geqslant 1, \\ \dfrac{(x-2)^2}{25} + \dfrac{(y-1)^2}{16} \leqslant 1 \end{cases}$$ 部分的下侧，这样 $S^{+} + \Gamma_{-} + \Sigma_{-}$ 构成一个封闭曲面的外

侧，此封闭曲面既不经过也不包围坐标原点，于是，

$$I = \iint\limits_{S^{+}}\frac{x\mathrm{d}y\mathrm{d}z + y\mathrm{d}z\mathrm{d}x + z\mathrm{d}x\mathrm{d}y}{(x^2 + y^2 + z^2)^{\frac{3}{2}}} =$$

$$\oiint\limits_{S^{+}+\Gamma_{-}+\Sigma_{-}}\frac{x\mathrm{d}y\mathrm{d}z + y\mathrm{d}z\mathrm{d}x + z\mathrm{d}x\mathrm{d}y}{(x^2 + y^2 + z^2)^{\frac{3}{2}}} - \iint\limits_{\Gamma_{-}}\frac{x\mathrm{d}y\mathrm{d}z + y\mathrm{d}z\mathrm{d}x + z\mathrm{d}x\mathrm{d}y}{(x^2 + y^2 + z^2)^{\frac{3}{2}}} - \iint\limits_{\Sigma}\frac{x\mathrm{d}y\mathrm{d}z + y\mathrm{d}z\mathrm{d}x + z\mathrm{d}x\mathrm{d}y}{(x^2 + y^2 + z^2)^{\frac{3}{2}}}$$

其右端的第一项，由高斯公式得

$$\oiint\limits_{S^{+}+\Gamma_{-}+\Sigma_{-}}\frac{x\mathrm{d}y\mathrm{d}z + y\mathrm{d}z\mathrm{d}x + z\mathrm{d}x\mathrm{d}y}{(x^2 + y^2 + z^2)^{\frac{3}{2}}} =$$

$$\iiint\limits_{V}\frac{3(x^2 + y^2 + z^2)^{\frac{3}{2}} - 3(x^2 + y^2 + z^2)(x^2 + y^2 + z^2)^{\frac{1}{2}}}{(x^2 + y^2 + z^2)^3}\mathrm{d}V = 0,$$

其中，V 是 $S^{+} + \Gamma_{-} + \Sigma_{-}$ 所包围的区域，其第三项显然为 0，所以

$$I = -\iint\limits_{\Gamma_{-}}\frac{x\mathrm{d}y\mathrm{d}z + y\mathrm{d}z\mathrm{d}x + z\mathrm{d}x\mathrm{d}y}{(x^2 + y^2 + z^2)^{\frac{3}{2}}} = \iint\limits_{\Gamma_{+}}x\mathrm{d}y\mathrm{d}z + y\mathrm{d}z\mathrm{d}x + z\mathrm{d}x\mathrm{d}y.$$

再次利用高斯公式来计算 $\iint\limits_{\Gamma_{+}}x\mathrm{d}y\mathrm{d}z + y\mathrm{d}z\mathrm{d}x + z\mathrm{d}x\mathrm{d}y$，记 σ_{-} 为平面 $z = 0$ 上满足

$x^2 + y^2 \leqslant 1$ 部分的下侧，则 $\Gamma_{+} + \sigma_{-}$ 构成封闭曲面，其所包围的区域记为 Ω，则

$$\oiint\limits_{\Gamma_{+}+\sigma_{-}}x\mathrm{d}y\mathrm{d}z + y\mathrm{d}z\mathrm{d}x + z\mathrm{d}x\mathrm{d}y = 3\iiint\limits_{\Omega}\mathrm{d}V = 2\pi, \text{ 而}\iint\limits_{\sigma_{-}}x\mathrm{d}y\mathrm{d}z + y\mathrm{d}z\mathrm{d}x + z\mathrm{d}x\mathrm{d}y = 0, \text{ 有}$$

$$I = \iint\limits_{\Gamma_{+}}x\mathrm{d}y\mathrm{d}z + y\mathrm{d}z\mathrm{d}x + z\mathrm{d}x\mathrm{d}y = \iint\limits_{\Gamma_{+}+\sigma_{-}}x\mathrm{d}y\mathrm{d}z + y\mathrm{d}z\mathrm{d}x + z\mathrm{d}x\mathrm{d}y = 2\pi.$$

例 19. 计算曲线积分 $\oint_{\Gamma} z\mathrm{d}x + x\mathrm{d}y + y\mathrm{d}z$，其中，$\Gamma$ 是平面 $x + y + z = 1$ 被三坐标面所截成的三角形的整个边界，它的正向与这个三角形上侧法向量符合右手规则.

解 按斯托克斯公式，有

$$\oint_{\Gamma} z\mathrm{d}x + x\mathrm{d}y + y\mathrm{d}z = \iint_{\Sigma} \mathrm{d}y\mathrm{d}z + \mathrm{d}z\mathrm{d}x + \mathrm{d}x\mathrm{d}y,$$

由于 $\boldsymbol{n} = (\cos\alpha, \cos\beta, \cos\gamma) = \dfrac{1}{\sqrt{3}}(1,1,1)$，故

$$\oint_{\Gamma} z\mathrm{d}x + x\mathrm{d}y + y\mathrm{d}z = \iint_{\Sigma} \mathrm{d}y\mathrm{d}z + \mathrm{d}z\mathrm{d}x + \mathrm{d}x\mathrm{d}y = \frac{1}{\sqrt{3}}\iint_{\Sigma} 3\mathrm{d}S = 3\iint_{D_{xy}} \mathrm{d}\sigma = \frac{3}{2}.$$

例 20. 计算曲线积分 $\oint_{\Gamma} (y^2 - z^2)\mathrm{d}x + (z^2 - x^2)\mathrm{d}y + (x^2 - y^2)\mathrm{d}z$，其中，$\Gamma$ 是平面 $x + y + z = \dfrac{3}{2}$ 截立方体

$$0 \leqslant x \leqslant 1, 0 \leqslant y \leqslant 1, 0 \leqslant z \leqslant 1,$$

的表面所得的截痕，从 x 轴的正向看去，取逆时针方向.

解 取 Σ 为平面 $x + y + z = \dfrac{3}{2}$ 的上侧被 Γ 所围成的部分，则

$\boldsymbol{n} = \dfrac{1}{\sqrt{3}}(1,1,1)$，故

$$I = \iint_{\Sigma} \begin{vmatrix} \dfrac{1}{\sqrt{3}} & \dfrac{1}{\sqrt{3}} & \dfrac{1}{\sqrt{3}} \\ \dfrac{\partial}{\partial x} & \dfrac{\partial}{\partial y} & \dfrac{\partial}{\partial z} \\ y^2 - z^2 & z^2 - x^2 & x^2 - y^2 \end{vmatrix} \mathrm{d}S$$

$$= -\frac{4}{\sqrt{3}}\iint_{\Sigma} (x + y + z)\mathrm{d}s = -\frac{4}{\sqrt{3}} \cdot \frac{3}{2}\iint_{\Sigma} \mathrm{d}s = -2\sqrt{3}\iint_{D_{xy}} \sqrt{3}\mathrm{d}x\mathrm{d}y = -\frac{9}{2}.$$

例 21. 求

$$\oint_{L} (y^2 + z^2)\mathrm{d}x + (z^2 + x^2)\mathrm{d}y + (x^2 + y^2)\mathrm{d}z,$$

其中，L 是球面 $x^2 + y^2 + z^2 = 2bx$ 与柱面 $x^2 + y^2 = 2ax$（$b > a > 0$）的交线（$z \geqslant 0$），L 的方向规定为沿 L 的方向运动时，从 z 轴正向往下看，曲线 L 所围球面部分总在左边.

解 由斯托克斯公式，有

$$I = \iint_{\Sigma} \begin{vmatrix} \mathrm{d}y\mathrm{d}z & \mathrm{d}z\mathrm{d}x & \mathrm{d}x\mathrm{d}y \\ \dfrac{\partial}{\partial x} & \dfrac{\partial}{\partial y} & \dfrac{\partial}{\partial z} \\ y^2 + z^2 & z^2 + x^2 & x^2 + y^2 \end{vmatrix}$$

262

$$= 2\iint\limits_{\Sigma} (y - z)\,\mathrm{d}y\mathrm{d}z + (z - x)\,\mathrm{d}z\mathrm{d}x + (x - y)\,\mathrm{d}x\mathrm{d}y$$

$$= 2\iint\limits_{\Sigma} \left[(y - z)\cos\alpha + (z - x)\cos\beta + (x - y)\cos\gamma \right]\mathrm{d}S.$$

由球面方程 $x^2 + y^2 + z^2 = 2bx$，得

$$\boldsymbol{n} = (\cos\alpha, \cos\beta, \cos\gamma) = \left(\frac{x - b}{b}, \frac{y}{b}, \frac{z}{b} \right),$$

从而

$$I = 2\iint\limits_{\Sigma} \left[(y - z)\frac{(x - b)}{b} + (z - x)\frac{y}{b} + (x - y)\frac{z}{b} \right]\mathrm{d}S = 2\iint\limits_{\Sigma} (z - y)\,\mathrm{d}S,$$

由于曲面 Σ 关于平面 xOz 对称，函数关于 y 是奇函数，故 $\iint\limits_{\Sigma} y\,\mathrm{d}S = 0$，这样

$$I = 2\iint\limits_{\Sigma} (z - y)\,\mathrm{d}S = 2\iint\limits_{\Sigma} z\,\mathrm{d}S = \iint\limits_{D} \frac{z}{\cos\gamma}\mathrm{d}x\mathrm{d}y = 2\iint\limits_{D} b\,\mathrm{d}x\mathrm{d}y = 2\pi a^2 b.$$

3　本节练习

（A 组）

1. 计算曲面积分

(1) $\iint\limits_{\Sigma} |xyz|\,\mathrm{d}S$，其中，$\Sigma$ 的方程为 $|x| + |y| + |z| = 1$.

(2) $\iint\limits_{\Sigma} (x + y + z)\,\mathrm{d}S$，其中，$\Sigma$ 为 $x^2 + y^2 + z^2 = a^2$ 上 $z \geqslant h$ $(0 < h < a)$ 的部分.

(3) $F(t) = \iint\limits_{x^2+y^2+z^2=t^2} f(x,y,z)\,\mathrm{d}S$，其中，$f(x,y,z) = \begin{cases} x^2 + y^2, & z \geqslant \sqrt{x^2 + y^2}, \\ 0, & z < \sqrt{x^2 + y^2}. \end{cases}$

(4) $\iint\limits_{\Sigma} \dfrac{\mathrm{d}S}{x^2 + y^2 + z^2}$，其中，$\Sigma$ 是介于 $z = 0$ 和 $z = H$ 间的圆柱面 $x^2 + y^2 = R^2$.

(5) $\iint\limits_{\Sigma} (x^2 + y^2 - 2y + 5)\,\mathrm{d}S$，其中，$\Sigma$：$x^2 + (y - 1)^2 = 1\,(0 \leqslant z \leqslant 3)$.

(6) $\iint\limits_{\Sigma} z\,\mathrm{d}S$，其中，$\Sigma$ 为锥面 $z = \sqrt{x^2 + y^2}$ 在柱体 $x^2 + y^2 \leqslant 2x$ 内的部分.

(7) $\iint\limits_{\Sigma} (x^2 + y^2)\,\mathrm{d}S$，其中，$\Sigma$ 为圆柱面 $x^2 + y^2 = 1$ $(0 \leqslant z \leqslant 1)$.

(8) $\oiint\limits_{\Sigma} (2x^2 y + 3yz + x^2 + y^2 + z^2)\,\mathrm{d}S$，其中，$\Sigma$：$x^2 + y^2 + z^2 = R^2$.

(9) $\oiint\limits_{\Sigma} (x + x^2 + z^2\sin y)\,\mathrm{d}S$，其中，$\Sigma$ 为球面：$x^2 + y^2 + z^2 = 16$.

2. Σ 为 $z = \sqrt{x^2 + y^2}$ 被柱面 $x^2 + y^2 = 2x$ 所截得的部分，其质量分布面密度为 $\rho(x, y, z) = zx$，求此面对 z 轴的转动惯量 I_z.

3. 密度为 ρ_0 的均匀圆锥面 $x = r\cos\theta$，$y = r\sin\theta$，$z = r(0 \le \theta \le 2\pi, \ 0 \le b \le r \le a)$，求锥面对质量为 m 位于锥面顶点质点的引力.

4. 计算 $I = \iint\limits_{\Sigma} y\,dy\,dz - x\,dz\,dx + z^2\,dx\,dy$，其中，$\Sigma$ 为锥面 $z = \sqrt{x^2 + y^2}$ 被平面 $z = 1$，$z = 2$ 所截得部分的外侧.

5. 计算 $I = \oiint\limits_{S} xy\,dy\,dz$，其中，$S$ 为由 $z = x^2 + y^2$ 与 $z = 1$ 所围成立体表面的外侧.

6. 计算曲面积分 $I = \iint\limits_{\Sigma} \dfrac{x\,dy\,dz + z^2\,dx\,dy}{x^2 + y^2 + z^2}$，$\Sigma$ 是曲面 $x^2 + y^2 = R^2$ 及两个平面 $z = R$，$z = -R(R > 0)$ 所围成立体表面的外侧.

7. 计算曲面积分 $I = \iint\limits_{\Sigma} x\,dy\,dz + 2y\,dz\,dx + 3(z - 1)\,dx\,dy$，其中，$\Sigma$ 为曲面 $z = x^2 + y^2$ 的下侧 $(0 \le z \le 1)$.

8. 计算 $\oint_{L} (y^2 - z^2)\,dx + (2z^2 - x^2)\,dy + (3x^2 - y^2)\,dz$，其中，$L$ 是平面 $x + y + z = 2$ 与柱面 $|x| + |y| = 1$ 的交线，从 z 轴正向往负向看去，L 为逆时针方向.

9. 计算 $\oint_{L} y\,dx + z\,dy + x\,dz$，其中 L 是球面 $x^2 + y^2 + z^2 = a^2$ 与平面 $x + y + z = 0$ 交线，从 x 轴正向往负向看去，L 为逆时针方向.

10. 计算 $\oint_{c} (z - y)\,dx + (x - z)\,dy + (x - y)\,dz$，其中 c: $\begin{cases} x^2 + y^2 = 1, \\ x - y + z = 2 \end{cases}$ 从 z 轴正向往负向看去是顺时针.

(B 组)

1. 计算曲面积分 $I = \iint\limits_{\Sigma} (x^3 + az^2)\,dy\,dz + (y^3 + ax^2)\,dz\,dx + (z^3 + ay^2)\,dx\,dy$，其中，$\Sigma$ 为上半球面 $z = \sqrt{a^2 - x^2 - y^2}$ 的上侧.

2. 计算曲面积分 $I = \oiint\limits_{\Sigma} \dfrac{x\,dy\,dz + z^2\,dx\,dy}{\sqrt{x^2 + y^2 + z^2}}$，其中，$\Sigma$ 为曲面 $x^2 + y^2 + z^2 = R^2$ 的外侧.

3. 设 Σ 为一光滑闭曲面，$\boldsymbol{n}$ 为 Σ 上点 (x, y, z) 处的外法向量，$\boldsymbol{r} = x\boldsymbol{i} + y\boldsymbol{j} + z\boldsymbol{k}$，（其中 $r = |\boldsymbol{r}|$）. 在下述两种情况下分别计算 $I = \oiint\limits_{\Sigma} \dfrac{\cos(r, n)}{r^2}\,dS$. （1）曲面 Σ 不包括

原点；（2）曲面 Σ 包含原点.

4. 计算曲线积分 $\oint_L z^3 \mathrm{d}x + x^3 \mathrm{d}y + y^3 \mathrm{d}z$，其中，$L:\begin{cases} z = 2(x^2 + y^2), \\ z = 3 - x^2 - y^2, \end{cases}$ 从 z 轴正向往负向看去，L 为逆时针方向.

4　竞赛实战

（A 组）

1.（第二届江苏省赛）已知 $\boldsymbol{a}$，$\boldsymbol{b}$ 为常向量，$\boldsymbol{a} \times \boldsymbol{b} = (1,1,1)$，$\boldsymbol{r} = (x,y,z)$.

（1）证明：$\mathrm{rot}(\boldsymbol{a} \cdot \boldsymbol{r})\boldsymbol{b} = \boldsymbol{a} \times \boldsymbol{b}$；

（2）求向量场 $\boldsymbol{A} = (\boldsymbol{a} \cdot \boldsymbol{r})\boldsymbol{b}$ 沿闭曲线 $\Gamma:\begin{cases} x^2 + y^2 + z^2 = 1, \\ x + y + z = 0 \end{cases}$（从 z 轴正向看依逆时针方向）的环流量.

2.（第三届江苏省赛）计算 $\iint\limits_{\Sigma} x^2 \mathrm{d}y\mathrm{d}z + y^2 \mathrm{d}z\mathrm{d}x + z^2 \mathrm{d}x\mathrm{d}y$，其中，$\Sigma$ 为柱面 $x^2 + y^2 = 1$ 介于 $z = 0$ 与 $x + y + z = 2$ 之间部分的外侧.

3.（第五届江苏省赛）计算曲面积分 $\iint\limits_{\Sigma} (x^3 + y^3 + z^3) \mathrm{d}S$，其中，$\Sigma$ 为曲面 $z = \sqrt{a^2 - x^2 - y^2}$，$a > 0$.

4.（第九届江苏省赛）设 Σ 为 $x^2 + y^2 + z^2 = 1$（$z \geq 0$）的外侧，连续函数 $f(x,y)$ 满足

$$f(x,y) = 2(x-y)^2 + \iint\limits_{\Sigma} x(z^2 + \mathrm{e}^z)\mathrm{d}y\mathrm{d}z + y(z^2 + \mathrm{e}^z)\mathrm{d}z\mathrm{d}x + (zf(x,y) - 2z^2)\mathrm{d}x\mathrm{d}y, \text{求} f(x,y).$$

5.（第十届江苏省赛）应用高斯公式计算 $\iint\limits_{\Sigma} (ax^2 + by^2 + cz^2) \mathrm{d}S$（$a,b,c$ 为常数），其中 Σ：$x^2 + y^2 + z^2 = 2z$.

6.（第十一届江苏省赛）计算曲线积分 $\oint_{\Gamma} (x^2 + y^2 - z^2)\mathrm{d}x + (y^2 + z^2 - x^2)\mathrm{d}y + (z^2 + x^2 - y^2)\mathrm{d}z$，其中，$\Gamma$ 为 $x^2 + y^2 + z^2 = 6y$ 与 $x^2 + y^2 = 4y(z \geq 0)$ 的交线，从 z 轴正向看去为逆时针方向.

7.（第十二届江苏省赛）求曲面积分 $\iint\limits_{\Sigma} xy\mathrm{d}y\mathrm{d}z + xz\mathrm{d}z\mathrm{d}x$，其中，$\Sigma$：$x^2 + y^2 + z^2 = 1$（$z \geq 0$），取上侧.

8.（第十三届江苏省赛）Σ 为球面 $x^2 + y^2 + z^2 = 2z$，计算曲面积分

$$\iint\limits_{\Sigma} (x^4 + y^4 + z^4 - x^3 - y^3 - z^3 + x^2 + y^2 + z^2 - x - y - z)\,\mathrm{d}S.$$

9.（第一届国家决赛）计算 $\iint\limits_{\Sigma} \dfrac{ax\mathrm{d}y\mathrm{d}z + (z+a)^2\mathrm{d}x\mathrm{d}y}{\sqrt{x^2 + y^2 + z^2}}$，其中，

Σ：$z = -\sqrt{a^2 - y^2 - x^2}$ 的上侧，$a > 0$.

10.（第四届国家决赛）曲面 Σ：$z^2 = x^2 + y^2$，$1 \leqslant z \leqslant 2$，密度为 ρ，求在原点处质量为 1 的质点和 Σ 之间的引力（引力常数为 G）.

11.（第六届国家预赛）设球体 $(x-1)^2 + (y-1)^2 + (z-1)^2 \leqslant 12$ 被平面 P：$x + y + z = 6$ 所截的小球缺为 Ω. 记球缺上的球冠为 Σ，方向指向球外，求第二型曲面积分 $I = \iint\limits_{\Sigma} x\mathrm{d}y\mathrm{d}z + y\mathrm{d}x\mathrm{d}z + z\mathrm{d}x\mathrm{d}y$.

（B 组）

1.（第八届江苏省赛）设锥面 $z^2 = 3x^2 + 3y^2$（$z \geqslant 0$）被平面 $x - \sqrt{3}z + 4 = 0$ 截下的（有限）部分为 Σ.

（1）求曲面 Σ 的面积；

（2）用薄铁片制作 Σ 的模型，$A(2, 0, 2\sqrt{3})$，$B(-1, 0, \sqrt{3})$ 为 Σ 上的两点，O 为原点，将 Σ 沿线段 OB 剪开并展成平面图形 D，以 OA 方向为极轴建立平面极坐标系，试写出 D 边界的极坐标方程.

2.（第二届国家决赛）已知 S 是空间曲线 $\begin{cases} x^2 + 3y^2 = 1, \\ z = 0 \end{cases}$ 绕 y 轴旋转形成的椭球面的上半部分（$z \geqslant 0$）（取上侧），Π 是 S 在 $P(x, y, z)$ 点处的切平面，$\rho(x, y, z)$ 是原点到切平面 Π 的距离，λ，μ，ν 表示 S 的正法向的方向余弦. 计算：

（1）$\iint\limits_{S} \dfrac{z}{\rho(x, y, z)}\mathrm{d}S$；   （2）$\iint\limits_{S} z(\lambda x + 3\mu y + \nu z)\,\mathrm{d}S$.

3.（第三届国家预赛）设函数 $f(x)$ 连续，a，b，c 为常数，Σ 是单位球面 $x^2 + y^2 + z^2 = 1$. 记第一型曲面积分 $I = \iint\limits_{\Sigma} f(ax + by + cz)\,\mathrm{d}S$.

求证：$I = 2\pi \displaystyle\int_{-1}^{1} f(\sqrt{a^2 + b^2 + c^2}\,u)\,\mathrm{d}u$.

4.（第五届国家预赛）设 Σ 是一个光滑封闭曲面，方向朝外. 给定第二型的曲面积分

$$I = \iint\limits_{\Sigma} (x^3 - x)\,\mathrm{d}y\mathrm{d}z + (2y^3 - y)\,\mathrm{d}z\mathrm{d}x + (3z^3 - z)\,\mathrm{d}x\mathrm{d}y.$$

试确定曲面 Σ，使积分 I 的值最小，并求该最小值.

5. （第五届国家决赛）设 $f(x)$ 连续可导，$P = Q = R = f((x^2 + y^2)z)$，有向曲面 Σ_t 是圆柱体 $x^2 + y^2 \leqslant t^2$，$0 \leqslant z \leqslant 1$ 的表面，方向朝外. 记第二型的曲面积分 $I_t = \iint\limits_{\Sigma} P \mathrm{d}y\mathrm{d}z + Q\mathrm{d}z\mathrm{d}x + R\mathrm{d}x\mathrm{d}y$，求极限 $\lim\limits_{t \to 0^+} \dfrac{I_t}{t^4}$.

6. （第七届国家决赛）设 $P(x,y,z)$ 和 $R(x,y,z)$ 在空间上有连续偏导数，设上半球面 S：$z = z_0 + \sqrt{r^2 - (x - x_0)^2 - (y - y_0)^2}$，方向向上，若对任何点 (x_0, y_0, z_0) 和 $r > 0$，第二型曲面积分

$$\iint\limits_{S} P \mathrm{d}y\mathrm{d}z + Q\mathrm{d}x\mathrm{d}y = 0，试证明：\frac{\partial P}{\partial x} \equiv 0.$$

参 考 文 献

［1］华罗庚. 高等数学引论：第 1 册［M］. 北京：高等教育出版社，2009.

［2］同济大学应用数学系. 高等数学［M］. 6 版. 北京：高等教育出版社，2007.

［3］菲赫金哥尔茨. 微积分学教程：第一卷［M］. 3 版. 杨弢亮，叶彦谦，译. 北京：高等教育出版社，2006.

［4］李心灿. 大学生数学竞赛试题研究生入学考试难题解析选编［M］. 北京：机械工业出版社，2011.

［5］李傅山. 数学分析中的问题与方法［M］. 北京：科学出版社，2016.